河南省“十四五”普通高教育规划教材

国家级一流本科课程配套用书

大学物理

（上册）

主　编　巩晓阳　陈庆东

副主编　王　辉　吕世杰

河南科技大学教材出版基金资助

科学出版社

北　京

内 容 简 介

本书根据教育部高等学校物理基础课程教学指导分委员会 2010 年制定的《理工科类大学物理课程教学基本要求》的所有知识点的要求，内容更偏重基础理论知识的实际与高科技应用，同时紧密结合“大学物理”河南省精品在线开放课程,以及多年教学实践和当今丰富的多媒体手段编写而成. 全书分为上、下两册. 本书是上册，内容包括力学、振动与波动、热学、电磁学的静电场.

本书适合作为一般院校非物理专业的理工科大学物理教材或参考书，也可为大学教师提供参考，还可作为广播电视大学、成人高等教育和社会读者的教材或阅读书籍.

图书在版编目（CIP)数据

大学物理. 上册／巩晓阳，陈庆东主编. —北京：科学出版社，2020.1
ISBN 978-7-03-063358-3

Ⅰ. ①大…　Ⅱ. ①巩…②陈…　Ⅲ. ①物理学-高等学校-教材　Ⅳ. ①O4

中国版本图书馆 CIP 数据核字（2019）第 255353 号

责任编辑：罗　吉／责任校对：杨聪敏
责任印制：吴兆东／封面设计：华路天然工作室

科学出版社 出版
北京东黄城根北街 16 号
邮政编码：100717
http://www.sciencep.com
北京中科印刷有限公司印刷
科学出版社发行　各地新华书店经销
*
2020 年 1 月第　一　版　开本：720 × 1000　1/16
2025 年 1 月第八次印刷　印张：22 1/4
字数：449 000
定价：59.00 元
（如有印装质量问题，我社负责调换）

前　　言

党的二十大报告指出“教育、科技、人才是全面建设社会主义现代化国家的基础性、战略性支撑”，我国要实现高水平科技自立自强，归根结底是要依靠高水平创新人才. “全面提高人才自主培养质量，着力造就拔尖创新人才，聚天下英才而用之”. 这是新时代实施科教兴国战略、强化现代化建设人才支撑的重要举措，是加快建设人才强国的战略部署. 大学的科学素质素养教育要符合时代要求，大学物理课程和教材要承载这一使命担当.

本书是按照教育部高等学校物理基础课程教学指导分委员会 2010 年制定的《理工科类大学物理课程教学基本要求》(以下简称《教学基本要求》)，结合新媒体手段和当今科技发展新成果，以及一线教师多年的教学经验和教学研究成果编写的. 本书适合新时代大学生学习和阅读，适应教育发展新趋势，满足普通院校各专业教学需求.

物理学是研究物质的基本结构、相互作用和物质运动最基本、最普遍的形式及其相互转化规律的科学. 物理学的研究对象具有极大的普遍性，物理学广泛地应用于生产技术的各个部门，是自然科学和工程技术的基础. 以物理学基础为内容的大学物理课程，是理工科各专业学生一门重要的通识性必修基础课. 通过大学物理课程的学习，使学生对物理学的基本概念、基本理论和基本方法有比较系统的认识和正确的理解，培养学生具有正确科学的世界观，提高科学素养. 同时培养学生分析问题、解决问题的能力，探索精神和创新意识，促进知识、能力、素质的协调发展，为进一步学习打下坚实的基础.

本书编写具有以下几个特点：

(1) 知识点覆盖面广. 根据《教学基本要求》的所有知识点的要求，努力将本书打造成以 A 类知识点为核心，B 类知识点为拓宽，既保证教材本身的系统与完整，又突出重点难点，便于学生学习和收藏的全面型教材.

(2) 从实际应用出发. 本书从生活和高科技的实际应用出发，较全面地展示物理学对当今科技和生产技术等方方面面的影响，更深层次地揭示物理学基础理论的重要性，旨在提高学生的学习兴趣，为专业学习和应用打下扎实的理论基础.

(3) 全面结合国家级一流本科课程的建设使用. 大学物理课程录制了《教学基本要求》的所有 A 类知识点和部分 B 类知识点授课视频、“大学物理导论”(共三期：大学物理讲什么、物理学与技术、物理学与美)、每一篇章的绪论(本章主要学习内容、知识点的应用)、每一章的精彩奇趣小实验等一整套内容丰富多彩的完整教学视频. 同时，按照国家级一流本科课程建设需要，本书提供了多方位的学习方法和手段，所有重要知识点教学文档、习题、讨论题等全部上线，使用本书学习的读者可通过扫描本书提供的二维码学习，教师可有序开展混合式教学和有特色的线下教学.

(4) 基于对物理模型、物理方法、物理概念和物理实验的深入理解，以及对物理学家深深的敬意，本书在每个篇章里介绍了与本篇章有关的卓越物理学家的故事、经典物理学实验，使学生能学习和领悟物理学发展历程中物理学家们大胆创新的方法、勤于思考的态度、坚持真理的精神、淡泊名利的品德.

本书共 6 篇 20 章，分为上、下两册. 上册包括：力学、振动与波动、热学、电磁学的静电场. 下册包括：电磁学的稳恒磁场与电磁感应、光学、近代物理学. 本书由巩晓阳、陈庆东任主编，负责总体思路的设计、全书的统稿.

本书上册由王辉、吕世杰任副主编，负责全书的审阅校稿. 参加编写的人员有：吕世杰(编写第 1、2 章)，陈庆东(编写第 3 章)，王景雪(编写第 4、5 章)，王辉(编写第 6、7 章)，巩晓阳(编写第 8 章、前言、附录). 本书上册视频由吕世杰、琚伟伟、周清晓、苏向英、陈庆东、王辉、巩晓阳录制，王翚为本书录制了全部的奇趣小实验，特表感谢！

在编写本书的过程中，我们参阅了国内外的一些大学物理教材，特别是张庆国、尤景汉主编的《物理学教程》，借鉴了其中部分内容. 在本书编写过程中，河南科技大学大学物理教研室长期工作在教学一线、有着丰富教学经验的汤正新、刘香茹、李雪玲、刘钢、赵海丽等老师给予了大力支持，并提供了宝贵的意见和建议，一并致以衷心的感谢！

由于我们水平有限，书中难免有不当之处，希望广大读者多提宝贵意见，以便我们加以改正，更趋完善.

编　者

2019 年 6 月

2023 年 12 月修改

导读一　　导读二　　导读三

目　录

第二篇 振动与波动

第四篇 电 磁 学

力学绪论

奇趣实验：摆动的瓶子

奇趣实验：淘气的卷纸

第一篇 力 学

力学是自然科学中最基础的学科之一，是整个物理学大厦中的一门古老学问. 力学发展最早可追溯到公元前 4 世纪古希腊学者柏拉图(Plato)和亚里士多德(Aristotle)的年代，但成为一门独立的科学理论是从 17 世纪意大利科学家伽利略(Galileo)的惯性运动论述开始的，并伴随着牛顿(Newton)的辉煌成就而达到鼎盛时期，在 19 世纪上半期即告完成. 现在以牛顿定律为基础的力学理论叫牛顿力学或经典力学. 这个曾经被尊称完美而普遍的理论兴盛了近 300 年，直至 20 世纪初人类发现其在高速领域和微观领域的局限性而被相对论和量子力学所取代，但近代物理理论的许多概念和思想也都基于经典力学发展和改造，所以力学的根基作用是无可替代的，它的重要性丝毫不因此而有所减弱。包括在与人类密切相关的技术领域，例如，航空航天、机械制造、土木建筑等工程技术中，牛顿力学仍然保持着充沛的活力，它的基石作用和地位正是我们学习牛顿力学的重要原因.

力学是建立在实验基础之上的，并广泛地指导生产实践，这种成就是无数物理学工作者智慧的结晶，在这里尤以伽利略、开普勒(Kepler)、牛顿、D. 伯努利(D. Bernoulli)、欧拉(Euler)、拉格朗日(Lagrange)等的贡献最为突出. 物质的运动形式是多种多样的，最简单、最常见的运动形式就是机械运动，例如，直升机在空中飞行、骏马在草原的奔跑……力学就是研究机械运动的规律及其应用的科学.

本篇主要研究低速(物体运动速度远小于光速)、宏观(物体的线度远大于原子的尺度)的运动情况，即经典力学部分，根据研究问题的不同性质，可分为质点运动学、质点动力学和刚体力学. 运动学描述物体的位置变化与时间的关系，确定物体的运动特征，如速度、加速度、轨迹等. 动力学研究物体运动状态发生变化的原因，从力、冲量、动量、角动量、能量等角度来分析物体运动状态变化及规律. 刚体力学分别介绍刚体的运动描述、定轴转动定律、转动动能、角动量及守恒定律.

第 1 章　质点运动学

【内容概要】

- 坐标系　质点
- 质点运动的描述
- 质点运动学的基本问题
- 平面曲线运动
- 相对运动

星罗棋布　斗转星移

经典力学是研究物体机械运动规律的一门学科，通常把它分为运动学、动力学和静力学. 运动学只讨论物体在运动过程中位置随时间变化的规律；动力学则研究物体的运动与物体作用之间的内在联系，既要考虑运动的变化，又要考虑其变化的原因；静力学研究物体在相互作用下的力学平衡问题，可把它看成动力学的一部分. 本章只讨论运动学，相当一部分概念和公式在中学物理课堂中已经学习过了，这里将使用导数、微积分、矢量运算等工具，更严格、深刻、全面、系统化地讲解. 在本章中将定义描述物体运动的各个物理量，如位移、速度和加速度等，并导出这些物理量所遵从的运动学公式，最后还介绍同一物体运动的描述在不同参考系中的变换关系——伽利略变换.

1.1　参考系和坐标系　质点和质点系

质点运动的描述

随着人们对自然界认识的深入，运动的绝对性已经成为当今的科学常识. 宇

伽利略(Galileo，1564—1642)，意大利伟大的物理学家、天文学家、数学家和哲学家，科学革命先驱. 实验中总结出自由落体定律、惯性定律和伽利略相对性原理等，被誉为“近代力学之父”“近代科学之父”.

宙中一切物体都处于永恒的运动之中,不存在绝对静止的物体. 机械运动就是物体在空间的位置随时间的变化,然而人们对于描述每一个具体物体的运动却是相对的. 经典力学就是在相对性的思想的基础上引入参考系、坐标系、时刻、时间间隔等概念，来描述物体在空间和时间中的运动.

1.1.1 参考系和坐标系

运动是普遍而又绝对的. 例如，地球上的大山或建筑物等看来是静止不动的,其实它们都不断地随着地球一起运动,地球在不停地自转，而且还以平均约 29.8km/s 的速率绕太阳公转；太阳也不是静止的，它率领着太阳系的八大行星绕着银河系的中心以 250km/s 速率高速旋转；银河系也在总星系中不停地旋转着；就连浩瀚的宇宙也在日益膨胀着……如果深入到物质内部去,组成物质的各种分子、原子、电子、原子核等，也都在做着永不停息的运动. 因此说运动是普遍的、绝对的，但仔细分析却发现对物体运动的描述却是相对的，如公交车上的乘客总觉得座椅是静止的，而路面的人却看到座椅是随车一起运动的. 可见同一物体的运动相对于不同的参考标准具有不同的运动状况，这就是运动描述的相对性. 静止都是相对的,如站在地面上的人认为路边的大树是静止的,而在运动的火车上的人来看，大树在后退，是运动的.

由于对物体运动的描述是相对的，因此要具体地研究分析一个物体的运动，就要首先指明是相对于哪一个物体，即是以哪一个物体作为标准. 为描述物体的运动而被选做标准的物体称为参考系. 参考系如何选择,原则上是任意的,然而，适当的参考系会为研究运动带来很大的方便. 例如，研究航天器的运动：在刚发射时，主要研究它相对地面如何运动，可选地面为参考系(图 1-1 中 $O''X''Y''Z''$)；入轨后绕地球飞行，应当选择地心为参考系(图 1-1 中 $O'X'Y'Z'$)，当航天器进入绕太阳轨道时，为了研究方便，就应该以日心为参考系(图 1-1 中 $OXYZ$).

参考系选定后，为了定量地描述物体空间位置和它的运动，就必须在参考系上建立一个适当的坐标系，把坐标系的原点和坐标轴固定在参考系上. 至于选用什么坐标系，坐标原点设在哪里，坐标轴的方位如何，要看问题的性质和研究的方面来决定. 常用坐标系有直角坐标系、极坐标系、球坐标系、自然坐标系或其他坐标系. 坐标系设置的不同, 只不过是描述物体运动所用的参数不同, 对物体运动的本质并没有影响. 不过, 坐标系选择得当, 可以简化计算或者便于描述.

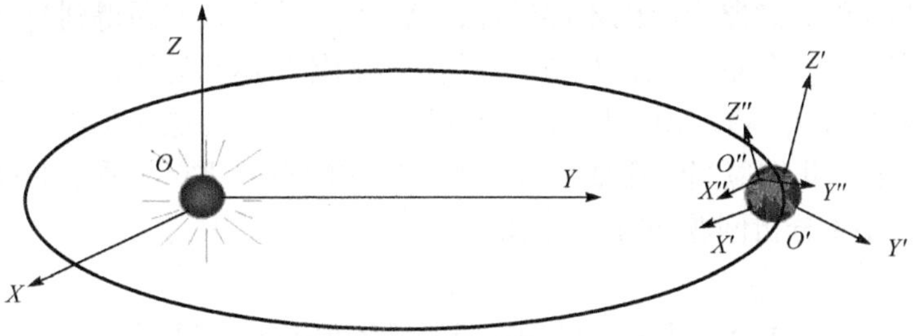

图 1-1 参考系示意图

1.1.2 质点和质点系

自然界中任何物体都有大小、形状、质量和内部结构, 即使是很小的分子、原子、电子以及其他的基本粒子也不例外. 通常, 物体运动时, 其内部各点的位置变化常是各不相同的, 或者说物体的大小和形状也可能发生变化, 但是, 如果物体的大小和形状的变化对我们研究的问题没有影响, 或者影响不显著又可以忽略不计, 我们就可以近似地把这个物体看成一个只具有质量而没有大小和形状的理想物体, 称为**质点**.

质点是一个理想化模型, 完全是为了简化问题而引入的, 其实际意义有以下几点:

(1) 如果一个物体只作平动, 不转动也不变形, 那么物体上各点的运动必然相同, 此时整个物体的运动可用物体上任何一点的运动来代表, 这一点具有整个物体的质量, 它的运动就是整个物体的运动, 这个点就是质点. 有时物体的运动不是平动, 但是如果我们只研究它的整体运动, 并不关心物体上各点的运动有什么不同, 那么也可以把物体当成质点来处理, 例如, 列车时刻表中就是把火车视为质点.

(2) 当物体本身的线度相比于它与其他物体的距离很小, 以致可以忽略不计时, 我们可以不考虑物体上各部分运动的不同, 而将物体视为质点. 例如, 在研究地球绕太阳公转时, 地球上各点的距离与日地距离相比是微不足道的, 因此, 可以将地球视为质点; 但是如果要进行地球资源探测, 就不能将它视为质点了. 又如, 在研究物体转动时, 可以把其中的分子、原子看成质点, 但是要研究分子、原子的运动时, 就不能把它看成质点了. 所以能否将物体当成质点来处理要由所研究问题的具体性质来确定, 与物体本身的大小没有关系.

(3) 当研究物体运动, 不能忽略其大小和形状时, 质点的模型就不适用了. 这时，可以根据具体情况把物体看成质点系或刚体模型. 这些模型都是从客观实际中抽象出来的理想化模型，后面还会遇到其他的理想化模型，例如，简谐振动、理想气体、点电荷、电流元等. 在科学研究中，常根据所研究问题的性质，抓住主要因素和属性，忽略次要因素和属性，这可使一个复杂问题得到简化，使一个实际物体变得简单和抽象化，有利于我们研究物体的运动规律，这是经常采用的一种科学思维方法. 可以说，任何一个科学的结论，都是建立在合适的理想化模型基础之上的. 我们应当学会如何针对实际问题的本质建立起适当的理想模型，并用理想模型来分析问题和解决问题.

1.2 描述质点运动的四个物理量

1.2.1 位置矢量和运动学方程

要描述一个质点的运动，首先要确定它的位置，然后再看它的位置是如何随时间变化的. 我们可以在参考系上建立一个空间直角坐标系，质点在空间的位置可以用它的位置矢量来表示，质点的**位置矢量**(简称位矢或矢径)定义为：从坐标原点指向质点的矢量. 例如，在图 1-2 的空间直角坐标系 $OXYZ$ 中，把直升机看成质点，处在 P 点时，位置矢量就是从原点 O 指向 P 点的有向线段 $\overrightarrow{OP}$，记为 $\boldsymbol{r}$，位矢 $\boldsymbol{r}$ 在坐标轴上的分量就是质点的坐标(x,y,z)，显然有

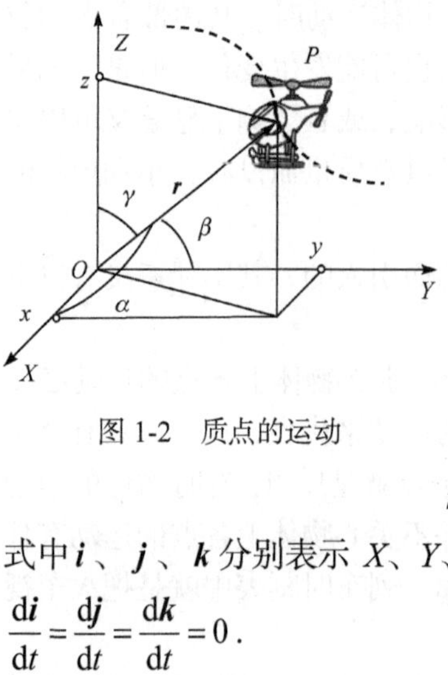

图 1-2 质点的运动

$$\boldsymbol{r}=\overrightarrow{OP}=x\boldsymbol{i}+y\boldsymbol{j}+z\boldsymbol{k} \tag{1-1}$$

式中 $\boldsymbol{i}$、$\boldsymbol{j}$、$\boldsymbol{k}$ 分别表示 X、Y、Z 轴正方向的单位矢量，即有 $|\boldsymbol{i}|=|\boldsymbol{j}|=|\boldsymbol{k}|=1$，且 $\dfrac{\mathrm{d}\boldsymbol{i}}{\mathrm{d}t}=\dfrac{\mathrm{d}\boldsymbol{j}}{\mathrm{d}t}=\dfrac{\mathrm{d}\boldsymbol{k}}{\mathrm{d}t}=0$.

显然，$\boldsymbol{r}=x\boldsymbol{i}+y\boldsymbol{j}+z\boldsymbol{k}$ 与 P 点坐标(x,y,z)一一对应，它可以描述质点的位置，所以叫位置矢量. $\boldsymbol{r}$ 的大小为

$$r=|\boldsymbol{r}|=\sqrt{x^2+y^2+z^2} \tag{1-2}$$

其方向可由 $\boldsymbol{r}$ 与 x、y、z 轴的夹角 α、β、γ 确定

$$\cos\alpha=\frac{x}{r},\quad \cos\beta=\frac{y}{r},\quad \cos\gamma=\frac{z}{r}$$

因为 $\cos^2\alpha+\cos^2\beta+\cos^2\gamma=1$，所以 α、β、γ 中只有两个是独立的. $\cos\alpha$、$\cos\beta$、

$\cos\gamma$ 叫做位矢 $\boldsymbol{r}$ 的方向余弦.

位矢 $\boldsymbol{r}$ 是一个矢量，其运算法则遵循平行四边形或三角形法则. 同时，由于原点和坐标轴的选取都是任意的，$\boldsymbol{r}$ 和 x、y、z 都具有相对的意义，都是相对于某个参考系的.

当物体运动时，位置矢量 $\boldsymbol{r}$ 将随时间 t 的变化而变化，即 $\boldsymbol{r}$ 是时间 t 的函数，可写成

$$\boldsymbol{r} = \boldsymbol{r}(t) = x(t)\boldsymbol{i} + y(t)\boldsymbol{j} + z(t)\boldsymbol{k} \tag{1-3}$$

该式反映了质点的运动情况，所以叫做质点的**运动学方程**或**运动函数**. 式(1-3)就是运动学方程的矢量表示形式，它可以等价地表示为下面的分量形式：

$$\begin{cases} x = x(t) \\ y = y(t) \\ z = z(t) \end{cases} \tag{1-4}$$

式(1-3)和式(1-4)是等价的. 这表明：式(1-3)所描述的质点在空间中的曲线运动可视为由式(1-4)所描述的三个相互垂直的直线运动的叠加. 这就是运动的叠加(或合成)原理.

如果质点在一条直线上运动，则称为一维运动. 取该直线为 X 轴，运动学方程为 $\boldsymbol{r} = x(t)\boldsymbol{i}$，或 $x = x(t)$，百米比赛时运动员的运动就是一维直线运动.

如果质点在一个平面内运动，则称为二维运动. 取该平面为 XOY 平面，则 $\boldsymbol{r}$ 只与 x、y 有关，运动方程写成 $\boldsymbol{r} = x(t)\boldsymbol{i} + y(t)\boldsymbol{j}$，分量形式为 $x = x(t), y = y(t)$. 从这两个式中消去时间 t，得 $f(x,y)=0$，即 $y = f(x)$，一对(x, y)确定运动中的一个点，所有的点连接就是质点运动轨迹，所以该方程就是质点在平面运动中的**轨迹方程**. 三维运动同理，从投影式中消去 t，得空间曲线方程 $f(x,y,z)=0$，即为轨迹方程.

如图 1-3 所示，质点做平抛运动时，可以看成水平方向的匀速直线运动和竖直方向的自由落体运动，所以运动学方程写为

$$\boldsymbol{r} = v_0 t\boldsymbol{i} + \frac{1}{2}gt^2\boldsymbol{j} \tag{1-5}$$

其分量形式为

$$\begin{cases} x = v_0 t \\ y = \dfrac{1}{2}gt^2 \end{cases}$$

消去 t，得质点在这个平面中的轨迹方程 $y = \dfrac{g}{2{v_0}^2}x^2$，显然，其轨迹是一条抛物线.

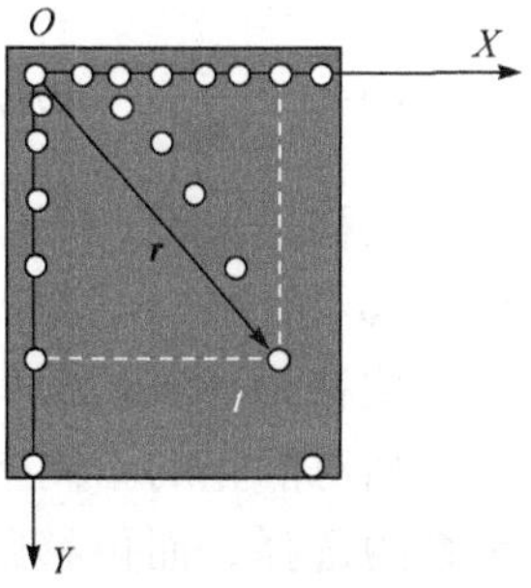

图 1-3　平抛运动

1.2.2 位移矢量

当质点运动时，它的位矢 $\boldsymbol{r}$ 是时间 t 的函数. 如图 1-4 所示，质点沿某一条曲线运动，t 时刻质点位于 A 点，位置矢量为 $\boldsymbol{r}_A$，经过 Δt 时间，在 $t+\Delta t$ 时刻，质点运动到 B 点，位置矢量为 $\boldsymbol{r}_B$. 在 Δt 时间内，质点位置的变化可以用由 A 到 B 的有向线段 $\overline{AB}$ 表示，称为质点在 t 到 $t+\Delta t$ 这段时间的**位移**，记为 $\Delta\boldsymbol{r}$，则

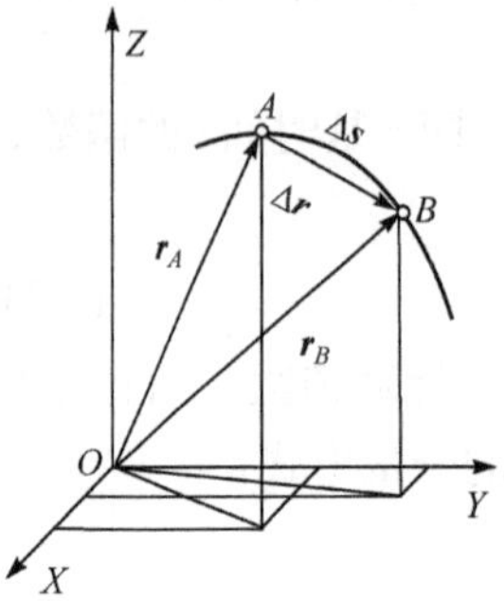

图 1-4 位移矢量 $\Delta\boldsymbol{r}$

$$\Delta\boldsymbol{r}=\boldsymbol{r}_B-\boldsymbol{r}_A \tag{1-6}$$

所以位移是位矢的增量. 它除了表示 B 点与 A 点距离之外，还表明 B 点相对于 A 点的方位. 如在直角坐标系中，有

$$\boldsymbol{r}_A=x_A\boldsymbol{i}+y_A\boldsymbol{j}+z_A\boldsymbol{k}, \quad \boldsymbol{r}_B=x_B\boldsymbol{i}+y_B\boldsymbol{j}+z_B\boldsymbol{k}$$

所以

$$\begin{aligned}\Delta\boldsymbol{r}&=(x_B\boldsymbol{i}+y_B\boldsymbol{j}+z_B\boldsymbol{k})-(x_A\boldsymbol{i}+y_A\boldsymbol{j}+z_A\boldsymbol{k})\\&=(x_B-x_A)\boldsymbol{i}+(y_B-y_A)\boldsymbol{j}+(z_B-z_A)\boldsymbol{k}\\&=\Delta x\boldsymbol{i}+\Delta y\boldsymbol{j}+\Delta z\boldsymbol{k}\end{aligned} \tag{1-7}$$

其中 $\Delta x=x_B-x_A$，$\Delta y=y_B-y_A$，$\Delta z=z_B-z_A$ 分别为位移矢量 $\Delta\boldsymbol{r}$ 在给定坐标系下在各个坐标轴上的分量，所以位移在某一个轴上的分量就是质点在这个轴上的位移.

由式(1-7)可以看到，质点在空间的位移等于它在三个相互独立坐标方向上的位移的矢量叠加. 位移的大小(即 A、B 两点之间的距离)用 $|\Delta\boldsymbol{r}|$ 表示，则

$$|\Delta\boldsymbol{r}|=\sqrt{(\Delta x)^2+(\Delta y)^2+(\Delta z)^2}$$

位移大小的单位是长度单位，有米(m)、厘米(cm)、千米(km)等. 位移的方向可由其方向余弦表示，即

$$\cos\alpha=\frac{\Delta x}{|\Delta\boldsymbol{r}|}, \quad \cos\beta=\frac{\Delta y}{|\Delta\boldsymbol{r}|}, \quad \cos\gamma=\frac{\Delta z}{|\Delta\boldsymbol{r}|}$$

位移是矢量，其运算应服从矢量的运算法则. 位移 $\Delta\boldsymbol{r}$ 和位矢 $\boldsymbol{r}$ 不同，位矢确定某一时刻的位置，位移描述某段时间内始末质点位置的变化. 对于相对静止的不同坐标系来说，位矢依赖于坐标系的选择，而位移则与所选取的坐标系无关，如图 1-5 所示.

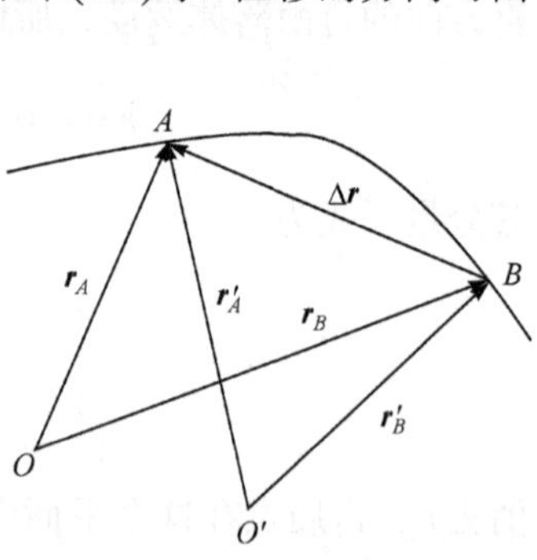

图 1-5 位移与坐标系无关

同时，位移与时间间隔有关，不同的时间间隔有不同的位移，即使相同的时间间隔也有不同的位移，这取决于质点的运动.

位移 $\Delta \boldsymbol{r}$ 和路程 Δs 是两个不同的物理量. **位移是矢量，路程是标量**. 位移只反映某段时间内始末质点位置的变化，它不涉及质点位置变化过程的细节. 位移 $\Delta \boldsymbol{r}$ 的大小虽然等于由 A 到 B 的直线距离，但并不意味着质点是从 A 沿直线移动到 B. 质点从 A 到 B 沿曲线所走过的实际轨道的长度叫做路程. 如图 1-6 所示，汽车在盘山公路上行驶，一段时间内的位移很小，但路程却相对较大. 一般来说，总有 $\Delta s \geqslant |\Delta \boldsymbol{r}|$.

图 1-6　汽车在盘山公路上行驶

只有满足：①质点做方向不变的直线运动，或② $\Delta t \to 0$，二者大小才相等.

第一种情况很明显，这里不再赘述，下面讨论第二种情况.

当 $\Delta t \to 0$ 时，Δs 和 $\Delta \boldsymbol{r}$ 都趋于无限小量，它们大小的差别也趋于无限小，记为 $\Delta \boldsymbol{r} \to \mathrm{d}\boldsymbol{r}$，$\Delta s \to \mathrm{d}s$. 此时，质点的实际路径也可以看成直线，而且有 $|\mathrm{d}\boldsymbol{r}| = \mathrm{d}s$，或 $|\mathrm{d}\boldsymbol{r}| / \mathrm{d}s = 1$，$\mathrm{d}\boldsymbol{r}$ 的方向是轨道的切线方向，且指向质点运动的一方. 用 $\boldsymbol{\tau}$ 表示轨道切线方向的单位矢量，则有

$$\boldsymbol{\tau} = \frac{\mathrm{d}\boldsymbol{r}}{\mathrm{d}s} \tag{1-8}$$

其中 $\boldsymbol{\tau}$ 的大小为 $|\boldsymbol{\tau}| = 1$，沿切线指向运动的一方. 由于 $\boldsymbol{\tau}$ 的方向不断变化，所以，$\mathrm{d}\boldsymbol{\tau}/\mathrm{d}t \neq 0$.

还要指出的是，位移的大小 $|\Delta \boldsymbol{r}| = |\boldsymbol{r}_B - \boldsymbol{r}_A|$ 和位矢大小的增量 $\Delta r = |\boldsymbol{r}_B| - |\boldsymbol{r}_A|$，一般不相等，即 $|\Delta \boldsymbol{r}| \neq \Delta r$. 如图 1-7 所示，$|\Delta \boldsymbol{r}| = |\boldsymbol{r}_B - \boldsymbol{r}_A| = |\overline{AB}|$，而 $\Delta r = |\boldsymbol{r}_B| - |\boldsymbol{r}_A| = |\overline{CB}|$.

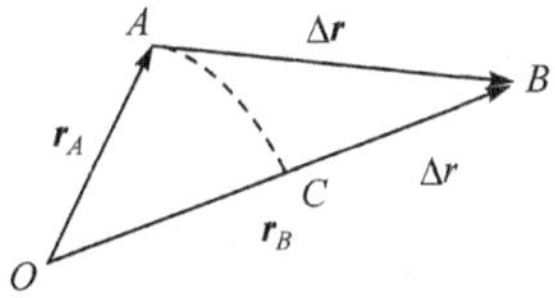

图 1-7　位移大小与位置矢量大小增量的比较

1.2.3 速度矢量

速度是描述物体运动快慢和方向的物理量.

1. 平均速度

若质点在 t 时刻由 A 点经 Δt 时间后运动到 B 点，位移为 $\Delta\boldsymbol{r}$，如图 1-4 所示，则定义在这段时间内质点的平均速度为

$$\bar{\boldsymbol{v}}=\frac{\Delta\boldsymbol{r}}{\Delta t}$$

平均速度表示了一段时间 Δt 内质点位置矢量平均变化快慢的情况，它是一个矢量，其大小为 $|\bar{\boldsymbol{v}}|=\left|\frac{\Delta\boldsymbol{r}}{\Delta t}\right|$，它的方向和 $\Delta\boldsymbol{r}$ 相同. 平均速度与一段时间相对应. 一般来说，若把这段时间分成许多更小的时间间隔，则各小段时间内质点运动的平均快慢程度和运动方向是不同的. 因此，平均速度只能粗略地反映该段时间内质点运动的快慢程度和方向.

2. 瞬时速度

只获得平均速度是远远不够的，很多时候我们需要分析质点在某一时刻或某一位置时的运动情况，为了更精确地描述物体的运动，引入瞬时速度的概念. 如图 1-8 所示，当 $\Delta t\to 0$ 时平均速度的极限值叫做 t 时刻质点的**瞬时速度**，简称**速度**，用 $\boldsymbol{v}$ 表示，则

$$\boldsymbol{v}=\lim_{\Delta t\to 0}\frac{\Delta\boldsymbol{r}}{\Delta t}=\frac{\mathrm{d}\boldsymbol{r}}{\mathrm{d}t} \tag{1-9}$$

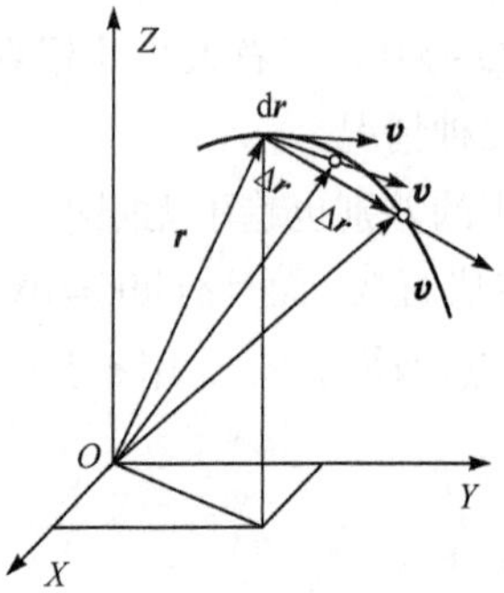

图 1-8 速度的方向就是切线方向

显然，速度等于位置矢量对时间的一阶导数，它的方向是 $\Delta\boldsymbol{r}$ 的极限方向，即质点运动轨道上该点的切线方向. 于是，只要知道了用位矢表示的质点运动方程，就可求导得到质点的速度.

3. 平均速率

如果从时刻 t 到时刻 $t+\Delta t$，质点走过的路程为 Δs，则 Δs 与 Δt 的比值称为质点在该段时间内的平均速率，用 $\bar{v}$ 表示，则

$$\bar{v}=\frac{\Delta s}{\Delta t}$$

它是一个标量，描述质点沿运动轨道移动的平均快慢程度. 由于一般情况下 $\Delta s \neq |\Delta r|$，所以平均速度的大小一般不等于平均速率，即 $|\bar{\boldsymbol{v}}| \neq \bar{v}$. 例如，质点从某个位置出发，经过任意一段路径回到原来位置，由于质点的位移为零，因此平均速度等于零，但路程不为零，平均速率就不为零.

4. 瞬时速率

质点在某时刻(或某位置处)的瞬时速率(简称速率)是在 $\Delta t \to 0$ 时平均速率的极限，即

$$v = \lim_{\Delta t \to 0} \bar{v} = \lim_{\Delta t \to 0} \frac{\Delta s}{\Delta t} = \frac{\mathrm{d}s}{\mathrm{d}t} \tag{1-10}$$

由于 $|\mathrm{d}\boldsymbol{r}| = \mathrm{d}s$，又 $|\boldsymbol{v}| = \left|\frac{\mathrm{d}\boldsymbol{r}}{\mathrm{d}t}\right|$，所以有 $v = |\boldsymbol{v}|$，即速率等于速度的大小.

如果要具体求出质点的速度，我们应当在所建立的坐标系中写出质点的运动方程：$\boldsymbol{r} = \boldsymbol{r}(t)$，然后由速度的定义 $\boldsymbol{v} = \frac{\mathrm{d}\boldsymbol{r}}{\mathrm{d}t}$ 求解. 在直角坐标系中，运动方程写成

$$\boldsymbol{r} = \boldsymbol{r}(t) = x(t)\boldsymbol{i} + y(t)\boldsymbol{j} + z(t)\boldsymbol{k}$$

注意到 $\boldsymbol{i}$、$\boldsymbol{j}$、$\boldsymbol{k}$ 是恒单位矢量，所以有

$$\boldsymbol{v} = \frac{\mathrm{d}\boldsymbol{r}}{\mathrm{d}t} = \frac{\mathrm{d}x}{\mathrm{d}t}\boldsymbol{i} + \frac{\mathrm{d}y}{\mathrm{d}t}\boldsymbol{j} + \frac{\mathrm{d}z}{\mathrm{d}t}\boldsymbol{k} \tag{1-11}$$

$\boldsymbol{v}$ 在三个坐标轴的分量分别用 v_x、v_y、v_z 表示，即

$$\boldsymbol{v} = v_x\boldsymbol{i} + v_y\boldsymbol{j} + v_z\boldsymbol{k} \tag{1-12}$$

比较式(1-11)与式(1-12)两式，得到

$$v_x = \frac{\mathrm{d}x}{\mathrm{d}t}, \quad v_y = \frac{\mathrm{d}y}{\mathrm{d}t}, \quad v_z = \frac{\mathrm{d}z}{\mathrm{d}t}$$

可见，速度 $\boldsymbol{v}$ 在三个坐标轴上的分量等于相应的坐标对时间的一阶导数. v_x、v_y、v_z 分别是质点沿 X、Y、Z 方向的速度，速度的大小为

$$\begin{aligned} v &= \sqrt{v_x^2 + v_y^2 + v_z^2} \\ &= \sqrt{\left(\frac{\mathrm{d}x}{\mathrm{d}t}\right)^2 + \left(\frac{\mathrm{d}y}{\mathrm{d}t}\right)^2 + \left(\frac{\mathrm{d}z}{\mathrm{d}t}\right)^2} \end{aligned}$$

其方向可由方向余弦表示.

对于速度，还可以用另一种方法表示. 根据导数的概念，速度可以改写为

$$\boldsymbol{v}=\frac{\mathrm{d}\boldsymbol{r}}{\mathrm{d}t}=\frac{\mathrm{d}\boldsymbol{r}}{\mathrm{d}s}\frac{\mathrm{d}s}{\mathrm{d}t}=v\boldsymbol{\tau} \tag{1-13}$$

式中，v 表示速度的大小，$\boldsymbol{\tau}$ 表示切线方向单位矢量，即速度方向的单位矢量. 式(1-13)就是通常所说的速率即为速度的大小，方向为沿其切线方向的数学表示.

1.2.4 加速度矢量

质点在轨道上不同的位置，其速度的大小和方向通常都是不相同的. 为反映质点速度的变化快慢，我们引入加速度矢量.

1. 平均加速度

如图 1-9 所示，设质点沿某一曲线运动，t_1 时刻质点处于 P_1 点，其速度为 $\boldsymbol{v}_1$；t_2 时刻质点运动到 P_2 点，速度为 $\boldsymbol{v}_2$. 在 Δt 时间内，质点速度的大小和方向都发生了变化，将 P_2 点的速度 $\boldsymbol{v}_2$ 平移到 P_1 点，得速度的增量为 $\Delta\boldsymbol{v}=\boldsymbol{v}_2-\boldsymbol{v}_1$. 定义质点在 Δt 这段时间内的平均加速度为

$$\overline{\boldsymbol{a}}=\frac{\Delta\boldsymbol{v}}{\Delta t}$$

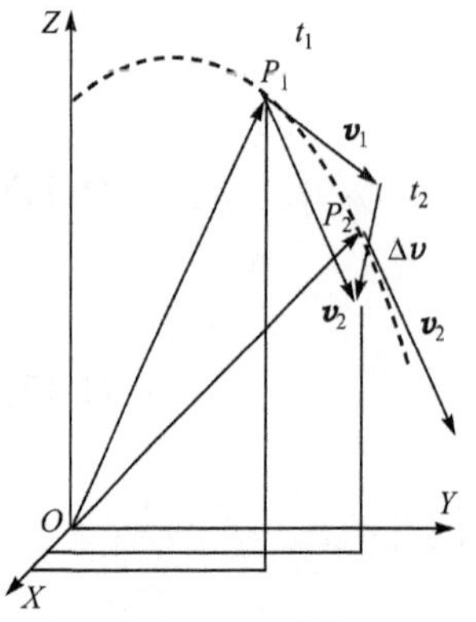

图 1-9 加速度

显然，平均加速度 $\overline{\boldsymbol{a}}$ 是一个矢量，其大小 $|\overline{\boldsymbol{a}}|=\left|\frac{\Delta\boldsymbol{v}}{\Delta t}\right|$，方向与 $\Delta\boldsymbol{v}=\boldsymbol{v}_B-\boldsymbol{v}_A$ 的方向相同.

平均加速度只能描述一段时间内速度随时间的变化率.

2. 瞬时加速度

为了精确地描述质点在任一时刻 t (或任一位置处)运动速度的变化情况，引入瞬时加速度(即**加速度**)的概念. 质点在某时刻或某位置的瞬时加速度等于当 $\Delta t\to 0$ 时平均加速度的极限值，可表示为

$$\boldsymbol{a}=\lim_{\Delta t\to 0}\overline{\boldsymbol{a}}=\lim_{\Delta t\to 0}\frac{\Delta\boldsymbol{v}}{\Delta t}=\frac{\mathrm{d}\boldsymbol{v}}{\mathrm{d}t}=\frac{\mathrm{d}^2\boldsymbol{r}}{\mathrm{d}t^2} \tag{1-14}$$

所以，质点的加速度等于质点的速度矢量对时间的变化率(或一阶导数)，或等于位置矢量对时间的二阶导数.

加速度 $\boldsymbol{a}$ 是一个矢量，其大小 $|\boldsymbol{a}|=\left|\frac{\mathrm{d}\boldsymbol{v}}{\mathrm{d}t}\right|=\left|\frac{\mathrm{d}^2\boldsymbol{r}}{\mathrm{d}t^2}\right|$(注意，一般情况下，$a\neq\frac{\mathrm{d}v}{\mathrm{d}t}\neq\frac{\mathrm{d}^2r}{\mathrm{d}t^2}$)，其单位是米/秒²($\mathrm{m/s^2}$). 加速度的方向就是当 $\Delta t\to 0$ 时，平均加速度 $\overline{\boldsymbol{a}}=\frac{\Delta\boldsymbol{v}}{\Delta t}$ 或速

度增量 $\Delta\boldsymbol{v}$ 的极限方向.

应该注意到：**加速度的方向是质点速度增量的极限方向**. $\Delta\boldsymbol{v}$ 的方向和极限方向一般不同于速度 $\boldsymbol{v}$ 的方向，因而加速度的方向与同一时刻速度的方向一般不一致. 质点做曲线运动时，很显然，**加速度总是指向曲线凹侧**，如图 1-10 所示. $\boldsymbol{v}$ 沿轨迹的切线方向，而加速度 $\boldsymbol{a}$ 指向曲线凹侧.

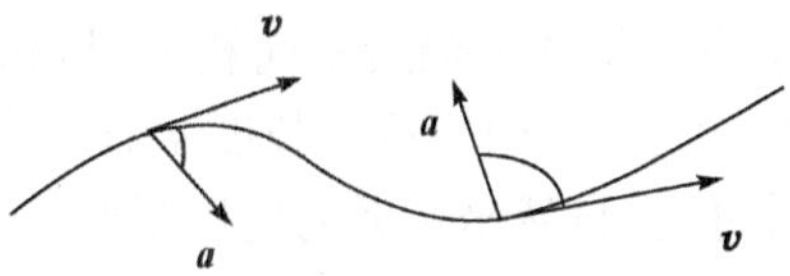

图 1-10　加速度与速度的方向

以上给出的加速度的一般定义适用于任何坐标系，下面讨论加速度在两种常见坐标系中的表示形式.

3. 加速度在直角坐标系中的表示

设质点的运动方程为 $\boldsymbol{r}=x(t)\boldsymbol{i}+y(t)\boldsymbol{j}+z(t)\boldsymbol{k}$ ，则由速度的定义式(1-9)得质点的速度 $\boldsymbol{v}=\frac{\mathrm{d}\boldsymbol{r}}{\mathrm{d}t}=\frac{\mathrm{d}x}{\mathrm{d}t}\boldsymbol{i}+\frac{\mathrm{d}y}{\mathrm{d}t}\boldsymbol{j}+\frac{\mathrm{d}z}{\mathrm{d}t}\boldsymbol{k}$ ，又由加速度的定义式(1-14)得质点的加速度

$$\boldsymbol{a}=\frac{\mathrm{d}\boldsymbol{v}}{\mathrm{d}t}=\frac{\mathrm{d}v_x}{\mathrm{d}t}\boldsymbol{i}+\frac{\mathrm{d}v_y}{\mathrm{d}t}\boldsymbol{j}+\frac{\mathrm{d}v_z}{\mathrm{d}t}\boldsymbol{k}=\frac{\mathrm{d}^2\boldsymbol{r}}{\mathrm{d}t^2}=\frac{\mathrm{d}^2x}{\mathrm{d}t^2}\boldsymbol{i}+\frac{\mathrm{d}^2y}{\mathrm{d}t^2}\boldsymbol{j}+\frac{\mathrm{d}^2z}{\mathrm{d}t^2}\boldsymbol{k} \tag{1-15}$$

又加速度在直角坐标系中可写为

$$\boldsymbol{a}=a_x\boldsymbol{i}+a_y\boldsymbol{j}+a_z\boldsymbol{k} \tag{1-16}$$

对照以上两式，可得

$$a_x=\frac{\mathrm{d}v_x}{\mathrm{d}t}=\frac{\mathrm{d}^2x}{\mathrm{d}t^2},\quad a_y=\frac{\mathrm{d}v_y}{\mathrm{d}t}=\frac{\mathrm{d}^2y}{\mathrm{d}t^2},\quad a_z=\frac{\mathrm{d}v_z}{\mathrm{d}t}=\frac{\mathrm{d}^2z}{\mathrm{d}t^2} \tag{1-17}$$

运动是加速还是减速，取决于速度和加速度方向是同向还是反向.

加速度是矢量，其大小为

$$a=\sqrt{a_x^2+a_y^2+a_z^2}=\sqrt{\left(\frac{\mathrm{d}\boldsymbol{v}_x}{\mathrm{d}t}\right)^2+\left(\frac{\mathrm{d}v_y}{\mathrm{d}t}\right)^2+\left(\frac{\mathrm{d}v_z}{\mathrm{d}t}\right)^2}$$

$$=\sqrt{\left(\frac{\mathrm{d}^2x}{\mathrm{d}t^2}\right)^2+\left(\frac{\mathrm{d}^2y}{\mathrm{d}t^2}\right)^2+\left(\frac{\mathrm{d}^2z}{\mathrm{d}t^2}\right)^2}$$

其方向可由方向余弦表示.

4. 加速度在自然坐标系中的表示

1) 平面自然坐标系

平面曲线运动中，还常采用另一种坐标系——**平面自然坐标系**(简称自然坐标系). 所谓自然坐标系，以运动质点为坐标原点，取轨迹上任意一点 O 为坐标原点的起始位置，以质点的运动方向为一个坐标轴，称为切线方向，切线方向的单位矢量记为 $\boldsymbol{\tau}$；取垂直于切线方向且指向轨道凹侧的方向为另一个坐标轴，称为法线方向，单位矢量记为 $\boldsymbol{n}$，用轨迹的长度 s 来描述质点的位置，如图 1-11 所示. 与直角坐标系不同的是，自然坐标系的坐标原点随着质点而运动，**坐标轴 $\boldsymbol{\tau}$、$\boldsymbol{n}$ 的方向不断变化，是变单位矢量**，不像直角坐标系中的 $\boldsymbol{i}$、$\boldsymbol{j}$、$\boldsymbol{k}$ 那样是恒单位矢量.

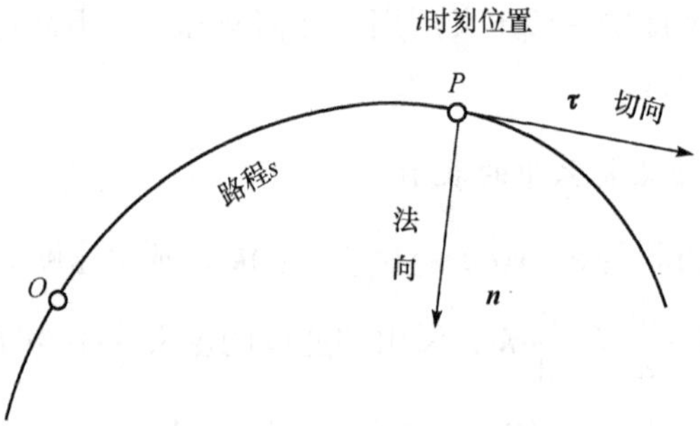

图 1-11 自然坐标系

2) 平面曲线的曲率半径 ρ

在微分几何中，曲率的倒数就是曲率半径，即 $\rho = 1/K$. 平面曲线的曲率就是曲线上某个点的切线方向角对弧长的转动率，如图 1-12 所示，曲线上 M 点的曲率半径等于最接近该点处曲线的圆弧的半径，圆形越大，弯曲程度就越小，也就越近似一条直线. 所以，圆越大，曲率越小，曲率半径也就越大. 这样，质点的曲线轨迹就可以看作由无穷多个圆的切点组合而成.

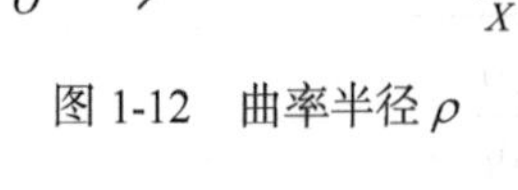

图 1-12 曲率半径 ρ

3) 加速度在自然坐标系中的表示

在自然坐标系中，质点的运动速度可由式(1-13)得到

$$\boldsymbol{v} = v\boldsymbol{\tau}$$

根据加速度的定义得

$$\boldsymbol{a} = \frac{\mathrm{d}\boldsymbol{v}}{\mathrm{d}t} = \frac{\mathrm{d}}{\mathrm{d}t}(v\boldsymbol{\tau}) = \frac{\mathrm{d}v}{\mathrm{d}t}\boldsymbol{\tau} + v\frac{\mathrm{d}\boldsymbol{\tau}}{\mathrm{d}t} \tag{1-18}$$

其中 $\frac{\mathrm{d}v}{\mathrm{d}t}$ 表示质点的速率随时间的变化率，$\frac{\mathrm{d}\boldsymbol{\tau}}{\mathrm{d}t}$ 应表示质点的速度方向(轨道的切

线方向)随时间的变化率，尽管$\boldsymbol{\tau}$ 的大小不变(等于 1)，但其方向在变. 下面先来计算$\dfrac{\mathrm{d}\boldsymbol{\tau}}{\mathrm{d}t}$.

如图 1-13 所示，PQ 是一个质点的运动轨迹. 假定质点经过$\mathrm{d}t$ 时间，由 A 运动到 B，运动的路程为$\mathrm{d}s$. 由于$\mathrm{d}s$ 很小，所以可以近似认为它是一段小圆弧，对应的曲率中心为 C，即 A、B 两点法线的交点，曲率半径为ρ，即 A、C 两点的距离.

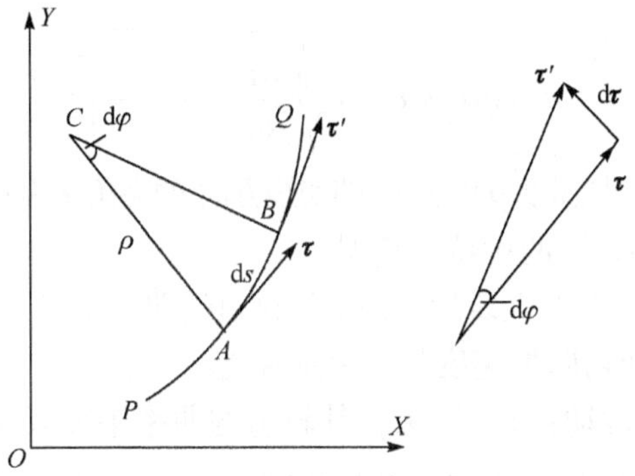

图 1-13　切线方向对时间一阶变化率的分析

设 A 点处切向单位矢量为$\boldsymbol{\tau}$，B 点处切向单位矢量为$\boldsymbol{\tau}'$，$\boldsymbol{\tau}$ 和$\boldsymbol{\tau}'$的夹角为$\mathrm{d}\varphi$ (质点由 A 运动到 B，法线扫过的角度也为该值). 画出$\boldsymbol{\tau}$、$\boldsymbol{\tau}'$和$\mathrm{d}\boldsymbol{\tau}$构成的矢量三角形图，由于$\mathrm{d}\varphi$很小，所以该三角形为两底角近似为直角的等腰三角形(因为$|\boldsymbol{\tau}|=|\boldsymbol{\tau}'|=1$)，$\boldsymbol{\tau}$ 的增量$\mathrm{d}\boldsymbol{\tau}(=\boldsymbol{\tau}'-\boldsymbol{\tau})\perp\boldsymbol{\tau}$，即$\mathrm{d}\boldsymbol{\tau}$与$\boldsymbol{n}$同向，如图 1-13 所示. 因此有

$$\mathrm{d}\boldsymbol{\tau}=\tau\mathrm{d}\varphi\boldsymbol{n}=\mathrm{d}\varphi\boldsymbol{n}$$

$$\frac{\mathrm{d}\boldsymbol{\tau}}{\mathrm{d}t}=\frac{\mathrm{d}\varphi}{\mathrm{d}t}\boldsymbol{n}$$

又

$$\frac{\mathrm{d}\varphi}{\mathrm{d}t}=\frac{\mathrm{d}\varphi}{\mathrm{d}s}\frac{\mathrm{d}s}{\mathrm{d}t}=\upsilon\frac{1}{\dfrac{\mathrm{d}s}{\mathrm{d}\varphi}}=\frac{\upsilon}{\rho}$$

代入式(1-18)中，得

$$\boldsymbol{a}=\frac{\mathrm{d}\upsilon}{\mathrm{d}t}\boldsymbol{\tau}+\frac{\upsilon^2}{\rho}\boldsymbol{n}\tag{1-19}$$

所以加速度$\boldsymbol{a}$有两个垂直分量:一个是在切向$\boldsymbol{\tau}$ 的投影,称为切向加速度$\boldsymbol{a}_t=\dfrac{\mathrm{d}\upsilon}{\mathrm{d}t}\boldsymbol{\tau}$，它描述质点速率变化的快慢，大小为$a_t=\dfrac{\mathrm{d}\upsilon}{\mathrm{d}t}$；另一个是在法向$\boldsymbol{n}$ 的投影，称为法

向加速度$\boldsymbol{a}_n=\dfrac{v^2}{\rho}\boldsymbol{n}$，它描述质点运动方向变化的快慢，大小为$a_n=\dfrac{v^2}{\rho}$，方向与切向垂直，且指向轨道凹侧的一方(指向轨道的曲率中心)，这样，在自然坐标系中，质点的总加速度写为

$$\boldsymbol{a}=a_t\boldsymbol{\tau}+a_n\boldsymbol{n} \tag{1-20}$$

大小为

$$a=\sqrt{a_t^2+a_n^2}=\sqrt{\left(\frac{\mathrm{d}v}{\mathrm{d}t}\right)^2+\left(\frac{v^2}{\rho}\right)^2} \tag{1-21}$$

其中$\boldsymbol{a}$的方向可以用它与速度$\boldsymbol{v}$的方向(即切线方向)的夹角θ表示，$\theta=\arctan(a_n/a_t)$.

我们经常会遇到以下两种特殊情况：

(1) 直线运动：质点做直线运动时，其轨道的曲率半径$\rho\to\infty$，此时$a_n=0$，则$a=a_t=\mathrm{d}v/\mathrm{d}t$，即切向加速度就是总加速度.

(2) 匀速率圆周运动：$v=$恒量，其轨道的曲率半径$\rho=R$，此时$a_t=0$，则$a=a_n=v^2/R$，即法向加速度就是总加速度.

1.3 质点运动学的基本问题

在运动学中，要确定质点的运动状态，无非就是研究质点的位置矢量、速度、加速度等几个物理量的关系，根据前面给出这些物理量的定义，实际上就存在以下两种情况：

(1) 如果已知质点的位置矢量随时间的变化关系$\boldsymbol{r}=\boldsymbol{r}(t)$，则通过位矢$\boldsymbol{r}$对时间$t$求一阶导数，可得速度$\boldsymbol{v}(t)$，再求$\boldsymbol{v}(t)$对$t$的一阶导数，就可得到加速度$\boldsymbol{a}(t)$.

(2) 如果已知质点的加速度随时间的变化关系$\boldsymbol{a}=\boldsymbol{a}(t)$，要求$\boldsymbol{v}(t)$和$\boldsymbol{r}(t)$，根据其定义，应为积分运算. 加速度对时间积分一次，得速度$\boldsymbol{v}=\int\boldsymbol{a}\mathrm{d}t+c_1$，速度对时间再积分一次，可得位置矢量，$\boldsymbol{r}=\int\boldsymbol{v}\mathrm{d}t+c_2$，其中$c_1$、$c_2$为积分常量，由质点的初始状态确定.

下面结合例题，来讨论这两种情况.

例 1-1 一质点沿X轴做直线运动，其运动学方程为$x(t)=10+8t-4t^2$(SI)，求：

(1) 质点在第 1 秒和第 2 秒内的平均速度；

(2) 质点在$t=0$s、1s、2s 时的速度；

(3) 质点的加速度.

解 (1) 由运动学方程$x(t)=10+8t-4t^2$，可得$t=0$s、1s、2s 时的坐标分别为

$$x_0 = 10\text{m}$$

$$x_1 = 14\text{m}$$

$$x_2 = 10\text{m}$$

质点在第 1 秒内的平均速度

$$\bar{v}_{0-1} = \frac{\Delta x}{\Delta t} = \frac{x_1 - x_0}{\Delta t} = \frac{(14-10)}{(1-0)}\text{m/s} = 4\ \text{m/s}$$

方向与 X 轴正向相同.

质点在第 2 秒内的平均速度

$$\bar{v}_{1-2} = \frac{\Delta x}{\Delta t} = \frac{x_2 - x_1}{\Delta t} = \frac{(10-14)}{(2-1)}\text{m/s} = -4\,\text{m/s}$$

方向与 X 轴正向相反.

(2) 由位置的求导可得速度

$$v_x = \frac{\mathrm{d}x}{\mathrm{d}t} = 8 - 8t$$

$$t = 0\text{s},\quad v_0 = 8\text{m/s}$$

$$t = 1\text{s},\quad v_1 = 0\text{m/s}$$

$$t = 2\text{s},\quad v_2 = -8\text{m/s}$$

(3) 由速度求导可得加速度

$$a_x = \frac{\mathrm{d}v_x}{\mathrm{d}t} = \frac{\mathrm{d}^2 x}{\mathrm{d}t^2} = -8\text{m/s}^2$$

例 1-2　已知质点的加速度为 $\boldsymbol{a} = \boldsymbol{i} + 3t^2\boldsymbol{j}$，已知 $t = 0$ 时质点的速度为 $\boldsymbol{v}_0 = \boldsymbol{i}$，位矢为 $\boldsymbol{r}_0 = 3\boldsymbol{j}$，求：$t = 2\text{s}$ 时质点的加速度、速度和位矢(SI).

解　因为

$$\boldsymbol{a} = \boldsymbol{i} + 3t^2\boldsymbol{j} \qquad ①$$

所以，根据 $\boldsymbol{a} = \dfrac{\mathrm{d}\boldsymbol{v}}{\mathrm{d}t}$ 得

$$\mathrm{d}\boldsymbol{v} = \boldsymbol{a}\mathrm{d}t \qquad ②$$

对式②作不定积分，得

$$\boldsymbol{v} = \int \boldsymbol{a}\mathrm{d}t + c_1 = \int (\boldsymbol{i} + 3t^2\boldsymbol{j})\mathrm{d}t + c_1 = t\boldsymbol{i} + t^3\boldsymbol{j} + c_1$$

因为$t=0$时，$\boldsymbol{v}_0=\boldsymbol{i}$，代入上式得$c_1=\boldsymbol{i}$，所以

$$\boldsymbol{v}=(t+1)\boldsymbol{i}+t^3\boldsymbol{j} \quad ③$$

根据速度的定义$\boldsymbol{v}=\dfrac{\mathrm{d}\boldsymbol{r}}{\mathrm{d}t}$，得

$$\mathrm{d}\boldsymbol{r}=\boldsymbol{v}\mathrm{d}t \quad ④$$

对式④作不定积分，得

$$\boldsymbol{r}=\int\boldsymbol{v}\mathrm{d}t+c_2=\int[(t+1)\boldsymbol{i}+t^3\boldsymbol{j}]\mathrm{d}t+c_2=\left(\frac{1}{2}t^2+t\right)\boldsymbol{i}+\frac{1}{4}t^4\boldsymbol{j}+c_2$$

因为$t=0$时，$\boldsymbol{r}_0=3\boldsymbol{j}$，代入上式，得$c_2=3\boldsymbol{j}$，所以

$$\boldsymbol{r}=\left(\frac{1}{2}t^2+t\right)\boldsymbol{i}+\left(\frac{1}{4}t^4+3\right)\boldsymbol{j} \quad ⑤$$

式①、式③、式⑤分别给出了任意时刻t的加速度、速度和位矢. 要求$t=2\mathrm{s}$时质点的加速度、速度和位矢，只需将$t=2\mathrm{s}$代入以上三式就可求解，即

$$\boldsymbol{a}_2=(\boldsymbol{i}+3t^2\boldsymbol{j})\big|_{t=2}=\boldsymbol{i}+12\boldsymbol{j}\ (\mathrm{m/s^2})$$

$$\boldsymbol{v}_2=[(t+1)\boldsymbol{i}+t^3\boldsymbol{j}]\big|_{t=2}=3\boldsymbol{i}+8\boldsymbol{j}\ (\mathrm{m/s})$$

$$\boldsymbol{r}_2=\left[\left(\frac{1}{2}t^2+t\right)\boldsymbol{i}+\left(\frac{1}{4}t^4+3\right)\boldsymbol{j}\right]\bigg|_{t=2}=4\boldsymbol{i}+7\boldsymbol{j}\ (\mathrm{m})$$

本题也可直接采用定积分的方法，得到速度和位置的关系式.

例 1-3 一质点沿X轴运动，其加速度$a=-kv^2$，其中k为正常量. 当$t=0$时，$x=0$，$v=v_0$. 求：

(1) 质点的速度和坐标与时间的函数关系$v(t)$、$x(t)$；

(2) 质点速度与坐标的函数关系$v(x)$.

解 (1) 由$a(t)$求$v(t)$和由$v(t)$求$x(t)$都是积分问题.

由$a=-kv^2=\dfrac{\mathrm{d}v}{\mathrm{d}t}$，利用分离变量法可得

$$\frac{\mathrm{d}v}{v^2}=-k\mathrm{d}t$$

两边作定积分

$$\int_{v_0}^{v}\frac{\mathrm{d}v}{v^2}=\int_0^t-k\mathrm{d}t$$

得

$$v(t)=\frac{v_0}{1+kv_0t} \quad ①$$

因为$v=\frac{dx}{dt}=\frac{v_0}{1+kv_0t}$，所以

$$dx=vdt=\frac{v_0}{1+kv_0t}dt$$

两边作定积分

$$\int_0^x dx=\int_0^t\frac{v_0}{1+kv_0t}dt$$

得

$$x=\frac{1}{k}\ln(1+kv_0t) \quad ②$$

(2) 将式①代入式②，将时间t消去，得

$$x=\frac{1}{k}\ln\frac{v_0}{v}$$

即

$$v=v_0e^{-kx}$$

本题中的时间t很容易消去，得到$v(x)$，但在一般情况下，这种方法是很繁琐的，因此，我们往往采用以下方法进行.

因为

$$a=\frac{dv}{dt}=\frac{dv}{dx}\frac{dx}{dt}=v\frac{dv}{dx}=-kv^2$$

所以

$$\frac{dv}{v}=-kdx$$

两边作定积分

$$\int_{v_0}^{v}\frac{dv}{v}=\int_0^x-kdx$$

得

$$v=v_0e^{-kx}$$

这种避开t，直接由$a(v)$积分得到$v(x)$的方法，以后常会用到.

1.4 平面曲线运动

如果质点在平面上的运动轨迹相对于选定的参考系是曲线，则这种运动称为**平面曲线运动**，后面简称**曲线运动**. 质点运动速度的大小和方向都会时刻改变，所以描述质点运动的物理量(位置、位移、速度、加速度)必须要注意矢量性，可见矢量运算在物理学中的重要性. 曲线运动是较为普遍的运动形式，如平抛运动、

斜上抛运动、圆周运动等都属于曲线运动. 一般来说，一个物体的曲线运动是比较复杂的，这里我们讨论两种曲线运动：匀变速曲线运动和圆周运动.

1.4.1 匀变速曲线运动

加速度的大小和方向都不随时间改变，即加速度 $\boldsymbol{a}$ 为恒矢量的运动，称为匀变速运动. 在地球表面附近不太大的范围内，重力加速度 $\boldsymbol{g}$ 可看成一个恒矢量. 在忽略空气阻力的情况下，向空中任意方向以一定的初速度抛出一物体，物体将在重力作用下沿一抛物线运动而落向地面. 这种在竖直平面内由抛射引起的运动称为抛体运动. 例如，投掷的篮球的运动、踢出去的足球的运动、飞机投弹、电子束在匀强电场中的偏转等，都属于匀变速曲线运动.

下面由匀变速运动的特征 $\boldsymbol{a}=$ 恒矢量出发，来确定任意时刻的速度和位置. 设 $t=0$ 时，$\boldsymbol{v}=\boldsymbol{v}_0$，$\boldsymbol{r}=\boldsymbol{r}_0$.

根据加速度的定义 $\boldsymbol{a}=\dfrac{\mathrm{d}\boldsymbol{v}}{\mathrm{d}t}$，有 $\mathrm{d}\boldsymbol{v}=\boldsymbol{a}\mathrm{d}t$. 两边积分，并注意到 $\boldsymbol{a}$ 是常量，得

$$\int_{\boldsymbol{v}_0}^{\boldsymbol{v}}\mathrm{d}\boldsymbol{v}=\int_0^t\boldsymbol{a}\mathrm{d}t=\boldsymbol{a}\int_0^t\mathrm{d}t$$

积分得

$$\boldsymbol{v}=\boldsymbol{v}_0+\boldsymbol{a}t \tag{1-22}$$

中学讲过的 $v=v_0+at$ 是式(1-22)的特殊情况. 式(1-22)不仅适用于直线运动，而且也适用于曲线运动. 可以看出，**任一时刻 $\boldsymbol{v}$、$\boldsymbol{v}_0$ 和 $\boldsymbol{a}t$ 正好构成一矢量三角形**，如图 1-14 所示.

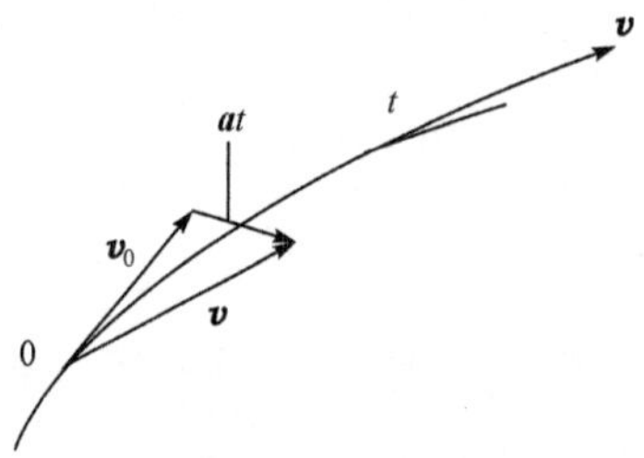

图 1-14 $\boldsymbol{v}$、$\boldsymbol{v}_0$ 和 $\boldsymbol{a}t$ 构成一个矢量三角形

由速度的定义 $\boldsymbol{v}=\dfrac{\mathrm{d}\boldsymbol{r}}{\mathrm{d}t}$，有 $\mathrm{d}\boldsymbol{r}=\boldsymbol{v}\mathrm{d}t$，将式(1-22)代入该式，两边积分，得

$$\int_{\boldsymbol{r}_0}^{\boldsymbol{r}}\mathrm{d}\boldsymbol{r}=\int_0^t\boldsymbol{v}\mathrm{d}t=\int_0^t(\boldsymbol{v}_0+\boldsymbol{a}t)\mathrm{d}t$$

积分得

$$\Delta\boldsymbol{r}=\boldsymbol{r}-\boldsymbol{r}_0=\boldsymbol{v}_0t+\frac{1}{2}\boldsymbol{a}t^2 \tag{1-23}$$

中学讲过的 $s=v_0t+\dfrac{1}{2}at^2$ 是它的特例. 由式(1-23)知，$\Delta\boldsymbol{r}=\boldsymbol{r}-\boldsymbol{r}_0$、$\boldsymbol{v}_0t$ 和 $\dfrac{1}{2}\boldsymbol{a}t^2$ 也构成了一个矢量三角形，如图 1-15 所示.

式(1-22)和式(1-23)就是匀变速运动中质点的速度和位置，它们是分析抛体运动的基础公式. 对抛体运动，由于是在竖直平面内运动，因此，在该平面内以抛

出点为坐标原点，建立平面直角坐标系 OXY，式(1-22)和式(1-23)在该坐标系中的分量形式可写为

$$\begin{cases} v_x = v_{0x} + a_x t \\ v_y = v_{0y} + a_y t \end{cases} \tag{1-22a}$$

$$\begin{cases} x - x_0 = v_{0x} t + \dfrac{1}{2} a_x t^2 \\ y - y_0 = v_{0y} t + \dfrac{1}{2} a_y t^2 \end{cases} \tag{1-23a}$$

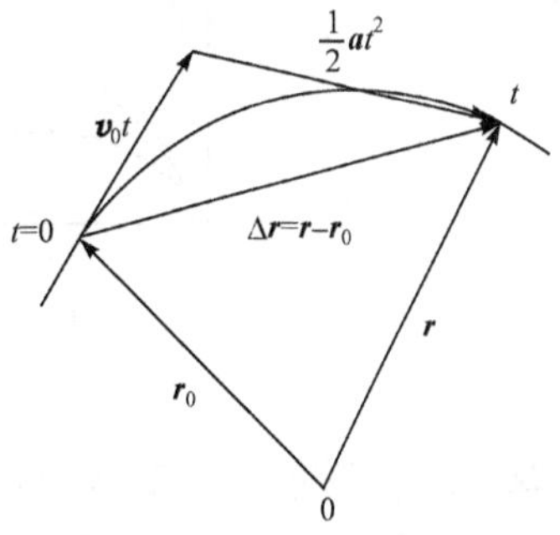

图 1-15　$\Delta\boldsymbol{r}$ 、$\boldsymbol{v}_0 t$ 和 $\frac{1}{2}\boldsymbol{a}t^2$ 构成一个矢量三角形

若初速度 $\boldsymbol{v}_0$ 的方向和 X 轴正向的夹角为 θ，则由式(1-22a)得到

$$v_x = v_0 \cos\theta\,,\quad v_y = v_0 \sin\theta - gt \tag{1-22b}$$

质点的坐标由式(1-23a)得到

$$x = v_0 t \cos\theta\,,\quad y = v_0 t \sin\theta - \frac{1}{2} g t^2 \tag{1-23b}$$

在此，容易解得射高 $H = \dfrac{v_0^2 \sin^2\theta}{2g}$，质点飞行的总时间 $T = \dfrac{2v_0 \sin\theta}{g}$，射程 $x = \dfrac{v_0^2 \sin 2\theta}{g}$.

在式(1-23b)中，消去时间 t，得 $y = x\tan\theta - \dfrac{g}{2v_0^2 \cos^2\theta} x^2$，即**抛体的轨道方程**.

上式是在忽略空气阻力的情况下得出的，只有对密度较大、体积较小的低速物体，才可以近似成立. 对大型物体或高速物体，空气阻力对抛射体运动的影响是很大的. 物体的速率低于 200m/s 时，可以认为空气阻力正比于速率的平方；速率达到 400～600m/s 时，空气阻力和速率的三次方成正比；速率更大，阻力和速率更高次方成正比. 例如，以初速度 550m/s 、抛射角 45° 射出的子弹，按上面公式，射程在 30km 以上，实际上，由于空气的阻力，射程不足 9km；再加上炮弹速度大，理想情况下，射程能够达到 46km，实际射程只有 13km，此时的空气阻力是不能忽略的.

子弹或炮弹在空气中的实际轨迹不是抛物线，而是沿着“弹道曲线”飞行的，弹道曲线和抛物线区别明显，由于空气阻力的影响，它的升弧和降弧不再对称，升弧长而平，降弧短而弯曲，如图 1-16 所示.

例 1-4　一物体以初速为 $\boldsymbol{v}_0$ 斜向上抛出，它与水平面的夹角为 α.

(1) 求抛体运动所需的时间；

(2) 经过多长时间，物体的速度垂直于初速度？

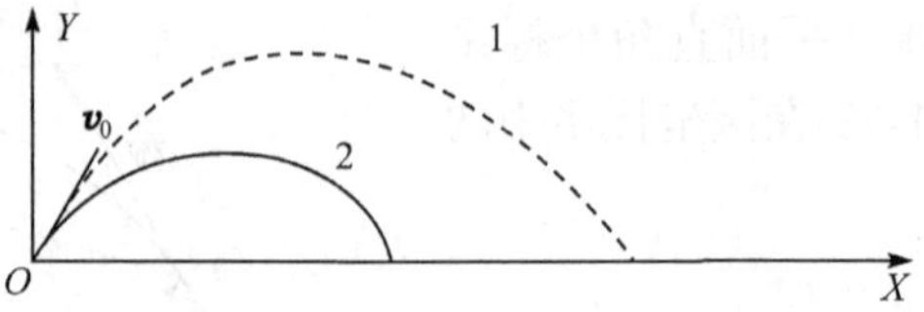

图 1-16 抛物线和弹道曲线

1. 理想轨道；2. 实际轨道

解 设t_1时刻到达最高点，此时速度为$\boldsymbol{v}_1$；t_2时刻物体的速度$\boldsymbol{v}_2$与初速$\boldsymbol{v}_0$垂直.

(1) 如图 1-17 所示，t_1时刻，$\boldsymbol{g}t_1$与$\boldsymbol{v}_1$垂直，$\boldsymbol{v}_0$、$\boldsymbol{g}t_1$与$\boldsymbol{v}_1$构成一矢量直角三角形，有

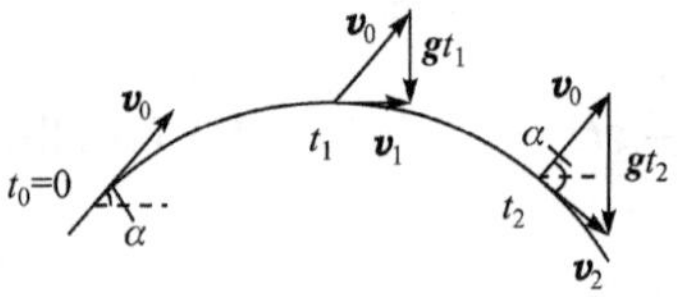

图 1-17 例 1-4 图

$$gt_1 = v_0 \sin\alpha, \quad t_1 = v_0 \sin\alpha / g$$

所以抛体运动的总时间为

$$T = 2t_1 = \frac{2v_0 \sin\alpha}{g}$$

(2) t_2时刻，$\boldsymbol{v}_2$与$\boldsymbol{v}_0$垂直，$\boldsymbol{v}_0$、$\boldsymbol{g}t_2$和$\boldsymbol{v}_2$也构成一矢量直角三角形，有

$$v_0 = gt_2 \sin\alpha, \quad t_2 = \frac{v_0}{g\sin\alpha}$$

例 1-5 一球以 30m/s 的速率水平抛射，试求 5s 后加速度的切向分量和法向分量的大小.

解 由题意建立平面直角坐标系，如图 1-18 所示，平抛运动的运动学方程为

$$\boldsymbol{r}(t) = v_0 t\boldsymbol{i} + \left(\frac{1}{2}gt^2\right)\boldsymbol{j}$$

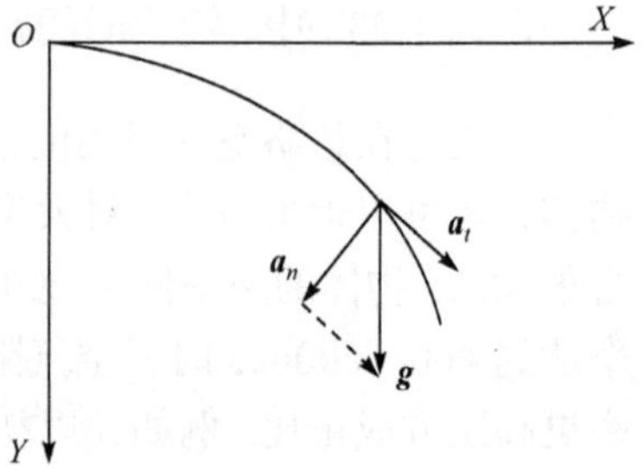

图 1-18 例 1-5 图

任意时刻的速度为

$$\boldsymbol{v}(t) = \frac{\mathrm{d}\boldsymbol{r}(t)}{\mathrm{d}t} = v_0\boldsymbol{i} + (gt)\boldsymbol{j}$$

$$v(t) = |\boldsymbol{v}(t)| = \sqrt{v_0^2 + (gt)^2}$$

任意时刻的切向加速度为

$$a_t(t) = \frac{\mathrm{d}v(t)}{\mathrm{d}t} = \frac{\mathrm{d}}{\mathrm{d}t}\left(\sqrt{v_0^2 + (gt)^2}\right) = \frac{g^2 t}{\sqrt{v_0^2 + g^2 t^2}}$$

5s 时切向加速度为

$$a_t(5)=\frac{10^2\times5}{\sqrt{30^2+10^2\times5^2}}=8.57(\mathrm{m/s^2})$$

又因为平抛运动加速度为

$$\boldsymbol{a}(t)=\frac{\mathrm{d}\boldsymbol{v}(t)}{\mathrm{d}t}=\frac{\mathrm{d}^2\boldsymbol{r}(t)}{\mathrm{d}t^2}=g\boldsymbol{j}$$

所以法向加速度的表达式为

$$a_n(t)=\sqrt{a^2-a_t^2}=\frac{v_0 g}{\sqrt{v_0^2+g^2t^2}}$$

5s 时法向加速度为

$$a_n(5)=\frac{30\times10}{\sqrt{30^2+10^2\times5^2}}=5.14(\mathrm{m/s^2})$$

1.4.2　圆周运动

圆周运动是生产和生活中常见的一种运动，如风扇在工作时其上各点都做圆周运动；开门关门，门上各质点的轨迹都是圆周运动的一部分；钟表的时针、分针、秒针的转动，砂轮的转动等都是圆周运动. 这里我们把**质点沿固定圆轨道的运动，称为圆周运动**，它是比较简单也比较重要的一种曲线运动，是曲线运动中的一个特例. 物体绕定轴转动时，物体中各个质点都是做圆周运动，所以研究圆周运动是研究物体绕定轴转动的基础.

此外，任意形状的曲线都可看作由许多曲率不同的小段圆弧组成(图 1-19)，质点在这样一小段曲线上的运动可以看作圆周运动. 因此，研究圆周运动具有一定的普遍意义.

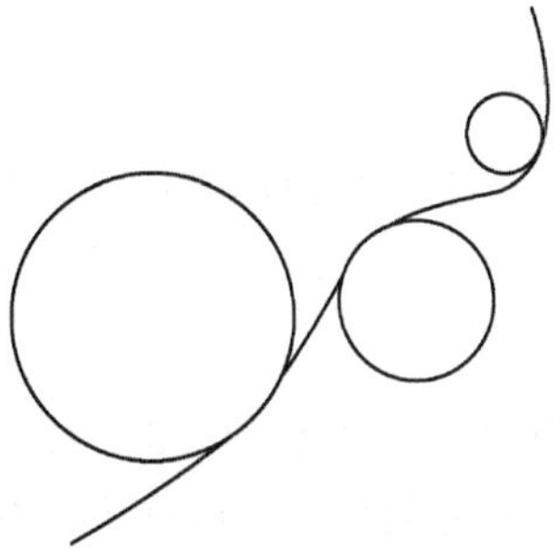

图 1-19　曲线运动与圆周运动的关系

1. 质点做圆周运动的角量描述

假设质点做圆周运动，半径为 R，以圆心 O 为原点建立平面直角坐标系 XOY，如图 1-20 所示. 显然，在任一时刻质点位矢 $\boldsymbol{r}$ 的大小恒等于 R，而其方向却随时间 t 在不断地变化. $\boldsymbol{r}$ 的方位可用它与 X 轴正向的夹角 θ 来表示，我们称 θ 为**角坐标**. 这样，质点做圆周运动时，它在任一时刻 t 所处的位置可由角坐标 $\theta(t)$ 确定，相应的运动方程表示为

$$\theta=\theta(t) \tag{1-24}$$

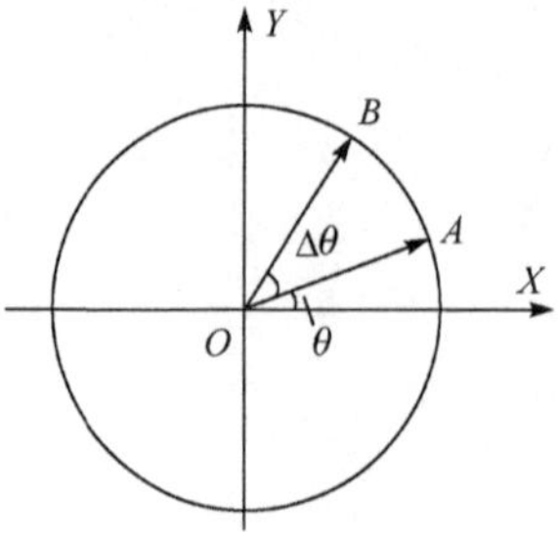

图 1-20　圆周运动的描述

在图 1-20 中，若质点在时刻 t 位于 A 点，其角坐标为 $\theta(t)$，在 $t+\Delta t$ 时刻，质点位于 B 点，其角坐标为 $\theta(t+\Delta t)$，则 $\theta(t+\Delta t)-\theta(t)$ 称为质点在这段时间内的**角位移**，记作 $\Delta\theta$，即

$$\Delta\theta=\theta(t+\Delta t)-\theta(t) \tag{1-25}$$

质点做圆周运动时，其运动的快慢可以用角速度描述. 平均角速度 $\bar{\omega}$ 定义为在 t 到 $t+\Delta t$ 这段时间内质点的角位移 $\Delta\theta$ 与所用时间 Δt 之比，即

$$\bar{\omega}=\frac{\Delta\theta}{\Delta t}$$

为了能够精确地描述质点运动的快慢，定义瞬时角速度(简称**角速度**)为 $\Delta t\to 0$ 时平均角速度的极限值，用 ω 表示，即

$$\omega=\lim_{\Delta t\to 0}\frac{\Delta\theta}{\Delta t}=\frac{\mathrm{d}\theta}{\mathrm{d}t} \tag{1-26}$$

所以，**角速度是角坐标对时间的一阶导数**. 其单位是弧度/秒(rad/s)，或将弧度省略，直接写成秒$^{-1}$(s^{-1}).

对于匀速率圆周运动，ω，v 均保持不变，因而其运动周期可求得为

$$T=\frac{2\pi}{\omega}$$

为了描述角速度随时间变化的快慢，引入**角加速度**的概念. 定义平均角加速度

$$\bar{\beta}=\frac{\Delta\omega}{\Delta t}$$

定义瞬时角加速度(简称角加速度)

$$\beta=\lim_{\Delta t\to 0}\frac{\Delta\omega}{\Delta t}=\frac{\mathrm{d}\omega}{\mathrm{d}t}=\frac{\mathrm{d}^2\theta}{\mathrm{d}t^2} \tag{1-27}$$

其单位是弧度/秒^2($\mathrm{rad/s^2}$)，或直接写为秒$^{-2}$(s^{-2}).

上述**角坐标、角位移、角速度和角加速度等称为角量**，相应地，**位矢、位移、速度和加速度等则称为线量**.

若角速度 ω 为恒量，则质点做匀速率圆周运动；若 β 为恒量，则质点做匀变速圆周运动.

质点做匀速和匀变速圆周运动时，用角量表示的运动方程与匀速直线运动和匀加速直线运动的运动方程完全相似. 匀速圆周运动的运动方程为

$$\theta=\theta_0+\omega t \tag{1-28}$$

匀变速圆周运动的运动方程为

$$\begin{cases}\theta=\theta_0+\omega_0 t+\dfrac{1}{2}\beta t^2\\ \omega=\omega_0+\beta t\\ \omega^2=\omega_0^2+2\beta(\theta-\theta_0)\end{cases} \tag{1-29}$$

式中θ、θ_0、ω、ω_0和β分别表示角位置、初角位置、角速度、初角速度和角加速度.

现在将直线运动和圆周运动的一些公式列表对照，以便参考(表 1-1).

表 1-1　线量与角量对照表

直线运动(线量)	圆周运动(角量)
位置 x，位移 Δx	角位置 θ，角位移 $\Delta\theta$
速度 $\upsilon=\dfrac{dx}{dt}$	角速度 $\omega=\dfrac{d\theta}{dt}$
加速度 $a=\dfrac{d\upsilon}{dt}=\dfrac{d^2x}{dt^2}$	角加速度 $\beta=\dfrac{d\omega}{dt}=\dfrac{d^2\theta}{dt^2}$
匀速直线运动 $x=x_0+\upsilon t$	匀速圆周运动 $\theta=\theta_0+\omega t$
匀变速直线运动 $\begin{cases}x=x_0+\upsilon_0 t+\dfrac{1}{2}at^2\\ \upsilon=\upsilon_0+at\\ \upsilon^2=\upsilon_0^2+2a(x-x_0)\end{cases}$	匀变速圆周运动 $\begin{cases}\theta=\theta_0+\omega_0 t+\dfrac{1}{2}\beta t^2\\ \omega=\omega_0+\beta t\\ \omega^2=\omega_0^2+2\beta(\theta-\theta_0)\end{cases}$

2. 线量与角量之间的关系

质点做圆周运动时，有关线量(速度、加速度)和角量(角速度、角加速度)之间存在着一定关系，推导如下：

若质点在Δt时间内的角位移为$\Delta\theta$，走过的路程为Δs，如图 1-21 所示，则有$\Delta s=R\Delta\theta$. 当$\Delta t\to 0$时，有$ds=Rd\theta$，两边同除以dt，得

$$\frac{ds}{dt}=R\frac{d\theta}{dt}$$

即

$$\upsilon=R\omega \tag{1-30}$$

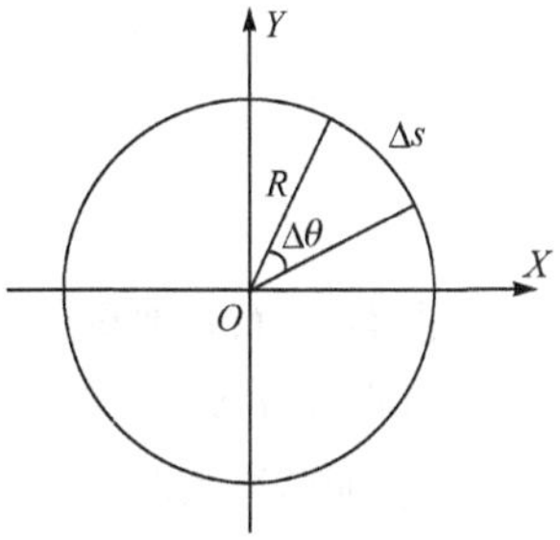

图 1-21　线量与角量

切向加速度的大小

$$a_t=\frac{d\upsilon}{dt}=\frac{d(R\omega)}{dt}=R\beta \tag{1-31}$$

法向加速度的大小

$$a_n=\frac{\upsilon^2}{R}=\omega^2 R \tag{1-32}$$

因为圆周运动的法向总是指向圆心，所以法向加速度 a_n 又称向心加速度.

质点做圆周运动的总加速度 $\boldsymbol{a}=a_t\boldsymbol{\tau}+a_n\boldsymbol{n}$，其大小为

$$a=\sqrt{a_t^2+a_n^2}=\sqrt{(R\beta)^2+\left(\frac{v^2}{R}\right)^2}$$

其方向为 $\alpha=\arctan(a_t/a_n)$ (α 为总加速度 $\boldsymbol{a}$ 与径向的夹角).

例 1-6 一质点沿半径为 0.1m 的圆周运动，其角坐标 $\theta=2+4t^2$ (SI)，求：

(1) $t=2\text{s}$ 时切向加速度和法向加速度的大小；

(2) 切向加速度的大小和法向加速度的大小相等的时刻.

解 由角速度和角加速度的定义有

$$\omega=\frac{\mathrm{d}\theta}{\mathrm{d}t}=8t,\quad \beta=\frac{\mathrm{d}\omega}{\mathrm{d}t}=8\text{rad/s}^2$$

β 为常量，说明质点做匀变速圆周运动.

(1) 切向加速度

$$a_t=R\beta=0.8\text{m/s}^2$$

是常量；

法向加速度

$$a_n=\omega^2R=6.4t^2$$

是时间 t 的函数. 在 $t=2\text{s}$ 时

$$a_n=6.4\times2^2=25.6\,(\text{m/s}^2)$$

(2) $a_t=a_n$，即 $0.8=6.4t^2$ 时，解出

$$t=\frac{\sqrt{2}}{4}=0.354(\text{s})$$

例 1-7 (1) 地球的半径为 6.37×10^6 m，求地球赤道表面上一点相对于地球中心的向心加速度；

(2) 地球绕太阳运行的轨道半径为 1.5×10^{11} m，求地球相对于太阳的向心加速度；

(3) 天文测量表明，太阳系以近似圆形的轨道绕银河系中心运动，半径为 2.8×10^{20} m，速率为 2.5×10^5 m/s，求太阳系相对于银河系中心的向心加速度(天体的运动近似看作圆周运动).

解 (1) 地球赤道表面一点相对于地球中心做圆周运动，因为运动周期为一天是已知的，所以向心角加速度为

$$a_n = R_1\omega_1{}^2 = 6.37\times10^6\times\left(\frac{2\pi}{24\times60\times60}\right)^2 = 3.36\times10^{-2}(\text{m/s}^2)$$

(2) 地球绕太阳公转，周期为一年(365 天)，所以相对太阳中心的向心加速度为

$$a_n = R_2\omega_2{}^2 = 1.5\times10^{11}\times\left(\frac{2\pi}{365\times24\times60\times60}\right)^2 = 5.95\times10^{-3}(\text{m/s}^2)$$

(3) 太阳系相对银河系的向心加速度

$$a_n = \frac{\upsilon_3{}^2}{R_3} = \frac{(2.5\times10^5)^2}{2.8\times10^{20}} = 2.23\times10^{-10}(\text{m/s}^2)$$

我们知道，地球表面的物体由于地球吸引而具有的重力加速度 $\boldsymbol{g}$ 的大小约为 9.8m/s^2，从例 1-7 计算结果可以看出，这几个加速度的大小与重力加速度 g 相比小了两个数量级以上，所以在地球上生活的我们很难感受到自转和公转对我们的影响，自转和公转对应的离心力与地球对我们的引力相比，可以忽略不计.

1.5　相 对 运 动

相对运动

研究质点运动时，常需要从不同的参考系来描述同一个物体的运动. 对于不同的参考系，同一质点的位置、位移、速度、加速度都可能是不同的，这也就是我们常说的“**物体的运动是绝对的，物体运动的描述是相对的**”. 相对于不同的参考系，同一物体的运动规律是不同的，选择什么样的参考系要根据处理问题的方便而定. 但有时必须在特定参考系下观察，而转到另一个参考系下计算，因此，两个参考系之间的参量如何转换显得尤为重要. 例如，对天文的观察总是相对地球进行的，但天文学家却总是希望知道天体相对于恒星系的运动；再如，有关粒子碰撞的实验总是在实验室参考系进行的，但要对问题作定量讨论，在质心参考系就更为简单方便. 两个参考系的转换关系就是我们所要讨论的相对运动.

如图 1-22 所示，小球在一个向右行进的火车中运动，XOY 表示固定在水平地面上的坐标系(称为 O 系)，火车沿 X 轴的一条平直轨道行驶，$X'O'Y'$ 表示固定在火车车厢内的参考系(称为 O' 系). 在 Δt 时间内，如果在 O' 系看来，物体有一个位移 $(\Delta\boldsymbol{r})_{物\to车}$ (下标“物→车”表示“物体相对于车”，下同)，在 O 系看来，这个物体有一个位移 $(\Delta\boldsymbol{r})_{物\to地}$，由图 1-22 可知，这两个位移是不同的，注意到在同一时间 Δt 内，火车相对于地面的位移是 $(\Delta\boldsymbol{r})_{车\to地}$，这三个位移矢量构成闭合三角形矢量关系，所以可得

$$(\Delta\boldsymbol{r})_{物\to地} = (\Delta\boldsymbol{r})_{物\to车} + (\Delta\boldsymbol{r})_{车\to地} \tag{1-33}$$

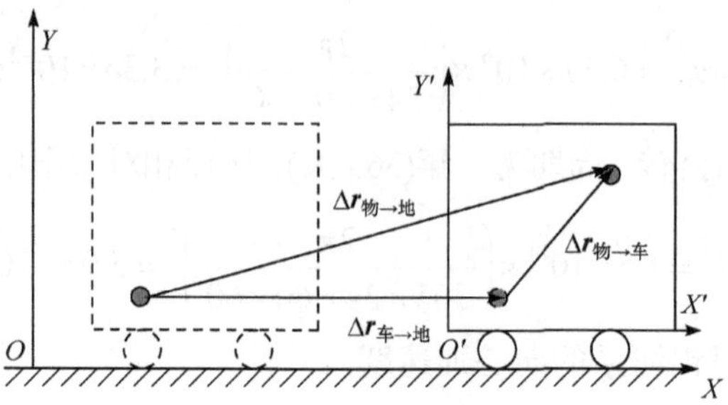

图 1-22 相对运动

令 $\Delta t \to 0$ 求极限，则有

$$\mathrm{d}\boldsymbol{r}_{物\to地} = \mathrm{d}\boldsymbol{r}_{物\to车} + \mathrm{d}\boldsymbol{r}_{车\to地} \tag{1-34}$$

式(1-34)两边同除以 $\mathrm{d}t$ ，则有

$$\frac{\mathrm{d}\boldsymbol{r}_{物\to地}}{\mathrm{d}t} = \frac{\mathrm{d}\boldsymbol{r}_{物\to车}}{\mathrm{d}t} + \frac{\mathrm{d}\boldsymbol{r}_{车\to地}}{\mathrm{d}t} \tag{1-35}$$

即

$$\boldsymbol{v}_{物\to地} = \boldsymbol{v}_{物\to车} + \boldsymbol{v}_{车\to地} \tag{1-36}$$

所以，物体相对于地面的速度等于物体相对于车的速度与车相对于地面的速度的矢量和. 式(1-36)可一般地表示为

$$\boldsymbol{v} = \boldsymbol{v}' + \boldsymbol{u}$$

其中 $\boldsymbol{v}$ 为小球相对 O 系的速度；$\boldsymbol{v}'$ 为小球相对 O' 系的速度；$\boldsymbol{u}$ 为 O' 系相对 O 系的速度，也叫牵连速度.

同一质点相对于两个相对做平动的参考系的速度之间的关系叫作**伽利略速度变换**.

如果两个参考系之间的运动是平动(如车在地面上做直线运动)，我们在式(1-36)两边再对时间求一次导数，得

$$\boldsymbol{a}_{物\to地} = \boldsymbol{a}_{物\to车} + \boldsymbol{a}_{车\to地} \tag{1-37}$$

所以，物体相对于地面的加速度等于物体相对于车的加速度与车相对于地面的加速度的矢量和. 一般可表示为

$$\boldsymbol{a} = \boldsymbol{a}' + \boldsymbol{a}_0$$

其中 $\boldsymbol{a}$ 是小球相对 O 系的加速度；$\boldsymbol{a}'$ 是小球相对 O' 系的加速度；$\boldsymbol{a}_0$ 是 O' 系相对 O 系的加速度，也叫牵连加速度. 这就是同一质点相对于两个相对做平动的参考系的加速度之间的关系.

如果两个参考系相对做匀速直线运动，即 $\boldsymbol{u}$ 为常矢量，则

$$\boldsymbol{a}_0 = \frac{\mathrm{d}\boldsymbol{u}}{\mathrm{d}t} = 0$$

于是有

$$\boldsymbol{a} = \boldsymbol{a}'$$

这就是说，加速度在两个相对做匀速直线运动的参考系中保持不变.

例 1-8　一升降机以加速度$1.22\mathrm{m/s^2}$上升，当上升速度为$2.44\mathrm{m/s}$时，有一个螺帽自升降机的天花板上松落，天花板与升降机的底面相距$d = 2.74\mathrm{m}$. 求：

(1) 螺帽自天花板落到底面所需的时间；

(2) 螺帽相对于升降机外固定柱子的下降距离.

解　本题中螺帽是运动物体，它做的是直线运动，所研究的运动过程就是螺帽从升降机的天花板落到底面的过程. 若以升降机为参考系(也就是在升降机内看)，这个位移的大小就是升降机的高度d，位移的方向向下. 若以地面为参考系(即在地面上看)，它的位移h正是题目要求的，如图 1-23 所示. 由于升降机与地面有相对运动，螺帽相对于升降机的位移并不等于它相对于地面的位移，所以在这个问题中涉及一个运动物体(螺帽)和两个参考系(升降机和地面). 为此我们来分析螺帽相对于每个参考系的初速度、位移和加速度，以及两个参考系之间的运动. 分析的结果如表 1-2 所示(取向上为正方向，未知的量用“？”表示，注意三个“t？”实际上是相等的，是同一个未知量. 带括号的量是在计算过程中求得的). 应当注意：螺帽的重力加速度$-g$是它相对于地面的加速度. (因为在这里用到了牛顿第二定律：重力$-G = ma_{帽\to地}$，所以$a_{帽\to地} = -G/m = -g$，而牛顿第二定律在地面参考系中成立，在电梯参考系中不成立，其道理将在 2.1 节中说明.)

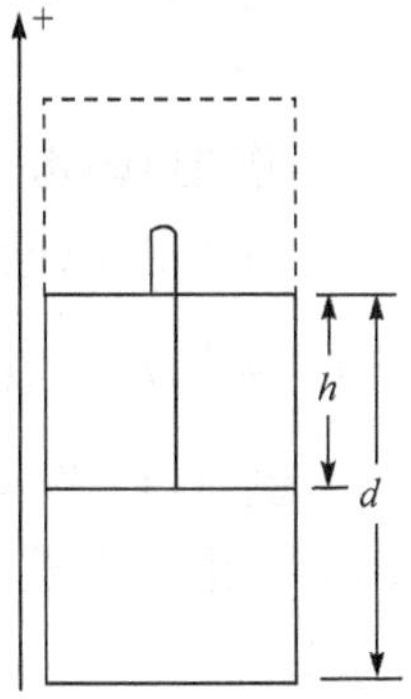

图 1-23　例 1-8 图

表 1-2　螺帽、升降机、地面间的相对运动

参量	初速度	位移	加速度	时间
螺帽相对于升降机	0	$-d$	$-g-a$	t?
升降机相对于地面	v		a	t?
螺帽相对于地面	v	h?	$-g$	t?

(1) 表 1-2 中每一行的几个量都是螺帽相对于同一个参考系的，应该符合匀变速直线运动中位移、初速度、加速度、时间之间的关系. 每一列的三个量应该符合相对运动的公式，即前两个量的矢量和应该等于第三个量. 因此可以得到，螺帽相对于地

面的初速度等于$0+v=v$. 螺帽相对于升降机的加速度等于$(-g)-a=-g-a$. 在升降机参考系中

$$-d=\frac{1}{2}[-(g+a)]t^2$$

解出

$$t=\sqrt{\frac{2d}{g+a}} \qquad ①$$

将$d=2.74\text{m}$, $a=1.22\text{m/s}^2$, $g=9.8\text{m/s}^2$代入式①，算出

$$t=0.705\text{s}$$

(2) 以地面为参考系，可得

$$h=vt+\frac{1}{2}(-g)t^2 \qquad ②$$

代入数据($v=2.44\text{m/s}, t=0.705\text{s}, g=9.8\text{m/s}^2$)，算出

$$h=-0.715\text{m}$$

负号说明螺帽相对于地面下降了0.715m.

如果以地面为参考系研究升降机的运动，升降机相对于地面的位移$s=vt+\frac{1}{2}at^2$，由$h=-d+s$，结果与式②相同.

例 1-9 汽车在大雨中行驶，车速为 80km/h，车中乘客看见侧面玻璃上的雨滴和铅垂线成60°，当车停下来时，他发现雨滴是垂直下落的，求雨滴下落的速度.

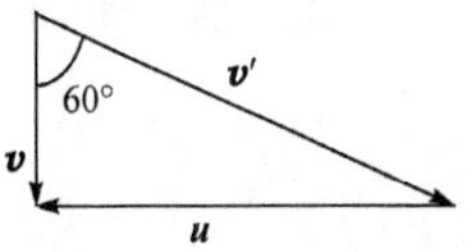

图 1-24 例 1-9 速度合成图

解 取地面为基本参考系 s，车为运动参考系 s'，雨滴相对于车的速度为$\boldsymbol{v}'$，雨滴相对于地的速度为$\boldsymbol{v}$，车相对于地的速度为$\boldsymbol{u}$，由伽利略速度变换公式可得

$$\boldsymbol{v}=\boldsymbol{v}'+\boldsymbol{u}$$

速度矢量合成如图 1-24 所示，则有

$$v=u\cot 60°=80\times\frac{1000}{3600}\times 0.577=12.8\ (\text{m/s})$$

例 1-10 用枪瞄准攀伏在树上的猴子，随着枪响，受惊的猴子开始向下掉落，设空气阻力可以忽略不计，证明：枪打猴子的同时，猴子掉下来，子弹必定能击中猴子.

证 取地面为基本参考系，猴子为运动参考系. 如图 1-25 所示，子弹为运动物体，由伽利略速度变换公式可知子弹的速度为

$$\boldsymbol{v}_{子\to猴}=\boldsymbol{v}_{子\to地}+\boldsymbol{v}_{地\to猴}$$
$$=\boldsymbol{v}_{子\to地}-\boldsymbol{v}_{猴\to地}$$

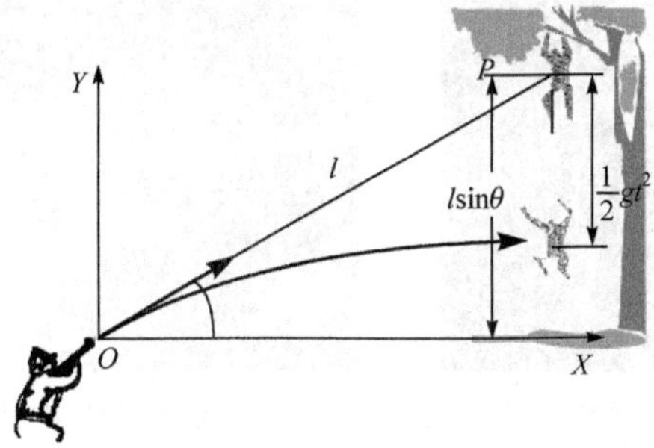

图 1-25　例 1-10 图

子弹做斜上抛运动，速度为

$$\boldsymbol{v}_{子\to地}=\boldsymbol{v}_0+\boldsymbol{g}\Delta t$$

猴子做自由落体，速度为

$$\boldsymbol{v}_{猴\to地}=\boldsymbol{g}\Delta t$$

则子弹相对于猴子的速度为

$$\boldsymbol{v}_{子\to猴}=(\boldsymbol{v}_0+\boldsymbol{g}\Delta t)-\boldsymbol{g}\Delta t=\boldsymbol{v}_0$$

即子弹相对于猴子的速度始终是$\boldsymbol{v}_0$，相当于以猴子为参考系，子弹以速度$\boldsymbol{v}_0$朝自己做匀速直线运动，只要子弹在发射瞬间瞄准猴子，必可击中.

【阅读材料】——北斗卫星导航系统

中国北斗卫星导航系统(BDS)是我国自行研制的全球卫星导航系统，是继美国全球定位系统(GPS)、俄罗斯格洛纳斯卫星导航系统(GLONASS)、欧洲伽利略卫星导航系统(Galileo)之后第四个成熟的卫星导航系统.

北斗卫星导航系统由空间段、地面段和用户段三部分组成，可在全球范围内全天候、全天时为各类用户提供高精度、高可靠的定位、导航、授时服务，并具短报文通信能力，已经初步具备区域导航、定位和授时能力，定位精度为 10m，测速精度为 0.2m/s，授时精度为 10ns.

北斗三号卫星导航系统空间段由5颗静止轨道卫星和30颗非静止轨道卫星组成，如图 1-26(a)所示，以固定的周期环绕地球运行，在任意时刻，在地面上的任意一点都可以同时观测到 4 颗以上的卫星(如图 1-26(b)所示)，4 个卫星的信号能认定接收器的三维位置——经度、纬度、高度.

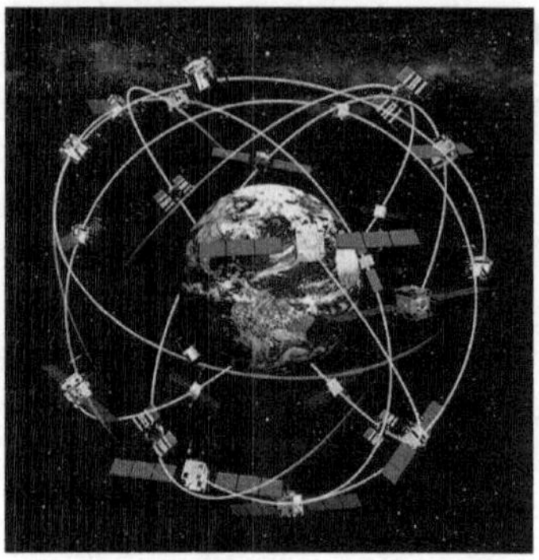

(a) 北斗三号卫星导航系统示意图

(b) 北斗三号卫星导航示意图

图 1-26 北斗三号卫星导航系统

2018 年 12 月 27 日，中国宣布：北斗三号基本系统完成建设，开始提供全球服务. 这标志着北斗系统服务范围由区域扩展为全球，北斗系统正式迈入全球时代，随着北斗系统建设和服务能力的发展，相关产品已广泛应用于交通运输、海洋渔业、水文监测、气象预报、测绘地理信息、森林防火、通信系统、电力调度、救灾减灾、应急搜救等领域，逐步渗透到人类社会生产和人们生活的方方面面，为全球经济和社会发展注入新的活力. 北斗卫星导航定位系统的军事功能与 GPS 类似，例如，运动目标的定位导航，为缩短反应时间的武器载具发射位置的快速定位，人员搜救、水上排雷的定位需求等.

卫星导航系统是全球性公共资源，多系统兼容与互操作已成为发展趋势. 中国始终秉持和践行“中国的北斗，世界的北斗”的发展理念，服务“一带一路”建设发展，积极推进北斗系统国际合作，与其他卫星导航系统携手，与各个国家、地区和国际组织一起，共同推动全球卫星导航事业发展，让北斗系统更好地服务全球、造福人类.

习　题

一、填空题

1-1 质点的运动方程为 $\boldsymbol{r}=2t\boldsymbol{i}+(2-t^2)\boldsymbol{j}$ ，则质点在 $t=1\text{s}$ 时到原点的距离为________，速度矢量为________.

1-2 质点在 XOY 平面内运动，其运动方程为 $x=R\sin\omega t+\omega Rt$ ， $y=R\cos\omega t+R$ ，式中 R 、 ω 均为正常量. 当 y 达到最大值时，该质点的速度为________.

1-3 已知质点以初速度 $\boldsymbol{v}_0$ 、加速度 $\boldsymbol{a}=B\boldsymbol{v}$ 做直线运动(式中 B 为正常量，$\boldsymbol{v}$ 为

速度)，则速度与时间的关系式为________.

1-4 一物体以速率 $\boldsymbol{v}_0$ 水平抛出，落地时速率为 v，则它运动的时间为________.

1-5 在地面上以初速 $\boldsymbol{v}$、抛射角 θ 斜向上抛出一物体，不计空气阻力，当速度的水平分量与竖直分量大小相等，且竖直分量方向向下时，经过的时间为________.

1-6 质点运动方程 $\boldsymbol{r}=t\boldsymbol{i}+t^2\boldsymbol{j}$，质点在 2s 时的加速度矢量为________，切向加速度的值为________.

1-7 一物体以与水平面成 θ 角的初速度 $\boldsymbol{v}_0$ 抛出，轨道最高点的曲率半径为________.

1-8 一物体从原点以初速度 $\boldsymbol{v}$ 与水平方向成 60° 斜向上抛出，则至少经过________时间，其切向加速度的大小与法向加速度的大小相等.

1-9 一质点沿半径为 R 的圆周运动，其角速度随时间的变化规律 $\omega=2bt$ (b 为正常量)，若 $t=0$ 时，角坐标 $\theta=0$，则当质点加速度与半径成 45° 时，θ 等于________.

1-10 一质点沿半径 $R=1\text{m}$ 的圆周运动，其所走路程与时间的关系为 $S=0.3t^2$，则在 $t=1.5\text{s}$ 时速率为________，切向加速度的值为________.

1-11 一质点从静止出发沿半径为 R 的圆周做匀加速圆周运动，角加速度为 β，当该质点走完一周回到出发点时，经历的时间为________，此时质点加速度的大小为________.

1-12 一质点从静止出发沿半径 3m 的圆周运动，其切向加速度为一常量，等于 3m/s^2，则第 1 秒末的总加速度大小为________.

1-13 两个由地面同时竖直向上发射的火箭，它们的运动方程分别为 $y_1=9t^2$ 与 $y_2=3t^3$，当 $t=$________s 时，两火箭的相对加速度为零.

1-14 两列火车 A 和 B 分别在平行直轨道上同向行驶，已知它们的运动方程分别为 $x_\text{A}=8t, x_\text{B}=2t^2$，当两列火车相对速度为零时，$t=$________s.

二、计算题

1-15 一质点在 XOY 平面上运动，运动方程为 $x=2t$，$y=19-2t^2$.

(1) 什么时刻位置矢量与速度矢量垂直？此时，它们各为多少？

(2) 质点何时离原点最近？并求出相应的距离 r.

(3) 在运动方程中，若时间 t 取负值，所得结果如何解释？

1-16 一质点沿 X 轴做直线运动，其 v-t 曲线如习题 1-16 图所示，如 $t=0$ 时，质点位于坐标原点，则 $t=4.5\text{s}$ 时，质点在 X 轴上的位置为多少？

1-17 如习题1-17所示，一个人身高为h_2，在距地面高为h_1的灯下以速度 $v = kt^2$ (k为正常量)沿过灯下的水平直线行走，求t时刻人影顶端M点的速度和加速度.

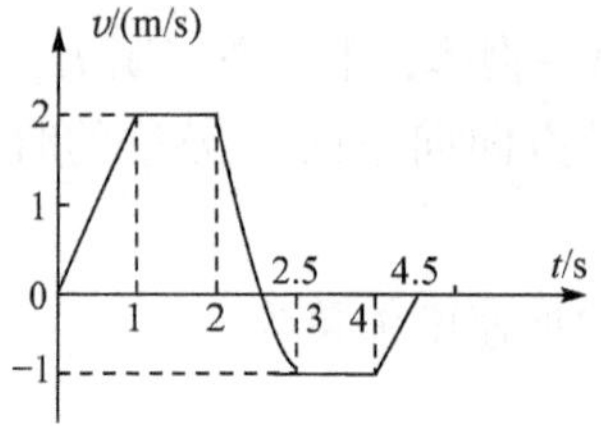

习题1-16图

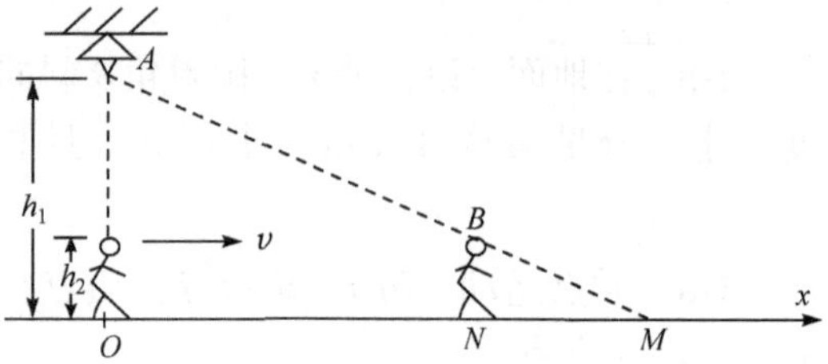

习题1-17图

1-18 升降机由静止开始以$a = 1/2 + kt$ (k是常量)的规律直线上升，到$t = 10\text{s}$时，其加速度刚好减为零．求：

(1) 升降机在加速过程中能达到的最大速度和此过程中的位移；

(2) 升降机开始运动后又回到原处所经过的时间.

1-19 如习题1-19图所示，在离地面高度为h的平台，有人用绳子拉小车，当人的速率v_0均匀时，试求小车的速率和加速度大小.

1-20 为迎接香港回归，柯受良1997年6月1日驾车飞越黄河壶口瀑布(见习题1-20图)，东岸跑道长约265m，柯受良驾车从跑道东端启动，到达跑道终端时的速度为150km/h，他随即以仰角5°冲出，飞越跨度为57m，安全落到西岸木桥上.

(1) 按匀加速计算，柯受良在东岸驱车的加速度和时间各是多少？

(2) 柯受良跨越黄河用了多长时间？

(3) 若起点高出河面10.0m，柯受良驾车飞行的最高点离河面多高？

(4) 西岸木桥桥面和起飞点的高度差是多少？

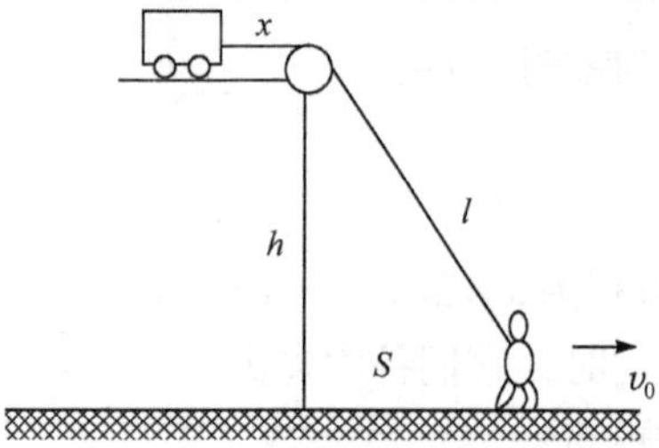

习题1-19图

习题1-20图

1-21 细绳一端固定在 O 点，另一端系一小球，将细绳拉至水平位置自由释放，小球在铅直平面内以 O 为圆心做圆周运动，当小球运动到细绳与水平方向成 θ 角时，求其总加速度大小.

1-22 北京正负电子对撞机的储存环的周长为 240m，电子沿环以非常接近光速($3\times10^8\text{m/s}$)的速率运动，这些电子运动的向心加速度是重力加速度的几倍?

1-23 两质点 A、B 一起沿着一半径为 $R=10\text{cm}$ 的圆周做匀速率圆周运动，周期均为 $T=1\text{s}$，设自某时刻($t=0$)开始，质点 A 的速率开始均匀增加，经过 5s，A 比 B 多走一周. 求：

(1) A 的切向加速度；

(2) 5s 末 A 的向心加速度.

1-24 一飞机由 A 城飞向正北面的 B 城，A、B 间的距离为 L. 设飞机相对于空气的速率为 v'，风速为 $\boldsymbol{u}$，飞机相对空气的速率保持不变，当刮东风(风向由东到西)时，求飞机来回一次(沿 A、B 连线飞行)所需的时间.

第 2 章　质点动力学

【内容概要】

- 牛顿运动定律
- 常见的几种力
- 动量定理及守恒定律
- 角动量定理及守恒定律
- 功和能

腾空而起　九霄云外

在第 1 章讨论了质点运动学，即如何描述一个质点的运动，但并未涉及引起运动和运动状态变化的原因. 本章将讨论质点动力学，它是研究质点之间的相互作用，以及由这种相互作用所引起的质点运动的变化. 质点动力学的基础是牛顿提出的三条运动定律和万有引力定律，它是三百多年前牛顿在他的划时代的名著《自然哲学的数学原理》中发表的，是牛顿对其前人力学研究的概括和总结，特别是汲取了伽利略的研究成果. 牛顿定律看似简单，却包含着丰富的物理概念(力、质量、动量等)、准确的数学描述、科学的研究方法和一些根本性的哲学问题，成为自然科学史上第一次伟大的大综合. 本章要学习的许多力学规律都可以从牛顿运动定律出发推导出来，从而形成一个完整的理论体系. 后面几节分别从力、力矩对时间或空间的累积作用入手，分别介绍质点和质点系的动量、角动量、动能、机械能等物理量在运动过程中的变化规律，导出质点和质点系所遵循的一些定理和守恒律，如动量定理及守恒定律、角动量定理及守恒定律、动能定理、机械能守恒定律等.

2.1　牛顿运动定律

牛顿运动定律及其应用

2.1.1　牛顿第一定律和惯性参考系

牛顿第一定律表述为：任何质点都保持静止或匀速直线运动状态，直到其他物体对它作用的力迫使它改变这种状态为止.

牛顿第一定律肯定了力的概念，定律表明，**力是一个物体对另一个物体的作用**，这种作用能迫使物体改变其运动状态. 说明了力的作用实质是改变运动状态的原因,即力是产生加速度的原因，而不是维持物体运动状态的原因.

牛顿第一定律还说明了**物体具有保持原有运动状态的特性——惯性**. 例如，百米比赛运动员冲过终点后，不能马上停下来，就是因为身体的惯性试图保持原来的运动状态. 因此，牛顿第一定律又称为**惯性定律**. 这里只涉及平动而不涉及转动，所说的惯性指的是平动的惯性.

艾萨克·牛顿(Isaac Newton，1643—1727)，英国著名的物理学家、数学家、天文学家和自然哲学家，提出万有引力定律、牛顿运动定律等，被誉为“近代物理学之父”，著有《自然哲学的数学原理》《光学》.

牛顿第一定律不能直接用实验来验证，因为自然界中不受任何力作用的物体是不存在的，也就是说，任何物体都要受到其他物体的作用. 但实验表明，若质点保持其运动状态不变，作用在质点上的合力必定为零. 若作用在质点上的力有 $\boldsymbol{F}_1, \boldsymbol{F}_1, \boldsymbol{F}_2, \cdots, \boldsymbol{F}_n$，则质点处于平衡状态的条件可以表示为

$$\sum_i \boldsymbol{F}_i = 0 \tag{2-1}$$

其分量式为

$$\sum_i F_{ix} = 0, \quad \sum_i F_{iy} = 0, \quad \sum_i F_{iz} = 0 \tag{2-2}$$

即质点处于平衡时，作用在质点上所有的力沿直角坐标系的三个坐标轴投影的代数和分别等于零.

需要注意：不能视为质点的物体是不符合这一定律的. 例如，如果转动的砂

轮所受的合外力为零，且合外力矩也为零时，它将保持匀速转动状态，而不是处于静止或匀速直线运动的状态，这是因为转动的砂轮不能视为质点.

牛顿第一定律不仅阐明了力、惯性，以及二者之间的关系，还可以以它为标准把描述物体运动的参考系分成两类：**惯性系**和**非惯性系**.

相对于不同的参考系，物体运动的描述是不同的. 牛顿第一定律显然不是在任何参考系中都成立. 凡是牛顿第一定律成立的参考系叫做惯性参考系，简称**惯性系**. 反之，称为**非惯性系**.

惯性系有一个重要的性质，即相对于惯性系静止或做匀速直线运动的任何其他参考系也一定是惯性系. 所以找到一个惯性系就能找到无穷多个惯性系. 反过来，相对于某一惯性系做加速运动的参考系，一定是非惯性系.

大量实验表明，太阳参考系是一个相当精确的惯性系. 地球不是严格的惯性系，因为它相对于太阳做变速运动(自转、公转)，但地球相对于太阳做变速运动的加速度很小(地球自转时赤道上的点的向心加速度只有重力加速度 g 的千分之三，地球公转的向心加速度只有 g 的万分之六). 对于一般工程技术问题来说，它们通常可以忽略不计，在不太长的时间内，可以认为地球相对于太阳做匀速直线运动，这样就可以近似地将地球视为一个惯性系.

2.1.2 牛顿第二定律

牛顿第二定律表述为：物体的动量对时间的变化率与它所受到的合力成正比，并沿着合力的方向.

牛顿第二定律的数学形式是

$$\sum_i \boldsymbol{F}_i = K\frac{\mathrm{d}\boldsymbol{p}}{\mathrm{d}t} = K\frac{\mathrm{d}(m\boldsymbol{v})}{\mathrm{d}t}$$

式中 K 是一个比例常数. 如果选择国际单位制，则 K 的数值等于 1，这时

$$\sum_i \boldsymbol{F}_i = \frac{\mathrm{d}\boldsymbol{p}}{\mathrm{d}t} = \frac{\mathrm{d}(m\boldsymbol{v})}{\mathrm{d}t} \tag{2-3}$$

在宏观和低速的情况下，物体的质量是一个与它的运动无关的常量，所以

$$\sum_i \boldsymbol{F}_i = m\frac{\mathrm{d}\boldsymbol{v}}{\mathrm{d}t} = m\frac{\mathrm{d}^2\boldsymbol{r}}{\mathrm{d}t^2} = m\boldsymbol{a} \tag{2-4}$$

这就是大家熟悉的牛顿第二定律的矢量式表示形式，它表明质点受力作用时，在某时刻加速度的大小与质点在该时刻所受合力的大小成正比，与质点的质量成反比；加速度的方向与合力的方向相同.

实验表明，当质点高速运动时，质量随时间变化，式(2-4)已不再成立，但式(2-3)仍然成立. 由此可见，用动量形式表示的牛顿第二定律具有更大的普遍性.

牛顿第二定律表明：质量越大的物体，运动状态越难改变；质量越小的物体，运动状态越容易改变. 质量是物体惯性大小的量度，严格地说应称为**惯性质量**.

牛顿第二定律同样只适用于质点，而且参考系必须是惯性系. 在非惯性系中，牛顿第二定律不成立. 所以在使用 $\sum \boldsymbol{F} = m\boldsymbol{a}$ 时，必须注意：$\boldsymbol{a}$ 一定是质点相对于惯性系的加速度.

这个定律具有瞬时性. 质点所受合力不为零的瞬时，必有加速度；反之，在质点具有加速度的瞬时，它所受力的矢量和必不为零. 一旦合力为零，加速度也就为零，即加速度与合力同时出现，同时消失.

在应用式(2-4)处理问题时，应注意它的矢量性. 通常我们可以将方程两边在坐标轴上进行投影，写成分量形式.

在直角坐标系(笛卡儿(Descartes)坐标系)中，牛顿第二定律的分量形式为

$$\sum_i F_{ix} = ma_x,\quad \sum_i F_{iy} = ma_y,\quad \sum_i F_{iz} = ma_z \tag{2-5}$$

式中 $\sum\limits_i F_{ix}$、$\sum\limits_i F_{iy}$、$\sum\limits_i F_{iz}$ 分别表示作用于物体上的所有力在 X、Y、Z 轴上的分量之和，也就是合力在 X、Y、Z 轴上的分量；a_x、a_y、a_z 分别表示加速度 $\boldsymbol{a}$ 在 X、Y、Z 轴上的分量.

在平面自然坐标系中，牛顿第二定律的分量形式为

$$\sum_i F_{it} = ma_t = m\frac{\mathrm{d}v}{\mathrm{d}t} = m\frac{\mathrm{d}^2 s}{\mathrm{d}t^2},\quad \sum_i F_{in} = ma_n = m\frac{v^2}{\rho} \tag{2-6}$$

式中 $\sum\limits_i F_{it}$、$\sum\limits_i F_{in}$ 分别表示物体所受的合力在切向和法向上的分量，称为切向力和法向力.

对圆周运动，只需将式中的曲率半径 ρ 改为圆周半径 R 即可.

2.1.3　牛顿第三定律

牛顿第三定律又称作用和反作用定律，可表述为：两个物体之间的相互作用力，即作用力和反作用力，总是大小相等、方向相反、在同一直线上、分别作用在两个物体上. 或者说，当物体 A 以力 $\boldsymbol{F}$ 作用于物体 B 时，物体 B 同时也以力 $\boldsymbol{F}'$ 作用于物体 A，力 $\boldsymbol{F}$ 和 $\boldsymbol{F}'$ 总是大小相等、方向相反且在同一直线上. 其数学表达式为

$$\boldsymbol{F} = -\boldsymbol{F}' \tag{2-7}$$

牛顿第三定律指出物体间的作用是相互的，即力是成对出现的. 作用力和反作用力属于同一性质的力；具有同时性，即同时存在，同时消失；它们始终大小相等、方向相反、沿同一作用线分别作用在两个不同的物体上. 第三定律比第一、

第二定律前进了一步，由对单个质点的研究过渡到两个或两个以上质点的研究，它是由质点力学过渡到质点系力学的桥梁.

需要指出，作用力和反作用力大小相等而方向相反，是以力的传递不需要时间，即传递速度无限大为前提的. 如果力的传递速度有限，作用力和反作用力就不一定相等了. 例如，电磁力以光速传递，在较强电磁力的作用下，粒子的运动速度可达很大，可以与光速相比，此时作用力和反作用力就不一定相等了. 在通常的力学问题中，物体的运动速度往往不大，即力以有限的速度传递，但因传递速度比物体运动的速度大得多，所以牛顿第三定律通常是成立的.

所有的物理定律都有自己的适用条件和适用范围. 牛顿运动定律也不例外，具体表现在以下几个方面：

(1) 牛顿运动定律仅适用于惯性参考系.

(2) 牛顿运动定律仅适用于物体运动速度远小于光速的情况，对接近光速的运动物体不适用. 在高速的情况下，必须应用相对论力学，牛顿力学是相对论力学的低速近似.

(3) 牛顿运动定律一般仅适用于宏观物体，在涉及原子尺度的微观领域中，要应用量子力学规律来描述，牛顿力学是量子力学的宏观近似.

2.2 基本力和常见力

2.2.1 四种基本相互作用力

到目前为止，人类对力的认识是比较完善的，可以说，任何相互作用，都不外乎以下四种基本相互作用力.

1. *万有引力*

这是存在于任何两个物体之间的吸引力. 它的规律是由胡克(Hooke)、牛顿等发现的. 按照牛顿的万有引力定律，质量分别为 m_1 和 m_2 的两个质点，相距为 r 时，它们之间引力的大小为

$$F = G\frac{m_1 m_2}{r^2} \tag{2-8}$$

式中 G 叫做万有引力常数，在国际单位制中，它的大小经测定为

$$G = 6.67\times10^{-11}\,\mathrm{N\cdot m^2/kg^2}$$

式(2-8)中的质量反映了物体的引力性质，叫做引力质量，它与反映物体惯性的质量在意义上是不同的. 但实验证明，同一物体的这两个质量是相等的，因此可以

说它们是物体同一质量的两种表现，不必加以区分.

重力是由地球对它表面附近的物体的引力引起的，忽略地球自转的影响(其误差不超过 0.4%)，物体所受的重力就等于它所受的地球的万有引力. 设地球的质量为M，半径为R，物体的质量为m，则有

$$mg = G\frac{Mm}{R^2}$$

由此得地球表面的重力加速度为

$$g = \frac{GM}{R^2}$$

粒子之间的万有引力是非常小的，例如，两个相邻的质子之间的万有引力大约只有$10^{-34}\,\mathrm{N}$，一般可以忽略不计.

2. 电磁相互作用力

存在于静止电荷之间的电性力以及存在于运动电荷之间的电性力和磁性力，在本质上相互联系，总称为电磁力. 在微观领域中，还发现有些不带电的中性粒子也参与电磁相互作用. 电磁力与万有引力一样都是长程力，但与万有引力不同的是，它既有表现为引力的，也有表现为斥力的，比万有引力大得多. 两个质子之间的电磁力是同距离下的万有引力的 10^{36} 倍，如表 2-1 所示.

表 2-1 四种基本作用力

种类	作用对象	作用距离/cm	相对强度(10^{-13}cm 处)	传递作用的微观粒子
引力	所有粒子	∞	10^{-38}	引力子?
电磁力	带电粒子	∞	10^{-2}	光子
弱力	大多数粒子	$<10^{-16}$	10^{-13}	中间玻色子
强力	强子	$<10^{-13}$	1	胶子

由于分子或原子都是由电荷组成的系统，所以它们之间的作用力基本上就是它们的电荷之间的电磁力. 物体之间的弹力和摩擦力以及气体的压力、浮力、黏滞阻力等都是相邻原子或分子之间作用力的宏观表现，因此基本上也是电磁力.

3. 强相互作用力

当人们对物质结构的探索进入比原子还小的亚微观领域时，发现在核子、介子和超子之间存在一种强力. 正是这种力把原子内的一些质子以及中子紧紧地束缚在一起，形成原子核. 强力是比电磁力更强的基本力，相邻质子之间的强力可达$10^4\,\mathrm{N}$，是电磁力的 10^2 倍. 强力是一种短程力，其作用范围很短. 粒子之间距

离超过10^{-15}m时，强力小到可以忽略；距离小于10^{-15}m时，强力占主要支配地位；而且直到距离减小到大约0.4×10^{-15}m时，它都表现为引力；距离再减小，强力就表现为斥力.

4. 弱相互作用力

在亚微观领域中，人们还发现一种短程力，叫弱力. 弱力在导致β衰变放出电子和中微子时，显示出它的重要性. 两个相邻质子之间的弱力只有10^{-2}N左右.

自然界四种基本相互作用力的基本特征如表 2-1 所示，它们对宇宙和生命演化都起到了非常重要的作用. 万有引力使地球从宇宙中聚合而生，绕太阳旋转；电磁力使原子聚合为一体，产生物质；强力使基本元素丰富起来，除氢元素外，还产生其他元素，从而生命得以形成；弱力使星球发光发热，为生命提供能量来源，否则生命将不能持续.

在纷繁复杂、形式多样的力中，人们已经认识到四种基本力，这是 20 世纪 30 年代物理学的一大成就. 从此以后，人们开始努力寻找这四种力之间的联系. 爱因斯坦(Einstein)一生最大的愿望就是追求世界的和谐、简洁和统一，他企图把万有引力和电磁力统一起来，但没有成功. 20 世纪 60 年代，格拉肖(S. L. Glashow)、温伯格(S. Weinberg)和萨拉(A. Salam)在杨振宁等提出的理论基础上，发展了弱力与电磁力相统一的理论，并在 70 年代和 80 年代初得到了实验的证明. 这是物理学发展史上又一个里程碑. 人们期待有朝一日，能建立起弱力、电磁力、强力的“大统一”理论，以致最后创立统一四种基本力的“超统一”理论. 这是当前理论界最活跃的前沿课题之一，已出现了令人鼓舞的景象.

2.2.2 力学中常见的几种力

要应用牛顿运动定律解决问题，必须能正确分析物体的受力情况. 我们经常遇到以下几种力.

1. 重力

地球表面附近的物体都受到地球的吸引作用，物体因地球吸引而受到的这种力叫做**重力**. 在重力作用下，任何物体产生的加速度都是重力加速度 $\boldsymbol{g}$. 重力的方向与重力加速度的方向相同，都是竖直向下的.

对于地面附近的物体，所在位置的高度变化与地球半径(约为 6370km)相比极为微小，可以认为它到地心的距离就等于地球半径，物体在地面附近不同高度时的重力加速度也就可以看作常量. 当地球内某处存在大型矿藏，从而破坏了地球质量的对称分布时，该处的重力加速度值表现出异常，因此可通过重力加速度的测定来探矿，这种方法叫作重力探矿法.

2. 弹性力

物体在外力作用下发生形变(即改变形状或大小)时，物体内部产生企图恢复原来形状的力，它的方向要根据物体的情况来定，这种力叫作**弹性力**. 弹性力产生在直接接触的物体之间，并以物体的形变为先决条件. 在力学中，常见的弹性力有以下三种形式：

(1) 物体间相互挤压而引起的弹性力. 把一个物体放在桌面上，由于物体有向下运动的趋势和桌面要阻止这种运动趋势而产生的相互挤压，它们都发生微小的形变. 由于物体要恢复这种形变，从而产生了弹性力. 通常我们把物体作用于支持面上的弹性力叫作压力，而把支持面作用于物体的弹性力叫作支持力.

(2) 绳索中的张力. 一根杆(或棒)在外界作用下，在一定程度上具有抵抗拉伸、挤压、弯曲和扭转的性能. 但是，对一条柔软的绳子来说，它毫无抵抗弯曲、扭转的性能，也不能沿绳子方向受外界的推压，而只能与相接触的物体沿绳子方向互施拉力. 这种拉力也是弹性力.

(3) 弹簧的弹性力. 弹簧在外力作用下要发生形变(伸长或压缩)，与此同时，弹簧反抗形变而对施力物体有力的作用，这个力即为弹簧的弹性力.

3. 摩擦力

摩擦力可分为静摩擦力和滑动摩擦力.

1) 静摩擦力

两物体相互接触，彼此之间保持相对静止，但有**相对滑动趋势**时，接触面间出现的相互作用的摩擦力，称为**静摩擦力**，它的方向总与相对滑动趋势的方向相反. 静摩擦力通常用 $\boldsymbol{f}_s$ 表示，其大小需要根据受力情况来确定，静摩擦力大小的变化范围是 $0 \leqslant f_s \leqslant f_{\max}$. 实验表明，作用在物体上的最大静摩擦力的大小 $f_{\max}$ 与物体受到的法向力的大小 N 成正比，即

$$f_{\max} = \mu_s N \tag{2-9}$$

其中 μ_s 称为静摩擦系数，它与互相接触物体的表面材料、表面状态(粗糙程度、温度、湿度等)有关.

2) 滑动摩擦力

两物体相互接触，并有**相对滑动**时，在两物体接触处出现的相互作用的摩擦力，称为**滑动摩擦力**，其方向总是与物体相对运动的方向相反. 滑动摩擦力通常用 f_k 表示，实验表明，作用在物体上的滑动摩擦力的大小也与物体受到的法向力的大小 N 成正比，即

$$f_k = \mu_k N \tag{2-10}$$

其中 μ_k 称为滑动摩擦系数，它与物体接触表面的材料和状态有关，如表 2-2 所示.

表 2-2　一些典型情况的摩擦系数

接触面材料	μ_k	μ_s
钢-钢(干净表面)	0.6	0.7
钢-钢(加润滑剂)	0.05	0.09
铜-钢	0.4	0.5
玻璃-玻璃	0.4	0.9～1.0
橡胶-水泥路面	0.8	1.0
聚四氟乙烯-聚四氟乙烯	0.04	0.04
涂蜡木滑雪板-干雪面	0.04	0.04

在自然界中，摩擦处处有. 和一切事物一样，摩擦也有两面性，既有对人类有利的一面，也有有害的一面. 利用摩擦的有利因素，避免有害因素，成为人们长期研究的重要课题.

2.3　国际单位制和量纲

为了从数量上表示物理量的大小，需要事先选择一相应的量作为标准，把被测的物理量与它相比，从而得出比值，这个选作标准的量就叫作单位. 应用牛顿定律进行数量计算时，各个物理量的单位必须“配套”. 相互配套的一组单位称为“单位制”. 目前国内外通用的单位制叫国际单位制，代号 SI. 国际单位制中，有 7 个基本单位，如表 2-3 所示，它们是国际单位制的基本单位.

表 2-3　SI 基本单位

物理量	单位名称	单位符号
长度	米	m
质量	千克	kg
时间	秒	s
电流	安(培)	A
热力学温度	开(尔文)	K
物质的量	摩(尔)	mol
发光强度	坎(德拉)	cd

秒规定为：1s 是铯的一种同位素(^{133}Cs)原子发出的一个特征频率光波周期的 9192631770 倍.

米(最后)规定为：1m 是光在真空中在1/299792458s 内所经过的距离.

千克规定为：1kg 是保存在巴黎度量衡局的地窖中的千克原器的质量，该原器是用铂铱合金制成的一个金属圆柱体(图 2-1(a)). 质量单位千克是最后一个使用实物基准定义的基本单位，根据国际计量局的官方数据，在 1889～2014 年的 100 多年间，其他千克原器与国际千克原器在质量一致性上发生了约 50μg 的变化. 这表明质量单位的实物基准的稳定性存在问题，虽然 50μg 的变化听起来很小，但对一些高精尖产业来讲影响却很大. 2018 年 11 月 16 日，在第 26 届国际计量大会上，科学家们通过投票，正式让国际千克原器退役，改以普朗克(Planck)常量(符号是 h)作为新标准来重新定义“千克”(图 2-1(b))，量子基准将取代实物基准，基本单位可实现独立复现，不再依赖于国际计量局，新标准于 2019 年 5 月 20 日正式实施.

(a) 铂铱合金制成的质量千克原器

(b) 量子基准重新定义千克

图 2-1 国际千克原器

在力学中，除了这三个基本单位以外的所有物理量都叫作导出单位. 例如，速度是长度与时间这两个基本单位的比，就是个导出量. 导出单位是基本单位的组合，如速度的 SI 单位是“米/秒”(m/s)；类似地，加速度的 SI 单位是“米/秒^2”(m/s^2)，力的 SI 单位是“千克·米/秒^2”(kg·m/s^2)，这个单位又叫“牛顿”，简称牛(N). 角速度的单位是“秒$^{-1}$”(s^{-1}).

表示一个物理量怎样由基本量组成的公式，称为该物理量的量纲公式，简称量纲. 任意一个物理量 Q 都可以用基本物理量的一定幂次乘积来表示，即

$$\dim Q = L^p M^q T^r$$

例如，速度、加速度、力、动量的量纲可以分别表示为

$$[v]=\mathrm{LT}^{-1},\quad [\mathrm{a}]=\mathrm{LT}^{-2},\quad [\mathrm{F}]=\mathrm{MLT}^{-2},\quad [\mathrm{p}]=\mathrm{MLT}^{-1}$$

引入量纲，有下面的作用：

(1) 便于物理量单位的换算. 物理量的单位是随着基本单位的改变而改变的，用量纲来表示物理量和基本量之间的关系，给单位的换算带来很大的方便.

(2) 检查等式的对错. 因为只有量纲相同的项才能相加减，才能用等式连接，所以等式两边的各项应有相同的量纲，这是最基本的要求.

还应注意，一个纯数的量纲为一. 有的物理量是两个同量纲物理量的比值，如弧度，是弧长与半径之比，是两个长度之比，量纲为一，所以角速度的单位写成“秒$^{-1}$”(或s^{-1})，和我们以前所写的弧度/秒(rad/s)是一样的；对数函数、指数函数和三角函数的宗量(即$\ln x$、e^x、$\sin x$中的x)必定量纲为一.

2.4 牛顿运动定律应用举例

利用牛顿运动定律为核心的质点动力学所涉及的问题大体可分为两类：第一类问题是已知质点的运动，求作用在质点上的力；第二类问题是已知作用在质点上的力，求质点的运动，结合初始条件，计算某一时刻的速度和位矢等. 使用牛顿运动定律求解力学问题时，应按以下步骤进行：

(1) 根据问题的要求，选取研究对象(注意：研究对象必须是质点或可以视为质点的物体)，隔离物体，分析受力(如重力、弹力、摩擦力等)，画隔离体受力图. 特别注意不要遗漏不发生接触的重力.

(2) 分析研究对象的运动状态的变化，是直线运动还是曲线运动，特别是分析研究对象的加速度，而这个**加速度必须是它相对于惯性系的加速度**. 如果研究对象有相对于非惯性系A的加速度$\boldsymbol{a}_{物\to A}$，则由相对运动的加速度公式(1-37)，在牛顿第二定律中的加速度应为$\boldsymbol{a}=\boldsymbol{a}_{物\to A}+\boldsymbol{a}_{A\to 地}$.

(3) 建立相应的坐标系.

(4) 写出动力学方程$\boldsymbol{F}=m\boldsymbol{a}$的分量式(2-5)或式(2-6)(注意各投影量的正负号).

(5) 求解方程，并对结果作必要的讨论.

以上步骤不能机械地照搬，需要熟练掌握、灵活运用、举一反三才行.

例 2-1 如图 2-2 所示为一阿特伍德机的示意图，一不可伸长细绳跨过一轴承光滑的定滑轮，绳的两端分别悬有质量为m_1和m_2的物体，其中m_1小于m_2，设滑轮与绳的质量可以忽略不计，试求：物体的加速度以及绳子对物体的拉力.

解 在本题中，研究对象是m_1和m_2两个物体，它们之间用绳子互相联系着.

这时，我们要对它进行隔离，分别研究每一个物体的受力和运动的情况.

作隔离体，进行受力分析，如图 2-2 所示，在图上标明各物体的加速度. 对 m_1 来说，在绳子拉力 $\boldsymbol{T}_1$ 及重力 $m_1\boldsymbol{g}$ 的作用下，以加速度 $\boldsymbol{a}_1$ 向上运动. 取向上为正，则

$$\boldsymbol{T}_1 - m_1\boldsymbol{g} = m_1\boldsymbol{a}_1 \quad ①$$

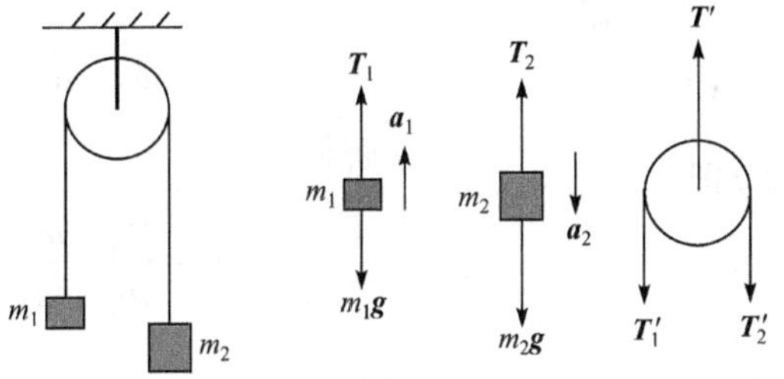

图 2-2 例 2-1 图

对 m_2 来说，在绳子拉力 $\boldsymbol{T}_2$ 及重力 $m_2\boldsymbol{g}$ 的作用下，以加速度 $\boldsymbol{a}_2$ 向下运动. 取向下为正，则

$$\boldsymbol{T}_2 - m_2\boldsymbol{g} = m_2\boldsymbol{a}_2 \quad ②$$

因滑轮轴承光滑，且不计滑轮和绳子的质量，所以

$$\boldsymbol{T}_1 = \boldsymbol{T}_2 \quad ③$$

又因绳子不能伸长，所以

$$\boldsymbol{a}_1 = \boldsymbol{a}_2 = \boldsymbol{a} \quad ④$$

由式①～④，得

$$\boldsymbol{a} = \frac{m_2 - m_1}{m_1 + m_2}\boldsymbol{g}, \quad \boldsymbol{T} = \frac{2m_1m_2}{m_1 + m_2}\boldsymbol{g}$$

注意：在分析此问题时不能直接选 m_1 和 m_2 为一个研究对象，认为它们受的合外力为 $m_2\boldsymbol{g} - m_1\boldsymbol{g}$，写出 $m_2\boldsymbol{g} - m_1\boldsymbol{g} = (m_1 + m_2)\boldsymbol{a}$，同样求得

$$\boldsymbol{a} = \frac{m_2 - m_1}{m_1 + m_2}\boldsymbol{g}$$

其实这种做法是完全错误的. 因为这里 m_1 和 m_2 的运动情况并不相同(加速度方向不同)，不能视为一个质点，而牛顿第二定律的研究对象必须是质点.

例 2-2 若将例 2-1 中的装置置于电梯顶部，当电梯以加速度 $\boldsymbol{a}$ 相对地面向上运动时(图 2-3)，试求：两物体相对电梯的加速度和绳的张力.

解 以地面为基本参考系，设两物体相对于地面的加速度分别为 $\boldsymbol{a}_1$、$\boldsymbol{a}_2$，且

相对电梯的加速度为$\boldsymbol{a}_r$，受力分析，列牛顿第二定律方程

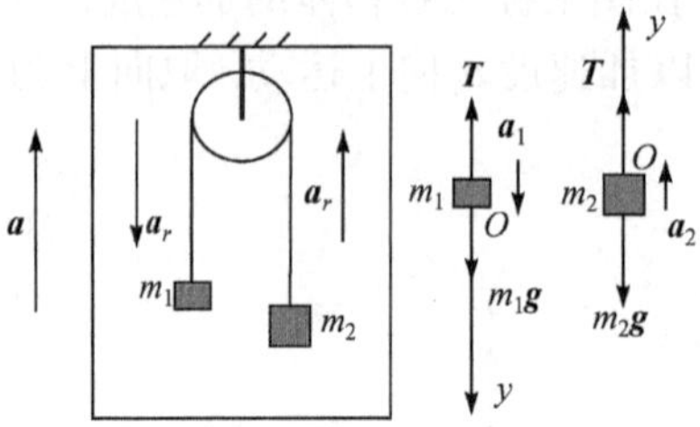

图 2-3　例 2-2 图

$$m_1\boldsymbol{g}-\boldsymbol{T}=m_1\boldsymbol{a}_1$$

$$-m_2\boldsymbol{g}+\boldsymbol{T}=m_2\boldsymbol{a}_2$$

其中

$$\boldsymbol{a}_1=\boldsymbol{a}_r-\boldsymbol{a}$$

$$\boldsymbol{a}_2=\boldsymbol{a}_r+\boldsymbol{a}$$

联立解得

$$\boldsymbol{a}_r=\frac{m_1-m_2}{m_1+m_2}(\boldsymbol{g}+\boldsymbol{a})$$

$$\boldsymbol{T}=\frac{2m_1m_2}{m_1+m_2}(\boldsymbol{g}+\boldsymbol{a})$$

通过计算可以看出，当电梯向上加速时，绳子张力变大；当电梯减速上升时，张力变小.

例 2-3　水平地面上有一辆小车，车内有一装置，如图 2-4 所示. 物体 A 和 B 的质量分别为 m_A 和 m_B，滑轮质量不计. B 的左边与装置相接触，设所有接触面均无摩擦. 今用力使小车沿水平方向向右运动，求：

(1) 小车的加速度为多少时，两物体相对于小车静止；

(2) 当小车(相对于地面)的加速度为 $\boldsymbol{a}_1$ 时，两物体相对于地面的加速度.

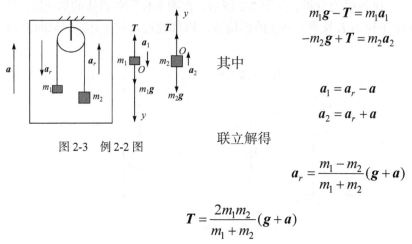

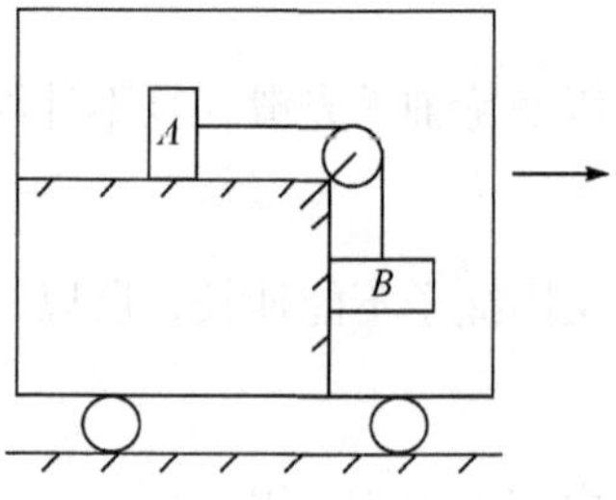

图 2-4　例 2-3 图

解　(1)当 A、B 相对于小车静止时，它们与小车一起相对于地面(惯性系)运动，它们相对于地面的加速度就是小车相对于地面的加速度，记为 $\boldsymbol{a}_0$，其方向水平向右. 分别画出 A、B 的受力图(图 2-5)，图中 $\boldsymbol{T}$ 等于绳子的张力，$\boldsymbol{N}_A$ 是 A 受到的支持力，$\boldsymbol{N}_B$ 是 B 受到的小车侧壁施加的水平向右的支持力(注意：由于此时 B 紧靠小车侧壁，它与侧壁之间有形变，所以有弹性力 $\boldsymbol{N}_B$；或者考虑到 B 随小车一起有加速度 $\boldsymbol{a}_0$，所以水平方向必定有合力来产生这个加速度，这个力只能是小车侧壁给予 B 的支持力). 在受力图上还标明了它们相对于地面的加速度，如图 2-5 所示.

建立坐标系如图 2-5 所示，分别对 A、B 列出牛顿第二定律方程.

对 A：X方向　　$T=m_A a_0$　　①

　　　Y方向　　$m_A g-N_A=0$　　②

对 B：X方向　　$N_B=m_B a_0$　　③

　　　Y方向　　$m_B g-T=0$　　④

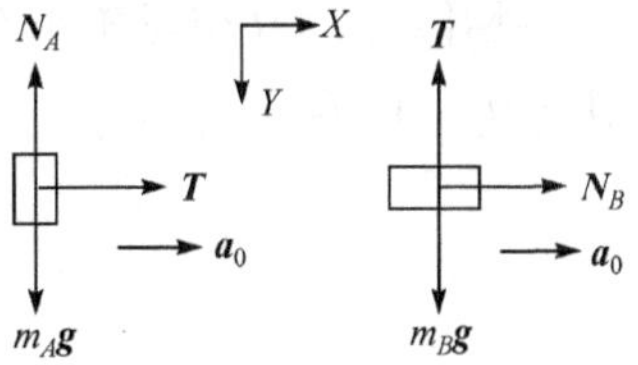

图 2-5　例 2-3 分析图一

由式①、④消去T，解出

$$a_0=\frac{m_B}{m_A}g$$

这就是当两物体相对于小车静止时，小车应当具有的水平向右的加速度.

(2) 当小车的加速度$a_1\neq a_0$时，物体A和B相对于小车将有加速度，这个加速度的方向就是在小车上观察时，A和B相对于观察者的加速度的方向. A相对于小车只能沿左右方向运动. 我们不妨先假设A相对于小车的加速度$\boldsymbol{a}$的方向向右(如果计算结果$\boldsymbol{a}$的数值为负，说明其实际方向向左). 在这样的假设下，物体B相对于小车的加速度$\boldsymbol{a}'$的方向铅直向下，由于绳子不能伸长，B相对于小车的加速度$\boldsymbol{a}'$的大小一定也是a，即$a'=a$.

还要注意，上面两个加速度$\boldsymbol{a}$和$\boldsymbol{a}'$都不是物体相对于地面(惯性系)的加速度，即不是在牛顿第二定律中的加速度. 按照相对运动的公式，A(或B)相对于地面的加速度应该是物体相对于小车的加速度$\boldsymbol{a}$(或$\boldsymbol{a}'$)与小车相对于地面的加速度$\boldsymbol{a}_1$的矢量和，即$\boldsymbol{a}_A=\boldsymbol{a}+\boldsymbol{a}_1$，$\boldsymbol{a}_B=\boldsymbol{a}'+\boldsymbol{a}_1$，将$\boldsymbol{a}$和$\boldsymbol{a}_1$在$A$的受力图中标出，将$\boldsymbol{a}'$和$\boldsymbol{a}_1$在$B$的受力图中标出，如图 2-6 所示.

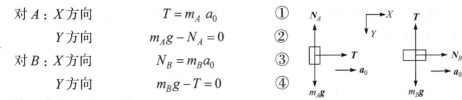

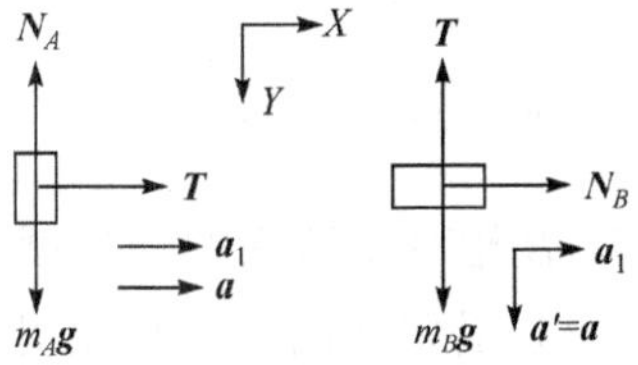

图 2-6　例 2-3 分析图二

由于加速度$\boldsymbol{a}$和$\boldsymbol{a}'$的大小还不知道，无法用平行四边形法则求出物体相对于地面的加速度，其实我们不需要求出$\boldsymbol{a}_A$和$\boldsymbol{a}_B$，因为我们要列的是牛顿第二定律的分量式.

对 A：X方向　　$T=m_A(a+a_1)$　　⑤

　　　Y方向　　$m_A g-N_A=0$

对 B：X方向　　$N_B=m_B a_1$

　　　Y方向　　$m_B g-T=m_B a$　　⑥

由式⑤、⑥消去T，解出

$$a=\frac{m_B g-m_A a_1}{m_A+m_B}$$

这是物体 A、B 相对于小车的加速度的大小. 由图 2-6 可知，A 相对于地面的加速度方向向右，大小为

$$a_A = a + a_1 = \frac{m_B(g + a_1)}{m_A + m_B}$$

B 相对于地面的加速度的大小为 $a_B = \sqrt{a^2 + a_1^2}$，其方向指向右下方，与铅直方向的夹角为 $\theta = \arctan a_1/a$.

例 2-4 一质量为 M、倾角为 α 的劈形斜面 A 放在光滑水平地面上，一个质量为 m 的小物体 B 放在斜面上，它就沿斜面下滑，如图 2-7 所示. 若 A、B 之间也没有摩擦，求 B 沿斜面下滑的加速度 $\boldsymbol{a}$ 和 A 运动的加速度 $\boldsymbol{a}_M$.

解 取 B 为研究对象，分析受力：重力 $m\boldsymbol{g}$，A 对 B 的支持力 $\boldsymbol{N}$，画出受力图(图 2-8). 再取 A 为研究对象，分析受力：重力 $M\boldsymbol{g}$，B 对 A 的压力 $\boldsymbol{N}'$ (是 $\boldsymbol{N}$ 的反作用力)，水平地面对 A 的支持力 $\boldsymbol{R}$，画出受力图(图 2-8)

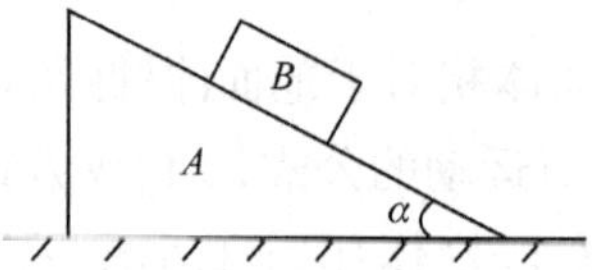

图 2-7 例 2-4 图

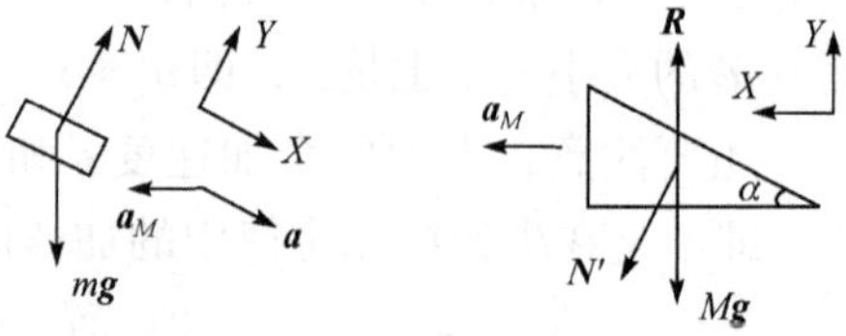

图 2-8 例 2-4 受力分析

分析加速度：A 相对于地面的加速度 $\boldsymbol{a}_M$ 水平向左. B 相对于地面的加速度 $\boldsymbol{a}_m$ 如何呢？B 在 A 上沿斜面下滑，B 的加速度的方向是不是沿斜面向下？必须明确，沿斜面向下的这个加速度是相对于斜面的，不是 B 相对于地面(惯性系)的加速度 $\boldsymbol{a}_m$. 牛顿第二定律中的加速度应该是 B 相对于地面的加速度 $\boldsymbol{a}_m$，根据相对运动的公式，$\boldsymbol{a}_m$ 应当是 B 相对于斜面 A 的加速度 $\boldsymbol{a}$ 加上斜面 A 相对于地面的加速度 $\boldsymbol{a}_M$，即 $\boldsymbol{a}_m = \boldsymbol{a} + \boldsymbol{a}_M$，我们在 B 的受力图中画出了 $\boldsymbol{a}$ 和 $\boldsymbol{a}_M$，仍然不必先求它们的矢量和 $\boldsymbol{a}_m$，而直接在 B 的受力图中标明 $\boldsymbol{a}$ 和 $\boldsymbol{a}_M$.

对 A 建立坐标系，列出牛顿第二定律方程

$$X\text{方向：}\quad N'\sin\alpha = Ma_M \qquad ①$$

$$Y\text{方向：}\quad R - Mg - N'\cos\alpha = 0 \qquad ②$$

对 B 建立坐标系，列出牛顿第二定律方程(注意：$\boldsymbol{a}_M$ 在 X、Y 轴上都有分量)

$$X\text{方向：}\quad mg\sin\alpha = m(a - a_M\cos\alpha) \qquad ③$$

$$Y\text{方向：}\quad N - mg\cos\alpha = m(-a_M\sin\alpha) \qquad ④$$

另有

$$N' = N \qquad ⑤$$

由式①、④、⑤消去 N 和 N'，解出

$$a_M = \frac{mg\sin\alpha\cos\alpha}{M + m\sin^2\alpha}$$

代入式③，解出

$$a = \frac{(M+m)g\sin\alpha}{M + m\sin^2\alpha}$$

注意：在斜面不固定的情况下，B 沿斜面下滑的加速度的大小 $a \neq g\sin\alpha$ (因为斜面不是惯性系，$mg\sin\alpha \neq ma$，而是式③). B 对地面的加速度 $\boldsymbol{a}_m$ 是 $\boldsymbol{a}$ 与 $\boldsymbol{a}_M$ 的矢量和，由图 2-9 可知，$\boldsymbol{a}_m$ 与水平面的夹角 $\beta > \alpha$.

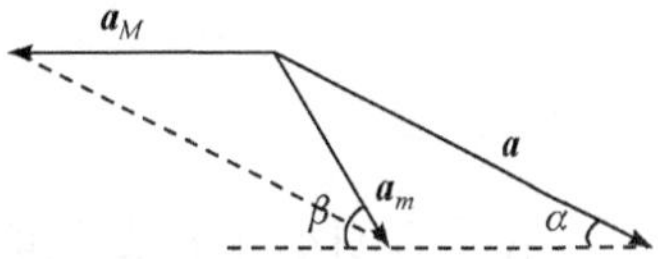

图 2-9　例 2-4 加速度图

例 2-5　质量为 m 的小球，在某种液体中作竖直下落. 已知这种液体对小球的浮力为 $\boldsymbol{f}$，黏滞力为 $\boldsymbol{R} = -k\boldsymbol{v}$，其中 k 是和这种液体的黏性、小球的半径有关的一个常量. 试求小球在这种液体中下落的速度.

解　先对小球所受的力作一分析(图 2-10)：重力 $m\boldsymbol{g}$，竖直向下；浮力 $\boldsymbol{f}$，竖直向上；黏滞力 $\boldsymbol{R}$，竖直向上. 取竖直向下为正，根据牛顿第二定律，小球的运动方程可写为

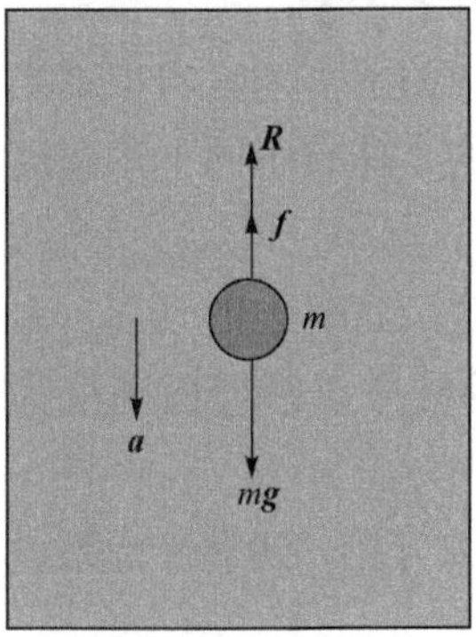

图 2-10　例 2-5 图

$$mg - f - kv = ma = m\frac{\mathrm{d}v}{\mathrm{d}t}$$

即

$$a = \frac{\mathrm{d}v}{\mathrm{d}t} = \frac{mg - f - kv}{m} \qquad ①$$

当 $t = 0$ 时，设小球初速为零，由式①可知，此时加速度有最大值 $a_{\max} = g - f/m$. 当小球速度 v 逐渐增加时，其加速度就逐渐减小了. 令

$$v_T = \frac{mg - f}{k} \qquad ②$$

于是式①可化为

$$\frac{\mathrm{d}v}{\mathrm{d}t} = \frac{k(v_T - v)}{m} \qquad ③$$

或

$$\frac{\mathrm{d}v}{v_T - v} = \frac{k}{m}\mathrm{d}t$$

对上式两边取积分，有

$$\int_0^v \frac{\mathrm{d}v}{v_T - v} = \int_0^t \frac{k}{m}\mathrm{d}t$$

积分得

$$\ln\frac{v_T - v}{v_T} = -\frac{k}{m}t$$

整理得

$$v = v_T\left(1 - \mathrm{e}^{-\frac{k}{m}t}\right) \quad ④$$

式④表明小球下落速度 v 随 t 增大的函数关系，如图 2-11 所示.

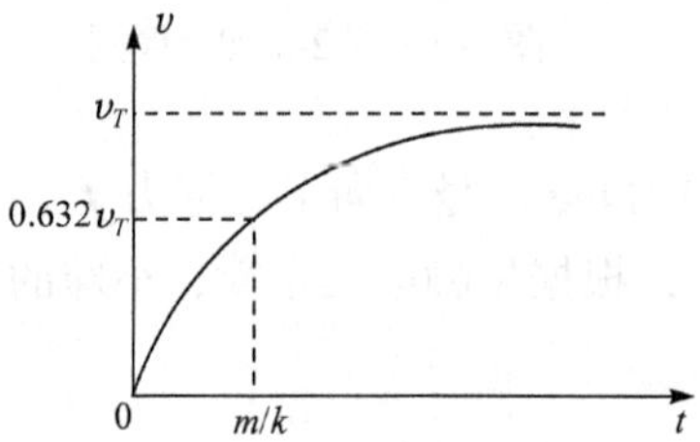

图 2-11　例 2-5 速度曲线

由式④可知，当 $t \to \infty$ 时，$v = v_T$，而当 $t = m/k$ 时，$v = v_T(1 - 1/\mathrm{e}) = 0.632v_T$，所以，只要 $t \gg m/k$，就可以认为 $v \approx v_T$. 我们把 v_T 叫作极限速度，它是小球下落所能达到的最大速度. 也就是说，当下落时间符合 $t \gg m/k$ 条件时，小球即以极限速度匀速下落.

因小球在黏性介质中的下落速度与小球半径有关，利用不同大小的小球有不同下落速度的事实，可分离大小不同的球形微粒.

例 2-6　一人在平地上拉一个质量为 M 的木箱匀速前进，如图 2-12 所示，木箱与地面间的摩擦系数 μ=0.6. 设此人前进时，肩上绳的支撑点距地面高度为 h=1.5m，不计箱高，绳长 l 为多少时最省力?

解　以 M 为研究对象，假设绳子与地面夹角为 θ，受力分析，建立坐标系，由牛顿第二运动定律，有

$$T\sin\theta + N - mg = 0$$
$$T\cos\theta - \mu N = 0$$

联立解得

$$T = \frac{\mu mg}{\cos\theta + \mu\sin\theta}$$

由上式解得 T 是 θ 的函数，即

$$T(\theta) = \frac{\mu mg}{\cos\theta + \mu\sin\theta}$$

T 取最小值的条件为一阶导数等于零

$$\frac{dT}{d\theta} = 0$$

可以求得 θ 正切满足下式：

$$\tan\theta = \frac{h}{\sqrt{l^2 - h^2}} = \mu$$

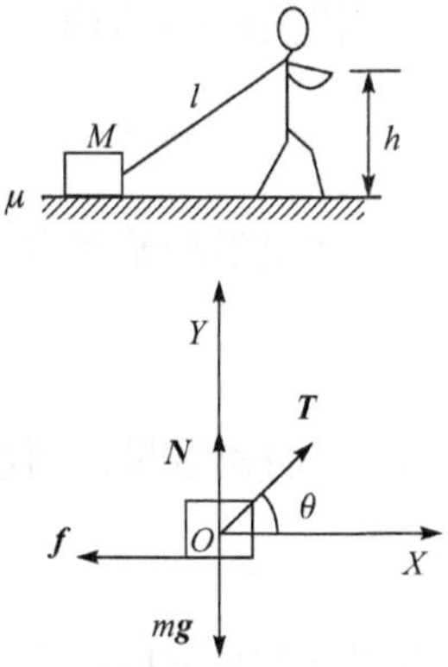

图 2-12　例 2-6 图

最后可得

$$l = \sqrt{\frac{h^2}{\mu^2} + h^2} = \frac{1}{2}\sqrt{34} \approx 2.92(\text{m})$$

例 2-7　质量为 m 的小木块在光滑水平面上沿半径为 R 的圆环内侧滑动，如图 2-13 所示. 木块与环间的摩擦系数为 μ，因此木块的速率 υ 减小. 求：木块运动半周所需的时间和此时的速度.

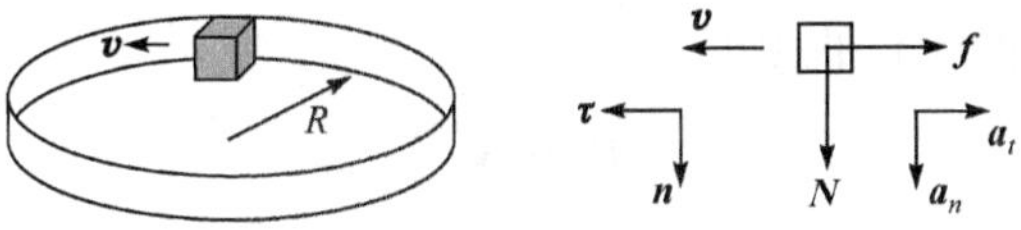

图 2-13　例 2-7 图

解　分析木块的受力：重力和水平面的支持力(两者方向相反，互相抵消)；环对木块的支持力 $\boldsymbol{N}$，方向指向环心；环对木块的摩擦力 $\boldsymbol{f}$，方向与木块运动方向相反. 在水平面内画出受力图(重力和水平面的支持力略去不画).

分析木块的加速度：法向加速度 $a_n = \upsilon^2/R$，指向环心；切向加速度 $\boldsymbol{a}_t$ 与 $\boldsymbol{f}$ 的方向相同，都在水平面内.

建立自然坐标系：切线方向 $\boldsymbol{\tau}$ 和法线方向 $\boldsymbol{n}$，$\boldsymbol{\tau}$ 的方向就是物体运动速度 $\boldsymbol{\upsilon}$ 的方向，$\boldsymbol{n}$ 的方向指向环心.

切向摩擦力 $\boldsymbol{f}$ 的方向与 $\boldsymbol{\tau}$ 的方向相反，它在 $\boldsymbol{\tau}$ 方向的投影是 $-f$，而 $\boldsymbol{a}_t = a_t\boldsymbol{\tau}$ 在 $\boldsymbol{\tau}$ 方向的投影为 a_t(注意：此时 $a_t < 0$，所以 $\boldsymbol{a}_t$ 的实际方向与 $\boldsymbol{\tau}$ 的方向相反).

沿切向($\boldsymbol{\tau}$ 方向)

$$-f = ma_t = m\frac{d\upsilon}{dt} \qquad ①$$

沿法向($\boldsymbol{n}$ 方向)

$$N = ma_n = m\frac{v^2}{R} \qquad ②$$

f 是滑动摩擦力，将式①、②代入 $f=\mu N$ ，有

$$-\frac{\mathrm{d}v}{\mathrm{d}t} = \mu\frac{v^2}{R}$$

移项，分离变量，两边积分，即

$$-\int_{v_0}^{v}\frac{\mathrm{d}v}{v^2} = \mu\int_0^t\frac{\mathrm{d}t}{R}$$

得到 t 时刻的速度

$$v = \frac{Rv_0}{R+\mu v_0 t} \qquad ③$$

因为 $v=\frac{\mathrm{d}s}{\mathrm{d}t}$ ，所以 $\mathrm{d}s = v\mathrm{d}t$ ，两边积分

$$\int_0^{\pi R}\mathrm{d}s = \int_0^t v\mathrm{d}t = \int_0^t\frac{Rv_0}{R+\mu v_0 t}\mathrm{d}t$$

得

$$t = \frac{R}{\mu v_0}(\mathrm{e}^{\pi\mu}-1) \qquad ④$$

将式④代入式③，得此时的速度

$$v = v_0\mathrm{e}^{-\pi\mu}$$

2.5 惯 性 力

我们已经知道，牛顿运动定律只适用于惯性参考系，在非惯性参考系中，不能直接运用牛顿运动定律. 但在实际问题中常需要在非惯性系中观察和处理物体的运动. 为了方便起见，也常形式性地利用牛顿运动定律分析和解决问题，为此引入“**惯性力**”的概念.

设有一质量为 m 的质点，受到外力 $\boldsymbol{F}$ 作用，它相对于惯性系 S 的加速度为 $\boldsymbol{a}$ ，则有

$$\boldsymbol{F} = m\boldsymbol{a}$$

假设另有一非惯性系 S' ，相对于 S 系以加速度 $\boldsymbol{a}_0$ 平动. 如果质点相对于 S' 系的加速度为 $\boldsymbol{a}'$ ，则由加速度合成定理得

$$\boldsymbol{a} = \boldsymbol{a}' + \boldsymbol{a}_0$$

所以

$$F = m(a' + a_0)$$

或

$$F + (-ma_0) = ma'$$

此式说明，质点所受合力 $F \neq ma'$，即牛顿运动定律在非惯性系中不成立. 但如果认为在 S' 系中，质点除了受到力 F 以外，还受到一个力 $-ma_0$，并将它计入合力之内，就可以从形式上理解为在 S' 系中，牛顿运动定律也成立了.

在 S' 系引入的力 $-ma_0$ 就叫惯性力，用 F_0 表示，即

$$F_0 = -ma_0 \tag{2-11}$$

引入了惯性力后，在非惯性系中牛顿第二定律就可以写为

$$F + F_0 = ma' \tag{2-12}$$

式中 F 是实际存在的各种力，是物体之间相互作用的表现. 惯性力 F_0 只是参考系非惯性运动的表现，它不是物体之间的相互作用，也没有反作用力，所以又叫作虚拟力. 但在非惯性系中，惯性力起着与相互作用力完全相同的作用.

例如，在汽车或火车急刹车时，车中乘客要向前倾倒，以车为参考系，虽然乘客没有受到相互作用力的作用，但要受到向前的惯性力的作用，正是这个惯性力使乘客向前倾倒，而从惯性参考系来看，没有什么惯性力，只不过是物体惯性的表现而已.

2.6　动量和动量守恒定律

牛顿第二定律满足瞬时关系，实际上，力对物体的作用总要延续一段时间，在很多问题中，这段时间内力的变化复杂，难以研究，而我们又往往只关心在这段时间内的力的作用的总效果，这时我们将牛顿第二定律改写成微分形式，称为动量定理，应用于质点系，从而导出了一条重要的守恒定律——动量守恒定律.

动量定理及其守恒定律

2016 年 10 月 17 日 7 时 30 分，神舟十一号载人飞船从中国酒泉卫星发射中心发射，如图 2-14 所示，目的是更好地掌握空间交会对接技术，开展地球观测和空间地球系统科学、空间应用新技术、空间技术和航天医学等领域的应用和试验.

火箭的发射集中体现了牛顿运动定律、动量定理、动量守恒定律在人类高科技领域的应用.

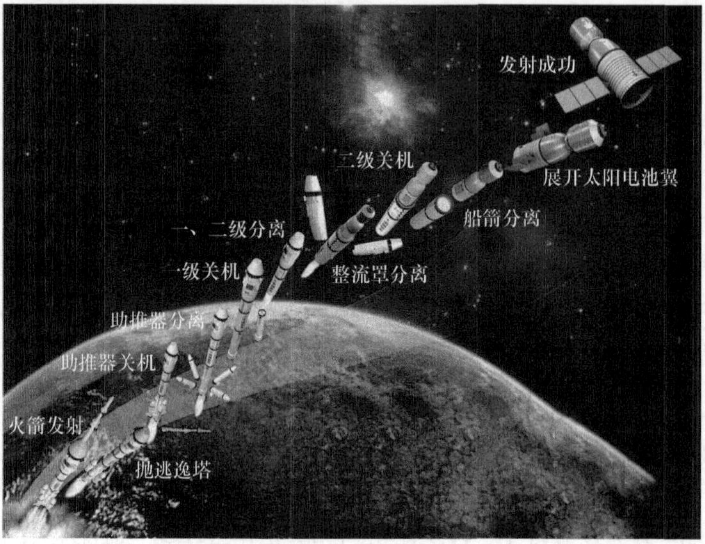

图 2-14 神舟十一号飞船的发射

2.6.1 质点的动量

在牛顿运动定律建立之前，力学已经有了一定的发展. 当时有很多人从事冲击和碰撞问题的研究，这些研究使人们逐步认识到，一个物体对其他物体的冲击效果与这个物体的速度和质量有关，而且还发现物体的质量与速度的乘积在运动过程中遵守一系列的规律，所以用物体的质量与速度的乘积来定义一个物理量，这个物理量就是动量.

以 m 表示质点的质量，$\boldsymbol{v}$ 表示该质点在某一时刻的速度，则质点在这一瞬时的动量定义为

$$\boldsymbol{p} = m\boldsymbol{v}$$

动量是一个状态量，质点在任何一个运动状态都有一定的动量. 动量是矢量，有大小和方向. 在 SI 中，动量的单位是千克 · 米/秒(kg·m/s).

2.6.2 力的冲量

在中学物理中，冲量 $\boldsymbol{I}$ 定义为**力和力的作用时间的乘积**，因此力 $\boldsymbol{F}$ 从时刻 t_1 至时刻 t_2 作用的冲量为

$$\boldsymbol{I} = \boldsymbol{F}(t_2 - t_1)$$

但是这个定义只适用于 $\boldsymbol{F}$ 为恒力的情况. 对于变力的冲量，我们可以将时间间隔 $t_2 - t_1$ 分割为很多微小的时间段 $\mathrm{d}t$ ，以致在如此小的时间间隔内，可以将力 $\boldsymbol{F}$

视为恒力，这样在 dt 时间内，力的冲量 d$\boldsymbol{I}$ 可以用恒力冲量的公式来表示，即 $\mathrm{d}\boldsymbol{I}=\boldsymbol{F}\mathrm{d}t$ ，在时间 t_2-t_1 内，力的冲量 $\boldsymbol{I}$ 就是每一小段冲量 d$\boldsymbol{I}$ 的矢量和，可以写成

$$\boldsymbol{I}=\int_{t_1}^{t_2}\mathrm{d}\boldsymbol{I}=\int_{t_1}^{t_2}\boldsymbol{F}\mathrm{d}t \tag{2-13}$$

按照这个定义，力 $\boldsymbol{F}$ 在某一个时间间隔内的冲量 $\boldsymbol{I}$ 等于力 $\boldsymbol{F}$ 在该时间间隔内对时间变量的积分.

冲量 $\boldsymbol{I}$ 是一个矢量，如果 $\boldsymbol{F}$ 是一个方向不变. 只是大小变化的变力，$\boldsymbol{F}$ 的大小与时间 t 的关系可以用图 2-15 中的曲线表示，而冲量的大小则等于曲线下的面积，是由力的大小和力持续作用的时间两个因素决定的，而冲量的方向和 $\boldsymbol{F}$ 的方向相同.

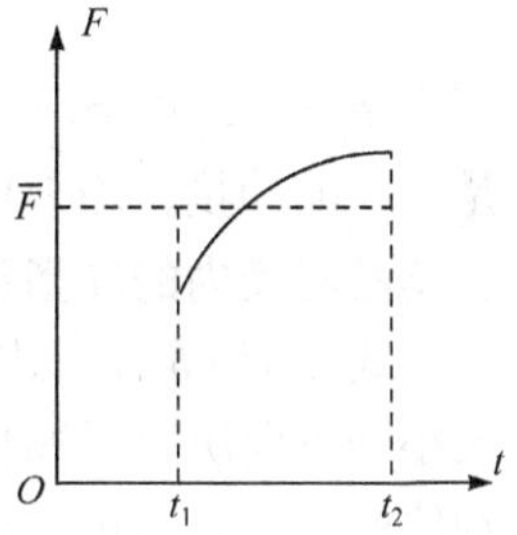

图 2-15　冲量的大小

如果 $\boldsymbol{F}$ 是一个方向和大小都在变化的变力，那么冲量的方向就不能用力的方向来确定，只能由积分的结果确定.

冲量表示力对时间的积累作用，它是一个过程量，对一个过程才有冲量可言，我们不能说在某个状态有多少冲量.

在 SI 中，冲量的单位是牛 · 秒(N·s).

在用式(2-13)计算冲量时往往采用分量式，在平面直角坐标系中

$$I_x=\int_{t_1}^{t_2}F_x\mathrm{d}t,\quad I_y=\int_{t_1}^{t_2}F_y\mathrm{d}t$$

对于变力的冲量，引入平均力 $\bar{\boldsymbol{F}}$ ，按照函数平均值的定义

$$\bar{\boldsymbol{F}}=\frac{1}{t_2-t_1}\int_{t_1}^{t_2}\boldsymbol{F}\mathrm{d}t$$

则

$$\boldsymbol{I}=\bar{\boldsymbol{F}}(t_2-t_1) \tag{2-14}$$

就是说可以将变力的冲量等效地视为恒力的冲量，这个等效恒力就是变力在该时间段内的平均值.

2.6.3　质点的动量定理

力作用在质点上，其效果就是使质点的运动状态发生改变，也就是使质点的动量或速度发生改变. 牛顿第二定律给出了力和它的作用效果的定量关系，这个关系是瞬时的，即给出力在任意时刻的作用效果和该时刻的力的关系. 力作用一段时间后，就会在时间上产生一个累积效果. 这一效果可以由牛顿第二定律直接

得出．牛顿第二定律可由式(2-3)表示为

$$\boldsymbol{F}=\frac{\mathrm{d}(m\boldsymbol{v})}{\mathrm{d}t}=\frac{\mathrm{d}\boldsymbol{p}}{\mathrm{d}t}$$

即质点所受的合力等于质点动量对时间的变化率，这就是质点的**动量定律的微分形式**．由此可得

$$\boldsymbol{F}\mathrm{d}t=\mathrm{d}\boldsymbol{p}$$

此式表明：**在 dt 时间内质点所受合力的冲量等于在同一时间内质点动量的增量**．如果质点所受合力 $\boldsymbol{F}$ 的作用时间为 $t_1 \sim t_2$，则对上式两边积分，得

$$\int_{t_1}^{t_2}\boldsymbol{F}\mathrm{d}t=\int_{p_1}^{p_2}\mathrm{d}\boldsymbol{p}=\boldsymbol{p}_2-\boldsymbol{p}_1=m\boldsymbol{v}_2-m\boldsymbol{v}_1 \tag{2-15}$$

其中 $\boldsymbol{p}_1=m\boldsymbol{v}_1$ 和 $\boldsymbol{p}_2=m\boldsymbol{v}_2$ 分别表示质点在 t_1 和 t_2 时刻的动量．式(2-15)等号左边是合力的冲量，式(2-15)称为质点的**动量定理的积分形式**，**即作用于质点上的合力在某段时间内的冲量等于这段时间内质点动量的增量**．

式(2-15)等号右边是作用效果，它取决于力在这段时间内的累积．合力冲量的大小和方向决定了物体由初时刻到末时刻这段时间的动量增量，如果我们能测出物体的初、末动量，由动量定理就可以求得物体所受合力冲量的大小和方向，这正是应用动量定理解决力学问题的优点所在．

仿照式(2-14)，我们可以将合力的冲量写成 $\boldsymbol{I}=\bar{\boldsymbol{F}}(t_2-t_1)$，其中 $\bar{\boldsymbol{F}}$ 是合力 $\boldsymbol{F}$ 的时间平均值．

应当指出，上述质点动量定理的表达式(2-15)是矢量式，在具体应用时常采用作图法或沿坐标轴分解法求解．例如，在直角坐标系中，沿各坐标轴的分量式就是

$$\begin{cases}I_x=\int_{t_1}^{t_2}F_x\mathrm{d}t=p_{x2}-p_{x1}=mv_{x2}-mv_{x1}\\ I_y=\int_{t_1}^{t_2}F_y\mathrm{d}t=p_{y2}-p_{y1}=mv_{y2}-mv_{y1}\\ I_z=\int_{t_1}^{t_2}F_z\mathrm{d}t=p_{z2}-p_{z1}=mv_{z2}-mv_{z1}\end{cases} \tag{2-16}$$

动量定理的分量式表明合力冲量沿一个坐标轴方向的分量等于沿这一坐标轴方向质点动量的增量，这表明，沿任何方向的冲量只能改变它自己方向上的动量，不能改变与它垂直的方向上的动量．

动量定律是从牛顿第二定律中推导出来的，因此它也必须在惯性系中成立．

例 2-8 汽车碰撞实验．在一次碰撞实验中，一质量为 1200kg 的汽车垂直冲向一固定墙壁，碰撞前速率为 15.0m/s，碰撞后以 1.50m/s 的速率反弹，碰撞时间为 0.12s，试求：

(1) 汽车受到墙壁的冲量；

(2) 汽车受到墙壁的平均冲力.

解　以汽车碰撞前的速度方向为正方向，则碰撞前汽车的速度 $v_1 = 15.0\text{m/s}$，碰撞后汽车的速度 $v_2 = -1.50\text{m/s}$，汽车的质量 1200kg 不变.

(1) 由动量定理可知汽车受到墙壁的冲量为

$$\begin{aligned}I &= p_2 - p_1 = mv_2 - mv_1 \\ &= 1200\times(-1.50) - 1200\times 15.0 \\ &= -1.98\times 10^4(\text{N}\cdot\text{s})\end{aligned}$$

(2) 由于碰撞时间 $\Delta t = 0.12\text{s}$，所以汽车受到墙壁的平均冲力为

$$\overline{F} = \frac{I}{\Delta t} = \frac{-1.98\times 10^4}{0.12} = -1.65\times 10^5(\text{N})$$

上面两个结果都为负值，负号表明汽车受到的冲量和平均冲力的方向都指向汽车碰撞前运动方向的反方向.

由上述计算可知平均冲力的大小约为汽车本身重量的 14 倍，瞬时最大冲力还要大得多. 这种巨大的冲力是造成车祸的破坏性的根源.

2017 年 8 月 10 日 23 时 34 分许，陕西省安康市境内京昆高速公路秦岭 1 号隧道南口处发生一起大客车碰撞隧道洞口端墙的特别重大道路交通事故，造成 36 人死亡、13 人受伤，直接经济损失 3533 余万元. 事故的直接原因是事故车辆正面冲撞秦岭 1 号隧道洞口端墙. 由于直接撞击墙壁的时间极短，所以冲击力极高，这是造成重大人员伤亡的主要原因.

例 2-9　一个质量为 $m = 0.58\text{kg}$ 的篮球，在离水平面高度 $h_1 = 2.0\text{m}$ 处自由下落，碰到试验台面上，碰撞后回弹的最大高度为 $h_2 = 1.9\text{m}$，在篮球与试验台碰撞时，仪器显示它对台面的冲力(数值上也等于台面对篮球的冲力)，如图 2-16 所示，它与台面的接触时间 $\Delta t = 0.019\text{s}$，冲力的峰值 F_m 达到 575N，求：在碰撞过程中篮球与试验台之间的平均相互作用力.

解　根据篮球的受力情况，整个运动过程可以分成三个阶段：

(1) 自由下落高度 h_1 的阶段：篮球只受重力 mg.

(2) 篮球与水平面相碰的阶段：篮球受重力 mg 和水平面的平均支持力 $\overline{N}$ (向上).

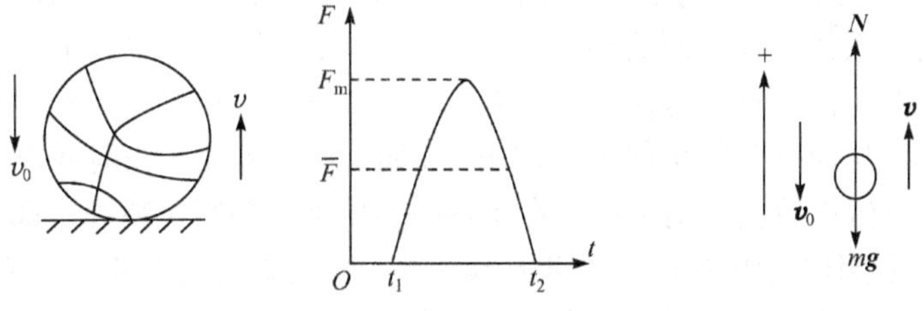

图 2-16　例 2-9 示意图及受力分析

(3) 篮球回弹阶段(竖直上抛)：篮球只受重力 mg.

解法一：所求的力 $\bar{N}$ 在第二阶段，该阶段历时 Δt，令初动量为 mv_0 (v_0 等于篮球在第一阶段的末速度)，末动量为 mv (v 等于篮球在第三阶段的初速度). 篮球在第二阶段的受力如图 2-16 所示，并画上初、末动量，取坐标轴向上为正，列出动量定理方程

$$(\bar{N}-mg)\Delta t = mv-(-mv_0) = mv + mv_0$$

解出

$$\bar{N} = m\left(g+\frac{v+v_0}{\Delta t}\right) \quad ①$$

又根据第一阶段求出 $v_0=\sqrt{2gh_1}$，由第三阶段求出 $v=\sqrt{2gh_2}$，代入式①，得

$$\bar{N} = m\left(g+\sqrt{2g}\,\frac{\sqrt{h_1}+\sqrt{h_2}}{\Delta t}\right) = 383.1\text{N} \quad ②$$

解法二：由于动量定理对任何过程都是成立的，我们可以对整个运动过程应用动量定理. 设第一阶段历时 t_1，篮球只受重力，合力的冲量等于 $-mgt_1$；在第二阶段，合力的冲量等于 $(\bar{N}-mg)\Delta t$；第三阶段历时 t_2，篮球也只受重力，合力的冲量为 $-mgt_2$，整个运动过程的初动量为零，末动量也为零，因此动量定理写成

$$-mgt_1+(\bar{N}-mg)\Delta t - mgt_2 = 0$$

将 $t_1=\sqrt{\dfrac{2h_1}{g}}$，$t_2=\sqrt{\dfrac{2h_2}{g}}$ 代入，求出 $\bar{N}$，结果与式②相同.

从例 2-9 可以看出：篮球的重力不过 5.7N，而冲力的最大值为 575N，平均作用力为 383.1N，所以与冲力相比，篮球的重力可以忽略不计. 在碰撞和冲击问题中，如果碰撞时间极短，冲力就很大，这时常力(如重力)可以忽略. 虽然平均值与峰值相比有相当大的差距，但平均值对实际问题的估算是非常重要的.

平均冲力的大小不仅取决于受力物体动量增量的大小，而且也与作用时间的长短有关. 对于相同的动量增量，作用时间 (t_2-t_1) 越短，则冲力越大. 例如，工人高空作业时，万一不慎跌落到地面上，在与地面碰撞过程中，人的动量将发生一定的变化，人将受到地面的很大的作用力而受伤. 但是如果装上安全网，人落在柔软的网上，在人停止运动之前，人与网有较长的作用时间，作用在人身上的力就小得多，从而起到安全保护的作用. 又如，渡轮驶靠码头时在码头和渡轮相接触处都装有橡皮轮胎，精密仪器在运输时要用泡沫塑料包装等，都是延长作用时间，达到减小作用力的目的. 在生产实际中，有时则要增大冲力. 例如，用冲床冲压钢板时，就要减少作用时间来增大冲力.

2.6.4 质点系的动量定理和动量守恒定律

质点动量定理是对一个质点而言的，根据牛顿第三定律，质点 A 受到质点 B 所施作用力的同时，B 也一定受到 A 所施的反作用力，这两个力分别使 A、B 两个质点的动量发生改变. 所以在实际问题中，往往不能孤立地研究一个质点的运动，而要把有相互作用的若干个质点放在一起来研究，这样的多个有相互作用的质点的集合，称为质点系或系统. 系统内每一个质点所受的力可以分为内力和外力，内力是来自系统内其他质点的作用力，外力是来自系统外质点的作用力. 内力和外力都是相对于系统而言的.

设系统内第 i 质点的质量为 m_i，其受到外部其他质点作用的合力为 $\boldsymbol{F}_i$ (简称该质点所受的外力)，受到内部其他质点作用的合力为 $\boldsymbol{f}_i$ (简称该质点所受的内力). 在时刻 t_1 至 t_2 的过程中，该质点的动量由 $m_i\boldsymbol{v}_{i1}$ 变为 $m_i\boldsymbol{v}_{i2}$，则由动量定理，得

$$\boldsymbol{F}_i+\boldsymbol{f}_i=\frac{\mathrm{d}(m_i\boldsymbol{v}_i)}{\mathrm{d}t}$$

对于系统内每个质点都可以写出类似的式子，相加后得

$$\sum_i\boldsymbol{F}_i+\sum_i\boldsymbol{f}_i=\frac{\mathrm{d}\sum\limits_i(m_i\boldsymbol{v}_i)}{\mathrm{d}t} \tag{2-17}$$

式中 $\sum\limits_i\boldsymbol{F}_i$ 是系统内各质点所受外力的矢量和，$\sum\limits_i\boldsymbol{f}_i$ 是系统内各质点所受内力的矢量和，$\sum\limits_i(m_i\boldsymbol{v}_i)$ 表示质点系的总动量.

根据牛顿第三定律，任意一对内力都是作用力与反作用力，它们的矢量和等于零，而内力总是成对出现的，所以所有内力的矢量和 $\sum\limits_i\boldsymbol{f}_i=0$，则

$$\sum_i\boldsymbol{F}_i=\frac{\mathrm{d}\sum\limits_i(m_i\boldsymbol{v}_i)}{\mathrm{d}t}=\frac{\mathrm{d}\boldsymbol{p}}{\mathrm{d}t} \tag{2-18}$$

式中 $\boldsymbol{p}=\sum\limits_i m_i\boldsymbol{v}_i$ 为质点系的总动量，这就是质点系的动量定理的微分形式：**质点系所受外力的矢量和等于质点系总动量增量的变化率.**

将式(2-18)两端乘以 $\mathrm{d}t$，并对时间 t_1 到 t_2 积分，得

$$\int_{t_1}^{t_2}\Big(\sum\boldsymbol{F}_i\Big)\mathrm{d}t=\sum_i(m_i\boldsymbol{v}_{i2})-\sum_i(m_i\boldsymbol{v}_{i1}) \tag{2-19a}$$

式中 $\sum(m_i\boldsymbol{v}_{i1})$ 和 $\sum(m_i\boldsymbol{v}_{i2})$ 分别表示质点系在初、末状态的总动量. 式(2-19a)也可用平均力表示

$$\sum \overline{\boldsymbol{F}}(t_2-t_1)=\sum_i(m_i\boldsymbol{v}_{i2})-\sum_i(m_i\boldsymbol{v}_{i1}) \tag{2-19b}$$

式(2-19a)和式(2-19b)就是质点系动量定理的积分形式，它表示：**在一段时间内，作用于质点系的外力的矢量和在该时间段内的冲量等于质点系总动量的增量.**

质点系的动量定理告诉我们，只有外力的作用才能改变质点系的总动量，由于内力的矢量和为零，内力冲量的矢量和也一定为零，所以质点系的内力能够引起系统内各质点动量的变化，但是**内力不会改变质点系的总动量**. 例如，静止车上的乘客无论怎样推车，都不可能使车获得动量而前进.

质点系动量定理同样也只在惯性系中成立. 在使用时，也要注意它的矢量性，通常使用其分量形式. 例如，质点系的动量定理在平面直角坐标系中的分量式为

$$\begin{cases}\int_{t_1}^{t_2}\sum_i F_{ix}\mathrm{d}t=\sum_i(m_iv_{i2x})-\sum_i(m_iv_{i1x})\\ \int_{t_1}^{t_2}\sum_i F_{iy}\mathrm{d}t=\sum_i(m_iv_{i2y})-\sum_i(m_iv_{i1y})\end{cases} \tag{2-20}$$

由式(2-19a)可知，如果 $\sum_i \boldsymbol{F}_i=0$ ，则

$$\sum_i(m_i\boldsymbol{v}_i)=\text{常矢量} \tag{2-21}$$

这就是说，**如果质点系所受外力的矢量和等于零，则质点系的总动量保持不变**，这一结论就是质点系的**动量守恒定律**.

应用动量守恒定律分析解决问题时，应该注意以下几点.

(1) 动量守恒定律的条件是系统所受外力的矢量和为零，不必考虑系统内物体相互作用的详细情况，所以首先要分析每个有关质点的受力情况，根据受力图，可以通过选取合适的系统，把物体间复杂的未知力作为内力，这是应用动量守恒定律求解问题比用牛顿第二定律优越的地方. 如果系统受到的外力的矢量和不为零，只能对每个质点应用动量定理.

(2) 严格不受外力或外力矢量和严格为零的系统较为少见：

① 如果外力的矢量和不为零，但是内力远大于外力(通常内力为冲力；外力为常力，如重力等，即不随冲力而变的力)，也可以忽略外力，而认为系统总动量近似守恒. 至于冲击(或碰撞)问题是否满足这个条件，则要作具体的分析. 例如，在水平桌面上物体 A 朝物体 B 运动，与之相撞，如图 2-17 所示，若 A、B 之间的冲力远大于 A、B 所受的摩擦力，系统水平方向动量在碰撞的瞬间动量守恒. 但是如果 B 紧靠坚硬的竖直墙，在受到冲力 $\boldsymbol{F}$ 时仍保持静止，它必定还要受到墙的支持力 $\boldsymbol{N}$ ，方向与 $\boldsymbol{F}$ 相反， $\boldsymbol{F}$ 虽然很大，但 $N=F$ 也很大，不论 F 如何变，N 也

跟着变，系统动量就不守恒.

② 如果外力的矢量和不为零，但是在某一个方向上外力的矢量和为零，则系统的总动量在该方向上的分量是守恒的，或者说，系统在该方向上动量守恒.

(3) 质点系动量守恒定律的表示式(2-21)是一个矢量式，使用时常用其分量形式. 如在平面直角坐标系中，动量守恒定律的表示形式是

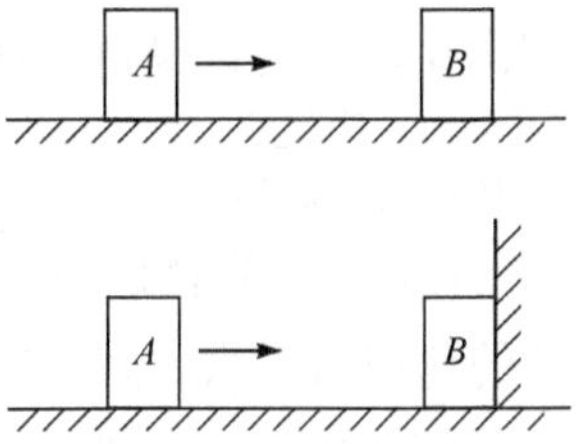

图 2-17　冲击问题

$$\begin{cases} 当F_x = 0时, \sum_i m_i v_{ix} = p_x = C_1(常量) \\ 当F_y = 0时, \sum_i m_i v_{iy} = p_y = C_2(常量) \end{cases} \tag{2-22}$$

分量式的意义在于，如果质点系所受的外力的矢量和不等于零，质点系的总动量不守恒. 但是，如果质点系沿某坐标方向所受的合外力为零，则沿此坐标方向的总动量的分量守恒. 例如，一个物体在空中爆炸后碎裂成几块，在忽略空气阻力的情况下，这些碎块受到的外力只有竖直向下的重力，因此它们的总动量在水平方向的分量是守恒的.

(4) 由于动量守恒定律是从牛顿第二定律中推导出来的，所以它只适用于惯性系.

例 2-10　在图 2-18(a)所示的装置中，A、B、C 三个小物体的质量均为 m，B、C 两物体放在光滑水平桌面上，滑轮质量不计. 起初 B、C 靠在一起，其间有长为 L 的放松的绳子，问：

(1) A 由静止开始运动，经过多长时间，C 才开始运动？

(2) 绳子绷紧后，C 开始运动时的速度是多少？

解　(1) C 开始运动前，分别对 A 和 B 分析受力和加速度(见图 2-18(b))，列出方程

$$A:\quad mg - T = ma$$

$$B:\quad T = ma$$

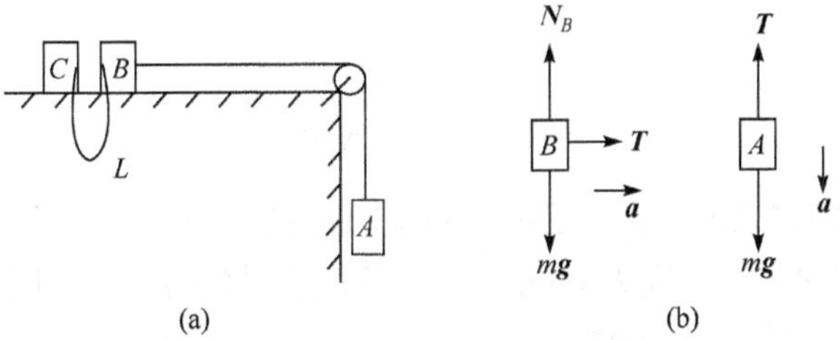

图 2-18　例 2-10 图 C 运动之前

解出$a=\frac{1}{2}g$. 设经过时间t，C开始运动，则$L=\frac{1}{2}at^2$，此时A、B的速度大小均为$v=at=\sqrt{gL}$.

(2) 绳子绷紧是一个短暂的过程，在这过程中，A、B的速率均从v减小到v'，C的速率从零增大到v'，因为过程历时很短，三个物体分别受到很大的合力，主要是绳子的拉力，如果我们取“A+B+C+绳子”为系统，这个拉力就是内力，即使我们考虑到常力(A 的重力)与绳子拉力相比可以忽略，系统总动量也是不守恒的. 因为这个系统所受到的外力不为零，而且是不能忽略的. 为了说明这一点，我们来分析系统所受的外力. 如果忽略A的重力，外力的矢量和就是滑轮对绳的支持力N. 由滑轮处绳的受力图(图 2-19)可知，因绳的质量不计，该段绳受到N和两个T，应当平衡，则$N=\sqrt{2}T$，可见外力N大于内力T，不能忽略，系统的总动量不守恒. 我们只能对这三个物体分别使用动量定理.

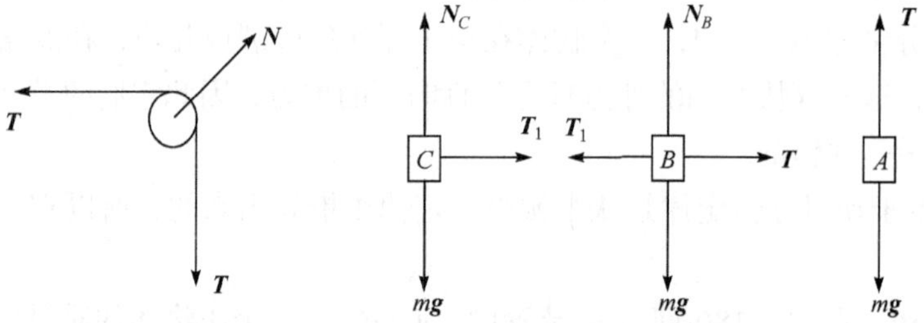

图 2-19　C运动后三个物体受力图

分别对A、B、C画出受力图.

对A：(取向下为正)　　$(mg-T)t=mv'-mv$

对B：(取向右为正)　　$(T-T_1)t=mv'-mv$

对C：(取向右为正)　　$T_1t=mv'-0$

略去mg后，三式相加得

$$0=3mv'-2mv$$

故

$$v'=\frac{2}{3}v=\frac{2}{3}\sqrt{gL}$$

例 2-11　如图 2-20 所示，质量为$m=70\text{kg}$的人站在静浮于水面的船的一端，船的质量$M=210\text{kg}$，长度$L=4\text{m}$. 问：当人走到船的另一端时，船相对于地面走了多远(忽略水对船的阻力)?

解 当人在船上行走时，人受到重力、船对人作用的摩擦力(方向向前)和向上的支持力，船受到人对船的摩擦力(方向向后)和向下的压力、水的浮力及重力. 如果取人和船作为一个系统，人和船的相互作用力为内力，系统受的外力为人和船的重力及船受的水的浮力，这些外力都是在竖直方向，沿水平方向没有外力，所以系统在水平方向动量守恒.

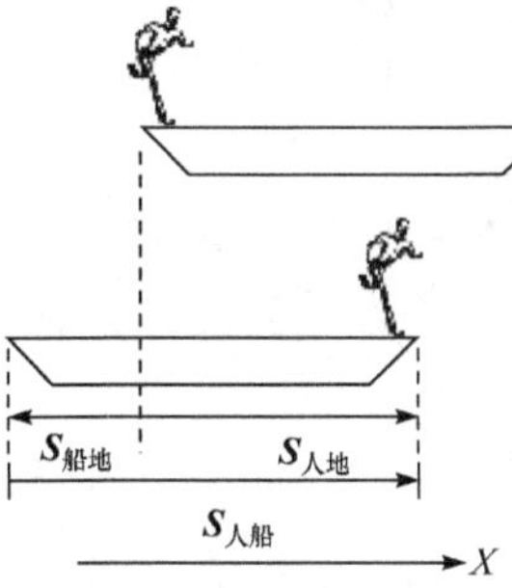

图 2-20 例 2-11 图

取人走的方向为 X 轴正方向，开始时人和船都静止，系统的初动量为零，设 $t=0$ 时人开始走动，在到达端点以前的任一时刻 t，人和船相对于地面的速度分别为 v 和 V，并设人走的方向为 X 轴的正方向，则 X 方向上动量守恒

$$mv + MV = 0 \qquad ①$$

令 T 表示人走到船另一端的时刻，将式①两边对时间从 0 到 T 积分，得到

$$m\int_0^T v\mathrm{d}t + M\int_0^T V\mathrm{d}t = 0$$

设 $S_{人地} = \int_0^T v\mathrm{d}t$ 和 $S_{船地} = \int_0^T V\mathrm{d}t$ 分别为人对地的位移和船对地的位移，则上式可写为

$$mS_{人地} + MS_{船地} = 0 \qquad ②$$

根据相对位移的概念，有

$$\boldsymbol{S}_{人船} = \boldsymbol{S}_{人地} - \boldsymbol{S}_{船地}$$

投影式为

$$S_{人船} = S_{人地} - S_{船地} \qquad ③$$

由式②、③，解出

$$S_{船地} = -\frac{m}{m+M}S_{人船}$$

而 $S_{人船} = L$，所以

$$S_{船地} = -\frac{m}{m+M}L = -1\mathrm{m}$$

负号表明船的实际运动方向是坐标轴的负向，即与人走的方向相反.

质心 质心运动定理

*2.6.5 质点系的质心运动定理

在讨论一个质点系的运动时，我们通常引入质心的概念，设一个质点系由 N

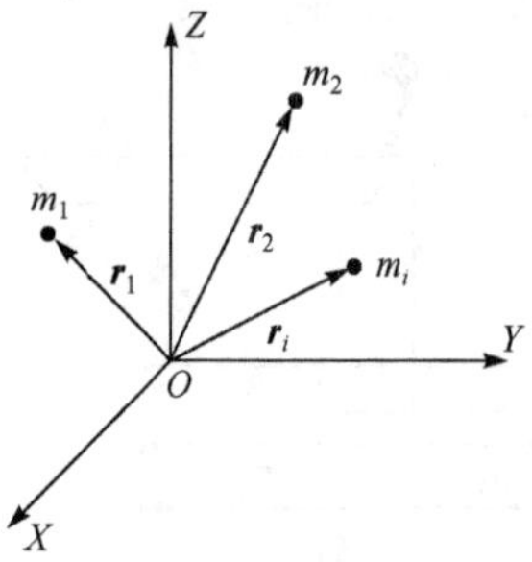

图 2-21　质心

个质点组成，以 $m_1, m_2, \cdots$， m_i 分别表示各质点的质量，以 $\boldsymbol{r}_1, \boldsymbol{r}_2, \cdots, \boldsymbol{r}_i$ 分别表示各质点对某一坐标原点的位置矢量，如图 2-21 所示. **质心**的位置矢量定义为

$$\boldsymbol{r}_C = \frac{\sum_{i=1}^{N} m_i \boldsymbol{r}_i}{\sum_{i=1}^{N} m_i} = \frac{\sum_{i=1}^{N} m_i \boldsymbol{r}_i}{M} \tag{2-23}$$

$M = \sum_{i=1}^{N} m_i$ 是质点系的总质量.

质心位置矢量与坐标的选取有关，但质心相对于质点系内各质点的位置与坐标的选取无关.

质心位置的坐标分量为

$$x_C = \frac{\sum_{i=1}^{N} m_i x_i}{M}, \quad y_C = \frac{\sum_{i=1}^{N} m_i y_i}{M}, \quad z_C = \frac{\sum_{i=1}^{N} m_i z_i}{M}$$

一个连续的物体，可以认为是由许多质点组成的，以 dm 表示其中任一质元的质量，以 $\boldsymbol{r}$ 表示它的位置矢量，则物体的质心位置矢量为

$$\boldsymbol{r}_C = \frac{\int \boldsymbol{r} \mathrm{d}m}{M}$$

它的坐标分量式

$$x_C = \frac{\int x \mathrm{d}m}{M}, \quad y_C = \frac{\int y \mathrm{d}m}{M}, \quad z_C = \frac{\int z \mathrm{d}m}{M}$$

将 $\boldsymbol{v}_i = \frac{\mathrm{d}\boldsymbol{r}_i}{\mathrm{d}t}$ 代入质点系动量定理的微分形式(2-18)，可得

$$\sum_i \boldsymbol{F}_i = \frac{\mathrm{d}^2 \left(\sum_{i=1}^{N} m_i \boldsymbol{r}_i \right)}{\mathrm{d}t^2} \tag{2-24}$$

由式(2-23)，$\sum_{i=1}^{N} m_i \boldsymbol{r}_i = M \boldsymbol{r}_C$ ，所以

$$\sum_i \boldsymbol{F}_i = \frac{\mathrm{d}^2 (M \boldsymbol{r}_C)}{\mathrm{d}t^2} = M \frac{\mathrm{d}^2 \boldsymbol{r}_C}{\mathrm{d}t^2} = M \boldsymbol{a}_C \tag{2-25}$$

式中 $\boldsymbol{a}_C = \frac{\mathrm{d}^2 \boldsymbol{r}_C}{\mathrm{d}t^2}$ 是质心的加速度.

式(2-25)与质点的牛顿第二定律十分相似，它表明，可以把外力矢量和对质点系的作用等价地看成对一个质点的作用，这个质点的质量 M 等于质点系中所有质点质量之和 $\sum_{i=1}^{N} m_i$ ，这个质点所处的位置就是质点系的质心.

因此，式(2-25)表明，**质点系所受外力的矢量和等于质点系的总质量 M 与质心加速度的乘积，称为质点系的质心运动定理**. 当质点系所受外力的矢量和不为零时，质心就有加速度；当外力的矢量和等于零时，质点系的动量守恒，质心就没有加速度，质心保持静止或匀速直线运动状态. 当然这时质点系内各个质点还可能有运动，有速度和加速度. 所以质心运动定理只是描述了质点系运动的总趋势，不能反映系统中各个质点的运动情况.

我们还需要注意几点：

(1) 质心不是质点位矢的平均值，而是带权平均值，因与质量有关，所以是动力学概念. 质量均匀分布的物体，其质心就在物体的几何中心.

(2) 质心的位矢与坐标原点的选取有关，但质心与体系各质点的相对位置和坐标原点的选取无关.

(3) 质心和重心是不同的. 质心是质点系全部质量和动量的集中点，重心是重力的合力的作用点，质心比重心的意义更广泛、更基本. 比如，在外太空空间站，物体由于失重，没有了重心，但质心依然存在.

质心运动定理告诉我们，质心的行为与一个质点的行为相同，例如，将一手榴弹向空中扔去，手榴弹的运动十分复杂，但是如果忽略空气阻力，手榴弹在空中运动时所受的外力只是它的重力，它的质心的运动就是一个质点的斜抛运动，其轨迹是一条抛物线；高台跳水运动员在空中做各种优美的翻滚伸缩动作，运动看起来非常复杂，但如果忽略空气阻力，运动员在空中运动时所受的外力只有自身重力，他的质心在空中的轨迹和被抛出的小球的轨迹一样，是一条抛物线，如图 2-22 所示.

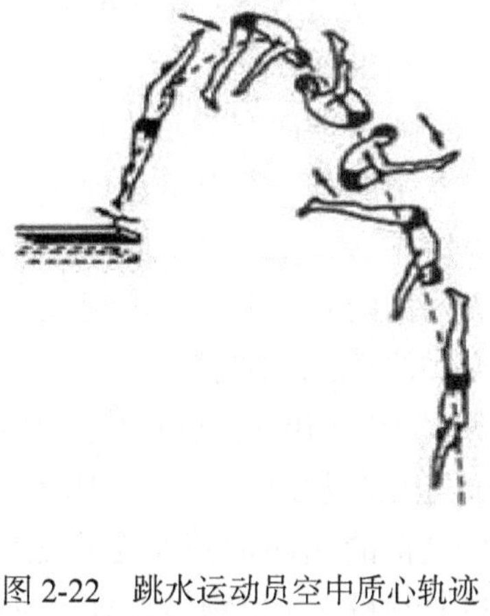

图 2-22　跳水运动员空中质心轨迹

我们也可以利用质心运动定理来解例 2-11.

例 2-11 中人与船组成的系统水平方向所受外力的矢量和为零，因此系统的质心没有加速度. 人在船上不论如何走动，质心在水平方向上的位置仍然应当保持不变(注意是质心相对于地面的水平位置保持不变).

令人船系统的质心位置在 C. 取水平向右的方向为 X 轴正向，坐标原点取在初始时人的

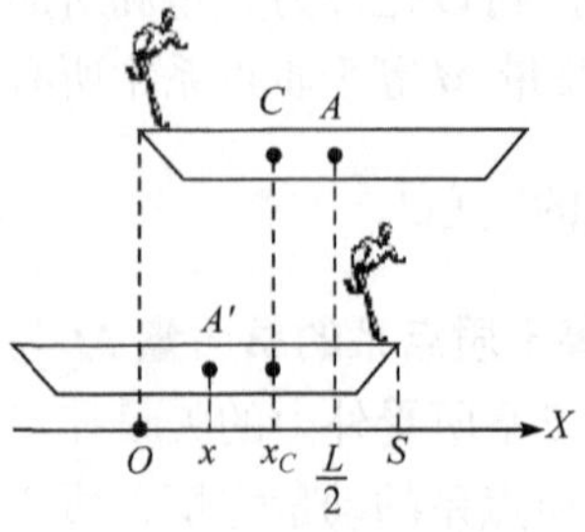

图 2-23 用质心运动定理解例 2-11

位置，船的长度为L，如图 2-23 所示.

开始时船中心 A 的坐标为$L/2$，人的坐标为 0，则质心C的坐标为

$$x_C=\frac{M\times\frac{1}{2}L+m\times 0}{m+M}$$

人向右走到船的另一端时,令船中心的坐标为x,则人的坐标为$S=x+L/2$,此时质心C的坐标为

$$x'_C=\frac{M\times x+m\times\left(x+\frac{1}{2}L\right)}{m+M}$$

由于$x_C=x'_C$，所以可解得

$$x=\frac{M-m}{2(m+M)}L$$

所以船的位移为

$$x-\frac{1}{2}L=-\frac{m}{m+M}L=-1\text{m}$$

例 2-12 质量为M的人手中拿着一个质量为m的物体，此人以与地平线成θ角的速率v_0向前跳去，当他到达最高点时，将物体以相对于他的速度u水平向后抛出. 问：由于物体被抛出，他的落地点将会前移多少距离？

解 如果物体不抛出，人的落地点在A点；如果物体被抛出，人落在B点，增加的距离$\Delta s=\overline{AB}$,如图 2-24 所示,这是由于物体被抛出后人的速率增加了. 人抛物体是人与物体相互作用的过程，人给物体一个向后的作用力，同时物体也给人一个反作用力，往前推人. 如果取人和物体组成一个系统，这一对力是内力，外力在铅直方向，水平方向不受外力，所以系统在水平方向动量守恒.

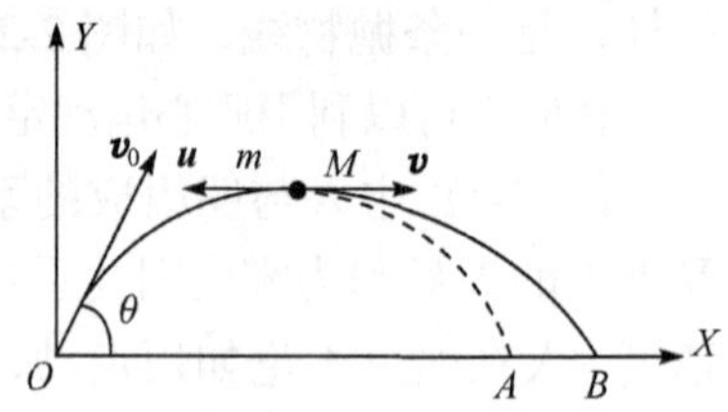

图 2-24 例 2-12 图

取水平向右为正方向. 人抛物前瞬时的速度水平向右，大小是$v_0\cos\theta$，系统的总动量为$(m+M)v_0\cos\theta$，此动量的方向是水平向右；抛物后的瞬时，人的速度变成v，仍为水平向右. 必须注意，u不是物体相对于地面的速度，物体相对于地面的速度应该是物体相对于人的速度u与人的速度的矢量和,那么这里人的速度是抛物之前的$v_0\cos\theta$还是抛物之后的v？因为我们写的是在抛物之后系统水平方向的总动量，所以物体相对于地面的速度是$\boldsymbol{u}$和$\boldsymbol{v}$的矢量和，它的大小是$(-u)+v$，

系统的水平总动量是 $Mv+m(-u+v)$，由系统动量守恒可以写出

$$(m+M)v_0\cos\theta = Mv+m(-u+v)$$

解出

$$v = v_0\cos\theta + \frac{mu}{m+M}$$

所以由于物体被抛出，在水平方向人的速率增加了 $\Delta v = \dfrac{mu}{m+M}$，利用运动学公式可知，人从最高点落到地面的时间 $t=\dfrac{v_0\sin\theta}{g}$，增加的距离是

$$\Delta s = \Delta v t = \frac{muv_0\sin\theta}{(m+M)g}$$

例 2-13 质量为 M、倾角为 α 的劈形斜面置于光滑水平面上，质量为 m 的小物体从光滑斜面上由静止下滑，如果 m 在斜面上滑动的某一瞬时，它相对于斜面的速度为 $\boldsymbol{v}$，求：此时斜面的速度.

解 分析运动物体 m 和 M 的受力情况，分别画出 m 与 M 的受力图，如图 2-25 所示. m 受重力 $m\boldsymbol{g}$ 和斜面的支持力 $\boldsymbol{N}$；M 受重力 $M\boldsymbol{g}$、水平面的支持力 $\boldsymbol{R}$ 和 m 的压力 $\boldsymbol{N}'$.

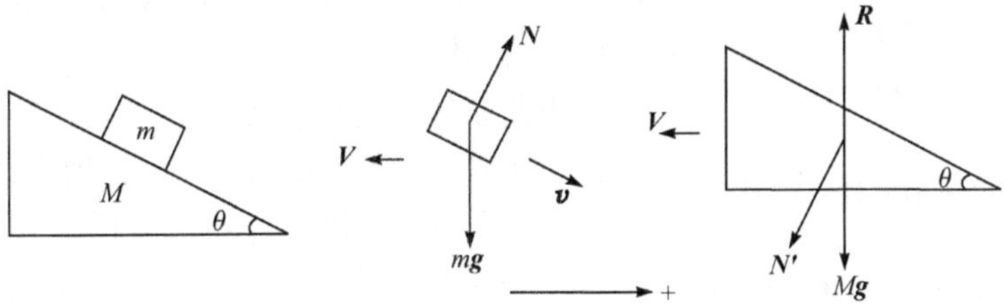

图 2-25 例 2-13 图

如果取 m 与 M 组成一个系统，外力都在竖直方向，所以系统在水平方向的动量守恒. 取水平向右为正方向. 初始时 m、M 都没有速度，总动量为零. 因此在以后的任一时刻，系统在水平方向的总动量都等于零. 设 m 沿斜面下滑速度为 $\boldsymbol{v}$ 时，M 沿水平面左移的速度为 $\boldsymbol{V}$. M 的动量为 $M(-V)$，注意 m 的动量不是 $m\boldsymbol{v}$，因为 $\boldsymbol{v}$ 是 m 相对于 M 的速度，不是相对于惯性系(水平面)的速度，后者应该是 $\boldsymbol{v}$ 与 $\boldsymbol{V}$ 的矢量和，所以 m 的速度应该是 $\boldsymbol{v}+\boldsymbol{V}$，它的水平分量应该是 $v\cos\theta - V$，它的水平动量是 $m(v\cos\theta - V)$. 系统水平方向动量守恒式应写成

$$m(v\cos\theta - V) + M(-V) = 0$$

解出

$$V=\frac{mv\cos\theta}{m+M}$$

*2.6.6 火箭飞行原理

宇宙飞船、导弹等均以火箭为动力，火箭飞行的原理实质上就是动量守恒定律的一个典型应用. 火箭本体燃烧室内，燃料燃烧生成的高温高压气体不断由火箭向后喷出，获得向后的动量，因此按动量守恒定律，火箭获得向前的动量. 燃料不断燃烧，连续向后喷出气体，使火箭不断地受到向前的反冲力，这个反冲力即推动火箭箭体加速飞行的动力. 由于燃料不断燃烧，火箭体质量不断减少，所以火箭体是一个变质量物体.

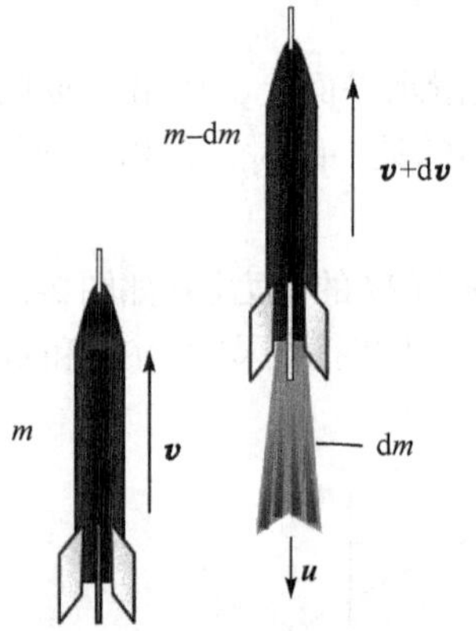

图 2-26 火箭发射原理示意图

设有一枚火箭发射升空，火箭在 t_0 时刻的速度为 $\boldsymbol{v}_0$，火箭(包括燃料)的总质量为 M_0，热气体相对火箭的喷射速度为 $\boldsymbol{u}$. 燃料用尽后的火箭质量为 M，此时火箭所获得的速度 v 是多少呢？具体分析和计算如下：

首先讨论在任意时刻火箭飞行情况，选取某一时刻 t 的火箭为研究对象，质量为 m，$t+\Delta t$ 时刻喷出的质量为 $\mathrm{d}m$，喷出气体后火箭本体剩余质量 $m-\mathrm{d}m$，如图 2-26 所示.

分析此系统的运动情况：

在 t 时刻，火箭质量为 m，相对地面速度为 $\boldsymbol{v}$；在 Δt 时间，火箭喷出质量为 $\mathrm{d}m$ 的气体. 喷出的气体相对火箭的速度为 $\boldsymbol{u}$，方向与 $\boldsymbol{v}$ 反向；选择火箭和喷气所组成的部分为系统，喷气前总动量为 $m\boldsymbol{v}$；喷气后火箭动量为 $(m-\mathrm{d}m)(\boldsymbol{v}+\mathrm{d}\boldsymbol{v})$；喷出的气体的动量为 $\mathrm{d}m(\boldsymbol{v}+\mathrm{d}\boldsymbol{v}-\boldsymbol{u})$；忽略空气阻力和重力，系统动量守恒.

应用动量守恒列式

$$mv=(m-\mathrm{d}m)(v+\mathrm{d}v)+\mathrm{d}m(v+\mathrm{d}v-u)$$

忽略高阶无穷小，并整理后得

$$m\mathrm{d}v+u\mathrm{d}m=0$$

即

$$\mathrm{d}v=-u\frac{\mathrm{d}m}{m}$$

对上式两边积分，时间从 t_0 到 t，其速度变化为 v_0 到 v，其质量由 M_0 变为 M，于是有

$$\int_{v_0}^{v} \mathrm{d}v = \int_{M_0}^{M} -u\frac{\mathrm{d}m}{m}$$

所以

$$v - v_0 = -u\ln\frac{M}{M_0} = u\ln\frac{M_0}{M}$$

这就是当 $t_0 \to t$ 时刻，火箭的质量从 $M_0 \to M$ 时火箭的速度公式.

如果设火箭开始飞行时速度为零($v_0 = 0$)，燃料用尽时质量为 M，那么根据上式解得火箭能够达到的速度为

$$v = u\ln\frac{M_0}{M} = u\ln N$$

其中 $\frac{M_0}{M}$ 称为火箭的质量比，可以用 N 来表示. 该公式也叫齐奥尔科夫斯基速度公式. 通过速度公式可以得出，在同样条件下，火箭的喷气速度 u 和质量比越大，火箭所能达到的速度就越大. 根据目前的理论分析，化学燃烧过程所能达到的喷射速度的理论值为 5km/s，而实际上能达到的喷射速度只有该理论值的一半左右，因此要提高发射速度，最有效的办法就是提高其质量比. 但提高质量比也只能在一定限度内，随着比值的升高，技术上的困难也加大.

要把航天器送上外太空，则火箭获得的速度至少要大于第一宇宙速度. 若要使航天器离开地球到达其他星球或脱离太阳系，则火箭获得的速度应分别大于第二宇宙速度和第三宇宙速度. 按计算可得单级火箭的速度是 $v \approx 10.8\text{km/s}$，但由于此式导出时未计入地球引力和空气摩擦力产生的影响，加上各种技术的原因，单级火箭的末速度将远小于第一宇宙速度 7.9km/s；这就是说，单级火箭并不能把航天器送上天. 运载火箭通常为多级火箭，多级火箭是用多个单级火箭经串联、并联或串并联组合而成的一个飞行整体.

在火箭飞行过程中，第一级火箭先点火，当第一级火箭的原料用完后，其自行脱落，这时第二级火箭开始工作，依此类推，这样可以使火箭获得很大的飞行速度.

设各级火箭的质量比为 N_i，喷射速度为 u_i，则

$$v_1 - v_0 = u_1 \ln N_1$$

$$v_2 - v_1 = u_2 \ln N_2$$

$$\cdots\cdots$$

$$v_n - v_{n-1} = u_n \ln N_n$$

因而可得

$$v_n = u_1 \ln N_1 + u_2 \ln N_2 + \cdots + u_n \ln N_n$$

当 $u_1 = u_2 = u_3 = \cdots = u_N$ 时，有

$$v_n = u(\ln N_1 + \ln N_2 + \cdots + \ln N_n) = u\ln(N_1 N_2 \cdots N_n)$$

上式即为多级火箭的发射原理. 但级数越多,技术越复杂. 考虑到发射成本和安全因素，一般采用三级火箭. 如美国 20 世纪发射的阿波罗登月飞船的土星五号火箭是三级火箭. 第一级：u_1=2.9km/s，N_1=16；第二级：u_2=4km/s，N_2=14；第三级：u_3=4km/s，N_3=12；火箭起飞质量为 2.8×10^6kg，高度为 85m，起飞推力为 3.4×10^7N.

我国的长城三号火箭为三级火箭，火箭起飞质量为 2.02×10^5kg，高度为 43.35m，起飞推力为 2.74×10^7N，从 1986 年开始为国际提供航天发射服务. 图 2-27 显示的为长征二号 F 运载火箭(简称长二 F，别称“神箭”，火箭由四个液体助推器、芯一级火箭、芯二级火箭、整流罩和逃逸塔组成，全长达 58.34m，是目前我国所有运载火箭中长度最长的火箭，安全系数达 0.97. 因多次成功发射神舟系列飞船并被央视直播报道其发射过程，已成为中国长征系列运载火箭家族中的“明星”火箭.

图 2-27 长征二号 F 运载火箭发射

2.7 角动量定理和角动量守恒定律

角动量定理
角动量守恒律

动量定理及守恒定律虽然能解决很多问题，但在面对质点或质点系发生旋转类的问题时会遇到困难，甚至有些情况下，系统总动量始终为零，但系统却在不停地运动，显然，动量这个物理量已不足以描述质点的运动了. 例如，行星绕太阳运动，月球、人造卫星绕地球的运动等，对这类问题的描述，常需要引入一个新的物理量，这就是角动量(或称动量矩). 当刚体转动时，其上的每个质点都绕某

一定点或定轴运动，每个质点都有角动量，整个刚体也有角动量，所以角动量也是描述刚体转动的重要物理量. 本节我们研究质点与质点系的角动量定理和角动量守恒定律，第 3 章再在此基础上研究刚体的角动量定理及守恒定律.

2.7.1　质点对参考点的角动量

质点对参考点 O 的**角动量**定义为

$$\boldsymbol{L}=\boldsymbol{r}\times\boldsymbol{p}=\boldsymbol{r}\times m\boldsymbol{v} \tag{2-26}$$

其中 $\boldsymbol{r}$ 是质点相对于 O 点的矢径，$\boldsymbol{p}=m\boldsymbol{v}$ 是质点的动量. 质点的角动量不仅取决于它的运动状态，还取决于它的矢径，因而与所取的参考点有关，一定要指明是对哪一个参考点的.

角动量是一个状态量，质点的任何一个运动状态，对于一个参考点都有一定的角动量. 角动量是一个矢量，它垂直于 $\boldsymbol{r}$ 与 $m\boldsymbol{v}$ 所组成的平面，其方向由矢量积定义，即由右手螺旋定则确定：伸开右手先让四指指向 $\boldsymbol{r}$ 的方向，再使四指沿着小于 180°的角 α 转到 $m\boldsymbol{v}$ 的方向，这时大拇指所指的方向就是角动量 $\boldsymbol{L}$ 的方向，如图 2-28 所示.

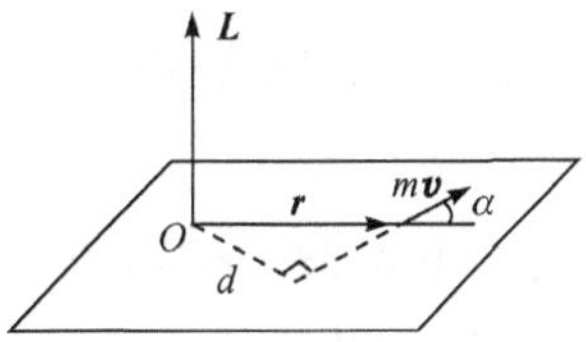

图 2-28　角动量

角动量的大小为 $L=|\boldsymbol{L}|=rmv\sin\alpha$，注意到 $r\sin\alpha$ 等于参考点到动量方向的垂直距离 d，则 $L=mvd$，所以质点角动量的大小等于质点的动量与参考点到质点速度方向的垂直距离的乘积.

角动量的概念不仅能描述经典力学中物体的运动状态，在近代物理理论中，角动量这个物理量也显示了重要的作用，如原子中电子绕核的运动等. 在 SI 中，角动量的单位是千克 · 米 ^{2}/秒($\mathrm{kg\cdot m^2/s}$).

例 2-14　如图 2-29 所示，一个质量为 m、以速度 $\boldsymbol{v}$ 做匀速直线运动的质点对某个参考点 O 的角动量是多少?

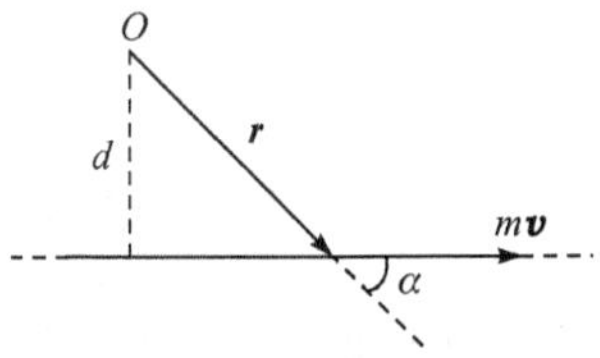

图 2-29　例 2-14 图

解　$L=mvr\sin\alpha=mvd=$ 常量，d 是 O 到直线的垂直距离. 在图 2-29 中，$\boldsymbol{L}$ 的方向为垂直纸面向外. 所以做匀速直线运动的质点对某一参考点的角动量也是一个常矢量.

特别地，当参考点就在质点运动的直线上时，因为 $\alpha=0$ 或 $\alpha=\pi$，所以角动量为零.

2.7.2 质点的角动量定理和角动量守恒定律

质点动量定理描写了质点动量对时间的一阶变化率等于它所受的合力，那么质点角动量对时间的一阶变化率等于什么呢?

式(2-26)两端对时间求一阶导数，有

$$\begin{aligned}\frac{\mathrm{d}\boldsymbol{L}}{\mathrm{d}t}&=\frac{\mathrm{d}}{\mathrm{d}t}(\boldsymbol{r}\times m\boldsymbol{v})=\frac{\mathrm{d}\boldsymbol{r}}{\mathrm{d}t}\times m\boldsymbol{v}+\boldsymbol{r}\times\frac{\mathrm{d}}{\mathrm{d}t}(m\boldsymbol{v})\\&=\boldsymbol{v}\times m\boldsymbol{v}+\boldsymbol{r}\times\sum\boldsymbol{F}=\boldsymbol{r}\times\sum\boldsymbol{F}\end{aligned}\tag{2-27}$$

由此可见，质点对某参考点的角动量随时间的变化率与质点所受的合力 $\sum\boldsymbol{F}$ 有关，也与力的作用点的矢径 $\boldsymbol{r}$ 有关，而且由两者的矢量积决定.

对质点来说，每个 $\boldsymbol{F}$ 的 $\boldsymbol{r}$ 都相同，所以 $\boldsymbol{r}\times\sum\boldsymbol{F}=\sum(\boldsymbol{r}\times\boldsymbol{F})$，我们把 $\boldsymbol{r}\times\boldsymbol{F}$ 定义为一个新的物理量，称为力 $\boldsymbol{F}$ 对 O 点的**力矩**，写作 $\boldsymbol{M}$，有

$$\boldsymbol{M}=\boldsymbol{r}\times\boldsymbol{F}\tag{2-28}$$

其大小为 $M=rF\sin\theta=r_{\perp}F$，这个量值就是中学物理中力矩 $\boldsymbol{M}$ 的大小，其中 $r_{\perp}=r\sin\theta$ 称为力臂，但在这里定义的力矩 $\boldsymbol{M}=\boldsymbol{r}\times\boldsymbol{F}$ 是一个矢量，$\boldsymbol{M}$ 的方向垂直于 $\boldsymbol{r}$ 与 $\boldsymbol{F}$ 所在的平面，方向由右手螺旋定则决定，如图 2-30 所示. 力矩的单位为牛 · 米($\mathrm{N\cdot m}$).

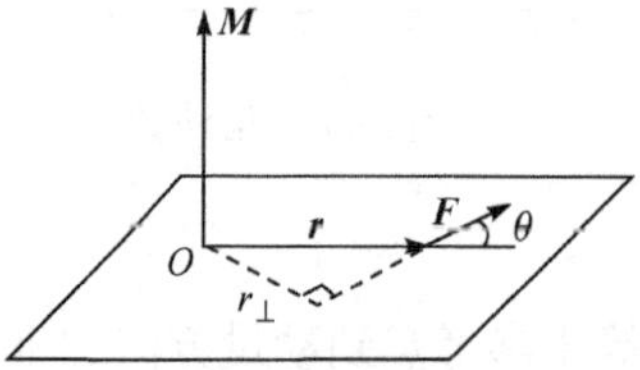

图 2-30 力矩的定义

由于 $\boldsymbol{r}\times\sum\boldsymbol{F}=\sum(\boldsymbol{r}\times\boldsymbol{F})=\sum\boldsymbol{M}$，即合力的力矩或力矩的矢量和，所以得到

$$\sum\boldsymbol{M}=\frac{\mathrm{d}\boldsymbol{L}}{\mathrm{d}t}\tag{2-29}$$

这就是**质点的角动量定理的微分形式：作用在质点上的合力对该参考点的力矩等于质点对该参考点的角动量的时间变化率**. 式(2-29)与牛顿第二定律(即质点动量定理的微分形式 $\sum\boldsymbol{F}=\mathrm{d}\boldsymbol{p}/\mathrm{d}t$)是相似的.

将式(2-29)改写为 $\mathrm{d}\boldsymbol{L}=\sum\boldsymbol{M}\mathrm{d}t$. 若在 t_1 到 t_2 的时间内，质点角动量由 $\boldsymbol{L}_1$ 变为 $\boldsymbol{L}_2$，则对上式积分，得

$$\int_{t_1}^{t_2}\sum\boldsymbol{M}\mathrm{d}t=\boldsymbol{L}_2-\boldsymbol{L}_1\tag{2-30}$$

其中等号左边的量称为合力矩的冲量，所以质点的角动量定理也可以表述为：**某段时间内质点对某个参考点的合力矩的冲量等于同一时间内质点对该点角动量的增量**. 这就是**质点角动量定理的积分形式**.

对于质点角动量定理的理解和应用，要注意以下几点：

(1) 该定理只适用于惯性系，所用到的速度必须是相对于同一惯性系的，所选的参考点必须在这个惯性系上.

(2) 质点的角动量和质点所受的合力矩必须是对同一个参考点的.

(3) 角动量定理是一个矢量式. 在平面直角坐标系中，其分量式是

$$\sum M_x = \frac{\mathrm{d}L_x}{\mathrm{d}t},\qquad \int_{t_1}^{t_2}\sum M_x \mathrm{d}t = L_{2x} - L_{1x}$$

$$\sum M_y = \frac{\mathrm{d}L_y}{\mathrm{d}t},\qquad \int_{t_1}^{t_2}\sum M_y \mathrm{d}t = L_{2y} - L_{1y}$$

由质点角动量定理的微分形式可知，**当质点所受合力对某点的力矩为零时，质点对该点的角动量保持不变**. 这个结论称为**质点的角动量守恒定律**. 这里有两种重要的情况：

(1) 质点受到的合力为零，力矩当然也为零，该质点做匀速直线运动，质点的角动量不变.

(2) 质点受到的合力不等于零，但是合力的作用线始终通过空间某一点，则合力对该点的力矩为零，由角动量定理，质点对该点的角动量保持不变. 这种**作用线始终通过某个中心的力叫作有心力**.

例 2-15　证明关于行星运动的开普勒第二定律:行星在绕太阳运动的过程中，行星与太阳的连线在相等的时间内扫过的面积相等.

证　在牛顿提出万有引力定律之前，开普勒由大量的天文观测数据总结出行星运动的三大定律，其中第二定律是:“行星和太阳中心的连线在相等的时间内扫过的面积相等. ”现在来证明，这一定律实质上就是行星在运动过程中，对太阳中心的角动量守恒.

行星在太阳的万有引力的作用下，绕太阳做椭圆运动，万有引力的作用线始终通过太阳的中心，所以是一个有心力. 如果略去其他天体对行星的作用，行星对太阳中心的角动量就保持不变.

设行星的质量为 m，在某一瞬时，它的速度为 $\boldsymbol{v}$，太阳中心到行星的矢量为 $\boldsymbol{r}$，如图 2-31 所示，那么行星对太阳中心角动量的大小为

$$L = |\boldsymbol{r}\times m\boldsymbol{v}| = mrv\sin\alpha = mr\frac{\mathrm{d}s}{\mathrm{d}t}\sin\alpha = m\frac{(r\sin\alpha)\mathrm{d}s}{\mathrm{d}t}$$

其中 $(r\sin\alpha)\mathrm{d}s$ 是行星和太阳中心的连线在 $\mathrm{d}t$ 时间内扫过的三角形(图中阴影区域)面积 $\mathrm{d}s$ 的 2 倍，故 $L = 2m\mathrm{d}s/\mathrm{d}t$. L 为常量，所以 $\mathrm{d}s/\mathrm{d}t$ 也是一个常量，这说明，在相等的时间内，行星和太阳中心的连线

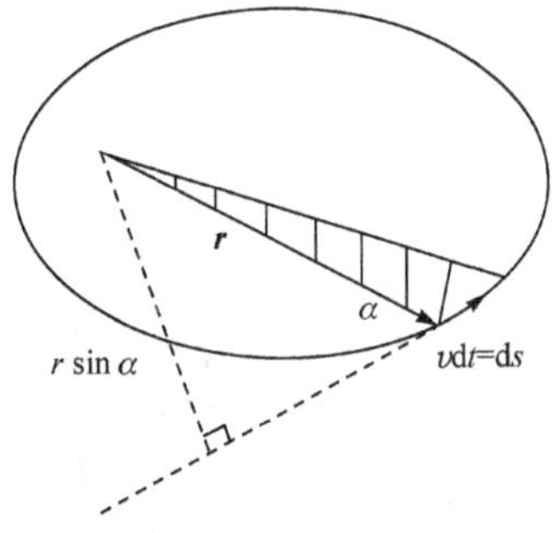

图 2-31　例 2-16 图

扫过的面积相等.

2.7.3 质点系的角动量和角动量定理

质点系的角动量是系统内每一个质点的角动量的矢量和. 如果用 $\boldsymbol{L}_i$ 表示系统中第 i 个质点的角动量，而用 $\boldsymbol{L}$ 表示整个系统的角动量，则有 $\boldsymbol{L}=\sum\limits_i \boldsymbol{L}_i$. 当然，这里所有的 $\boldsymbol{L}_i$ 和 $\boldsymbol{L}$ 都必须是相对于同一个参考点的.

由式(2-29)，可以写出第 i 个质点的角动量定理

$$\frac{\mathrm{d}\boldsymbol{L}_i}{\mathrm{d}t}=\boldsymbol{M}_i \tag{2-31}$$

其中 $\boldsymbol{L}_i$ 和 $\boldsymbol{M}_i$ 分别是该质点的角动量和它所受到的合力矩，这里的合力矩包括作用在该质点上的外力(用 $\boldsymbol{F}_i$ 表示)的力矩和内力(用 $\boldsymbol{f}_i$ 表示)的力矩，即 $\boldsymbol{M}_i=\boldsymbol{r}_i\times\boldsymbol{F}_i+\boldsymbol{r}_i\times\boldsymbol{f}_i$，因此

$$\frac{\mathrm{d}\boldsymbol{L}_i}{\mathrm{d}t}=\boldsymbol{r}_i\times\boldsymbol{F}_i+\boldsymbol{r}_i\times\boldsymbol{f}_i \tag{2-32}$$

如果系统中有 n 个质点，就可写出 n 个这样的方程，将这 n 个方程两边相加，就得到系统的总角动量 $\boldsymbol{L}=\sum\limits_i \boldsymbol{L}_i$ 随时间的变化率：

$$\frac{\mathrm{d}\boldsymbol{L}}{\mathrm{d}t}=\sum_i\frac{\mathrm{d}\boldsymbol{L}_i}{\mathrm{d}t}=\sum_i(\boldsymbol{r}_i\times\boldsymbol{F})_i+\sum_i(\boldsymbol{r}_i\times\boldsymbol{f}_i) \tag{2-33}$$

现在来计算所有内力力矩之和 $\sum\limits_i(\boldsymbol{r}_i\times\boldsymbol{f}_i)$. 以系统内任意一对质点 m_1、m_2 为例，它们之间的作用力和反作用力 $\boldsymbol{f}_1$ 和 $\boldsymbol{f}_2$ 是内力，这一对内力大小相等，方向相反，在同一条直线上，即 $\boldsymbol{f}_1=-\boldsymbol{f}_2$，如图 2-32 所示，图中 O 为任意参考点，而它们的力矩之和等于

$$\begin{aligned}&\boldsymbol{r}_1\times\boldsymbol{f}_1+\boldsymbol{r}_2\times\boldsymbol{f}_2\\=&\boldsymbol{r}_1\times\boldsymbol{f}_1+\boldsymbol{r}_2\times(-\boldsymbol{f}_1)\\=&(\boldsymbol{r}_1-\boldsymbol{r}_2)\times\boldsymbol{f}_1=\overline{m_2m_1}\times\boldsymbol{f}_1=0\end{aligned}$$

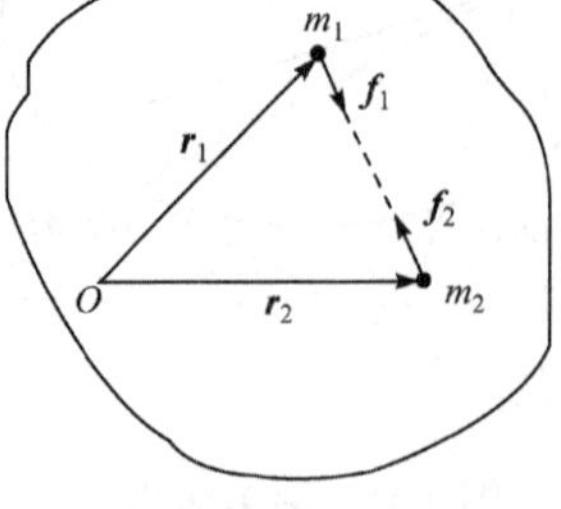

图 2-32 内力距矢量和分析

可见一对内力力矩之和为零，而内力是成对出现的，故 $\sum\limits_i(\boldsymbol{r}_i\times\boldsymbol{f}_i)=0$，代入式(2-31)，得到

$$\frac{\mathrm{d}\boldsymbol{L}}{\mathrm{d}t}=\sum\boldsymbol{M}_{外} \tag{2-34}$$

式中 $\sum\boldsymbol{M}_{外}=\sum\limits_i\boldsymbol{r}_i\times\boldsymbol{F}_i$ 是外力力矩的矢量和. $\boldsymbol{L}$ 和 $\boldsymbol{M}_{外}$ 都是相对于同一个参考点而言的. 由式(2-32)和

式(2-34)可以看出，**内力矩可以改变质点系内各个质点的角动量，但是不会改变质点系的总角动量.**

式(2-34)就是**质点系的角动量定理**的微分形式：**质点系对某个参考点的角动量的时间变化率等于质点系所受所有外力对该点力矩的矢量和.**

式(2-34)两边对时间积分，有

$$\int_{t_1}^{t_2}\left(\sum \boldsymbol{M}_{外}\right)\mathrm{d}t = \boldsymbol{L}_2 - \boldsymbol{L}_1 \tag{2-35}$$

这是质点系角动量定理的积分形式：**某段时间内质点系对某参考点的角动量的增量等于同一时间内质点系对该点的外力矩矢量和的冲量.**

2.7.4　质点系的角动量守恒定律

由式(2-34)或式(2-35)可知，当质点系所受的外力矩的矢量和等于零，即 $\sum \boldsymbol{M}_{外}=0$ 时，有

$$\boldsymbol{L} = \sum_i \boldsymbol{L}_i = \text{恒矢量} \tag{2-36}$$

该系统的总角动量守恒，称为**质点系的角动量守恒定律.**

必须注意：质点系的角动量守恒的条件是系统受到的外力矩的矢量和为零. 系统可以受到外力，外力的矢量和可以不为零，所以质点系角动量守恒时，质点系的动量不一定守恒.

质点系所受外力矩的矢量和 $\sum \boldsymbol{M}_{外}=\sum\limits_i \boldsymbol{r}_i \times \boldsymbol{F}_i$ ，而各个外力可能有不同的作用点，有不同的力臂，所以 $\sum \boldsymbol{M}_{外} \neq \boldsymbol{r}\times\sum \boldsymbol{F}_i$ ，即使外力的矢量和为零，外力矩的矢量和也不一定为零. 也就是说，如果系统的动量守恒，系统的角动量不一定守恒.

讨论：

(1) 质点系的角动量守恒定律也只适用于惯性系.

(2) 角动量守恒是一个矢量式，在平面直角坐标系中，其分量式是

$$\sum M_{外x}=0, \qquad L_x=\sum_i L_{ix}=\text{恒量}$$

$$\sum M_{外y}=0, \qquad L_y=\sum_i L_{iy}=\text{恒量}$$

例 2-16　已知地球的质量为 $m = 5.98 \times 10^{24}\,\text{kg}$，它到太阳的平均距离 $r = 1.496 \times 10^{11}\,\text{m}$，地球绕太阳的公转周期为 $T = 3.156 \times 10^{7}\,\text{s}$. 假设公转轨道是圆形，求地球绕太阳运动的速率大小和角动量大小.

解　如图 2-33 所示，地球受到太阳的万有引力作用，但对力心(日心)的力矩始终零，所以角动量守恒，周期稳定. 公转轨道近似成圆形后，速度方向和日地

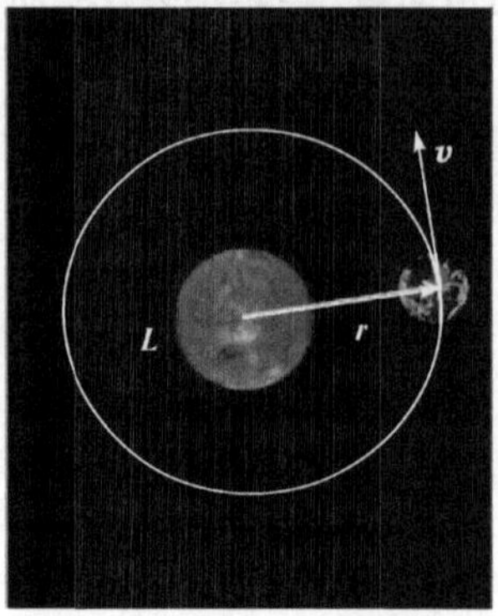

图 2-33　例 2-16 图

连线始终垂直.

$$
\begin{aligned}
v &= \frac{2\pi r}{T} \\
&= \frac{2\times 3.14\times 1.496\times 10^{11}}{365\times 24\times 3600} \\
&= 2.981\times 10^{4}(\mathrm{m/s})
\end{aligned}
$$

即地球绕太阳公转的速率平均为 29.8km/s.

$$p = mv = \frac{2\pi mr}{T}$$

$$\boldsymbol{L} = \boldsymbol{r}\times\boldsymbol{p}$$

$$
\begin{aligned}
L &= rp\sin 90° = \frac{2\pi mr^2}{T} \\
&= 2.66\times 10^{40}\,\mathrm{m^2\cdot kg/s}
\end{aligned}
$$

例 2-17　用角动量的理论重解例 2-10.

解　(1) C 开始运动之前：分别对 A 和 B 进行受力分析(见图 2-34)，$\boldsymbol{N}_B$ 和 $m_B\boldsymbol{g}$ 是一对平衡力，对滑轮中心 O 点力矩的矢量和为零，O 点到 A 的矢量为 $\boldsymbol{r}_A$，$m_A\boldsymbol{g}$ 对 O 点的力臂为滑轮半径 R，力矩为 $\boldsymbol{M} = m_A\boldsymbol{g}R$，方向垂直纸面向里，用⊗表示. 我们取"$A+B+$ 绳子"为研究系统，此系统所受的外力除了 $m_A\boldsymbol{g}$ 外，还有滑轮对绳子的支持力 N (正是由于这个力，系统的动量不守恒)，但是这个支持力的作用线通过 O 点，它对 O 点的力矩为零，所以系统所受到的外力矩 $\boldsymbol{M}_{外} = \boldsymbol{mgR}$.

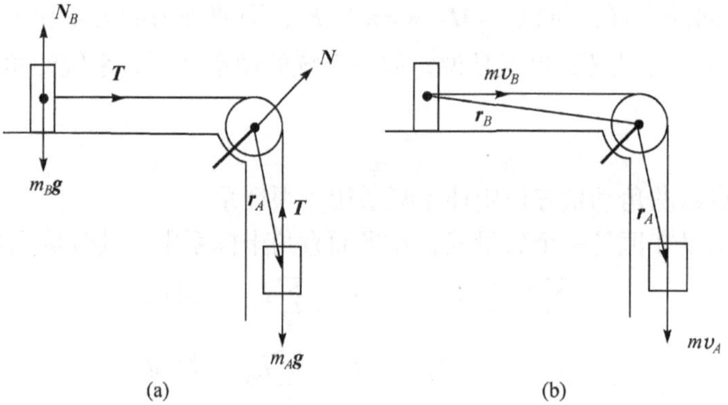

图 2-34　例 2-17 图

A、B 开始运动之前，系统的总角动量为零. C 开始运动前瞬间，A 的运动速度为 $\boldsymbol{v}_A$，方向向下，O 点到 $\boldsymbol{v}_A$ 的垂直距离就是滑轮的半径 R，所以 A 对 O 点的角动量的大小等于 $L_A = mvR$，方向为 $\boldsymbol{r}_A\times\boldsymbol{v}_A$ 的方向，垂直纸面向里，用⊗表示；

B 的运动速度为 $\boldsymbol{v}_B$，方向向右，O 点到 $\boldsymbol{v}_B$ 的垂直距离也是滑轮的半径 R，所以 B 对 O 点的角动量的大小也等于 $L_B = mvR$，方向为 $\boldsymbol{r}_B \times \boldsymbol{v}_B$ 的方向，也是垂直纸面向里. 系统的总角动量的大小为 $L = 2mvR$，方向垂直纸面向里.

设系统角动量的变化发生在时间间隔 t 内，则根据质点的角动量定理：

$$mgRt = 2mvR$$

解出

$$v = \frac{1}{2}gt$$

时间 t 可由 $L = \int v\mathrm{d}t = \frac{1}{4}gt^2$ 求出，为 $t = \sqrt{4L/g}$. 所以在绳子张紧前，A、B 速度的大小都等于 $v = \sqrt{gL}$.

(2) 在绳子张紧的短暂过程中，滑轮对绳子的支持力对 O 点的力矩为零，A 的重力与绳的拉力相比，可以忽略，所以系统的角动量守恒.

绳子张紧前后，三个物体的速度、角动量和系统的角动量见表 2-4.

表 2-4　绳子张紧前后物体的速度、角动量和系统的角动量对照表

		A	B	C	系统
绳张紧前	速度	$v\downarrow$	$v\rightarrow$	0	
	角动量	$mvR\otimes$	$mvR\otimes$	0	$2mvR\otimes$
绳张紧后	速度	$v'\downarrow$	$v'\rightarrow$	$v'\rightarrow$	
	角动量	$mv'R\otimes$	$mv'R\otimes$	$mv'R\otimes$	$3mv'R\otimes$

由系统角动量守恒定律，有

$$2mvR = 3mv'R$$

解出

$$v' = \frac{2}{3}v$$

例 2-18　如图 2-35(a)所示，一绳跨过一定滑轮，有两个质量相同的人 A 和 B 在同一高度处，各由绳的一端同时开始攀登，进行爬绳比赛. 若绳和滑轮质量不计，忽略滑轮轴的摩擦，则他们中的哪一个先爬到轮处获胜?

解　取“$A+B+$ 绳”的系统为研究对象，分析系统各物体的受力，如图 2-35(b)所示. 系统所受的外力是滑轮重力(忽略)和支持力(它们都通过滑轮轴 O 点，对 O 点都没有力矩)和两人的重力. 取 O 点到两人的矢量分别为 $\boldsymbol{r}_1$ 和 $\boldsymbol{r}_2$，一人的重力 $m_1\boldsymbol{g}$ 对 O 点的力矩为 $\boldsymbol{r}_1 \times m_1\boldsymbol{g}$，大小为 $r_1 m_1 g\sin\alpha = m_1 gR$，方向垂直纸面向外，用

⊙表示；另一人的重力 $m_2\boldsymbol{g}$ 对 O 点的力矩为 $\boldsymbol{r}_2\times m_2\boldsymbol{g}$，大小为 $r_2m_2g\sin\theta=m_2gR$，方向垂直纸面向里，用⊗表示. 由于 $m_1=m_2$，系统对 O 点的合外力矩为零，因此系统对 O 点的角动量守恒.

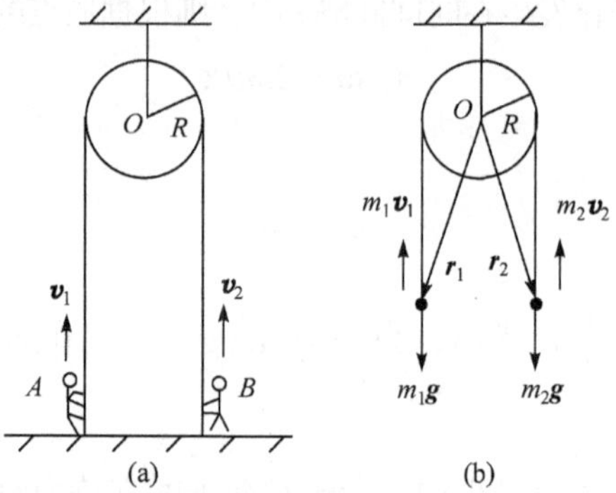

图 2-35　例 2-18 图

如图 2-35(b)所示，设 t 时刻 A、B 对地的速度分别为 $\boldsymbol{v}_1$ 和 $\boldsymbol{v}_2$，A 对 O 点的角动量 $\boldsymbol{r}_1\times m_1\boldsymbol{v}_1$ 的大小为 m_1v_1R，方向为⊗；同理，B 对 O 点角动量的大小为 m_2v_2R，方向为⊙. 取⊗为正方向，则系统角动量守恒方程写为

$$0=Rm_1v_1-Rm_2v_2$$

由于 $m_1=m_2$，得

$$v_1=v_2$$

可见，两人对地的速度始终相等，同时爬到滑轮处.

注意：尽管两人对地的速度相等，但他们对绳的速度不一定相等，爬得较快的人后面的绳子要长一些.

2.8　功

变力的功　动能定理

2.8.1　恒力的功

从中学物理我们知道，当作用在物体上的恒力 $\boldsymbol{F}$ 使其发生的位移为 $\boldsymbol{s}$ 时，那么，在此过程中(如图 2-36 所示)，该力对物体所做的功为

$$A=Fs\cos\alpha \tag{2-37}$$

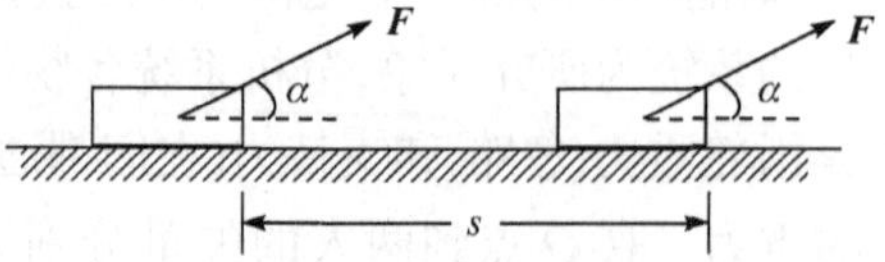

图 2-36　恒力的功

其中α是力$\boldsymbol{F}$与位移$\boldsymbol{s}$之间的夹角. 由于力$\boldsymbol{F}$和位移$\boldsymbol{s}$都是矢量, 式(2-37)也可以写成$\boldsymbol{F}$与$\boldsymbol{s}$的矢量积的形式，即

$$A=\boldsymbol{F}\cdot\boldsymbol{s} \tag{2-38}$$

由于A中涉及位移$\boldsymbol{s}$，而位移的值依赖于参考系，所以相对于不同的参考系，位移不同，功也不同. 在没有特别说明时，一般都认为功是相对于地面惯性系的.

在 SI 中，功的单位是焦耳(J)，即牛 · 米(N·m).

2.8.2 变力的功

如图 2-37 所示，物体在变力$\boldsymbol{F}$作用下，沿曲线由a点运动到b点，那么，在此过程中，变力$\boldsymbol{F}$的功如何计算？当然不能直接使用式(2-37)或式(2-38). 但只要应用微积分的概念，变力的功就可求得. 为此，可以将路径分成许多无限小的小段，在任何一小段位移$\mathrm{d}\boldsymbol{s}$上，作用在质点上的力$\boldsymbol{F}$可以视为恒力，它做的功可以表示为$\mathrm{d}A=\boldsymbol{F}\cdot\mathrm{d}\boldsymbol{s}$，从$a$点到$b$点，变力所做的总功$A$就是所有$\mathrm{d}A$的代数和. 所以在物体从$a$点运动到$b$点的过程中，力$\boldsymbol{F}$所做的功可以表示为

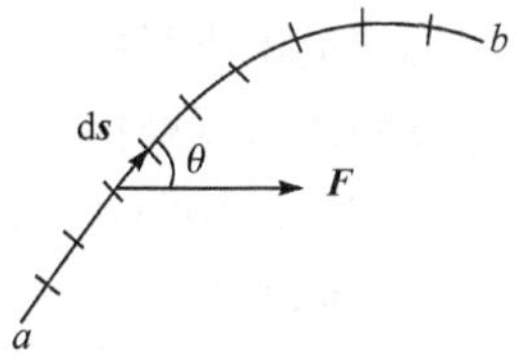

图 2-37 变力的功

$$A_{ab}=\int_a^b \mathrm{d}A=\int_a^b \boldsymbol{F}\cdot\mathrm{d}\boldsymbol{s} \tag{2-39}$$

这就是计算功的一般公式. 这里的$\boldsymbol{F}$是物体发生元位移$\mathrm{d}\boldsymbol{s}$时作用在物体上的力，而$\mathrm{d}\boldsymbol{s}$是沿实际路径取的无限小位移. 一般来说，$\boldsymbol{F}$是$\boldsymbol{s}$的函数，不可以提到积分号外面去(只有恒力才可以)，因此，要计算$\boldsymbol{F}$所做的功，必须知道$\boldsymbol{F}$与$\boldsymbol{s}$的函数关系. 在曲线上各点的$\boldsymbol{F}$、θ可以是不同的，所以只有确定了路径，并且知道质点在路径上各点所受的力$\boldsymbol{F}$以及夹角θ随位置的变化关系，才能通过积分求得A_{ab}.

在直角坐标系中，力$\boldsymbol{F}$和位移元$\mathrm{d}\boldsymbol{s}$可分别写成

$$\boldsymbol{F}=F_x\boldsymbol{i}+F_y\boldsymbol{j}+F_z\boldsymbol{k}, \quad \mathrm{d}\boldsymbol{s}=\mathrm{d}x\boldsymbol{i}+\mathrm{d}y\boldsymbol{j}+\mathrm{d}z\boldsymbol{k}$$

因此，力$\boldsymbol{F}$的功可以表示为

$$A=\int_a^b \boldsymbol{F}\cdot\mathrm{d}\boldsymbol{s}=\int_a^b (F_x\mathrm{d}x+F_y\mathrm{d}y+F_z\mathrm{d}z)$$

2.8.3 常见力的功

1. 重力的功

如图 2-38 所示，一质量为m的质点在重力场中从a点沿任意路径运动到b点，求重力做的功.

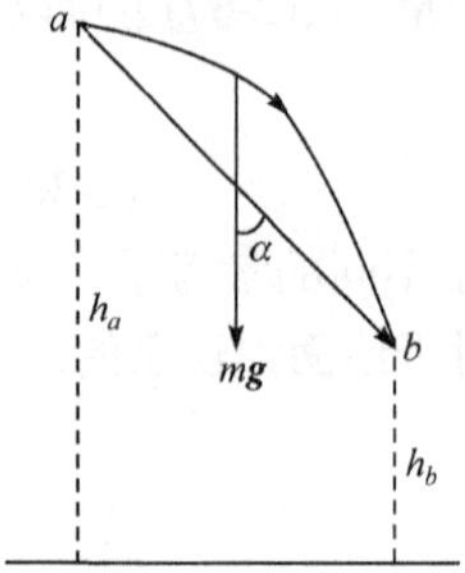

图 2-38 重力的功

重力是恒力，可直接用式(2-38)求重力的功，即

$$A_G = m\boldsymbol{g}\cdot\overrightarrow{ab} = mg\cdot\overline{ab}\cos\alpha = mg(h_a - h_b) = (mgh)_a - (mgh)_b$$

所以

$$A_G = -\Delta(mgh) \tag{2-40}$$

计算结果与质点从 a 运动到 b 的具体路径无关，所以重力做功具有与路径无关的特点.

2. 摩擦力的功

质量为 m 的物体在粗糙的水平面上沿半径为 R 的半圆弧形轨道由直径的一端 a 运动到另一端 b，如图 2-39 所示. 设滑动摩擦系数为 μ，计算物体所受摩擦力做的功. 如果物体运动的轨道是沿此圆的直径从 a 端运动到 b 端，摩擦力的功又为多少？

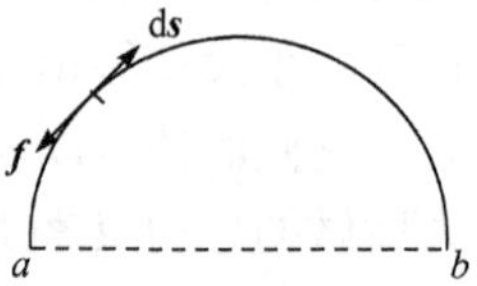

图 2-39 摩擦力的功

物体所受摩擦力的大小为 $f = \mu N = \mu mg$，方向始终与运动位移 $\mathrm{d}\boldsymbol{s}$ 的方向相反，是变化的，所以这个摩擦力是一个变力，它的元功等于

$$\mathrm{d}A = \boldsymbol{f}\cdot\mathrm{d}\boldsymbol{s} = f\mathrm{d}s\cos180° = -\mu mg\mathrm{d}s$$

从 a 移动到 b 的过程中，摩擦力的功等于

$$A = -\int_0^{\pi R}\mu mg\mathrm{d}s = -\mu mg\pi R$$

式中负号说明摩擦力做负功.

如果物体沿直线从 a 移动到 b，则摩擦力的功将是 $-2\mu mgR$.

因此，摩擦力做的功不仅与质点起点和终点的位置有关，而且与质点所经过的路径有关.

3. 弹性力的功(在弹性限度内)

设劲度系数为 k 的轻弹簧的一端固定于墙上 O 点，另一端与一质量为 m 的质点连接，弹簧原长为 L，现在研究质点自 a 点经如图 2-40 所示的任一曲线路径运动到 b 点的过程中，作用于质点上的弹性力所做的功.

如图 2-41 所示，取 O 为坐标原点，当弹簧长度为 r 时，m 受到的弹性力 $F = k(r-L)$，方向指向 O 点. 在质点有位移 $\mathrm{d}\boldsymbol{s}$ 的过程中，$\boldsymbol{F}$ 所做的功为 $\mathrm{d}A = \boldsymbol{F}\cdot\mathrm{d}\boldsymbol{s} = F\mathrm{d}s\cos\alpha$，$\mathrm{d}r = \mathrm{d}s\sin(\alpha - \pi/2)$，则

$$\mathrm{d}A = -k(r-L)\mathrm{d}r$$

从 r_a 到 r_b 的过程中，弹性力做的功为

$$A_{弹ab}=\int_a^b \boldsymbol{F}\cdot \mathrm{d}\boldsymbol{s}=\frac{1}{2}k(r_a-L)^2-\frac{1}{2}k(r_b-L)^2 \tag{2-41}$$

其中 (r_a-L) 和 (r_b-L) 分别是质点在初、末位置时弹簧的形变量，可见弹性力的功 $A_弹$ 只与质点的初始位置 a 和最终位置 b 有关，与从 a 到 b 的具体路径无关. 所以弹性力也具有做功与路径无关的特点.

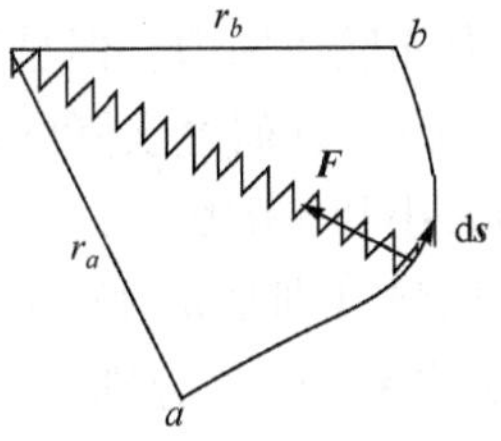

图 2-40　弹性力的功

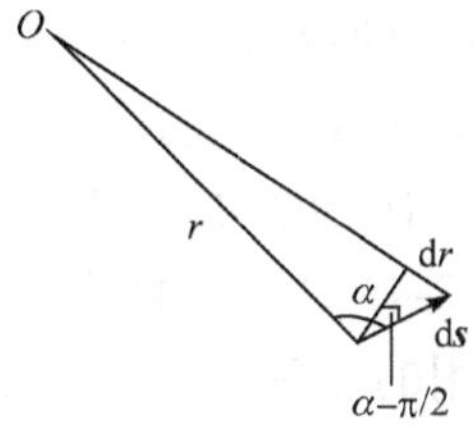

图 2-41　弹性力功的分析

如果用 $x_a=r_a-L$ 和 $x_b=r_b-L$ 分别表示物体在初位置和末位置时弹簧的形变量，则弹性力的功为

$$A_{弹ab}=\frac{1}{2}kx_a^2-\frac{1}{2}kx_b^2=-\Delta\left(\frac{1}{2}kx^2\right)$$

4. 万有引力的功

质量分别为 m 和 M 的两个质点之间互相作用着万有引力，设 M 固定不动，在质点之间的距离由 r_a 变为 r_b 的过程中，计算 m 所受万有引力 $\boldsymbol{f}$ 做的功.

在 m 有位移 $\mathrm{d}\boldsymbol{s}$ 的过程中，$\boldsymbol{f}$ 做的元功 $\mathrm{d}A=\boldsymbol{f}\cdot\mathrm{d}\boldsymbol{s}=f\mathrm{d}s\cos\alpha$. 由图 2-42 得

$$\mathrm{d}r=\mathrm{d}s\sin\left(\alpha-\frac{\pi}{2}\right)=-\mathrm{d}s\cos\alpha$$

所以

$$\mathrm{d}A=-f\mathrm{d}r=-\frac{GMm}{r^2}\mathrm{d}r$$

则

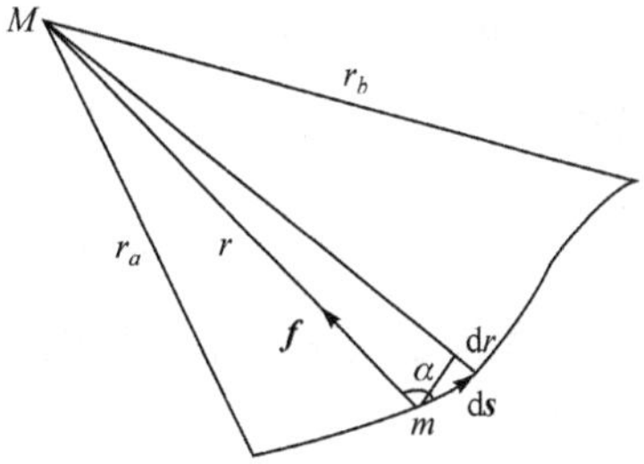

图 2-42　万有引力的功

$$A_{引ab}=\int_{r_a}^{r_b}\left(-\frac{GMm}{r^2}\right)\mathrm{d}r=-\left[\left(-\frac{GMm}{r_b}\right)-\left(-\frac{GMm}{r_a}\right)\right]=-\Delta\left(-\frac{GMm}{r}\right) \tag{2-42}$$

这就是万有引力所做的功. 这个功也与 m 从初始位置到最终位置的具体路径无关.

5. 一对力的功

所谓一对力是指分别作用在两个物体上的大小相等、方向相反的力. 它们通常是作用力与反作用力,也可不是. 如弹簧对与它两端相连的物体都有作用力. 在图 2-40 中，物体和将弹簧 O 点固定的墙都要受弹性力，只是由于墙不动，它受到的力不做功. 如果把墙换成另一个可以移动的物体，这两个物体都受到弹簧的弹性力，移动时都要做功. 这两个力虽然不是作用力和反作用力，但是如果略去弹簧本身的质量，它们是大小相等、方向相反的一对力. 在研究实际问题时，经常要用到一对力的功，所以我们先来分析一下它的大小和影响因素.

如图 2-43 所示，两个质点相互作用，它们的质量分别是 m_1 和 m_2，分别受到相互作用的一对力 $\boldsymbol{f}_1$ 和 $\boldsymbol{f}_2$. 当它们相对于某个参考系 $OXYZ$ 分别有位移 $\mathrm{d}\boldsymbol{s}_1$ 与 $\mathrm{d}\boldsymbol{s}_2$ 时，做的元功分别为 $\mathrm{d}A_{f_1}=\boldsymbol{f}_1\cdot\mathrm{d}\boldsymbol{s}_1$ 和 $\mathrm{d}A_{f_2}=\boldsymbol{f}_2\cdot\mathrm{d}\boldsymbol{s}_2$，虽然 $\boldsymbol{f}_1+\boldsymbol{f}_2=0$，但是一般来说，两个质点的位移不同，$\mathrm{d}\boldsymbol{s}_1\neq\mathrm{d}\boldsymbol{s}_2$，所以这一对力做功之和不等于零，而是等于

$$\begin{aligned}\mathrm{d}A_{对}&=\mathrm{d}A_{f_1}+\mathrm{d}A_{f_2}=\boldsymbol{f}_1\cdot\mathrm{d}\boldsymbol{s}_1+\boldsymbol{f}_2\cdot\mathrm{d}\boldsymbol{s}_2=\boldsymbol{f}_1\cdot\mathrm{d}\boldsymbol{s}_1+(-\boldsymbol{f}_1)\cdot\mathrm{d}\boldsymbol{s}_2\\&=\boldsymbol{f}_1\cdot(\mathrm{d}\boldsymbol{s}_1-\mathrm{d}\boldsymbol{s}_2)=\boldsymbol{f}_1\cdot\mathrm{d}\boldsymbol{s}_{12}\end{aligned}$$

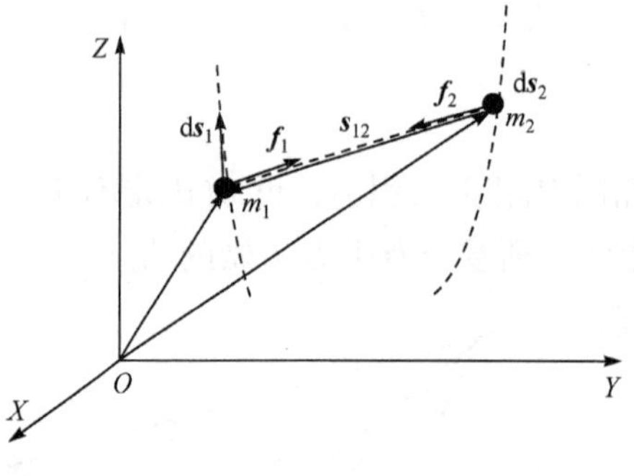

图 2-43　一对力的功

其中 $\boldsymbol{f}_1$ 是 m_1 受的力，$\mathrm{d}\boldsymbol{s}_{12}$ 是 A 相对于 B 的位移. 这一结果说明，两个质点间相互作用的一对力所做的元功之和等于其中一个质点受的力与此质点相对于另一质点的元位移的数量积. 若两个质点发生了一定的相对位移，两质点间相互作用的一对力的做功之和应该等于

$$A_{对}=\int\boldsymbol{f}_1\cdot\mathrm{d}\boldsymbol{s}_{12}\tag{2-43}$$

所以，一对大小相等、方向相反的力做功之和等于其中一个力与该力的受力物体相对于另一物体的位移元的数量积再积分.

例如，两个物体之间的一对滑动摩擦力做功之和一定为负，这是因为滑动摩擦力的方向一定与物体相对运动的方向相反，也就一定与相对位移的方向相反. 而两个物体之间的一对静摩擦力做功之和一定等于零，这是因为这两个物体之间没有相对位移. 这两个物体所受的静摩擦力都要做功，但是其中一个静摩擦力一定做正功，一个静摩擦力一定做负功，这两个功的和一定为零.

注意：一对力的功与参考系无关. 不论 A 和 B 的位移 $\mathrm{d}\boldsymbol{s}_1$ 和 $\mathrm{d}\boldsymbol{s}_2$ 是相对于哪个参考系的，它们的相对位移 $\mathrm{d}\boldsymbol{s}_{12}$ 总是一定的. 也就是说，不论在哪个参考系中计

算一对力的功，结果都是一样的，这是一对力做功之和的重要特点. 因此我们可以随意选取参考系来计算一对力的功，而不论这个参考系是不是惯性系. 最方便的选择是取一对力中的一个受力物体(它可以不是惯性系)为参考系，例如，我们在计算重力的功时，以地球为参考系；在计算弹性力的功时，以与弹簧一端连接的物体为参考系；在计算万有引力的功时，以相互作用的一个质点为参考系，就是利用了“一对力的功与参考系无关”这一特点. 所以重力做功公式(2-40)、弹性力做功公式(2-41)和万有引力做功公式(2-42)都应当理解为一对力做功的公式. 一对重力做功、一对弹性力做功和一对万有引力做功都与路径无关.

2.8.4　合力的功

当质点同时受有几个力 $\boldsymbol{F}_1, \boldsymbol{F}_2, \cdots, \boldsymbol{F}_n$ 的作用而沿某一路经由 A 运动到 B 时，合力所做的功是

$$\begin{aligned} A &= \int_A^B \sum \boldsymbol{F} \cdot \mathrm{d}\boldsymbol{s} = \int_A^B (\boldsymbol{F}_1 + \boldsymbol{F}_2 + \cdots + \boldsymbol{F}_n) \cdot \mathrm{d}\boldsymbol{s} \\ &= \int_A^B \boldsymbol{F}_1 \cdot \mathrm{d}\boldsymbol{s} + \int_A^B \boldsymbol{F}_2 \cdot \mathrm{d}\boldsymbol{s} + \cdots + \int_A^B \boldsymbol{F}_n \cdot \mathrm{d}\boldsymbol{s} \\ &= A_1 + A_2 + \cdots + A_n = \sum_i A_i \end{aligned} \tag{2-44}$$

所以对质点来说，质点所受合力做的功等于几个分力沿同一路经所做功的代数和.

2.9　动能定理

2.9.1　质点的动能定理

中学物理学习了受恒力作用的质点沿直线运动的情况，得出了动能定理：合力对质点所做的功的代数和(或合力对质点所做的功)等于质点动能的增量. 我们现在来证明，这个结论对任意情况下运动的质点都是正确的.

设质量为 m 的质点在合力 $\sum \boldsymbol{F}$ 的作用下，从 a 点沿任意曲线到达 b 点，速度由 $\boldsymbol{v}_a$ 变为 $\boldsymbol{v}_b$，如图 2-44 所示，合力对质点所做的功为

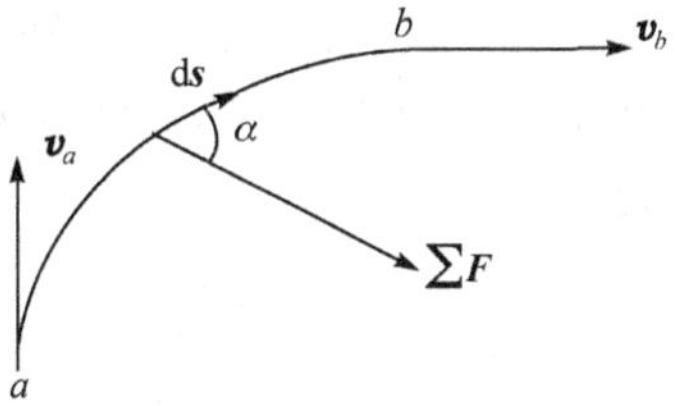

图 2-44　质点动能定理

$$\begin{aligned} A_{合} &= \int \sum \boldsymbol{F} \cdot \mathrm{d}\boldsymbol{s} = \int \left(\sum F\right) \mathrm{d}s \cos\alpha = \int \left(\sum F_t\right) \mathrm{d}s = \int m a_t \mathrm{d}s = m \int \frac{\mathrm{d}v}{\mathrm{d}t} \mathrm{d}s \\ &= m \int_{v_a}^{v_b} v \mathrm{d}v = \frac{1}{2} m v_b^2 - \frac{1}{2} m v_a^2 \end{aligned}$$

其中$\frac{1}{2}mv^2$称为质点的动能，用E_k表示，所以

$$A_{合}=\Delta E_k=\Delta\left(\frac{1}{2}mv^2\right) \tag{2-45}$$

这就是**动能定理**，它说明**作用在质点上的合力所做的功等于质点动能的增量**. 由定理可知，当$A_{合}>0$，即合力对质点做正功时，质点的动能增加；当$A_{合}<0$，即合力对质点做负功时，质点的动能减少.

注意：

(1) 式(2-45)只对惯性系成立，即式中右边的v是相对于惯性系的. 左边是合力的功，或所有力做功的代数和，其中的位移是相对于同一个惯性系的.

(2) 动能与功是概念不同的两个物理量，动能是质点运动状态的单值函数，即在每个运动状态，都对应有唯一的动能值. 而功是过程的函数，对某一个运动过程，才有功可言，不能说在某一运动状态的功，或某一时刻、某一位置的功.

(3) 动能和动量虽然都与物体的质量、速度有关，但是它们的意义和作用各不相同，动能的变化和合力的功相联系，动量的变化和合力的冲量相联系；动能是标量，动量是矢量.

由动能定理，我们可以通过求质点动能的变化来求合力的功，从而可能求出其中某个力的功，这是求功的另一种方法.

质点的动能定理涉及的是合力的功，如果作用在质点上的某些力是未知的，但只要不做功，动能定理的表达式中就不出现这样的力，从而避开了这个未知力，这对于某些问题的求解是方便的. 但是如果不做功的力恰恰是要求的力，动能定理就无能为力了，这时还要利用其他定律，如牛顿定律. 所以动能定理和牛顿定律各有特点，要根据实际情况使用.

例 2-19 如图 2-45(a)所示，半径为R的半球形固定容器中，一质量m为的质点从a点沿容器内壁由静止开始滑下，a点与球心O在同一水平线上，如果质点经过 1/4 圆周到达最低点b时，它对容器的压力为F，求：在此过程中摩擦力做的功.

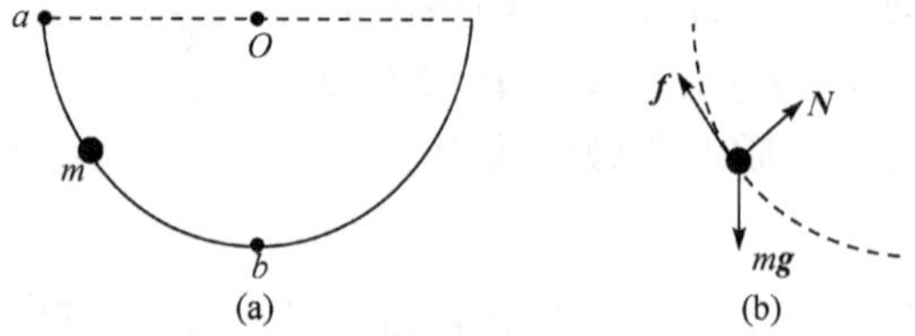

图 2-45 例 2-19 图

解 m在下滑的过程中，受到重力$\boldsymbol{mg}$、器壁的支持力$\boldsymbol{N}$、摩擦力$\boldsymbol{f}$，如图 2-45(b)

所示. 在此过程中支持力与位移始终垂直，所以不做功，重力的功等于 mgR，合力所做的功等于 mgR 加上摩擦力的功 A_f，由动能定理，得

$$mgR + A_f = \frac{1}{2}mv^2 \qquad ①$$

在最低点，由牛顿第二定律

$$F - mg = m\frac{v^2}{R} \qquad ②$$

解出

$$A_f = \frac{1}{2}(F - 3mg)R$$

可以看出，本题中虽然质点所受的摩擦力大小、方向都在变化，但用动能定理来求摩擦力的功就避开了中间过程，求解更为方便.

2.9.2　质点系的动能定理

质点的动能定理说明一个质点动能的增量与其所受合力的功的关系，在实际的问题中，通常需要研究几个物体的运动，这些物体间存在着相互作用，影响着它们各自的运动，所以常把几个物体看作一个质点系来研究.

对质点系中的每个质点都可以写出动能定理，如对第 i 个质点，有

$$A_i = \Delta\left(\frac{1}{2}m_i v_i^2\right)$$

其中 A_i 是作用在该质点上所有力做功的代数和，把第 i 个质点受到的力按系统分为内力和外力两类，那么在任意变化过程中，A_i 可以写成 $A_{i内} + A_{i外}$，$A_{i内}$ 是作用于该质点上的所有内力做功的代数和，$A_{i外}$ 是作用于该质点上的所有外力做功的代数和.

这样，对系统内第 i 个质点，动能定理写为

$$A_{i内} + A_{i外} = \Delta\left(\frac{1}{2}m_i v_i^2\right)$$

对于由 n 个质点组成的系统，就可写出 n 个这样的方程，将这 n 个方程两边相加，得到

$$\sum_i A_{i内} + \sum_i A_{i外} = \Delta\left(\sum_i \frac{1}{2}m_i v_i^2\right)$$

如果用 $A_内 = \sum_i A_{i内}$ 表示内力做功之和，用 $A_外 = \sum_i A_{i外}$ 表示外力做功之和，用 $E_k = \sum_i \frac{1}{2}m_i v_i^2$ 表示系统的总动能，则

$$A_{内} + A_{外} = \Delta\left(\sum_i \frac{1}{2} m_i v_i^2\right) = \Delta E_k \tag{2-46}$$

这就是质点系的动能定理：**作用在所有质点上的内力做的功与外力做的功之和，等于系统总动能的增量.**

这里的方法与推导质点系的动量定理、角动量定理是相似的，但是结论有一个重要的区别. 质点系总动量的变化率仅由外力的矢量和所决定(见式(2-18))，内力不影响质点系的总动量，这是因为内力总是成对的，所有内力的矢量和一定为零；质点系总角动量的变化率仅由外力矩的矢量和所决定(见式(2-34))，内力矩不影响质点系的总角动量，这是因为所有内力矩的矢量和一定等于零. 但是，由于系统内各个质点的位移一般并不相同，质点之间可能有相对位移，内力做功之和并不一定为零，所以质点系总动能的增量必须由外力的功和内力的功共同决定，不仅外力做功会影响质点系的总动能，内力做功也可能改变质点系的总动能. 例如，炮弹爆炸，弹片四向飞散，它们的总动能显然比爆炸前增加了，这就是内力(火药的爆炸力)对各弹片做正功的结果. 两个带正电荷的粒子，在运动中相互靠近时总动能会减少，这是因为它们之间的内力(相互作用的斥力)对粒子都做负功. **内力能改变系统的总动能，但不改变系统的总动量和总角动量.**

例 2-20 在光滑的水平面上，有一质量为 M 的木块，现在有一个质量为 m 的子弹以速度 v_0 水平射入木块，已知子弹受到的阻力与进入深度成正比，设比例系数为 k，为了使子弹不穿出木块，木块的最小厚度为多少?

解 取“子弹+木块”两物体为系统，分析受力，如图 2-46 所示，在子弹进入木块的过程中，系统水平方向不受外力，所以在水平方向上，系统的动量守恒. 令子弹最后的速度为 v，有

$$mv_0 = (M+m)v \quad ①$$

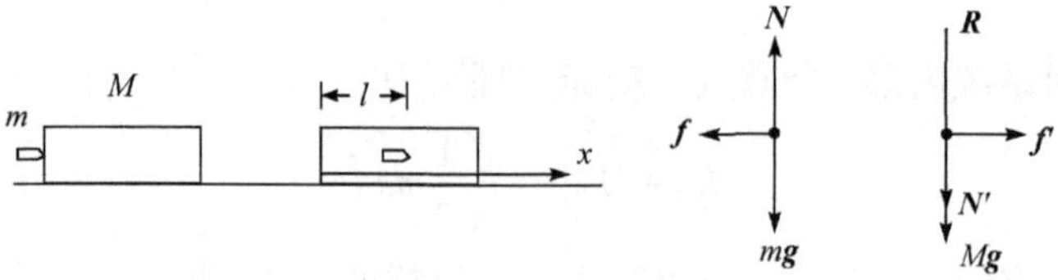

图 2-46 例 2-20 图

可分析，此系统外力不做功，只有木块对子弹的阻力 $\boldsymbol{f}$ 和子弹对木块的阻力 $\boldsymbol{f}'$ 这一对内力做功. 为求出这个功，我们以木块为参考系，取木块左端为原点，子弹前进方向为 X 轴正向，在子弹进入木块的深度为 x(即子弹的坐标)时，子弹受到的阻力 $\boldsymbol{f}$ 写成 $\boldsymbol{f} = -kx\boldsymbol{i}$，方向与子弹前进的方向相反，在子弹在木块中又前进 $\mathrm{d}\boldsymbol{s} = \mathrm{d}x\boldsymbol{i}$ (相对位移)的过程中，一对阻力的元功为 $\boldsymbol{f}\cdot\mathrm{d}\boldsymbol{s} = -kx\mathrm{d}x$，设子弹进入木块

的最大深度为l，由系统的动能定理有

$$\int_0^l -kx\mathrm{d}x = \frac{1}{2}(m+M)v^2 - \frac{1}{2}mv_0^2 \qquad ②$$

式①、②联立可得

$$l = v_0\sqrt{\frac{mM}{k(m+M)}}$$

要使子弹不穿出木块，子弹进入木块的深度应不超过木块的厚度，因此木块的厚度应至少等于上式确定的值.

2.10　保守力　势能

2.10.1　保守力

从功的计算中可以看出，一对重力、一对弹性力、一对万有引力做功有共同的特点，它们的功与质点所经过的路径无关，仅与运动质点的起点和终点的位置有关. 这些力做功的表达式都有类似的形式，都可以表示为某个函数在初位置的值减去这个函数在末位置的值，即

$$A_{Gab} = \int_a^b \boldsymbol{F}_G \cdot \mathrm{d}\boldsymbol{s} = mgh_a - mgh_b = -\Delta(mgh) \qquad (2\text{-}47)$$

$$A_{弹ab} = \int_a^b \boldsymbol{F}_{弹} \cdot \mathrm{d}\boldsymbol{s} = \frac{1}{2}kx_a^2 - \frac{1}{2}kx_b^2 = -\Delta\left(\frac{1}{2}kx^2\right) \qquad (2\text{-}48)$$

$$A_{引ab} = \int_a^b \boldsymbol{F}_{引} \cdot \mathrm{d}\boldsymbol{s} = \left(-\frac{GMm}{r_a}\right) - \left(-\frac{GMm}{r_b}\right) = -\Delta\left(-\frac{GMm}{r}\right) \qquad (2\text{-}49)$$

我们把做功与路径无关的一对力称为**保守力**. 所以一对重力、一对弹性力、一对万有引力都是保守力.

显然，如果一个质点在保守力作用下，沿任意闭合路径一周，则这一对保守力所做的功必然等于零. 如图 2-47 所示，质点的初位置 a 与末位置 b 重合，则保守力沿闭合路经所做的功等于零，所以保守力的定义也可表示为：如果一个力沿任意闭合路径所做的功等于零，则该力就是保守力. 用数学式子表示，就是

$$\oint \boldsymbol{F}_{保} \cdot \mathrm{d}\boldsymbol{s} = 0 \qquad (2\text{-}50)$$

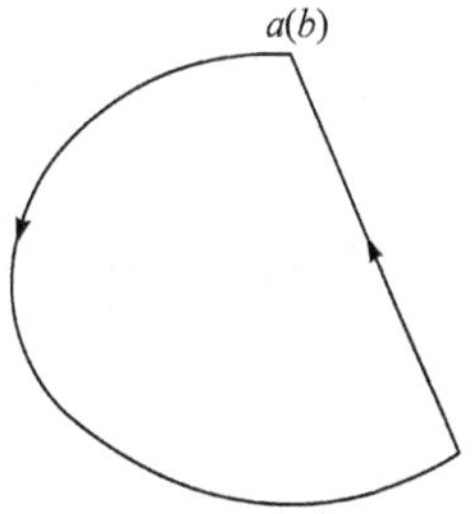

图 2-47　保守力的定义

式中符号 $\oint$ 表示沿闭合曲线积分. 保守力的这个定义和

做功与路径无关的定义是完全等价的.

如果力做功与受力质点运动的路径有关，那么力沿闭合路径做的功不为零，这种力就是非保守力. 例如，摩擦力就是非保守力.

2.10.2 势能

保守力的功与路径无关的性质，大大简化了保守力做功的计算，并由此引出势能的概念.

在保守力作用下运动的物体，不论沿什么路径从开始位置 a 运动到末位置 b，做的功总是相等的，因此，保守力的功的数值就可以由物体所处的位置 a 和位置 b 决定，也就是说，保守力的功可以用一个位置函数的差来表示，这个与位置有关的物理量就定义为保守力的**势能**，即

$$A_{保} = \int_a^b \boldsymbol{F}_{保} \cdot \mathrm{d}\boldsymbol{s} = E_{pa} - E_{pb} = -(E_{pb} - E_{pa}) = -\Delta E_p \tag{2-51}$$

式中 E_p 即为势能，即保守力做功等于势能增量的负值. 若保守力做正功，则相应的势能减少；若保守力做负功，也就是外力克服保守力做功，则相应的势能增加.

必须注意，在这里，只定义了势能的增量，并没有定义某点的势能值，如果要确定任一点的势能，必须先规定势能的零点. 如果规定 b 点为势能零点，即 $E_{pb}=0$，则由式(2-51)，a 点的势能等于

$$E_{pa} = \int_a^0 \boldsymbol{F}_{保} \cdot \mathrm{d}\boldsymbol{s} \tag{2-52}$$

(积分上限改写为 0，表示势能零点)这表明，某一点的势能，在数值上等于质点从该点运动到势能零点的过程中，保守力所做的功. 势能零点可以根据问题的需要任意选择，对于零点的不同选择，在同一位置的势能值是不同的，这就是说，势能的值是相对的，某两个位置的势能差却是一定的，与势能零点的选择无关.

对重力势能，有

$$E_{Ga} = \int_a^0 \boldsymbol{F}_{\mathrm{G}} \cdot \mathrm{d}\boldsymbol{s} = mgh_a - mgh_0$$

取 $h_0 = 0$ 处为势能零点，得到在 h 处物体的重力势能等于

$$E_G = mgh \tag{2-53}$$

同理，对弹性势能，有

$$E_{弹} = \frac{1}{2}kx^2 \tag{2-54}$$

必须强调，将弹性势能写成 $kx^2/2$ 时，一定要以弹簧原长(没有形变)处为势能零点.

对万有引力势能，有

$$E_{引}=-\frac{GMm}{r} \tag{2-55}$$

同样必须强调，当将万有引力势能写成$-\frac{GMm}{r}$时，一定要以无限远处为势能零点.

当重力势能、弹性势能、万有引力势能零点改变时，相应的势能表达式与式(2-53)～式(2-55)相差一个常数.

需要说明一点，我们常谈到能量的“所有者”．对于动能，很容易而且很合理地就认为它属于运动的质点. 对于势能，由于是以研究一对保守力的功引进的，所以它应属于一对保守力相互作用着的整个质点系. 它实质上是一种相互作用能. 例如，平时我们说“质点的重力势能”，只是一种简便的说法，是以地球为参考系，地球所受“重力”不做功，重力势能的变化就只与质点所受的重力做功有关，这样，似乎重力势能就只与质点有关了，或只属于质点了，实际上应该把重力势能理解为属于质点与地球所组成的系统.

2.11　功能原理和机械能守恒定律

2.11.1　功能原理

功能原理　机械能守恒定律

由 2.9 节内容可知，质点系的动能定理为

$$A_{内}+A_{外}=\Delta E_k$$

我们**将每对保守力所属的一对质点都包含在系统中，则所有的保守力都是内力**，当然，系统内还存在非保守内力. 现在，我们将内力的功之和 $A_{内}$ 分成保守内力的功 $A_{保内}$ 与非保守内力的功 $A_{非保内}$ 之和，则上式可以写成

$$A_{保内}+A_{非保内}+A_{外}=\Delta E_k$$

而保守内力的功可以用势能增量的负值来表示，即 $A_{保内}=-\Delta E_p$，因此有

$$A_{非保内}+A_{外}=\Delta(E_k+E_p)$$

其中 E_k+E_p 是质点系的动能和势能之和，称为机械能，用 E 表示，则

$$A_{非保内}+A_{外}=\Delta E \tag{2-56}$$

这就是**质点系的功能原理：质点系所有非保守内力的功与所有外力的功之和等于系统机械能 E (动能与势能之和)的增量.**

功能原理是在质点系动能定理中引入势能后得出的，质点系的动能定理给出了系统总动能的增量与系统所有内力的功和所有外力的功之和的关系，而功能原

理是机械能的增量与系统所有外力的功和所有非保守内力的功之和的关系. 注意：在功能原理中没有保守力的功，这是因为保守力做的功已经用势能增量的负值来表示了.

2.11.2 机械能守恒定律

由式(2-56)可知，在整个过程中，非保守内力功和所有外力功始终为零时，则机械能保持守恒，即

$$A_{\text{非保内}}+A_{\text{外}}=0\text{，则 }E=\text{常量} \tag{2-57}$$

这就是机械能守恒定律.

在理解和应用机械能守恒定律时，应注意以下几点：

(1) 机械能守恒定律与动量守恒定律、角动量守恒定律一样，都是相对于惯性系的，就是说，每一个定律中的速度、位移、位矢等都必须相对于同一个惯性系.

(2) 系统的机械能守恒定律是有条件的，条件是关于功的. 所以要利用机械能守恒定律处理问题，首先还是要分析力，把属于保守力的那一对力(或几对力)找出来，取这一对力(或几对力)的受力物体为一个系统，也就是使保守力成为内力，分析非保守内力及外力的做功情况，如果它们做功之和为零，则系统的机械能守恒. 如果这些条件不满足，只能对系统使用功能原理或动能定理，或者分别对每个质点使用动能定理.

(3) 机械能守恒定律、动量守恒定律和角动量守恒定律成立的条件是不同的，如表 2-5 所示.

表 2-5 三大守恒定律成立的条件

	机械能守恒	动量守恒	角动量守恒
系统内力	可以有，且要研究其做功情况. 保守内力做功可用势能差表示. 要计算 $\sum A_{\text{非保内}}$	可以有，但不必研究	可以有，但不必研究
系统外力	可以有，且要研究其做功情况，要计算 $\sum A_{\text{外}}$	可以有，且要研究外力的矢量和 $\sum \boldsymbol{F}_{\text{外}}$	可以有，且要研究外力矩的矢量和 $\sum \boldsymbol{M}_{\text{外}}$
守恒条件	对任一微小位移，$\sum A_{\text{非保内}}+\sum A_{\text{外}}=0$	任一时刻 $\sum \boldsymbol{F}_{\text{外}}=0$	任一时刻 $\sum \boldsymbol{M}_{\text{外}}=0$

(4) 如果在一个惯性系中，系统的机械能守恒，那么在另一个惯性系中，系统的机械能不一定守恒，因为相对于不同的惯性系，质点可能有不同的位移，非

保守内力和外力做功之和也可能有不同的值.

(5) 机械能守恒是指系统在一个过程中任一时刻或任一运动状态的机械能都相等，所以应当分析任何一个小位移上是否满足 $\mathrm{d}A_{非保内}+\mathrm{d}A_{外}=0$. 如果过程中某两个特定运动状态的机械能相等，并不能说明该过程的机械能一定守恒.

例 2-21　求第二宇宙速度，即物体脱离地球引力所需的最小速度(逃逸速度).

解　物体脱离地球引力是指它可以跑到距地球无限远的地方，最小速度是指它跑到无限远处后的速度为零. 由机械能守恒定律可知，物体在地球表面附近所具有的发射动能刚好能克服地球万有引力的功，如表 2-6 所示.

$$\frac{1}{2}mv^2-\frac{GMm}{R}=0$$

$$v=\sqrt{\frac{2GM}{R}}=\sqrt{2gR}=11.2\mathrm{km/s}$$

表 2-6　地球表面和无限远处动能、引力势能对照表

位置	动能	引力势能
地球表面	$\frac{1}{2}mv^2$	$-\frac{GMm}{R}$
无限远处	0	0

例 2-22　一劲度系数为 k 的轻弹簧，下端固定，上端系一质量为 M 的物体，如图 2-48(a)所示. 当物体平衡时位于 A 点. 一个质量为 m 的泥球自距物体上方 h 处自由下落到物体上. 求：泥球和物体一起向下运动的最大距离.

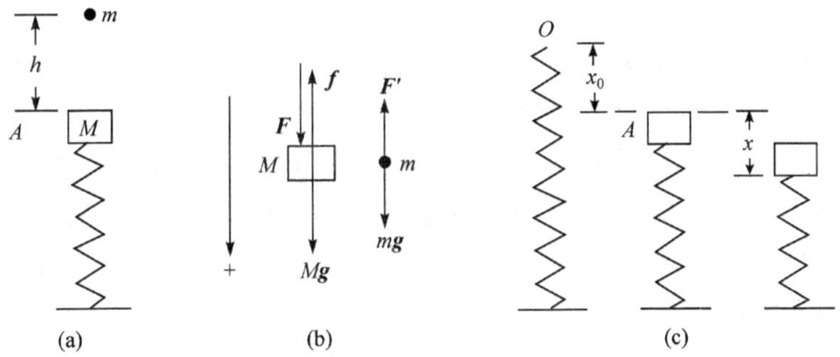

图 2-48　例 2-22 图

解　整个运动过程可以分为三个阶段：第一阶段是泥球自由下落的过程，第二阶段是泥球与 M 之间碰撞的过程，第三阶段是泥球和 M 一起向下运动的过程.

第一阶段中，泥球做自由落体运动，在它与板相碰前的瞬间，它的速度为

$v=\sqrt{2gh}$，方向竖直向下.

第二阶段中，m 和 M 的受力情况如图 2-48(b)所示，若取 m 和 M 为研究系统，系统所受的外力是 $\boldsymbol{Mg}$、$\boldsymbol{mg}$ 和弹簧的弹性力 $\boldsymbol{f}$，在泥球未碰 M 时，$\boldsymbol{Mg}$ 与 $\boldsymbol{f}$ 平衡. 由于碰撞时间很短，当碰撞结束时，弹簧尚未发生进一步的形变，$\boldsymbol{Mg}$ 与 $\boldsymbol{f}$ 仍是平衡的，所以外力的矢量和为 $\boldsymbol{mg}$，但此力与碰撞时 m 和 M 的相互作用力 $\boldsymbol{F}$ 和 $\boldsymbol{F}'$ (内力)相比可以忽略，因此系统动量近似守恒. 取向下为正方向，碰后 m 和 M 的共同速度为 V，则

$$mv=(m+M)V \quad ①$$

第三阶段中，$(m+M)$ 只受重力和弹簧的作用力，若取“$m+M$+地球+弹簧”为一系统，这些力都是保守内力，系统不受外力，与 M 之间的作用力(内力)，因没有相对位移，做功之和为零，所以机械能守恒.

取 m 和 M 相碰撞处为重力势能的零点，弹簧的弹性势能的零点取在弹簧的原长处，在 A 处的机械能为 $\frac{1}{2}(m+M)V^2+\frac{1}{2}kx_0^2$，其中 x_0 是此时弹簧的形变量，且 $Mg=kx_0$，物体(和泥球)下降到最低处时的机械能为 $\frac{1}{2}k(x_0+x)^2-(m+M)gx$. 机械能守恒写成

$$\frac{1}{2}(m+M)V^2+\frac{1}{2}kx_0^2=\frac{1}{2}k(x_0+x)^2-(m+M)gx \quad ②$$

将 $x_0=Mg/k$ 代入，解方程①、②得

$$x=\frac{mg}{k}\left(1+\sqrt{1+\frac{2kh}{(m+M)g}}\right)$$

例 2-23 质量为 m_1 和 m_2 的两个质点间存在着相互作用的万有引力，开始时两者静止，相距为 a，问：当它们相距 $a/2$ 时速度各为多大?

解 m_1、m_2 仅受万有引力，所以若取 m_1 和 m_2 组成系统，则动量守恒. 又由于一对万有引力是保守力，系统的机械能(动能与引力势能之和)也守恒. 因为万有引力沿质点间连线，质点初始均静止，所以以后质点的速度也都沿着连线.

动量守恒写成

$$m_1\boldsymbol{v}_1+m_2\boldsymbol{v}_2=0$$

机械能守恒写成

$$-G\frac{m_1m_2}{a}=-G\frac{m_1m_2}{a/2}+\frac{1}{2}m_1v_1^2+\frac{1}{2}m_2v_2^2$$

解出

$$v_1 = \pm m_2\sqrt{\frac{2G}{(m_1+m_2)a}}, \qquad v_2 = \mp m_1\sqrt{\frac{2G}{(m_1+m_2)a}}$$

v_1、v_2 的符号相反，说明它们的运动方向相反.

例 2-24　地球可看作半径为 $R=6.4\times10^3\text{km}$ 的均匀球体，一颗人造地球卫星在地面上空 $h=0.80\times10^3\text{km}$ 的圆形轨道上、以 7.5km/s 的速度绕地球运动. 突然在卫星的外侧发生了一次爆炸，其冲量并未影响卫星当时绕地球运动的切向速度 $v_t=7.5\text{km/s}$，但给卫星一个指向地心的径向速度 $v_n=0.2\text{km/s}$. 问：这次爆炸后，卫星轨道的近地点和远地点各位于地面上空多少千米?

解　爆炸过程中卫星受到地球的引力和爆炸时的冲力，地球的引力是指向地心的，爆炸时的冲力由于不影响地球的切向速度，所以它在切向没有分量，也是指向地心的. 在爆炸前后，卫星都只受到地球的引力. 卫星在爆炸的过程中以及爆炸前后受到的都是有心力，所以卫星对地心的角动量守恒. 用 m 和 M 分别表示卫星和地球的质量. 在爆炸前，卫星与地心的距离为 $r=R+h$，角动量等于 $mv_t r$；设爆炸后，卫星在轨道近地点或远地点处与地心的距离为 r'，此时的速度为 $\boldsymbol{v}'$，而且 $\boldsymbol{v}'\perp r'$，则角动量守恒写成

$$mv_t r = mv'r' \qquad ①$$

爆炸后，卫星的速度是 $\boldsymbol{v}_t$ 和 $\boldsymbol{v}_n$ 的矢量和，它只受地球的引力，若把地球和卫星作为一个系统，此系统的机械能守恒，即

$$\frac{1}{2}m(v_t^2+v_n^2)-\frac{GMm}{r}=\frac{1}{2}mv'^2-\frac{GMm}{r'} \qquad ②$$

由牛顿定律 $\dfrac{GMm}{r^2}=m\dfrac{v_t^2}{r}$，得

$$GM = v_t^2 r \qquad ③$$

式①～③联立可得 r' 的两个值，分别对应远地点和近地点与地心的距离，结果为

$$r_1'=\frac{v_t r}{v_t-v_n}=7.4\times10^3\text{km}, \qquad r_2'=\frac{v_t r}{v_t+v_n}=7.0\times10^3\text{km}$$

因此，远地点离地高度为 $h_1=r_1'-R=1.0\times10^3\text{km}$，近地点离地高度为 $h_2=r_2'-R=0.6\times10^3\text{km}$.

2.11.3　能量守恒与转化定律

机械能守恒定律告诉我们，在一个只有保守力做功的系统内，系统的动能和势能可以相互转化，但两者的总和保持不变. 如果系统不受外力作用，但内部有非保守力作用而且做功，则系统的机械能不守恒，此时系统内部发生机械能和其

他形式能量的转化. 非保守力做正功时，其他形式的能量转化为机械能(例如，炮弹爆炸时，化学能转化为机械能、热能和声能)；非保守力做负功时，机械能转化为其他形式的能量(例如，子弹射入木块的过程中，机械能转化为热能). 人们在总结各种自然过程中发现，如果一个系统与外界没有能量交换(这样的系统称为孤立系统)，则系统内部各种形式的能量可以相互转化，或由系统内一个物体传递给另一个物体，但这些能量的总和保持不变，这就是**能量守恒与转化定律**，简称能量守恒定律. 能量守恒定律是自然界中最普遍的定律之一，是自然界一切变化过程所必须遵守的规律，机械能守恒定律仅是能量守恒定律的特殊情况.

在历史上，甚至直到现在，仍有人企图发明一种机器，它能够不消耗外界或机器本身的能量而源源不断地对外做功，这种机器称为“永动机”. 但是，所有制造这类“永动机”的尝试都没有成功，也不可能成功，因为它违反了自然界所遵循的能量守恒与转化定律.

至此，我们在牛顿三大定律的基础上导出了动量守恒定律、角动量守恒定律、能量守恒定律. 应当指出，这些守恒定律虽然是从牛顿定律推导出来的，但是它们的适用范围比牛顿定律更广. 在高速领域和微观领域中，牛顿定律不再成立，但是这三个守恒定律仍然成立.

*2.11.4 碰撞

碰撞是指两个或两个以上的物体在运动中相互靠近或发生接触时，在极短时间内发生的强烈相互作用的过程. 碰撞的物体可以接触，也可以不接触，宏观物体之间的碰撞属于前一种情况，微观粒子之间的碰撞属于后一种情况. 在自然界中，碰撞是一种常见的现象，例如，篮球和地面之间的相互作用，建筑工地上打桩机气锤对桩柱的撞击，组成物质的分子、原子或原子核内的基本粒子在加速器中的散射等，都是碰撞的具体事例. 由于碰撞过程中物质之间的作用时间极短，所以相互作用力很大. 如果将相互碰撞的物体作为一个系统，由于系统内物体碰撞时的相互作用力很大，在通常情况下可以忽略外力的影响，故可以认为系统的动量守恒.

设质量分别为 m_1 和 m_2 的两个物体在碰撞前的速度分别为 $\boldsymbol{v}_{10}$ 和 $\boldsymbol{v}_{20}$ ，碰撞后的速度分别为 $\boldsymbol{v}_1$ 和 $\boldsymbol{v}_2$ ，则应用动量守恒定律可得

$$m_1\boldsymbol{v}_{10}+m_2\boldsymbol{v}_{20}=m_1\boldsymbol{v}_1+m_2\boldsymbol{v}_2$$

如果已知 $\boldsymbol{v}_{10}$ 和 $\boldsymbol{v}_{20}$ ，求出 $\boldsymbol{v}_1$ 和 $\boldsymbol{v}_2$ ，除了上述方程外，还需要从碰撞前、后的能量关系找到第二个方程，这个方程由两个物体的弹性所决定. 如果在碰撞后，物体系统的机械能没有任何损失，我们就称这种碰撞为完全弹性碰撞. 完全弹性碰撞是理想的极限，实际上，物体之间的碰撞多少总会有机械能的损失(一般转变

为热能等). 因此，一般的碰撞为非弹性碰撞. 如果物体在碰撞后以同一速度运动，则这种碰撞为完全非弹性碰撞，例如，子弹射入木块，然后随木块一起运动就是这样的碰撞.

一般情况下，两物体发生完全弹性碰撞以后，它们的速度的大小和方向都要发生改变，在这里我们只讨论一种特殊的碰撞情况，即为对心碰撞. 也就是两物体在碰撞前、后速度的方向在同一条直线上. 在对心碰撞时，如图 2-49 所示，动量守恒式可表示为

$$m_1\boldsymbol{v}_{10}+m_2\boldsymbol{v}_{20}=m_1\boldsymbol{v}_1+m_2\boldsymbol{v}_2$$

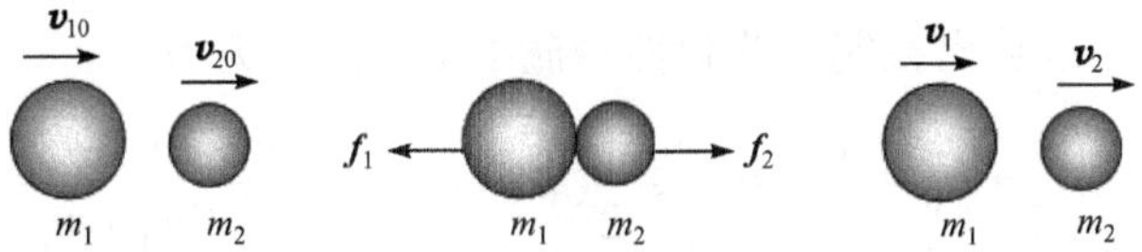

图 2-49　碰撞

下面，我们对完全弹性碰撞、完全非弹性碰撞和非弹性碰撞三种情况分别予以讨论.

1. 完全弹性碰撞

在完全弹性碰撞时，两个物体间相互作用的内力只是弹性力，碰撞前后两物体的总动能不变，即有

$$\frac{1}{2}m_1v_{10}^2+\frac{1}{2}m_2v_{20}^2=\frac{1}{2}m_1v_1^2+\frac{1}{2}m_2v_2^2$$

联立求解上面两式，可得

$$\begin{aligned}v_1&=\frac{(m_1-m_2)v_{10}+2m_2v_{20}}{m_1+m_2}\\v_2&=\frac{(m_2-m_1)v_{20}+2m_1v_{10}}{m_1+m_2}\end{aligned}\tag{2-58}$$

现在讨论两种常见的特殊情况：

(1) 如果两个物体的质量相等，即 $m_1=m_2$，则由式(2-58)可得 $v_1=v_{20}$，$v_2=v_{10}$，即两物体在碰撞时交换了速度.

(2) 如果 m_2 物体在碰撞前静止不动，即 $v_{20}=0$，且 $m_2\gg m_1$，则由式(2-58)近似可得 $v_1=-v_{10}$，$v_2=0$，即质量很大且静止的物体在碰撞后仍然静止不动，质量很小的物体在碰撞前后的速度等值反向. 篮球、乒乓球与地面或墙壁碰撞，近似是这种情形.

2. 完全非弹性碰撞

发生完全非弹性碰撞的两个物体，在它们相互碰撞压缩以后，完全不能恢复原状，两个物体以相同的速度一起运动. 由于两物体在碰撞后形状完全不能恢复，因此总动能会减少.

在一维的完全非弹性碰撞中，设两个物体碰撞后以相同的速度v运动，于是，由动量守恒定律可以解得碰撞后的速度v为

$$v = \frac{m_1 v_{10} + m_2 v_{20}}{m_1 + m_2} \tag{2-59}$$

利用式(2-59)，可以算出在完全非弹性碰撞中动能的损失为

$$\Delta E = \left(\frac{1}{2} m_1 v_{10}^2 + \frac{1}{2} m_2 v_{20}^2\right) - \frac{1}{2}(m_1 + m_2) v^2 = \frac{m_1 m_2 (v_{10} - v_{20})^2}{2(m_1 + m_2)}$$

如果碰撞前，m_2静止，即$v_{20} = 0$，则

$$\Delta E = \frac{m_1 m_2 {v_{10}}^2}{2(m_1 + m_2)} = \frac{m_2}{m_1 + m_2} E_{10}$$

式中E_{10}为系统初始动能. 由此可以看出：m_2越大，能量损失越大；m_1越大，能量损失越小，损失的动能转变为系统的内能.

3. 非弹性碰撞

在非弹性碰撞中，压缩后的物体不能完全恢复原状，造成碰撞前后系统的动能有所损失，一部分动能转变成内能和其他形式的能量. 牛顿对大量的实验进行了总结，提出了碰撞定律：在一维对心碰撞中，碰撞后两个物体的分离速度$v_2 - v_1$与碰撞前两物体的接近速度$v_{10} - v_{20}$成正比，比值由两物体的材料性质决定，即

$$e = \frac{v_2 - v_1}{v_{10} - v_{20}}$$

式中e为两物体的恢复系数. 如果$e = 0$，则$v_2 = v_1$，这就是完全非弹性碰撞；如果$e = 1$，则分离速度等于接近速度，由e的表达式可以证明，这就是完全非弹性碰撞. 对于一般的碰撞，$0 < e < 1$. 恢复系数e可以用实验的方法测定.

【阅读材料】——宇宙速度

星空浩瀚无比，探索永无止境. 人造卫星、探测器、宇宙飞船等航天器是人类认识宇宙的耳目和输送载体. 怎样才能把物体送到外太空，使之转变成能够为人类服务的有效工具和载体呢?

这决定于物体的初速度. 有趣的是，早在牛顿的《自然哲学的数学原理》中，有一幅插图指出抛出物体的轨迹取决于抛体的初速度，这也预示着发射人造卫星的可能性，如图 2-50 所示，当然这种可能性在当时只是理论上的. 270 年后，人类才把理论上的人造卫星变为现实. 今天，各种航天器发射过程中普遍涉及的一个重要的物理内容就是宇宙速度及其计算.

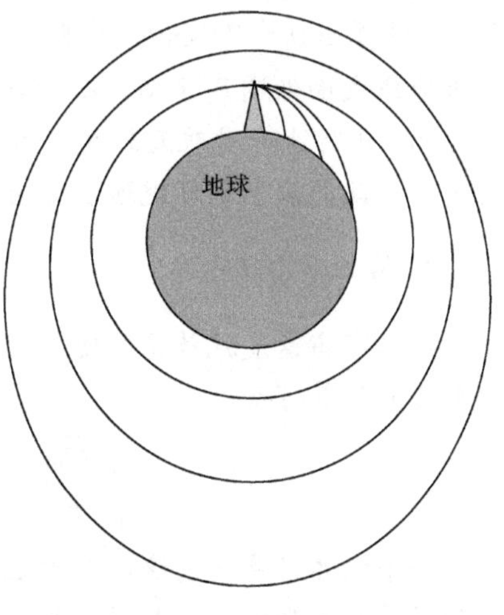

图 2-50　牛顿的《自然哲学的数学原理》中的抛体示意图

1. 第一宇宙速度

物体在地面附近绕地球做匀速圆周运动的速度叫作第一宇宙速度，也叫航天器最小发射速度或环绕速度. 假设地球的半径为 R_e，质量为 m_e，在地面有一个物体质量为 m，以初速率 v_1 竖直向上发射，达到距地面高度为 h 时，以速率 v 绕地球做匀速率圆周运动，略去大气对抛体的阻力，那么抛体需要多大的初速度 v_1 才能成为地球的一颗卫星呢？下面我们来分析一下，把物体和地球作为一个系统，没有外力作用在这个系统上，所以系统机械能守恒. 于是可得方程如下：

$$\frac{1}{2}mv_1^2 - G\frac{m_e m}{R_e} = \frac{1}{2}mv^2 - G\frac{m_e m}{R_e + h}$$

又由牛顿第二定律和万有引力定律可知

$$m\frac{v^2}{R_e + h} = G\frac{m_e m}{(R_e + h)^2}$$

$$v^2 = \frac{Gm_e}{R_e + h}$$

将 v 的表达式代入机械能守恒方程，且已知地球表面附近的重力加速度 $g = \frac{Gm_e}{R_e^2}$，可解得

$$v_1 = \left[gR_e\left(2 - \frac{R_e}{R_e + h}\right)\right]^{\frac{1}{2}}$$

地球半径 $R_e = 6370\text{km}$，而地球表面附近的人造航天器据地面高度 h 在 150km 附近，即 R_e 远大于 h，故上式可简化为

$$v_1=\sqrt{gR_e}=7.9\times10^3\text{m/s}=7.9\text{km/s}$$

这就是第一宇宙速度，高度忽略不计即 h=0，则说明该航天器是沿着地球表面运行的. 计算出 v_1= 7.9km/s. 实际上，地球表面存在稠密的大气层，航天器不可能贴近地球表面做圆周运动，必须在一定的高度(大气层外)飞行，才能绕地球做圆周运动. 此时地球对航天器的引力比在地面时要小，故其速度也略小于第一宇宙速度，在此高度下的环绕速度约为 7.8km/s.

2. 第二宇宙速度

第二宇宙速度就是需要使物体刚好逃脱星球引力束缚的速度，也叫逃逸速度. 由前文的计算可知

$$v_2=\sqrt{\frac{2Gm_e}{R_e}}=\sqrt{2gR_e}=\sqrt{2}v_1=11.2\text{km/s}$$

一个抛体只要发射速度大于 11.2km/s 即可，不用考虑发射速度的方向，就能得到所要求的数值，这是用能量观点处理这类问题最为显著的一个优点.

如果一个天体的质量与表面引力很大，使得逃逸速度达到甚至超过了光速，该天体就是黑洞. 黑洞的逃逸速度达 30 万千米每秒. 一般认为宇宙没有边界，说宇宙中的物质逃离到别的地方去这样的问题是没有意义的.

3. 第三宇宙速度

如果我们继续增大物体的发射速度，从地球表面发射，飞出太阳系，到浩瀚的银河系中漫游所需要的最小速度，就叫作第三宇宙速度. 显然，要使物体脱离太阳系，首先要摆脱地球引力的束缚，然后再脱离太阳引力的束缚. 这意味着，物体脱离地球引力束缚后，还要具有足够的动能达到飞出太阳系的目的.

我们先来讨论地球表面物体脱离地球引力场的情况，把地球和物体作为一个系统，并取地球为参考系，假设物体的发射速度为 v_3，当脱离地球后速度为 v'，由物体机械能守恒定律可得

$$\frac{1}{2}mv_3^2-\frac{Gm_em}{R_e}=\frac{1}{2}mv'^2$$

为了计算 v' 的大小，取太阳为参考系，此物体与太阳的距离即为地球到太阳的平均距离 R_S，相对太阳的速度为 v_3'，由伽利略速度变换公式可得，物体相对太阳的速度 v_3' 等于物体相对地球的速度 v' 与地球相对太阳的公转速度 v_e 之和，即

$$v_3'=v'+v_e$$

当 v' 与 v_e 同向时，物体相对太阳的速度最大，发射最节省燃料，有

$$v_3'=v'+v_e$$

此后，物体要不断克服太阳引力作用而飞行，其引力势能为$-\dfrac{Gm_sm}{R_S}$，动能为$\dfrac{1}{2}mv_3'^2$，其中m_s为太阳的质量，所以物体要脱离太阳引力作用，其机械能至少为

$$-\frac{Gm_sm}{R_S}+\frac{1}{2}mv_3'^2=0$$

解得

$$v_3'=\left(\frac{2Gm_s}{R_S}\right)^{\frac{1}{2}}$$

代入$v_3'=v'+v_e'$可得

$$v'=v_3'-v_e'=\left(\frac{2Gm_s}{R_S}\right)^{\frac{1}{2}}-v_e$$

假设地球绕太阳的运动轨迹近似为一圆，那么由于物体与地球的运动方向相同，且都受到太阳引力的作用，故可以认为此时抛体与太阳的距离为R_S，是地球到太阳的轨道半径，由牛顿第二定律可得

$$\frac{Gm_sm_e}{R_S^2}=m\frac{v_e'^2}{R_S}$$

解得

$$v_e=\left(\frac{Gm_s}{R_S}\right)^{\frac{1}{2}}$$

代入前式可得

$$v'=v_3'-v_e=\left(\sqrt{2}-1\right)\left(\frac{Gm_s}{R_S}\right)^{\frac{1}{2}}$$

太阳质量$m_s=1.99\times10^{30}\text{kg}$，地球与太阳平均距离为$R_S=1.50\times10^{11}\text{m}$，所以求得$v'=12.3\text{km/s}$，将$v'$代入$\dfrac{1}{2}mv_3^2-\dfrac{Gm_em}{R_e}=\dfrac{1}{2}mv'^2$，可得

$$v_3=\left(v'^2+\frac{2Gm_e}{R_e}\right)^{\frac{1}{2}}$$

地球的质量为$m_e=5.98\times10^{24}\text{kg}$，地球的半径为$R_e=6.37\times10^6\text{m}$，经计算求得第三宇宙速度为

$$v_3 = 16.7\text{km/s}$$

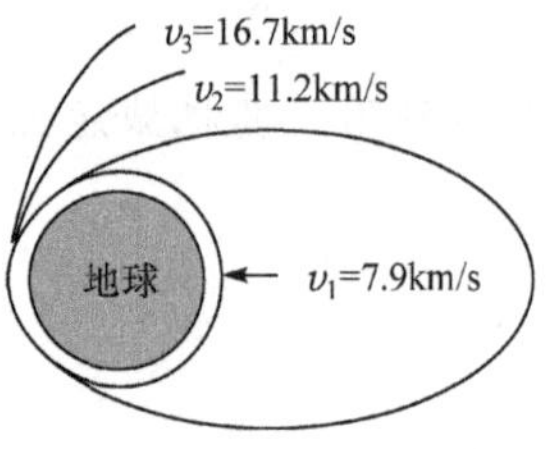

图 2-51　宇宙速度

地球的各级宇宙速度如图 2-51 所示.

2011 年 9 月 29 日我国从酒泉卫星发射中心发射了天宫一号；2011 年 11 月 3 日，天宫一号与神舟八号飞船成功完成我国首次空间飞行器自动交会对接任务；2012 年 6 月 18 日，天宫一号与神舟九号飞船成功进行首次载人交会对接. 2016 年 9 月 15 日在酒泉卫星发射中心成功发射了天宫二号空间实验室，这是中国第一个真正意义上的空间实验室，将用于进一步验证空间交会对接技术及进行一系列空间试验. 同年 10 月 19 日凌晨，神舟十一号飞船与天宫二号自动交会对接成功(图 2-52)，航天员景海鹏、陈冬进入天宫二号，主要开展地球观测和空间地球系统科学、空间应用新技术、空间技术和航天医学等领域的应用和试验，包括释放伴飞小卫星、完成货运飞船与天宫二号的对接.

图 2-52　神舟十一号与天宫二号自动交会对接

发射人造地球卫星、载人航天和深空探测是人类航天活动的三大领域. 重返月球，开发月球资源，建立月球基地已成为世界航天活动的必然趋势和竞争热点. 开展月球探测工作是我国迈出航天深空探测第一步的重大举措. 实现月球探测将是我国航天深空探测零的突破.

2004 年，中国正式开展月球探测工程，并命名为“嫦娥工程”. 嫦娥工程分为无人月球探测、载人登月、建立月球基地三个阶段，当前我国处于第一阶段——探月工程. 2018 年 12 月 8 日，嫦娥四号探测器在西昌卫星发射中心由长征三号乙运载火箭发射. 2019 年 1 月 3 日，嫦娥四号成功登陆月球背面，全人类首次实现月球背面软着陆. 探月轨迹如图 2-53 所示. 通过嫦娥三号和嫦娥四号发射，实现在月球上软着陆和自动巡视机器人勘测. 探月工程三期主要实现采样返回，其主要任务由嫦娥五号探测器承担. 嫦娥五号主要科学目标包括对着陆区的现场调查和分析，以及月球样品返回地球以后的分析与研究. 中国人的探月工程，为人类和平使用月球资源迈出了新的一步.

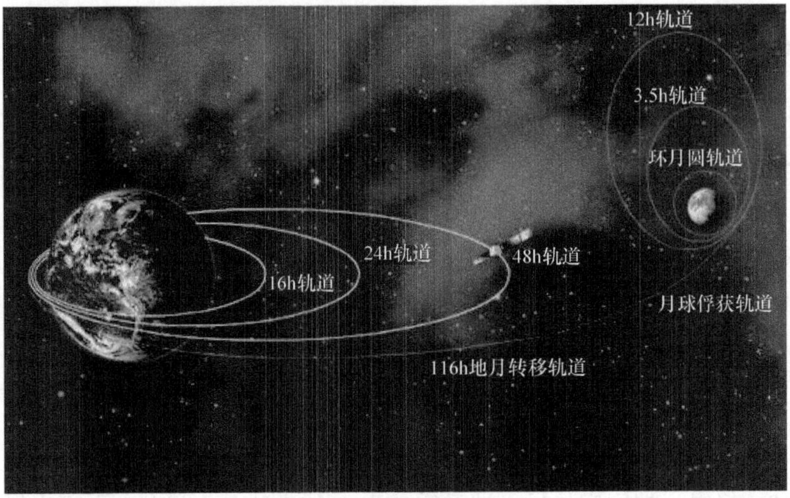

图 2-53 探月轨迹示意图

习 题

一、填空题

2-1 质量为 m 的物体放在水平面上，物体与水平面之间的滑动摩擦系数为 μ，用力 $\boldsymbol{F}$ 拉此物体，要使物体具有最大加速度，则 $\boldsymbol{F}$ 与水平面的夹角应为________.

2-2 质量为 m 的物体放在质量为 M 的物体之上，M 置于倾角为 θ 的斜面上，整个系统处于静止，若所有接触面的摩擦系数均为 μ，则斜面给物体 M 的摩擦力为_________.

2-3 质量为 $M = 1\text{kg}$ 的木板 B 上放置一质量为 $m = 0.2\text{kg}$ 的物体 A，当 B 相对于地面以加速度 5m/s^2 向右运动时，A 则以 3m/s^2 的加速度相对于木板向左运动. 此时，A、B 之间摩擦力的大小为__________N，当木板 B 相对于地面以加速度 1m/s^2 向右运动时，A 相对于地面的加速度为_________m/s^2，A、B 之间摩擦力的大小为________N.

2-4 一个半径为 R 的圆盘水平放置，圆盘可以绕通过其盘心的铅直轴旋转，在圆盘上放置质量分别为 m 和 M 的两物体，m 放在盘心，M 放在圆盘的边缘，两物体之间以不可伸长的轻绳相连，绳长为 R，物体与盘面间的摩擦系数均为μ，为维持 m 和 M 相对于盘不动，圆盘的最大转速ω应为__________.

2-5 在合外力 $F = 3+4x$ 的作用下，质量为 6kg 的物体沿 X 轴运动，若 $t = 0$ 时物体的状态为 $x=0$，$v=0$，则物体运动了 3m 时其加速度大小为________，速度大小为________.

2-6 一只质量为 m 的猫，原来抓住用绳子吊在天花板上的一根竖直杆子，杆子质量为 M，悬线突然断裂后，小猫沿杆竖直向上爬，以保持它离地面的高度不变，则此时杆子下降的加速度为__________.

2-7 运动质点质量为 m，受到来自某方向的力的作用后，它的速度 v 值不变，方向改变θ角，这个力的冲量的数值为________________.

2-8 质量为 m 的小球，距离地面某一高度处以某一速度水平抛出，触地后反跳，在抛出时间 t 后跳回原高度，速度仍沿水平方向，大小也与抛出时相同. 则小球与地面碰撞过程中，地面给它的冲量的方向为________，大小为________.

2-9 质量为 m 的物体做斜抛运动，初速率为 v，仰角为θ，忽略空气阻力，物体从抛出点到最高点这个过程中所受合外力冲量的大小为__________，方向为________.

2-10 轻绳一端固定，另一端系质量为 m 的小球，小球在水平面内做匀速率圆周运动，角速度为ω. 在小球转动一周的过程中，其动量增量为________，所受重力的冲量为________，方向为________. 小球所受绳子拉力的冲量为________，方向为________.

2-11 一质量为 m 的质点在力 $F=5m(5-2t)$(式中 t 为时刻)的作用下，从静止($t=0$)开始做直线运动，则当 $t=5$s 时质点的速率等于________.

2-12 一静止物体受到一个 X 方向的外力 $F=5t$ 作用，它在第一个 5s 内动量的增量为__________，在第二个 5s 内动量的增量为____________.

2-13 空中有一气球，下连一绳梯，它们的质量共为 M. 在梯上站着一质量为 m 的人，起始时气球与人均相对于地面静止. 当人相对于绳梯以速率 v 向上爬时，气球的速度大小为________，方向为________.

2-14 光滑水平面上放有质量为 M 的三棱柱体，其上又放一质量为 m 的小三棱柱体，它们的横截面都是直角三角形，M 的水平直角边的边长为 a，m 的水平直角边的边长为 b，两者的接触边为光滑接触(倾角θ为已知). 设它们从图示位置由静止开始运动，当 m 的下边缘滑动到水平面时，M 在水平面上移动的距离为________.

2-15 一质量为 m 的质点沿着一条空间曲线运动，质点的矢径在直角坐标系下的表示式为 $\boldsymbol{r} = a\cos\omega t\boldsymbol{i}+b\sin\omega t\boldsymbol{j}$，其中 a、b、ω皆为正常量，则在 t 时刻，此质点所受的力 $\boldsymbol{F}$=__________，此力对原点的力矩 $\boldsymbol{M}$=________________，该质点对原

点的角动量 $\boldsymbol{L}$=____________.

2-16 地球质量为 m，太阳质量为 M，地心与日心的距离为 R，引力常数为 G，设地球绕太阳做圆周运动，则地球对太阳中心的角动量为________.

2-17 哈雷彗星绕太阳运动的轨道是一个椭圆. 它与太阳中心的最近距离是 $r_1=8.75\times10^{10}$m，这时它的速率是 $v_1=5.46\times10^4$m/s. 它离太阳中心最远时的速率是 $v_2=9.08\times10^2$m/s，这时它与太阳中心的距离 r_2= __________.

2-18 一质子(质量为 m)从很远处以初速 v_0 朝着固定的原子核(质量为 M，核内质子数为 Z)附近运动，原子核与 v_0 方向的距离为 b. 质子由于受原子核斥力的作用，它的轨道是一条双曲线，如习题 2-18 图所示，质子与原子核相距最近时，距离为 r_s，则质子的速度为______.

2-19 在一较大的无摩擦的平均半径为 R 的水平固定圆环槽内，放有两个小球，质量分别为 m 和 M，两球可在圆槽内自由滑动. 现将一不计其长度的压缩的轻弹簧置于两球之间，如习题 2-19 图所示. 将压缩弹簧释放后，两球沿相反方向被射出，而弹簧本身仍留在原处不动，则小球 m 将在槽内运动路程为__________后与 M 发生碰撞.

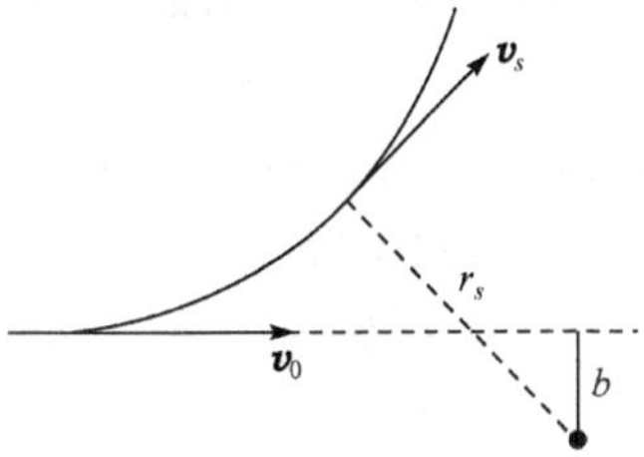

习题 2-18 图

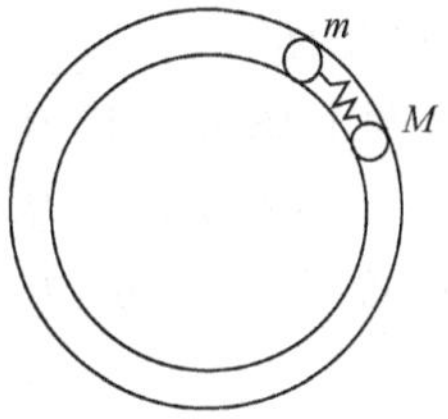

习题 2-19 图

2-20 今有一劲度系数为 k 的轻弹簧，竖直放置，下端与一放在地面上的质量为 m 的物体相连，现用外力缓慢提起弹簧的上端，直到物体刚能脱离地面为止，在此过程中外力做的功等于__________.

2-21 质量为 m 的质点的运动方程为 $\boldsymbol{r}=A\cos\omega t\boldsymbol{i}+B\sin\omega t\boldsymbol{j}$，式中 A、B、ω 均为正常量，则外力在 $t=0$ 到 $\pi/(2\omega)$ 这段时间内所做的功为____________.

2-22 作用力和反作用力大小相等、方向相反，两者所做功的代数和可能不为零，这是因为____________________________. 一对静摩擦力做功之和一定为_____________，一对滑动摩擦力做功之和一定为______________.

2-23 有一边长为 L 的匀质正立方体，当它的底面刚好处于广阔的静止水面上时，由静止开始释放，直到正立方体刚好浸没在水中的过程中，浮力对正立方体所做的功等于____________. (设水的密度为 ρ_1，匀质立方体的密度为 $\rho_2(\rho_2>\rho_1)$.)

2-24 保守力做正功时，系统内相应的势能____________. 质点沿闭合路径运动一周，保守力对质点做的功为____________.

2-25 一质点在光滑水平桌面上受水平力，其大小为 $F=Ae^{-kx}$，其中 A、k 均为正常量，若质点在 $x=0$ 处的速度为零，此质点的最大动能等于____________.

2-26 一根长为 l 的细绳的一端固定于光滑水平面上的 O 点，另一端系一质量为 m 的小球，开始时绳子是松弛的，小球与 O 点的距离为 h. 今使小球以某个初速率沿该光滑水平面上一直线运动，该直线垂直于小球初始位置与 O 点的连线. 当小球与 O 点的距离达到 l 时，绳子绷紧从而使小球沿一个以 O 点为圆心的圆形轨迹运动，则小球做圆周运动时的动能 E_k 与初动能 E_{k0} 的比值 E_k/E_{k0}=______.

2-27 一特殊弹簧，弹性力 $f=-kx^3$，k 为正常量，x 为形变量. 现将弹簧水平放置于光滑的水平面上，一端固定，另一端与质量为 m 的滑块相连而处于自然状态. 今沿弹簧长度方向给滑块一冲量，使其获得速度 v_0，则弹簧被压缩的最大长度等于____________.

2-28 一弹性力 $F=-Dx^3$ (D 为正常量，x 为弹簧形变量)，取形变为 A 时弹性势能为零，则形变为 x 时，弹性势能等于____________.

2-29 竖直向上抛出一小球，空气阻力不能忽略，则小球上升时间与下落时间相比，较长的是________时间.

2-30 两个弹簧 A 和 B，质量均不计，A 的劲度系数是 B 的劲度系数的 1/3，它们串联后上端固定，下端挂一个物体，当物体从初始位置(弹簧均无伸长)运动到平衡位置时，A、B 的弹性势能之比为________. (取弹簧无伸长处弹性势能为零.)

2-31 一水平放置的弹簧振子，静止于光滑桌面上，物体质量为 m，弹簧劲度系数为 k. 现以水平恒力 F 拉物体，则物体的最大速度等于____________.

2-32 用铁锤将一铁钉击入木板，设木板对钉的阻力与铁钉进入木板内的深度成正比. 在铁锤击第一次时，能将小钉击入木板内 1cm，若以同样速度击第二次，铁钉能再进入木板的深度为______. (假定铁锤每次打击铁钉，使铁钉获得的速度相同，且是水平打击.)

2-33 在光滑水平面上有一质量为 m_B 的静止长板 B，在 B 上又有一质量为 m_A 的静止物体 A，今有一小球从左边射到 A 上并被弹回，于是 A 以速度 v(相对于水平面的速度)向右运动，A、B 间的摩擦系数为 μ，A 逐渐带动 B 运动，最后 A 与 B 以相同速度一起运动，则 A 从开始运动到相对 B 静止，在 B 上移动的距离为____________.

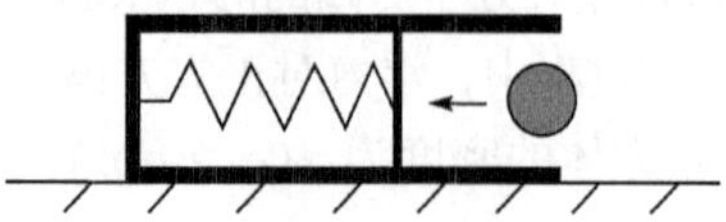

习题 2-34 图

2-34 在光滑的水平桌面上横放着一个内壁光滑的圆筒，筒内底部固定着一个水平放置的轻弹簧，如习题 2-34 图所示. 今有一小球沿水平方向正对着弹簧射入筒内，而后又被弹出. “圆筒(包括弹簧)+小球”系统在这一过程中，动量______，动能________，机械能________. (填“守恒”，或“不守恒”.)

2-35　物体 A 和 B 置于光滑桌面上，它们间连有一轻弹簧. 另有物体 C 和 D 分别置于 A 和 B 之上，且 A 和 C、B 和 D 之间的摩擦系数均不为零. 先用外力沿水平方向压 A 和 B，使弹簧被压缩，然后撤掉外力. 则在 A 和 B 弹开的过程中，对于“A+B+C+D+弹簧”系统动量________，机械能________. (填“一定守恒”，或“一定不守恒”，或“不一定守恒”.)

2-36　有一人造地球卫星，质量为 m，在地球的表面上空 2 倍于地球半径 R 的高度沿圆轨道运行，用 m、R、万有引力常数 G 和地球的质量 M 表示：(1) 卫星的动能________；(2) 引力势能________. (取无限远处为势能零点.)

2-37　劲度系数为 k 的弹簧上端固定，下端系质量为 m 的物体，将 m 托起，使弹簧不伸长，然后放手，则在运动过程中物体的最大速率为________，此时 m 下降位移为_______. m 到最低位置时弹簧伸长了________.

2-38　劲度系数为 k 的弹簧一端固定，另一端系住放置于光滑水平面上的小球，如习题 2-38 图所示，O 点为小球的平衡位置. (1) 若小球沿直线由 B 点运动到 A 点，则弹性力做功为______. ($OB=b$，$OA=a$.)(2) 若以 B 点为弹性势能零点，则小球在 A 点时，弹性势能为________.

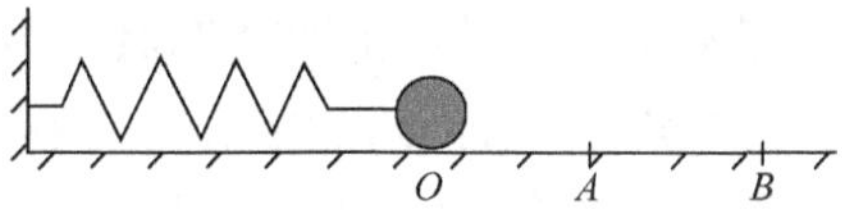

习题 2-38 图

二、计算题

2-39　桌面上有一块质量为 M 的板，板上有一块质量为 m 物体，物体与板之间、板与桌面之间的滑动摩擦系数均为 μ_k，静摩擦系数均为 μ_s，将一个逐渐增大的水平力施于板，要使板从物体下抽出，这个水平力至少要增到多大?

2-40　一小物体放在绕竖直对称轴匀速转动的漏斗内壁上，漏斗内壁与水平面成 θ 角，小物体和壁间的静摩擦系数为 μ，它到轴的距离为 r_0，要使小物体相对于漏斗壁不动，转动角速度 ω 应该多大?

2-41　设某公路转弯处的曲率半径 R=200m，车速 $v_0=60\text{km/h}$，为使汽车不致滑出结冰路面(不计摩擦)，应使路面有个坡度，问路面与水平面的夹角应为多少? 现在汽车行驶的路面上的结冰融化，汽车以车速 v=40km/h 行驶，为保证车不致沿斜坡从公路滑出，车胎与路面之间的摩擦系数 μ 至少应为多少?

2-42　在密度为 ρ 的液体上方悬一根长为 l_0、密度为 $\rho_0(\rho_0<\rho)$ 的均匀直棒，棒的下端刚好与液面接触. 今剪断悬绳，棒受重力和浮力的作用下沉. 求：

(1) 棒达到最大速度时浸入液体中的长度 l_1；

(2) 棒的最大速度值 v_{max}.

2-43 光滑的水平面上放置一固定的圆环，半径为 R，一物体贴着圆环的内侧运动,物体与环之间的滑动摩擦系数为μ_0. 设物体某一时刻在 A 点的速率为v_0，求经过时间t物体的速率以及从 A 点开始所行的路程.

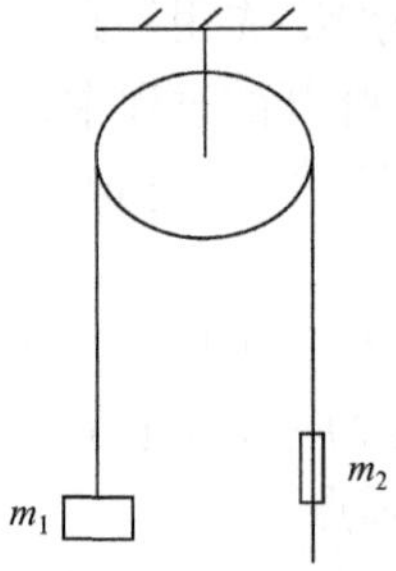

习题 2-44 图

2-44 如习题 2-44 图所示，一根不可伸长的细绳跨过一定滑轮，绳的一边悬有一质量为 m_1 的物体，另一边穿在质量为 m_2 的圆柱体的竖直细孔中，圆柱体可沿绳滑动. 今看到绳子从圆柱细孔中加速上升，柱体相对于绳子以匀加速度 a 下滑，求 m_1、m_2 相对于地面的加速度，绳的张力，以及柱体与绳间的摩擦力(绳、滑轮的质量不计，滑轮轴的摩擦不计).

2-45 如习题 2-45 图所示，A 为定滑轮，B 为动滑轮，三个物体的质量分别为 m_1=200g，m_2=100g，m_3=50g，求：

(1) 每个物体的加速度(大小和方向)；

(2) 两根绳中的张力 T_1、T_2(不计滑轮质量).

2-46 升降机内有一装置如习题 2-46 图所示，A、B 质量分别为 m_A 和 m_B，滑轮质量不计. 设 A 与桌面间无摩擦，升降机以加速度 a 上升，求装置内绳子的张力.

2-47 一轻绳跨过定滑轮，两端分别系有质量为 m 和 M 的物体，如习题 2-47 图所示，M 静止在地面上，且 $M>m$. 当 m 自由下落 h 后，绳子才被拉紧，求绳子刚被拉紧时两物体的速率以及 M 能上升的最大高度.

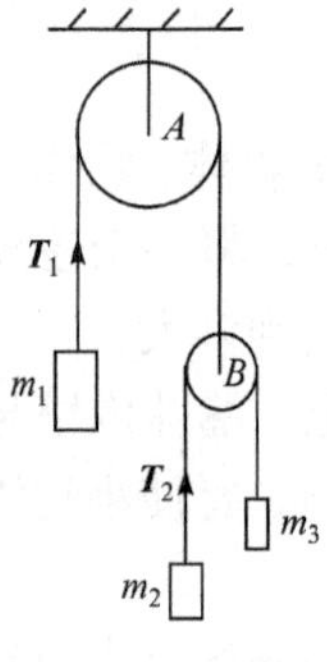

习题 2-45 图

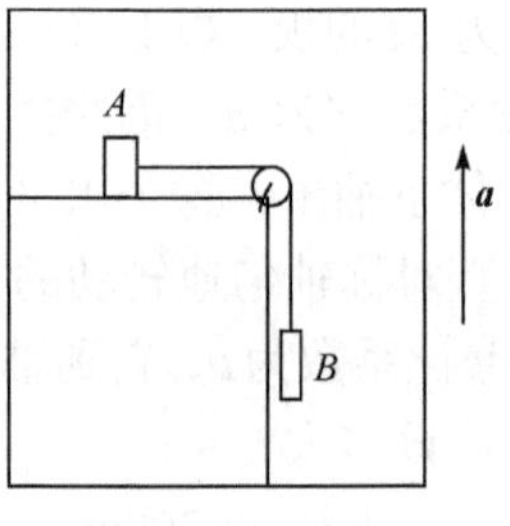

习题 2-46 图

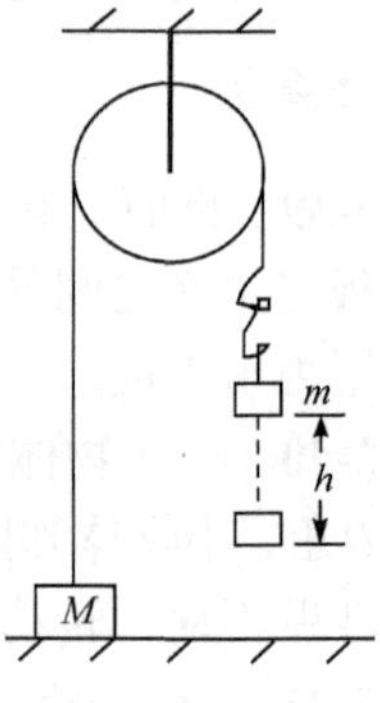

习题 2-47 图

2-48 一个原来静止的原子核，放射性蜕变时放出一个动量为 $9.22\times10^{16}\text{g}\cdot\text{cm/s}$ 的电子，同时还在垂直于此电子运动的方向上放出一个动量为 $5.33\times10^{16}\text{g}\cdot\text{cm/s}$ 的中微子. 求蜕变后原子核的动量的大小和方向.

2-49 如习题 2-49 图所示，一质量为 M=2.0×10^{4}kg 的浮吊静止在岸边水中，它由岸上吊起 m=2.0×10^{3}kg 的重物后，再移动吊杆 OA 使它与铅直方向的夹角θ由

60°变为 30°. 设杆长 $L=\overline{OA}=8\text{m}$，水的阻力与杆重忽略不计，求浮吊在水平方向移动的距离.

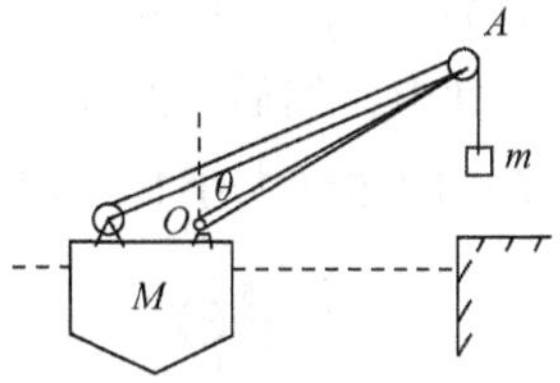

习题 2-49 图

2-50 我国 1988 年 12 月发射的通信卫星在到达同步轨道之前，要在一个大的椭圆形“转移轨道”上运行若干圈. 此转移轨道的近地点高度为 205.5km，远地点高度为 35835.7km. 卫星越过近地点时的速率为 10.2km/s. 地球半径取为 6380km，求：

(1) 卫星通过远地点时的速率；

(2) 卫星在此轨道上运行的周期.

2-51 如习题 2-51 图所示，轻弹簧上端固定，下端挂一质量为 m_1 的物体时，m_1 位于 O_1 点，此时弹簧伸长 l_1. 在 m_1 下再加一质量为 m_2 的物体，则 m_1+m_2 下降到 O_2 点静止，将 m_2 取走，m_1 就上下振动，求它通过 O_1 点时的速度.

2-52 用一轻弹簧将质量分别为 m_1 和 m_2 的两块木板连起来，设 $m_2>m_1$，如习题 2-52 图所示，问：必须加多大的力压到上面的板上(加上力后让系统静止)，当力突然消失后，上面的板跳起来，能使下面的板刚好被提起(弹簧的质量不计)?

2-53 如习题 2-53 图所示，光滑轨道上的小车质量为 M_2，它下面用长为 L 的绳系一质量为 M_1 的沙袋. 一颗质量为 m 的子弹水平射来，射入沙袋后并不穿出，沙袋摆过的最大角度为 α. 若不计行车与轨道间的摩擦，求子弹射入时的速度 v_0.

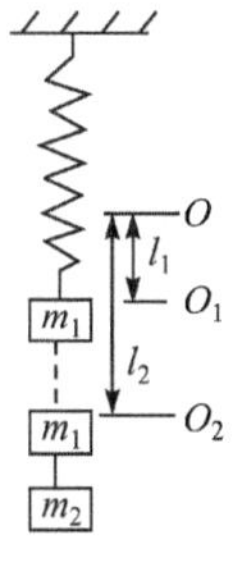

习题 2-51 图

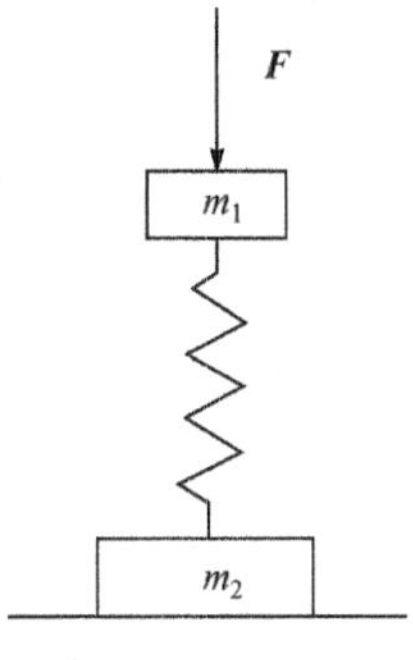

习题 2-52 图

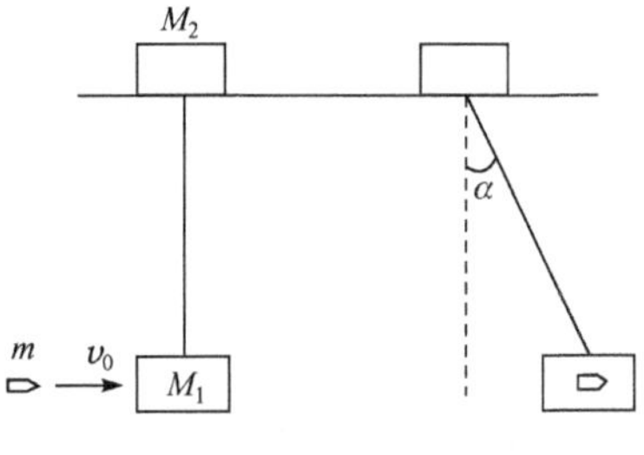

习题 2-53 图

2-54 如习题 2-54 图所示，质量为 m 的小球(视为质点)，在质量为 M 的小车 B 上沿光滑圆弧从 A 点由静止开始滑下，设圆弧半径为 R，小车与地面接触处光滑，求小球将要离开小车时，圆弧面对小球的支持力.

2-55 如习题 2-55 图所示，在光滑水平桌面上，质量为 M 的木块连在原长为 L_0 的弹簧上，弹簧的另一端固定在桌面上的 O 点，弹簧的劲度系数为 k，质量不计. 有一质量为 m 的子弹以水平速度 v_0 (其方向与 OA 垂直)射向木块并停留在其中，然后一起由 A 点沿曲线运动到 B 点. 已知 $OB=L$，求物体(包括子弹)在 B 点的速度大小和角 α 的大小.

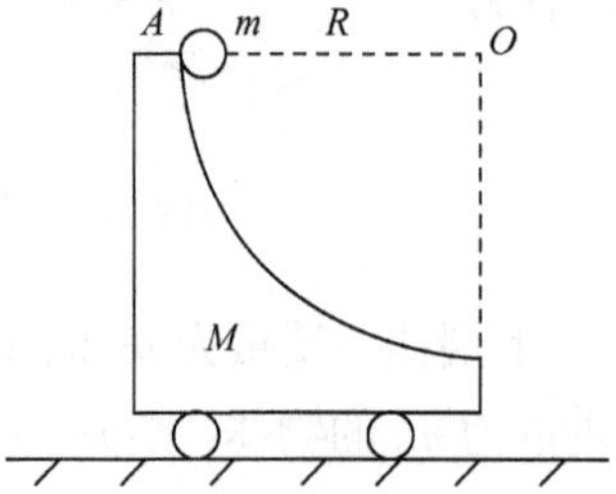

习题 2-54 图

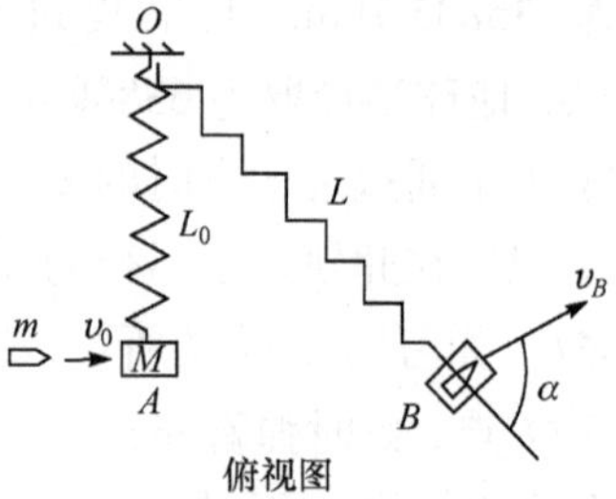

习题 2-55 图

第 3 章　刚体力学基础

【内容概要】

◆　刚体的概念
◆　刚体的平动和定轴转动
◆　力矩
◆　转动定律
◆　刚体定轴转动的角动量及其守恒定律
◆　刚体定轴转动的功和能

螺旋转动　扶摇直上

第 1 章和第 2 章主要研究了质点力学问题. 以牛顿力学为基础，建立了动量定理、动能定理、角动量定理和相应的守恒定律等. 这些定理和定律不仅可以用来解决质点力学问题，更重要的是它们是建立质点系力学的基础.

实际物体是有形状和大小的，它可以平动、转动，甚至是做更复杂的运动，物体的转动具有更重要的意义. 例如，地球的公转和自转产生了四季和昼夜更替，齿轮转动带动机车前进等.

本章将讲述作为质点系特例的刚体力学的基础知识，包括刚体的运动描述、刚体的定轴转动定律、转动动能、角动量及刚体系统的角动量守恒定律. 这些内容在工程实际问题中都有着广泛的应用.

3.1　刚体及其运动

3.1.1　刚体

到目前为止，我们学习了质点的运动描述及动力学规律，然而，实际物体是有大小和形状的. 实验表明，实际的固体在受到力的作用时，总是要发生或大或小的形状或体积的改变. 如果在讨论一个物体的运动时，物体大小或形状的变化可以忽略，我们就可以把这个物体当作刚体处理. 也就是说，**刚体**是在受到力的作用时，大小和形状都不发生变化的物体. 在力学中，刚体是质点之外的又一理想化模型. 刚体可以看作由许多质点组成的系统，刚体是在受外力作用时内部任意两个质点之间的距离保持不变的物体. 它是一个特殊的质点系，以前所讲过的质点系的运动定律都可以使用.

3.1.2 刚体运动的几种形式

刚体的运动一般比较复杂，但可以证明，刚体的任何运动都可以分解为两种基本的运动形式：平动和转动.

1. 刚体的平动

刚体运动时，如果内部任意两点的连线始终保持着方向不变，这种运动称为刚体的平动，如图 3-1 所示. 在做平动的刚体上，各个质点的运动情况完全相同，即有完全相同的位移、速度和加速度，所以在描述刚体的平动时，就可以用刚体上任意一个质点的运动来代表整个刚体的运动，通常选取刚体质心的运动来代表整个刚体的平动.

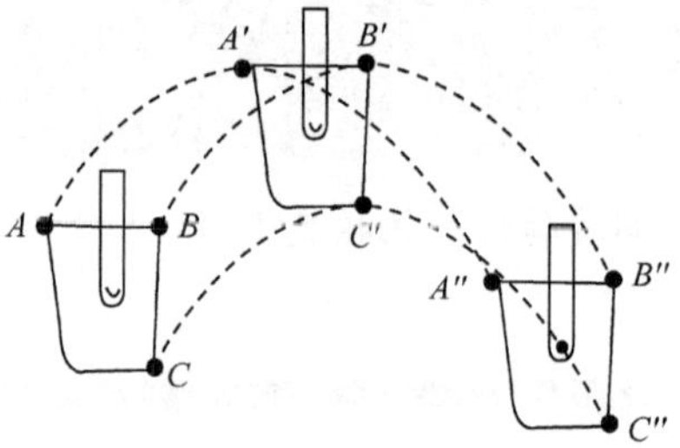

图 3-1 刚体的平动

2. 刚体的转动

刚体运动时，如果刚体上的各个质点在运动过程中都绕着同一条直线做圆周运动，这种运动称为刚体的转动，这条直线称为转轴. 如车轮、齿轮、钟表的指针、直升机的翼片等的运动都是转动. 如果转轴是固定不动的，就称为**定轴转动**，如门绕门轴的运动. 如果刚体上某一点固定，刚体只能绕该点转动，这种运动称为刚体的定点转动，如火车车厢厢顶电风扇的转动、玩具陀螺的转动均属于定点转动.

3. 刚体的一般运动

刚体的一般运动比较复杂，但是总是可以看作随刚体上某一点(如质心)的平动和绕该点的转动的合成. 例如，一个车轮在地面上的滚动，可以看成整个车轮随着车轴的平动和车轮绕车轴的转动，如图 3-2 所示. 平动与质点的运动描述相同，故无须赘述. 本章我们只讨论刚体最基本的转动——定轴转动.

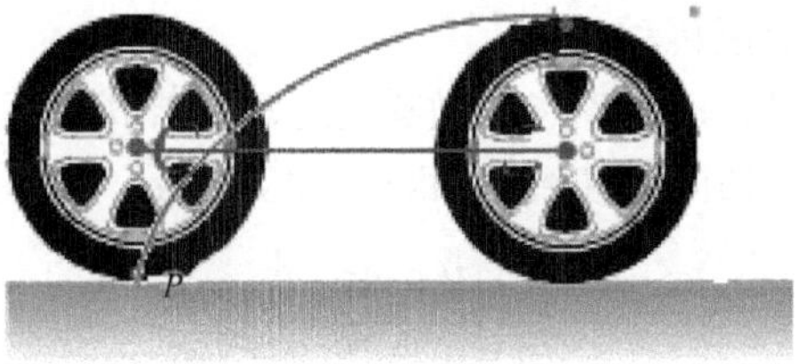

图 3-2 刚体的一般运动

3.1.3 刚体定轴转动的描述

做定轴转动的刚体具有以下的特点：其上的质点(除了转轴上的质点以外)都在做圆周运动，各圆的圆心都在一条固定不动的直线——转轴上，各圆的平面重合或相互平行，而且都与转轴垂直. 各个质点的位移、速度、加速度一般是不同的，但是各个质点的角位移、角速度、角加速度是相等的，所以可以用角位移、角速度和角加速度这些角量来描述刚体的定轴转动.

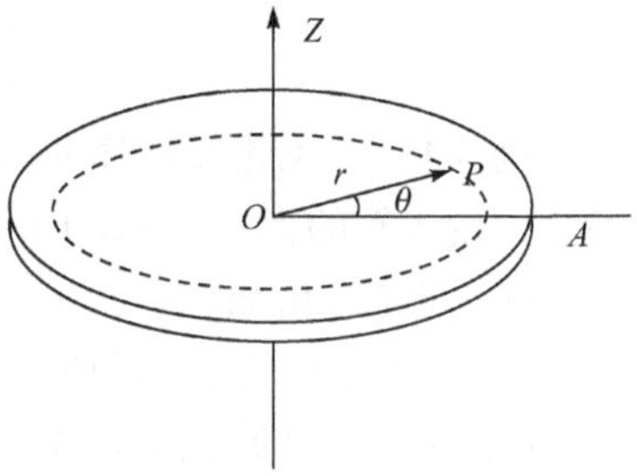

图 3-3 刚体定轴转动

如图 3-3 所示，设刚体绕固定不动的 Z 轴转动，刚体上的 P 点绕转轴做圆周运动，选取 OA 为参考轴，则 OP 连线与 OA 参考轴的夹角为θ，可确定刚体在任一时刻的方位，故θ称为刚体的角坐标.

当刚体转动时，θ随时间 t 变化，仿照质点运动学，我们定义刚体定轴转动的角速度为

$$\omega = \frac{\mathrm{d}\theta}{\mathrm{d}t} \tag{3-1}$$

角加速度为

$$\beta = \frac{\mathrm{d}\omega}{\mathrm{d}t} = \frac{\mathrm{d}^2\theta}{\mathrm{d}t^2} \tag{3-2}$$

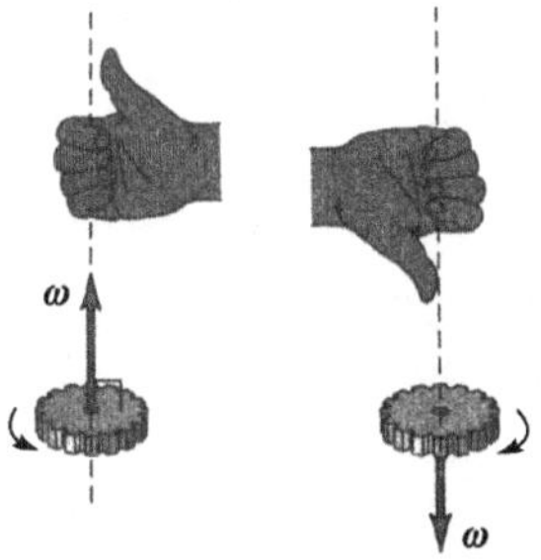

图 3-4 角速度方向

角速度ω不仅有大小，还有方向，方向沿转轴方向，与各质点沿圆周的绕行方向之间遵从右手螺旋定则.

如图 3-4 所示，伸开右手，让四指沿刚体的转动方向环绕，则大拇指的指向就是$\boldsymbol{\omega}$的方向，所以$\boldsymbol{\omega}$的方向总是沿着刚体转动轴的方向.

刚体定轴转动时只有两种可能的转动方向(与质点做直线运动的速度相似)，故可选取某一方向为正方向，当角速度$\boldsymbol{\omega}$的方向与规定正方向相同时，ω取正值，否则取负值. 角加速度$\boldsymbol{\beta}$的方向也沿转轴，ω、β同号则刚

体加速转动，异号则减速转动.

当刚体定轴转动时，其上各点都做圆周运动，若其中某点 P 到转轴距离为 r，则质点 P 的线速度 υ 、切向加速度 a_t 和法向加速度 a_n 等线量与角量的关系为

$$\begin{cases} \upsilon = \omega r \\ a_t = \beta r \\ a_n = \omega^2 r \end{cases} \tag{3-3}$$

当刚体绕定轴做匀变速转动时，角加速度 β 保持不变. 设 $t = 0$ 时角速度为 ω_0 ，t 时刻的角速度为 ω ，从 0 到 t 时刻这一段时间内的角位移为 θ ，可导出匀变速转动的三个公式

$$\begin{cases} \omega = \omega_0 + \beta t \\ \omega^2 - \omega_0^2 = 2\beta(\theta - \theta_0) \\ \theta = \theta_0 + \omega_0 t + \dfrac{1}{2}\beta t^2 \end{cases} \tag{3-4}$$

例 3-1 一飞轮以转速 $n = 1800\text{r/min}$ 转动，受到制动均匀的减速，经 $t = 20\text{s}$ 后静止，设飞轮的半径为 $r = 0.1\text{m}$ ，求：

(1) 飞轮的角加速度；

(2) $t = 10\text{s}$ 时飞轮的角速度及飞轮边缘上一点的加速度；

(3) 从制动开始到静止飞轮转过的转数.

解 (1) 飞轮的初角速度为

$$\omega_0 = 2\pi n = 2\pi \frac{1800}{60} \approx 188.4(\text{rad/s})$$

由于飞轮做匀变速转动，所以角加速度为

$$\beta = \frac{\omega - \omega_0}{t} = \frac{0 - 188.4}{20} = -9.42(\text{rad/s}^2)$$

(2) $t = 10\text{s}$ 时的角速度为

$$\omega = \omega_0 + \beta t = 188.4 - 9.42 \times 10 = 94.2(\text{rad/s})$$

飞轮边缘上一点的切向加速度和法向加速度分别为

$$a_t = r\beta = 0.1 \times (-9.42) = -0.942(\text{m/s}^2)$$

$$a_n = \omega^2 r = 94.2^2 \times 0.1 = 8.87 \times 10^2(\text{m/s}^2)$$

飞轮边缘上一点的加速度为

$$a = \sqrt{a_t^2 + a_n^2} \approx 8.87 \times 10^2\ \text{m/s}^2$$

(3) 飞轮的角位移为

$$\Delta\theta = \omega_0 t + \frac{1}{2}\beta t^2 = 188.4\times 20 - \frac{1}{2}\times 9.42\times 20^2 \approx 1.88\times 10^3(\text{rad})$$

从制动开始到静止飞轮转过的转数为

$$N = \frac{\Delta\theta}{2\pi} = \frac{1.88\times 10^3}{2\times 3.14} \approx 299$$

3.2　力矩　刚体定轴转动定律

本节开始，我们研究刚体绕定轴转动的运动规律. 定轴转动定律是刚体定轴转动的基本方程，它给出了刚体的角加速度和刚体所受外力矩之间的定量关系.

3.2.1　力矩

力矩是使物体改变转动状态的原因，它是反映力对物体产生转动效应的物理量. 本节在第 2 章力对参考点的力矩的基础上，讨论力对转动轴的力矩.

实践经验告诉我们，在定轴转动中，力所产生的作用效果，不仅与力的大小和方向有关，而且还与力的作用点相对于转轴的位置有关. 力的大小相同，力的方向或者作用点不同，力所产生的转动效果就可能不同. 例如，开门窗时，当力 $\boldsymbol{F}$ 的作用线通过转轴时，力矩为零；当力 $\boldsymbol{F}$ 的方向平行于转轴时，力对转轴上任意点的力矩方向与转轴垂直，在转轴方向的力矩分量为零，所以无法使门窗打开.

为简单起见，我们只考虑刚体受外力 $\boldsymbol{F}$ 在转动平面内的情况，如图 3-5 所示，O 点是转动平面与转轴的交点，力的作用点 P 相对 Z 轴 O 点的位置矢量为 $\boldsymbol{r}$. 则力 $\boldsymbol{F}$ 对转轴 Z 的力矩为

$$M = rF\sin\varphi \tag{3-5a}$$

计算力矩的另一个等效方法是

$$M = (r\sin\varphi)F = Fd \tag{3-5b}$$

式中 d 是力 $\boldsymbol{F}$ 的作用线到轴的垂直距离，d 称为力 $\boldsymbol{F}$ 对转轴的力臂，力的大小 F 与力臂 d 的乘积叫作力 F 对转轴的力矩.

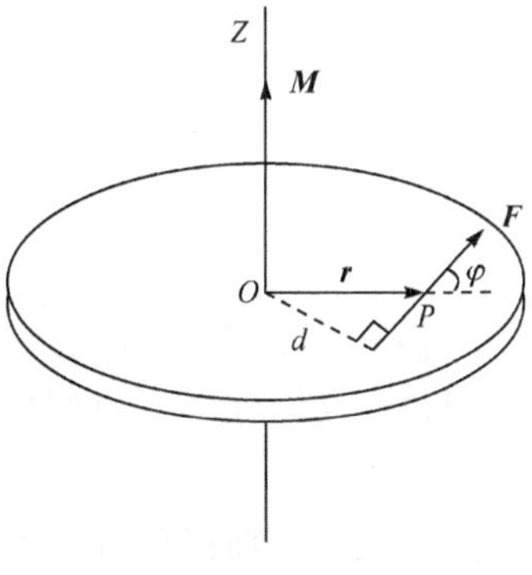

图 3-5　力矩

应该指出，力矩不仅有大小，还有方向. 在定轴转动情况下，对转动有贡献的力矩的方向只能沿着转轴，具体可用如下方法确定：在力 $\boldsymbol{F}$ 作用下，刚体将有转动或转动趋势方向，用右手四指

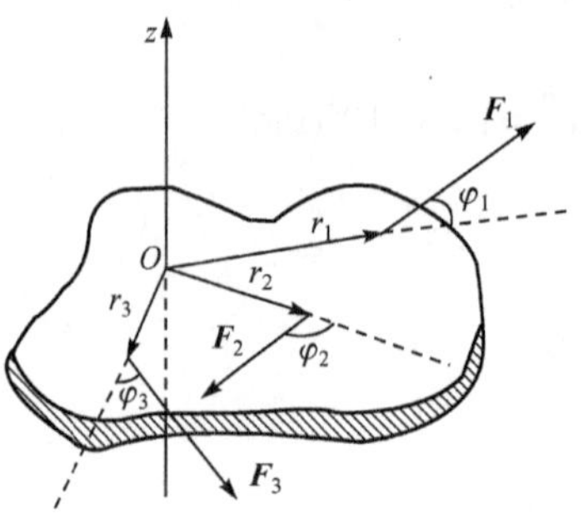

图 3-6　力矩

指向刚体转动趋势方向，大拇指方向即该力产生的力矩方向. 对定轴转动而言，力矩的方向只有两种可能，可以约定沿轴 OZ 正方向的力矩为正，则沿轴 OZ 负方向的力矩为负.

如果有几个力同时作用在一个刚体上，且几个力都在与转轴垂直的平面内，则它们的合外力矩等于几个外力矩的代数和. 如图 3-6 所示，选取 Z 轴方向为正，则有

$$M = F_1 r_1 \sin\varphi_1 - F_2 r_2 \sin\varphi_2 + F_3 r_3 \sin\varphi_3$$

若 $M > 0$，合力矩方向沿 Z 轴正向；若 $M < 0$，合力矩方向与 Z 轴正向相反.

3.2.2　刚体定轴转动定律

刚体定轴转动定律

具有固定转轴的刚体，如果受到外力矩的作用，将会加速转动. 下面从牛顿第二定律出发推导出定轴转动刚体的角加速度与外力矩之间的定量关系.

如图 3-7 所示，刚体绕 OZ 轴转动. 将刚体看成由无限多个小质元 Δm 组成，其中每一个质量为 Δm_i 的小质元都绕 OZ 轴做圆周运动，圆半径为 r_i. 设作用在小质元 Δm_i 上的合外力为 $\boldsymbol{F}_i$，刚体内其他质元对 Δm_i 的作用力(内力)之和为 $\boldsymbol{F}_i'$，加速度为 $\boldsymbol{a}_i$，则

$$\boldsymbol{F}_i + \boldsymbol{F}_i' = \Delta m_i \boldsymbol{a}_i$$

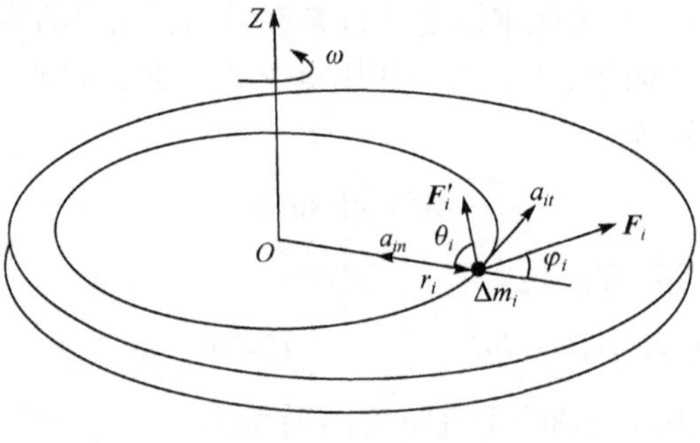

图 3-7　刚体定轴转动

将 $\boldsymbol{F}_i$ 和 $\boldsymbol{F}_i'$ 分解为法向力和切向力，由于法向力通过转轴，对轴的力矩为零，故只讨论切向分量. 切向分量式为

$$F\sin\varphi_i + F_i'\sin\theta_i = \Delta m_i a_{it}$$

设刚体定轴转动的角加速度为 β，则 $a_{it} = r_i\beta$，所以

$$F\sin\varphi_i + F'\sin\theta_i = \Delta m_i r_i \beta$$

方程两边同乘以 r_i 得

$$F_i \sin\varphi_i r_i + F_i' \sin\theta_i r_i = \Delta m_i r_i^2 \beta$$

方程左边两项分别为质元 i 所受外力对转轴的力矩和内力对转轴的力矩. 对刚体所有质元都可列出类似的关系式，并对所有式子求和，得

$$\sum_i F_i \sin\varphi_i r_i + \sum_i F_i' \sin\theta_i r_i = (\sum_i \Delta m_i r_i^2)\beta \tag{3-6}$$

式(3-6)左边第一项为作用在刚体上的所有外力对轴的力矩之和，称为合外力矩，用 M 表示，$M = \sum_i F_i \sin\varphi_i r_i$；第二项为所有内力对轴的力矩之和. 由于内力都是成对出现的，每对内力大小相等、方向相反，且作用线在同一直线上，它们对转轴的力臂相等，每一对内力矩都相互抵消，因而，刚体内所有内力力矩之和为零，即 $\sum_i F_i' \sin\theta_i r_i = 0$. 式(3-6)右边括号中的求和用 J 表示，即

$$J = \sum_i \Delta m_i r_i^2 \tag{3-7}$$

其中 J 称为刚体对转轴的**转动惯量**，即刚体对某一转轴的转动惯量，等于刚体每个质元的质量 Δm_i 与它到轴距离 r_i 平方的乘积之总和.

这样，式(3-6)可表示为

$$M = J\beta \tag{3-8}$$

式(3-8)表明：刚体绕定轴转动时，在合外力矩作用下，将获得角加速度，角加速度的大小与合外力矩成正比，与刚体对转轴的转动惯量成反比，这就是**刚体定轴转动定律**. 它是解决刚体绕定轴转动动力学问题的基本方程.

刚体定轴转动定律 $M = J\beta$ 与质点直线运动的牛顿第二定律 $F = ma$ 对比，两者形式相似：合外力矩 M 与合外力 F 相对应，转动惯量 J 与质量 m 相对应，角加速度 β 与加速度 a 相对应. 在物理意义上也有类似之处，m 表示质点(或平动刚体)惯性的大小，当合外力一定时，质点的质量 m 越大，加速度 a 就越小，质点的运动状态越不容易改变；类似地，刚体的转动惯量 J 表示刚体转动惯性的大小，当外力矩 M 一定时，J 越大，刚体的角加速度 β 越小，刚体的转动状态越不容易改变. 当外力矩 M 为零时，刚体保持静止或匀角速度转动状态.

3.2.3　转动惯量的计算

刚体对某轴的**转动惯量是刚体转动惯性大小的量度**，等于刚体中各质元的质量和它们到转轴的距离平方的乘积的总和. 刚体的转动惯量可根据式(3-7)计算，对于质量连续分布的物体，式(3-7)可改写成积分形式

转动惯量

$$J = \int r^2 \mathrm{d}m \tag{3-9}$$

式中 dm 是小质元的质量，r 是小质元 dm 到转轴的垂直距离. 由式(3-7)、式(3-9)可知，转动惯量的大小不仅与刚体的质量有关，而且与转轴的位置、质量的分布有关. 同样的质量分布，对于不同的转轴有不同的转动惯量；同样的质量，离转轴越远，则转动惯量越大. 在国际单位制中，转动惯量的单位为$\mathrm{kg \cdot m^2}$.

一般情况下，一个任意形状的物体的转动惯量难以计算出来，只能通过实验测出，但质量均匀分布、形状简单的物体的转动惯量可以计算. 下面计算几种特殊物体的转动惯量.

例 3-2 一根均匀细棒长度为 L，质量为 m，在下列两种情况下，求细棒的转动惯量.

(1) 如图 3-8(a)所示，转轴通过棒的中心并与棒垂直；

(2) 如图 3-8(b)所示，转轴通过棒的一端并与棒垂直.

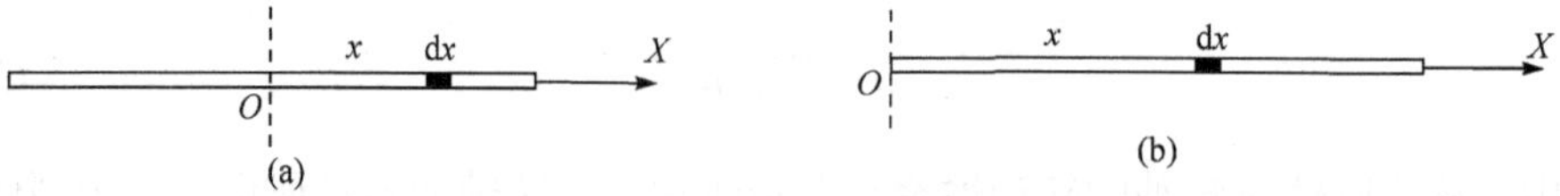

图 3-8 例 3-2 图

解 (1) 取转轴处为坐标原点，沿棒向右为 X 轴正方向，在棒上任取一个质量元$\mathrm{d}m$，所占的长度为$\mathrm{d}x$，因为质量均匀分布，所以有

$$\mathrm{d}m / \mathrm{d}x = m / L$$

令$\lambda = m / L$，称为线密度，所以$\mathrm{d}m = \lambda \mathrm{d}x$，则过细棒中点的转轴的转动惯量为

$$J = \int x^2 \mathrm{d}m = \int_{-L/2}^{L/2} x^2 \lambda \mathrm{d}x = \frac{1}{12}\lambda L^3 = \frac{1}{12} mL^2$$

(2) 同样取质量元$\mathrm{d}m$，对过端点的转轴，转动惯量为

$$J = \int x^2 \mathrm{d}m = \int_0^L x^2 \lambda \mathrm{d}x = \frac{1}{3}\lambda L^3 = \frac{1}{3} mL^2$$

由此可见，同样的棒，对于不同的转轴，就有不同的转动惯量. 所以我们说某一个刚体的转动惯量，一定要弄清是对哪个转轴而言.

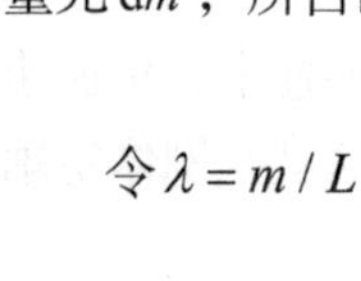

图 3-9 例 3-3 图

例 3-3 质量 m 均匀分布在半径为 R 的圆环上，设转轴垂直于环面并通过环心，求圆环的转动惯量.

解 细圆环的质量可以认为全部分布在半径为 R 的圆周上，如图 3-9 所示. 取质量元$\mathrm{d}m$，每个$\mathrm{d}m$到转轴的距离都是半径 R，所以

$$J = \int R^2 \mathrm{d}m = R^2 \int \mathrm{d}m = mR^2$$

例 3-4 质量 m 均匀分布在半径为 R 的薄圆盘上，转轴垂直于盘面并通过盘心，求转动惯量.

解 我们可以将圆盘看成由许多半径不同的同心圆环所组成，而每个圆环对于通过环心垂直于环面的转轴的转动惯量已由例 3-3 求得，这些圆环转动惯量之和等于圆盘的转动惯量. 为此，我们先写出任一圆环的转动惯量，任意取一个环，半径为 r，宽 $\mathrm{d}r$，如图 3-10 所示，此环的面积为 $2\pi r\mathrm{d}r$，质量为 $\mathrm{d}m=\sigma 2\pi r\mathrm{d}r$ (因为质量是均匀分布的，$\sigma=\dfrac{m}{\pi R^2}$ 称为质量面密度)，此环的转动惯量 $\mathrm{d}I=r^2\mathrm{d}m$，故圆盘的转动惯量

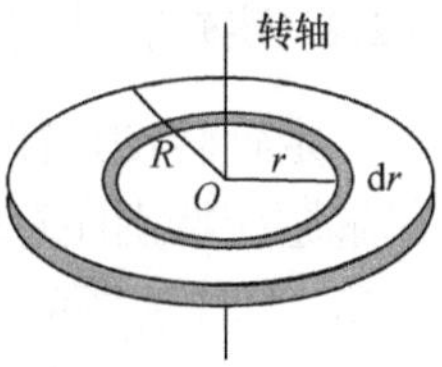

图 3-10 例 3-4 图

$$J=\int r^2\mathrm{d}m=\int r^2\cdot\frac{m}{\pi R^2}\cdot 2\pi r\mathrm{d}r=\frac{1}{2}mR^2$$

由这个例子可以看出，同样的质量，对于同样的转轴，质量分布不同，转动惯量不同. 因此，转动惯量与刚体的质量分布有关.

同样，质量为 m、半径为 R、转轴沿中心轴的均匀圆柱体，转动惯量也是 $mR^2/2$ (可以将圆柱体视为由很多同轴的薄圆盘所组成).

表 3-1 列出了部分常见刚体的转动惯量.

表 3-1 刚体转动惯量

刚体		转动惯量	刚体		转动惯量
细棒	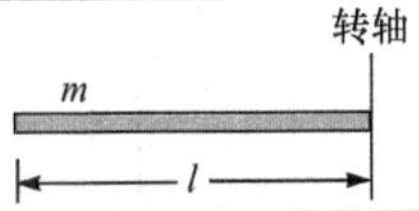	$\frac{1}{3}ml^2$	细棒	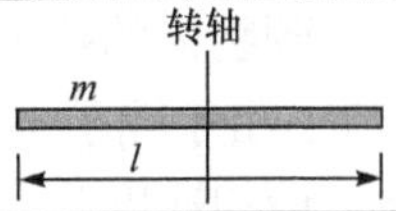	$\frac{1}{12}ml^2$
圆环	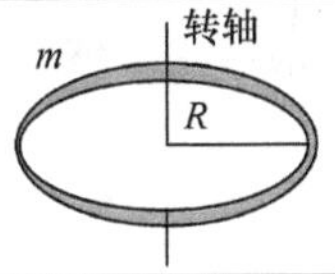	mR^2	圆盘	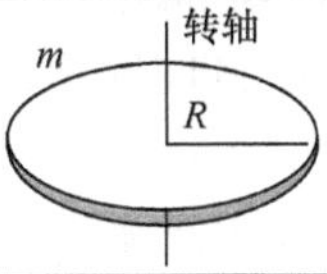	$\frac{1}{2}mR^2$
圆环	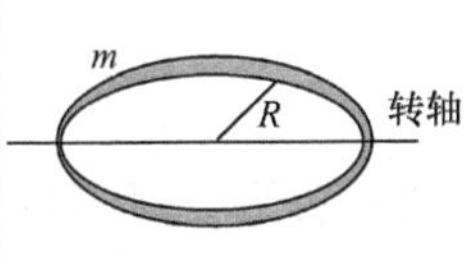	$\frac{1}{2}mR^2$	圆筒	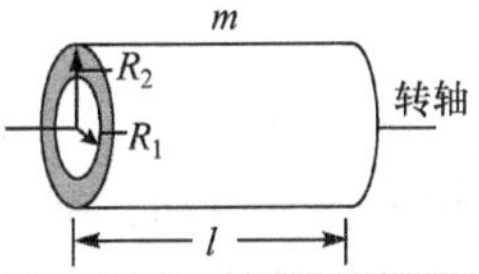	$\frac{1}{2}m(R_1^2+R_2^2)$
圆柱体	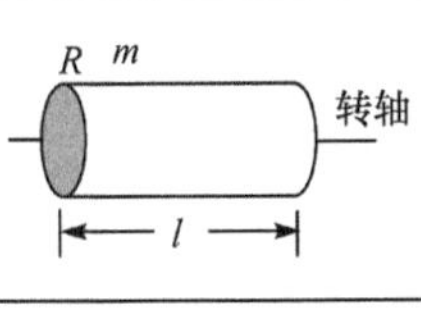	$\frac{1}{2}mR^2$	圆柱体	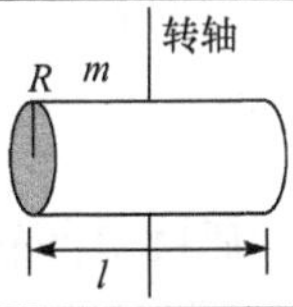	$\frac{1}{4}mR^2+\frac{1}{12}ml^2$
薄球壳	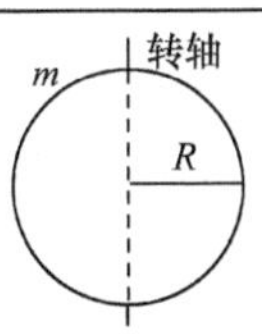	$\frac{2}{3}mR^2$	球体	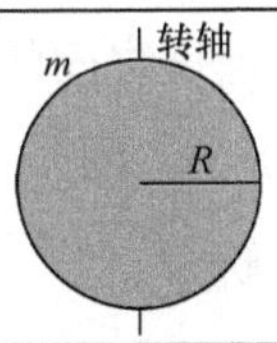	$\frac{2}{5}mR^2$

3.2.4 定轴转动定律的应用

定轴转动定律在转动中的地位与牛顿定律在平动中的地位相当. 应用转动定律解题应特别注意转轴位置和指向，这样有利于确定力矩、角速度和角加速度的正负. 具体解题的方法和步骤大体如下：

(1) 确定研究对象；

(2) 分析受力，计算对转轴的力矩；

(3) 分析运动，选定转动正方向；

(4) 根据转动定律列方程并求解.

例 3-5 如图 3-11 所示，一根不能伸长的轻绳跨过定滑轮(不打滑)，其两端分别系着质量为 m_1 和 m_2 的物体，且 $m_1 > m_2$，滑轮半径为 R，质量为 m 且均匀分布，能绕通过轮心 O 且垂直于轮面的水平轴转动，滑轮与轮轴间的摩擦阻力忽略不计. 求：m_1 下降的加速度及轻绳两端的张力.

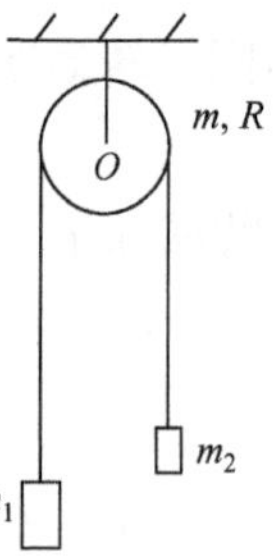

图 3-11 例 3-5 图

解 研究对象：滑轮、物体(可视为质点) m_1 和 m_2.

受力分析：物体 m_1 和 m_2 均受到重力和绳子的拉力；绳子与滑轮之间不打滑，它们视为一体，它们之间的作用力为内力，滑轮受到重力和支持力，绳子受到物体的拉力，如图 3-12 所示.

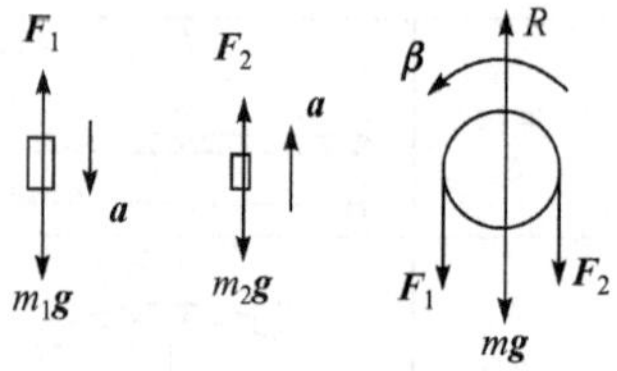

图 3-12 受力分析图

分析物体运动：由于绳子不能伸长，m_1 和 m_2 的加速度大小相等，设加速度为 a，m_1 的加速度方向向下，m_2 的加速度方向向上. 滑轮的角加速度大小为 β，方向如图 3-12 所示.

对 m_1、m_2，应用牛顿第二定律得

$$m_1 g - F_1 = m_1 a \quad ①$$

$$F_2 - m_2 g = m_2 a \quad ②$$

由于轻绳与滑轮无相对滑动，绳子两端的拉力作用到滑轮边缘，对滑轮而言，受力矩作用，由转动定律得

$$F_1 R - F_2 R = J\beta \quad ③$$

其中 $J = \frac{1}{2}mR^2$ 是匀质圆盘的转动惯量.

加速度和角加速度之间的关系为

$$a = R\beta \quad ④$$

联立方程①～④，解得

$$a=\frac{(m_1-m_2)g}{m_1+m_2+\frac{1}{2}m}$$

$$T_1=\frac{m_1\left(2m_2+\frac{1}{2}m\right)g}{m_1+m_2+\frac{1}{2}m}$$

$$T_2=\frac{m_2\left(2m_1+\frac{1}{2}m\right)g}{m_1+m_2+\frac{1}{2}m}$$

例 3-6 一个飞轮质量为 $m=60\text{kg}$，半径为 $R=0.25\text{m}$，以角速度 ω_0=1000r/min 转动. 现在要制动飞轮，使飞轮在 5.0s 内均匀减速停止运动(如图 3-13 所示). 求闸瓦对轮子的压力 N. 设飞轮的质量全部均匀分布在轮的外边缘上，且闸瓦与飞轮之间的滑动摩擦系数为 $\mu_k=0.8$ (忽略闸瓦厚度).

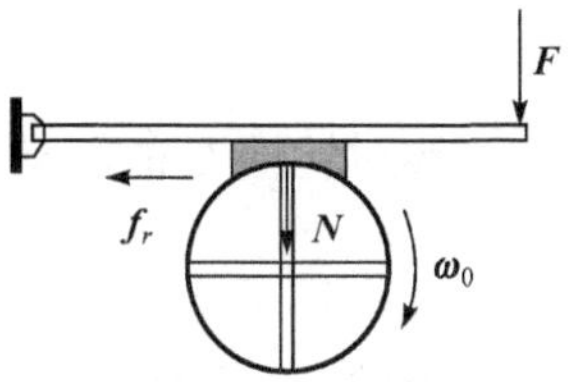

图 3-13 例 3-6 图

解 飞轮做匀变速运动，角加速度可由下式求出：

$$\beta=\frac{\omega_t-\omega_0}{t}$$

其中 $\omega_0=1000\text{r}/\min=104.7\text{rad}/\text{s}$，$\omega_t=0$，$t=5\text{s}$，代入可得

$$\beta=\frac{0-104.7}{5}=-20.9(\text{rad}/\text{s}^2)$$

负值表示角加速度与角速度方向相反，飞轮做减速运动.

飞轮的角加速度是由闸瓦紧压飞轮时，滑动摩擦力的力矩作用于飞轮产生的. 以 ω_0 方向为正，则此摩擦力矩应为负值. 于是，摩擦力对转轴的力矩为

$$M=-f_rR=-\mu_kNR$$

根据转动定律 $M=J\beta$，得

$$-\mu_kNR=J\beta$$

将 $J=mR^2$ 代入上式，解得闸瓦对飞轮的压力的大小为

$$N=-\frac{mR\beta}{\mu_k}=-\frac{60\times0.25\times(-20.9)}{0.8}=392(\text{N})$$

例 3-7 一根长为 L、质量为 m 的匀质细棒，可绕通过其一端 O 的水平轴无摩擦地转动. 开始时棒静止于水平位置，然后自由向下摆动，求：当棒与水平方向成 θ 角时，棒的角加速度 β.

解 在讨论细棒的摆动时，不能将细棒看成质点，应将它作为刚体转动来处理. 由转动定律 $\sum M=J\beta$ 可求出角加速度.

先做受力分析求刚体棒受的重力矩作用(图 3-14(a)). 可以证明：各质元的重力对转轴 O 的力矩之和等于全部重力集中于质心所产生的力矩，即

$$M = mg\cdot\frac{L}{2}\cos\theta$$

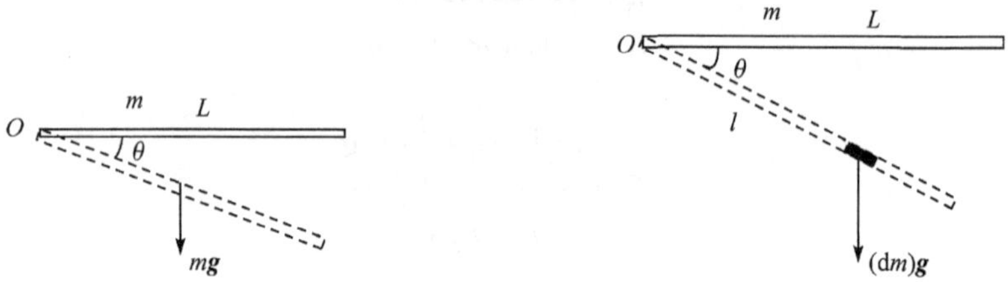

(a) 重力作用 (b) 重力矩

图 3-14 例 3-7 图

棒对转轴 O 的转动惯量为

$$J = \frac{1}{3}mL^2$$

由转动定律得

$$\beta = \frac{M}{J} = \frac{mg\frac{1}{2}L\cos\theta}{\frac{1}{3}mL^2} = \frac{3}{2}\frac{\cos\theta}{L}\cdot g$$

方向与 M 的方向相同，垂直纸面向内.

附重力矩证明：

如图 3-14(b)所示，在棒上取一小段，其质量为 $\mathrm{d}m$. 重力对转轴 O 的力矩是 $l\cos\theta\mathrm{d}mg$ ，整个棒受的重力对转轴的力矩为

$$M = \int l\cos\theta\mathrm{d}mg = (\int l\mathrm{d}m)g\cos\theta$$

$$= \int_0^L l\frac{m}{L}\mathrm{d}l\cdot g\cos\theta = mg\frac{L}{2}\cos\theta$$

其中 $\frac{L}{2}$ 是质心到转轴的距离.

3.3 定轴转动的角动量守恒定律

定轴转动中刚体的角动量守恒定律

3.3.1 定轴转动刚体对轴的角动量

将刚体看成多质点体系，在定轴转动的刚体上，每个质元(除轴上的质点外)都在绕轴做圆周运动. 任意质元对转轴都有确定的角动量，整个刚体对于固定轴的角动量等于所有质元对轴的角动量

之和.

如图 3-15 所示，设刚体上第 i 个质元的质量为 Δm_i，到转轴的距离为 r_i，绕轴转动的角速度为 ω，线速度为 v_i，则该质元对轴的角动量为

$$L_i = r_i \Delta m_i v_i = r_i^2 \Delta m_i \omega$$

方向沿 Z 轴.

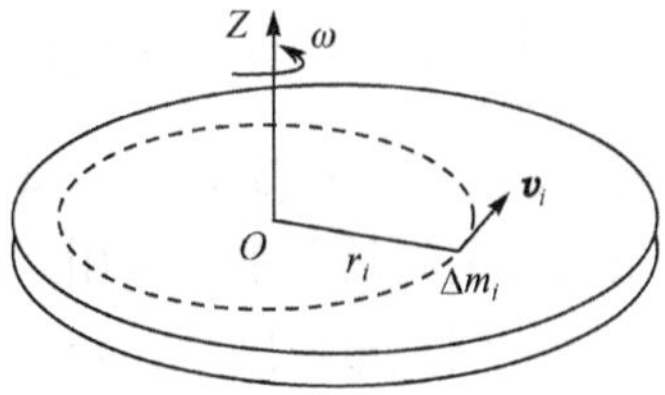

图 3-15　刚体对轴的角动量

整个刚体对 Z 轴的角动量为

$$L = \sum L_i = \sum r_i^2 \Delta m_i \omega = \left(\sum r_i^2 \Delta m_i\right)\omega$$

式中 $\sum r_i^2 \Delta m_i$ 是每个质元的质量与它到轴的垂直距离的平方乘积的累加，由式(3-8)知，它正是刚体的转动惯量. 于是，刚体的角动量可表示为

$$L = J\omega$$

所以，定轴转动刚体对轴的角动量等于刚体绕该轴的转动惯量与其角速度的乘积.

3.3.2　定轴转动刚体的角动量定理

质点系的角动量定理为

$$\boldsymbol{M} = \frac{\mathrm{d}\boldsymbol{L}}{\mathrm{d}t}$$

把上式等号两边分别分解到 Z 轴方向，得到角动量定理的分量形式

$$M_z = \frac{\mathrm{d}L_z}{\mathrm{d}t} \tag{3-10}$$

其中 M_z 是质点系所受外力矩沿 Z 轴方向的力矩之和，L_z 是角动量沿 Z 轴方向的分量.

角动量定理沿转轴 Z 方向的分量式，对刚体这一特殊的质点系沿固定转轴(Z 轴)转动亦同样成立. 为了简化表示，去掉脚标 z，因此，**定轴转动刚体的角动量定理**为

$$M = \frac{\mathrm{d}L}{\mathrm{d}t} = \frac{\mathrm{d}(J\omega)}{\mathrm{d}t} \tag{3-11}$$

定轴转动刚体的角动量定理式(3-11)给出了作用于刚体上所有外力对轴的力矩之和与刚体角动量的变化率之间的关系. 此式说明：刚体受的外力矩等于刚体角动量的变化率. 式中的力矩 M 和角动量 L 是对转轴而言的，即是角动量定理沿定轴方向的分量式.

把式(3-11)两边同乘以时间 dt 并积分，可得

$$\int_{t_1}^{t_2} M\mathrm{d}t = (J\omega)_2 - (J\omega)_1 \tag{3-12}$$

式中$\int_{t_1}^{t_2} M\mathrm{d}t$称为$t_1 \sim t_2$时间间隔内的冲量矩，冲量矩表示力矩在一段时间间隔内的累积效应．式(3-12)是角动量定理的积分形式，它给出了力矩、作用时间与角动量增量之间的关系，常用来研究转动刚体与刚体或刚体与质点的碰撞问题．

在国际单位制中，角动量L的单位是$\mathrm{kg \cdot m^2 \cdot s^{-1}}$，冲量矩的单位是$\mathrm{m \cdot N \cdot s}$．

3.3.3 定轴转动刚体的角动量守恒定律

当作用到刚体上的所有力对转轴的力矩的代数和为零时，根据角动量定理式(3-12)可得，刚体在转动过程中角动量不随时间而改变——角动量守恒，即当$M=0$时，有

$$(J\omega)_1 = (J\omega)_2 \tag{3-13}$$

这就是**刚体的角动量守恒定律**．由于刚体绕定轴转动的转动惯量为常量，故刚体的转动角速度保持不变，刚体做惯性转动．这一结论与平动物体的惯性运动相对应．

对绕定轴转动的可变形物体而言，不同状态系统对转轴的角动量可能不同，但当它受到的外力矩为零时，它的角动量$L=J\omega$也将保持不变，即角动量守恒．实际上，$M=0$不仅是定轴转动刚体角动量守恒的条件，也是任何质点系对轴的角动量守恒的条件．所以对于一个由质点和刚体组成的系统，只要对转轴的外力矩为零，该系统对转轴的角动量就守恒．这一结论在实际生活中有着广泛的应用．例如，花样滑冰运动员或芭蕾舞演员，为了绕通过重心的轴高速旋转，就把胳膊抱于胸前，两腿并拢，这样身体各部位离中心转动轴近了，转动惯量变小，转速就增加；反之，当运动员伸展双臂和腿，使身体各部位离转动中心变远，增大了转动惯量，从而减小了转动角速度．

定轴转动物体的角动量守恒可以通过实验演示出来，图 3-16 所示的是一个茹可夫斯基转盘(盘与铅直轴之间没有摩擦，可自由转动)，让一人站在转盘的铅直轴上，手持哑铃，两臂平伸．现推动转盘使盘转动起来，如图 3-16(a)所示．当他把两臂收回使哑铃贴在胸前时(见图 3-16(b))，他随盘一起转动的角速度就明显增大．这个现象可以用角动量守恒解释如下：人、哑铃、转盘是刚体和质点共同组成的系统．人收回两臂是内力的作用，在收回的过程中，受到的外力是重力(平行于转轴)和将轴固定的力(通过转轴)，它们对转轴都没有力矩，系统的总角动量应该守恒．由于人收回两臂后，哑铃和手臂靠近转轴，系统的转动惯量J变小，因此系统转动的角速度ω

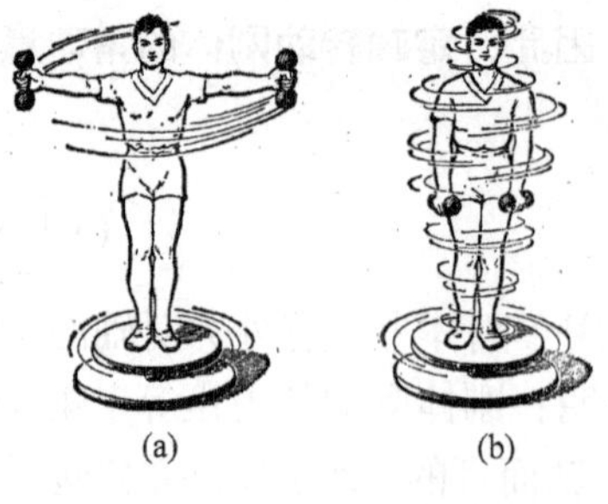

(a) (b)

图 3-16 角动量守恒演示

将增大.

上述结论对通过质心轴的转动仍然成立. 只要物体所受的对质心轴的外力矩为零，它对该轴的角动量也保持不变. 利用角动量守恒的这个意义，可以解释许多现象. 例如，体操运动员在空中翻跟头时，总是先纵身离地，使自己绕通过自身质心的转轴有一缓慢的转动，在空中卷缩四肢，减小转动惯量以增大角速度，迅速翻转，等将要落地时，又伸开四肢增大转动惯量，以减小角速度，安稳落地.

角动量守恒定律是自然界中普遍适用的定律之一. 它不仅适用于包括天体在内的宏观问题，也适用于原子、原子核等微观问题. 角动量守恒在工程实际和日常生活中应用非常广泛.

例 3-8　如图 3-17 所示，匀质细棒的质量为 m_1，长为 l，可绕通过 O 端的水平轴自由转动. 在棒自由下垂时，质量为 m_2 的子弹以水平速度 v_0 射进棒的端点并留在棒中. 求：子弹和棒开始摆动时的角速度 ω.

图 3-17　例 3-8 图

解　分析：选取子弹和棒为研究对象. 首先分析物体受力或力矩，组成的系统动量是否守恒？角动量是否守恒？

子弹与棒的相互作用力 F_2 是内力(水平方向)，外力有重力 m_1g 和 m_2g (均在铅直方向)，还有轴对棒的外力 F_1 作用. 为了阻止棒的平动，轴处的外力必须足够大，与内力大小有关. 因此，一般说来，系统的动量不守恒. 但对定轴转动系统，转轴 O 对棒的作用力 F_1 过转轴，对轴的力矩为零；碰撞瞬间重力 m_1g 、m_2g 的作用线也通过轴 O，力矩也为零，所以系统的角动量守恒.

取水平转轴向外为正，由角动量守恒定律得

$$m_2v_0l = \frac{1}{3}m_1l^2\omega + m_2l^2\omega$$

解得

$$\omega = \frac{3m_2v_0}{(m_1+3m_2)l}$$

例 3-9 一个质量为 m_1、半径为 R 的匀质水平圆台，可以绕通过台心、垂直于台面的竖直轴无摩擦地转动，转动惯量为 $J = m_1R^2/2$. 质量为 m_2 的人站在台边(如图 3-18 所示)，人和台以共同角速度 ω_0 绕转轴转动. 如果这时人由平台边缘走到与平台转轴距离为 $R/2$ 处相对于平台静止，求：此时平台的转动角速度 ω.

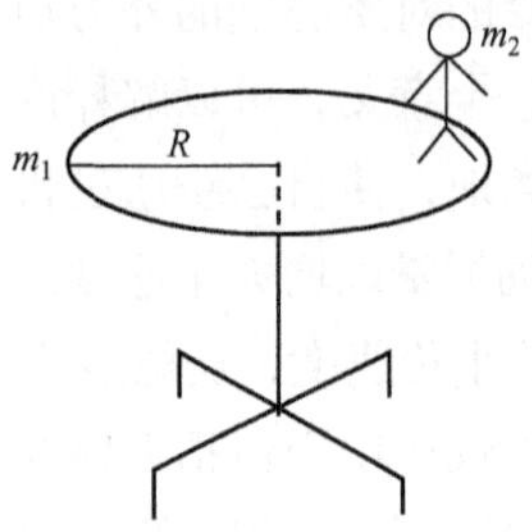

图 3-18 例 3-9 图

解 分析：取人与台为系统，系统受的外力是人的重力(平行于轴)、台的重力和轴对台的约束力(均通过轴)，沿转轴的外力矩为零，所以系统的角动量守恒.

根据角动量守恒定律，得

$$J\omega_0 + m_2R^2\omega_0 = J\omega + m_2(R/2)^2\omega$$

解出

$$\omega = \frac{2m_1 + 4m_2}{2m_1 + m_2}\omega_0$$

3.4 刚体定轴转动中的功和能

3.4.1 绕定轴转动刚体的动能

当刚体以角速度 ω 绕定轴转动时，其内部质量为 Δm_i 的质量元绕转轴做圆周运动，速度大小为 $\upsilon_i = r_i\omega$. 整个刚体绕定轴转动的动能为各小质元的转动动能之和，所以绕定轴转动刚体的动能为

$$E_k = \sum_i \frac{1}{2}\Delta m_i r_i^2\omega^2 = \frac{1}{2}(\sum_i \Delta m_i r_i^2)\omega^2$$

其中 $J = \sum_i r_i^2 \Delta m_i$ 是刚体的转动惯量. 上式可改写为

$$E_k = \frac{1}{2}J\omega^2 \tag{3-14}$$

这就是定轴转动刚体的转动动能公式. 由于刚体上各点的线速度各不相同，所以转动动能不能写成 $\frac{1}{2}m\upsilon^2$. 将刚体绕定轴转动的动能 $\frac{1}{2}J\omega^2$ 与质点的动能 $\frac{1}{2}m\upsilon^2$ 加以比较，再一次看到转动惯量与质点的质量有相似的物理意义，即转动惯量是刚体转动惯性大小的量度.

3.4.2　力矩的功

如图 3-19 所示，刚体做定轴转动，设作用在刚体上的外力为 $\boldsymbol{F}$ (与转轴垂直)，作用点到转轴的距离为 r．在力的作用下，刚体发生一小的角位移 $\mathrm{d}\theta$，作用点的位移为 $\mathrm{d}\boldsymbol{s}$，$\boldsymbol{F}$ 与 $\mathrm{d}\boldsymbol{s}$ 的夹角为 α，与 $\boldsymbol{r}$ 的夹角为 φ．则力 $\boldsymbol{F}$ 所做的元功为

$$A = \boldsymbol{F}\cdot\mathrm{d}\boldsymbol{s} = F\mathrm{d}s\cos\alpha = F\mathrm{d}s\sin\varphi$$
$$= (F\sin\varphi)r\mathrm{d}\theta = M\mathrm{d}\theta$$

即力对转动刚体所做的元功等于相应的力矩与角位移的乘积，也叫作力矩的功.

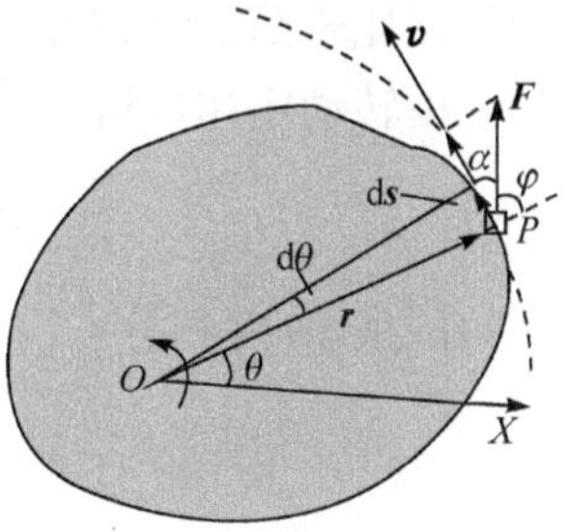

图 3-19　外力矩对刚体做功

对于有限的角位移，力矩做的功为

$$A = \int_{\theta_1}^{\theta_2} M\mathrm{d}\theta \tag{3-15}$$

若刚体受到几个外力的作用，对应的外力矩为 M_i，则合外力矩的功为

$$\sum A_{外} = A_1 + A_2 + \cdots = \int_{\theta_1}^{\theta_1} M_1\mathrm{d}\theta + \int_{\theta_1}^{\theta_1} M_2\mathrm{d}\theta + \cdots$$
$$= \int_{\theta_1}^{\theta_2} (M_1 + M_2 + \cdots)\mathrm{d}\theta = \int_{\theta_1}^{\theta_2} (\sum M_i)\mathrm{d}\theta$$
$$= \int_{\theta_1}^{\theta_2} M\mathrm{d}\theta$$

其中 M 为刚体所受合外力矩.

例 3-10　一根长为 L、质量为 m 的匀质细棒，可绕通过其一端 O 的水平轴无摩擦地转动. 开始时棒静止于水平位置，然后自由向下摆动，求：棒在转到竖直位置的过程中重力(或重力矩)所做的功.

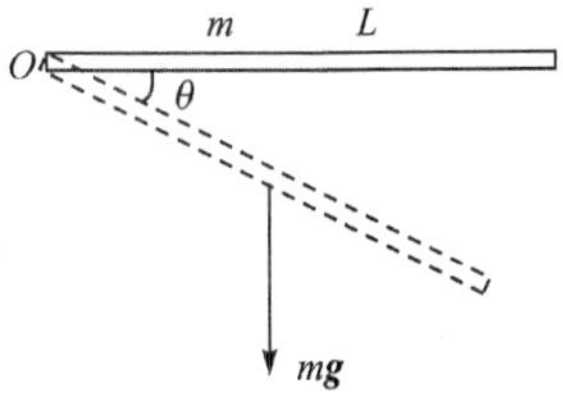

图 3-20　例 3-10 图

解　如图 3-20 所示，匀质细棒的重力可视为作用在细棒的重心上，刚体在任意位置时重力对转轴的力矩为

$$M = mg\frac{l}{2}\cos\theta$$

在细棒的转动过程中，细棒转过一个小的角位移 $\mathrm{d}\theta$ 时，重力的元功为

$$\mathrm{d}A = M\mathrm{d}\theta = mg\frac{l}{2}\cos\theta\mathrm{d}\theta$$

所以，重力做的总功为

$$A = \int_0^{\pi/2} mg\frac{l}{2}\cos\theta\mathrm{d}\theta = mg\frac{l}{2}$$

这一结果显然是正确的.

3.4.3 刚体定轴转动的动能定理

能量作为运动量的量度在物理学中具有普遍的意义，用功能关系处理力学问题往往比较简洁和方便. 下面从转动定律出发导出刚体定轴转动的动能定理.

由转动定律可得

$$M = J\beta = J\frac{\mathrm{d}\omega}{\mathrm{d}t} = J\frac{\mathrm{d}\omega}{\mathrm{d}\theta}\cdot\frac{\mathrm{d}\theta}{\mathrm{d}t} = J\omega\frac{\mathrm{d}\omega}{\mathrm{d}\theta}$$

两边同乘 $\mathrm{d}\theta$ 并积分

$$\int_{\theta_1}^{\theta_2} M\mathrm{d}\theta = \int_{\omega_1}^{\omega_2} J\omega\mathrm{d}\omega$$

得

$$A = \int_{\theta_1}^{\theta_2} M\mathrm{d}\theta = \frac{1}{2}J\omega_2^2 - \frac{1}{2}J\omega_1^2 \tag{3-16}$$

即合外力矩对绕定轴转动刚体做的功等于刚体转动动能的增量. 这就是**刚体定轴转动的动能定理**.

3.4.4 势能

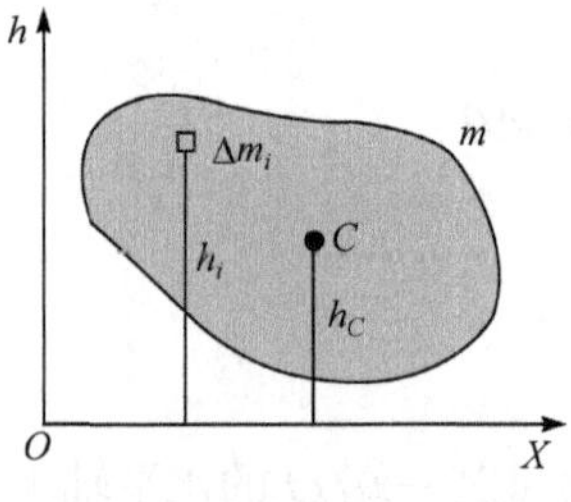

图 3-21 刚体的重力势能

如果一个刚体受到保守力的作用，也可以引入势能的概念. 如刚体在重力场中，它和地球之间有重力势能. 这个重力势能是刚体的各质元与地球系统重力势能之和. 如图 3-21 所示，对于一个不太大的刚体(各处的重力加速度 $\boldsymbol{g}$ 相同)，重力势能为

$$E_p = \sum_i \Delta m_i g h_i = g\sum_i \Delta m_i h_i$$

根据质心的定义，质心的高度为

$$h_C = \frac{\sum_i \Delta m_i h_i}{\sum_i \Delta m_i} = \frac{\sum_i \Delta m_i h_i}{m}$$

所以，重力势能为

$$E_p = mgh_C \tag{3-17}$$

它说明：一个不太大的刚体的重力势能和它的全部质量集中在质心时所具有的重力势能一样.

对于包括刚体和质点的系统，如果在运动过程中，只有保守内力做功，则系统的机械能也应该守恒.

例 3-11 在例 3-10 中，求：细棒转动到竖直位置时的角速度.

解 刚体的转动过程中，取棒和地球为系统，棒仅受转轴的支撑力和重力作用，支撑力不做功(没有位移)，重力是保守内力. 故系统机械能守恒，取过轴的水

平位置势能为零，得

$$0=-mg\frac{l}{2}+\frac{1}{2}J\omega^2 \quad ①$$

细棒的转动惯量

$$J=ml^2/3 \quad ②$$

解得

$$\omega=\sqrt{\frac{3g}{l}}$$

本题也可由转动定律先求出棒的角加速度，再由角加速度求得角速度.

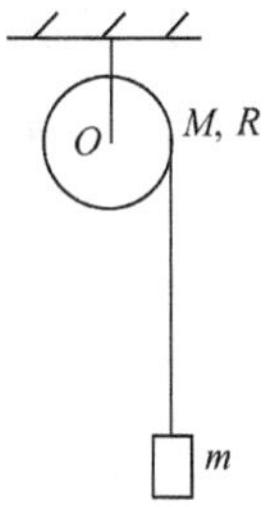

图 3-22 例 3-12 图

例 3-12 如图 3-22 所示，质量为 M、半径为 R 的定滑轮(当作匀质圆盘)上绕有细绳. 绳的一端固定在滑轮边缘，另一端挂一质量为 m 的物体. 忽略轴处的摩擦，求：物体由静止下落 h 高度时的速度和此时滑轮的角速度.

解 以滑轮、物体和地球为研究系统，物体下落时滑轮随同转动. 轮轴对滑轮的作用力(外力)不做功，而物体所受重力是保守力，所以系统机械能守恒.

设物体下落 h 时速度为 υ，滑轮的角速度为 ω，由机械能守恒得

$$\frac{1}{2}m\upsilon^2+\frac{1}{2}J\omega^2+mg(-h)=0$$

滑轮转动惯量 $J=\frac{1}{2}mR^2$，且 $\upsilon=\omega R$，解得物体的速度

$$\upsilon=\sqrt{\frac{4mgh}{2m+M}}$$

滑轮的角速度

$$\omega=\frac{\upsilon}{R}=\frac{1}{R}\sqrt{\frac{4mgh}{2m+M}}$$

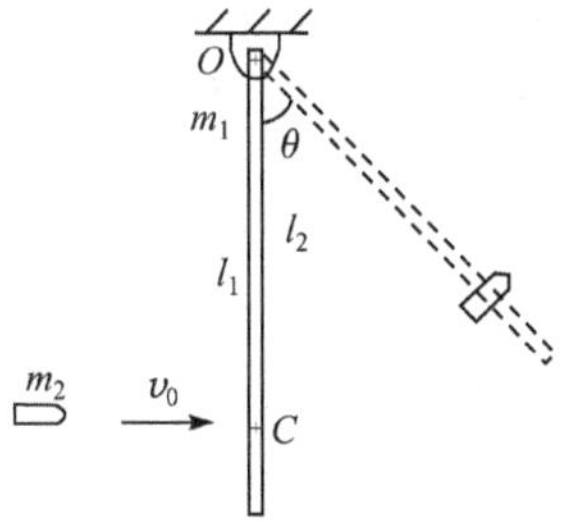

图 3-23 例 3-13 图

例 3-13 如图 3-23 所示，匀质细棒的质量为 m_1，长为 l_1，可绕通过 O 端的水平轴自由转动. 在棒自由下垂时，质量为 m_2 的子弹以水平速度 υ_0 射进棒上 C 点(O、C 相距为 l_2)并留在棒中，使棒摆动. 求棒的最大摆角 θ.

解 此题可分解为两个简单过程.

(1) 子弹与细棒的碰撞过程. 分析：子弹和棒组成的系统，以通过 O 的水平轴为转轴，所受外力距为零，系统的角动量守恒.

由角动量守恒定律得

$$m_2 v_0 l_2 = \frac{1}{3} m_1 l_1^2 \omega + m_2 l_2^2 \omega$$

解得

$$\omega = \frac{3m_2 l_2 v_0}{m_1 l_1^2 + 3m_2 l_2^2}$$

(2) 子弹和细棒一起摆动的过程. 取细棒、子弹和地球为研究系统, 细棒和子弹在往上摆动的过程中, 受重力和轴对棒的作用力, 而轴对棒的作用力没有位移, 不做功, 重力是保守力, 所以棒、子弹和地球组成的系统机械能守恒, 即

$$\frac{1}{2}\left(\frac{1}{3}m_1 l_1^2\right)\omega^2 + \frac{1}{2}m_2 l_2^2 \omega^2 = m_1 g \frac{l_1}{2}(1-\cos\theta) + m_2 g l_2 (1-\cos\theta)$$

所以

$$\theta = \arccos\left[1 - \frac{3m_2^2 l_2^2 v_0^2}{(m_1 l_1 + 2m_2 l_2)(m_1 l_1^2 + 3m_2 l_2^2) g}\right]$$

【阅读材料】——进动与导航

定轴转动是最简单的转动形式, 即外力矩的方向与刚体角动量的方向相平行. 所以, 外力矩只改变了角动量的大小, 并没改变其方向, 犹如平动中的直线运动.

1. 进动

下面简单介绍转轴不固定的情况. 大家都见过或玩过一种玩具——陀螺, 如图 3-24 所示. 如果陀螺不绕自身对称轴旋转, 则陀螺在自身重力对 O 点的力矩的作用下会倒下. 但当陀螺绕自身对称轴高速旋转时(这种旋转叫自旋), 尽管陀螺仍受自身重力矩作用, 陀螺却不会翻倒, 而是自身对称轴绕竖直轴转动. 这种高速自旋的物体的轴在空间转动的现象叫进动.

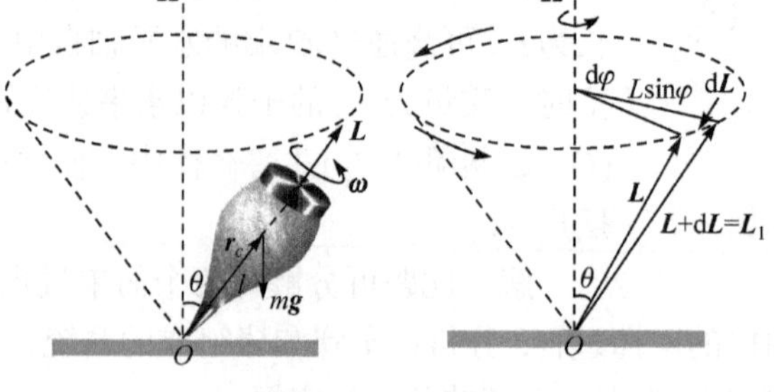

图 3-24 陀螺

进动理论在地球物理学、电磁学、原子和原子核物理，以及导航、控制等工程技术中有广泛的应用，下面利用角动量定理对陀螺的进动作简单的说明.

陀螺绕对称轴高速旋转时，设对固定点 O 的角动量为 $\boldsymbol{L}$. 角动量的大小近似为

$$L = J\omega$$

式中 J 为陀螺绕其对称轴的转动惯量，ω 为绕自身轴转动的角速度.

由角动量定理得

$$\mathrm{d}\boldsymbol{L} = \boldsymbol{M}\mathrm{d}t \tag{3-18}$$

式中 $\boldsymbol{M}$ 是陀螺所受的重力对支撑点 O 的力矩. 上式表明：在 $\mathrm{d}t$ 时间内，角动量的改变量 $\mathrm{d}\boldsymbol{L}$ 的方向与力矩 $\boldsymbol{M}$ 的方向相同，即与自身转轴和重力方向组成的平面垂直，$\boldsymbol{L}$ 的大小不变，但 $\boldsymbol{L}$ (沿对称轴)绕竖直轴转过一微小角度 $\mathrm{d}\varphi$. 由式(3-18)，得

$$|\mathrm{d}\boldsymbol{L}| = M\mathrm{d}t = mgl\sin\theta\mathrm{d}t$$

由图 3-24 可知

$$|\mathrm{d}\boldsymbol{L}| = L\sin\theta\mathrm{d}\varphi$$

陀螺进动的角速度的大小为

$$\Omega = \frac{\mathrm{d}\varphi}{\mathrm{d}t} = \frac{mgl}{J\omega}$$

由于陀螺高速旋转具有角动量，在外力矩作用下，其角动量矢量向外力矩方向偏转，产生进动. 在技术上利用进动的实例是炮弹或子弹在空中的飞行. 炮弹在飞行时要受空气阻力的作用，为保持弹头超前，防止炮弹在飞行中翻转，就在炮筒内壁上刻出螺旋线，这种螺旋线叫来复线. 当炮弹由于发射火药的爆炸作用被强力推出炮筒时，还同时绕自身对称轴高速旋转，如图 3-25 所示. 由于这种自身高速旋转，它在飞行中受到的空气阻力的力矩将不能使它翻转，而只能使它绕质心前进的方向进动，弹头就总是大致指向前方了.

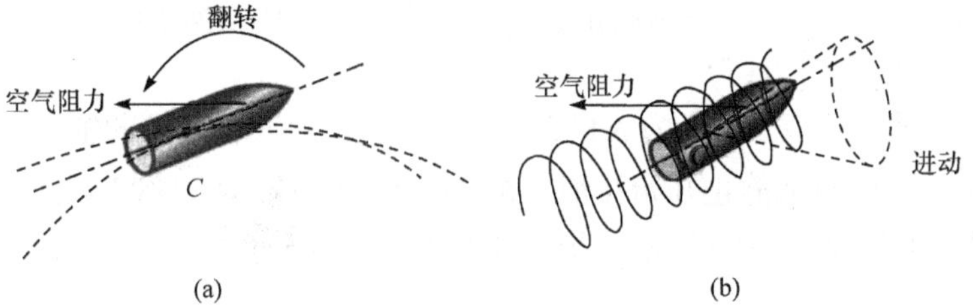

图 3-25　炮弹的进动

2. 导航

惯性导航就是现代技术中的应用之一，所用的装置叫回转仪，也叫“陀螺仪”，如图 3-26 所示. 在支架上装着可以绕 AA' 自由转动的外环，外环里面装着可以绕

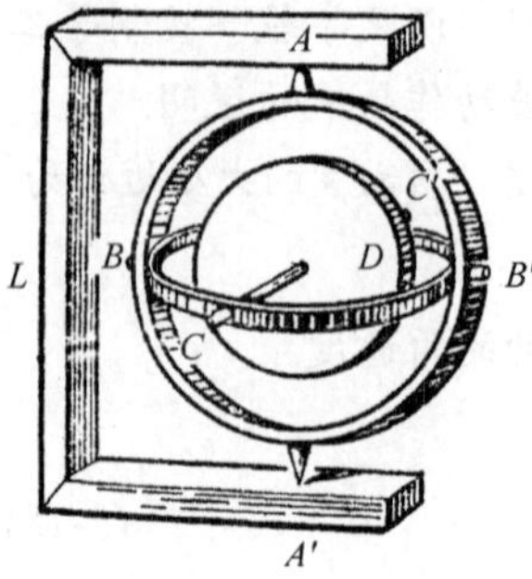

图 3-26 回转仪

BB'自由转动的内环，在内环中安装的核心部件是一个质量很大的转子D，转子D的转轴CC'与内环转轴BB'垂直，内环转轴BB'与外环转轴AA'垂直，三根转动轴线相交于转子D的质心. 所有轴承高度光滑，这样的转子就具有可以绕其自由转动的三个相互垂直的轴，即转子的轴在空间可以取任何方向. 因此，不管外支架如何移动或转动，转子都不受到任何力矩的作用，一旦转子高速转动起来，根据角动量守恒定律，它将保持其对称轴在空间的指向不变. 这种定向特性在自动控制、自动驾驶、惯性导航、航天技术等领域有着重要的应用. 把陀螺仪安装在飞机、导弹、坦克或舰船上，不论它们做何等复杂的运动，陀螺仪的自转轴的空间方位始终不变，从而起到导航的作用.

习　题

3-1 如习题 3-1 图所示，两个完全相同的定滑轮分别用绳绕几圈以后，在A轮绳端系一质量为m的物体，在B轮上以恒力$F=mg$拉绳，则两轮转动的角加速度β_A___β_B.(填<，=或>.)

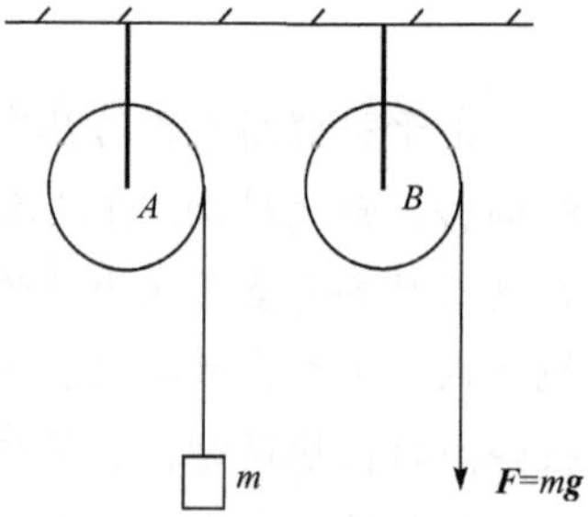

习题 3-1 图

3-2 一飞轮的转动惯量为J，在$t=0$时角速度为ω_0，此后轮经历制动过程，阻力矩的大小与角速度的平方成正比，比例系数$k>0$. 当角速度减为$\omega_0/3$时，飞轮的角加速度为______.

3-3 滑轮圆盘半径为R，质量为M，长绳的一端绕在定滑轮圆周上，一端挂质量为m的物体. 若物体匀速下降，则滑轮与轴间的摩擦力矩为______.

3-4 一质量为m、半径为R的薄圆盘，可绕通过其一直径的轴转动，转动惯量$J=mR^2/4$. 该盘从静止开始在恒力矩M的作用下转动，时间t后位于圆盘边缘上与轴垂直距离为R的点的切向加速度大小为______，法向加速度的大小为__________.

3-5 长为L、质量为m的细杆可绕通过其一端的水平轴O在竖直平面内无摩擦旋转，初始时刻杆处于水平位置，静止释放之后，当杆与竖直方向成30°时，角加速度为__________，角速度为__________.

3-6 宇宙间某一星球，原来以某一角速度自转，由于某种自身的原因，该星球逐渐收缩(质量不变). 经过若干年后，它的半径缩为原来的 90%，则其自转角速度变为原来的______倍(球的转动惯量为 $2mR^2/5$).

3-7　一质量为 m、半径为 R 的匀质圆形转台，可绕通过台心的铅直轴无摩擦转动，台上有一质量也是 m 的人. 当他站在转台边缘时，转台与人一起以角速度 ω 转动，当人走到 $R/2$ 处时，转台的角速度为______.

3-8　一水平圆台绕通过圆心的铅直轴自由转动，一人站在水平圆台的圆心上，两手平举两个哑铃，在他把哑铃水平地收缩到胸前的过程中，人、哑铃与圆台组成的系统的角动量______，机械能______.(填“守恒”或“不守恒”.)

3-9　一木棒可绕固定的水平光滑轴在竖直平面内转动，木棒静止在竖直位置，一子弹垂直于棒射入棒内，使棒与子弹共同上摆. 在子弹射入木棒的过程中，棒与子弹系统的机械能______，动量______，角动量______.(填“守恒”或“不守恒”.)

3-10　飞轮质量 $m=60\text{kg}$，半径 $R=0.2\text{m}$，绕其水平中心轴 O 转动，转速为 900rad/min. 现利用一制动用的闸杆，在其一端加一竖直方向的制动力 F(恒力)，使飞轮减速，已知闸杆的尺寸如习题 3-10 图所示，闸瓦与飞轮之间的摩擦系数 $\mu=0.4$，飞轮的转动惯量可按匀质圆盘计算(闸杆和闸瓦质量忽略).

(1) 设 $F=100\text{N}$，飞轮经多长时间停止转动?在这段时间内，飞轮转了几转?

(2) 要使飞轮在 2s 内转速减为一半需加多大的 F?

3-11　如习题 3-11 图所示，两物体的质量分别为 m_1 与 m_2，滑轮的转动惯量为 J，半径为 r. 若 m_2 与桌面间的摩擦系数为 μ，求 m_1 的加速度 a 及绳子的张力(设绳子与滑轮间无相对滑动，绳质量不计).

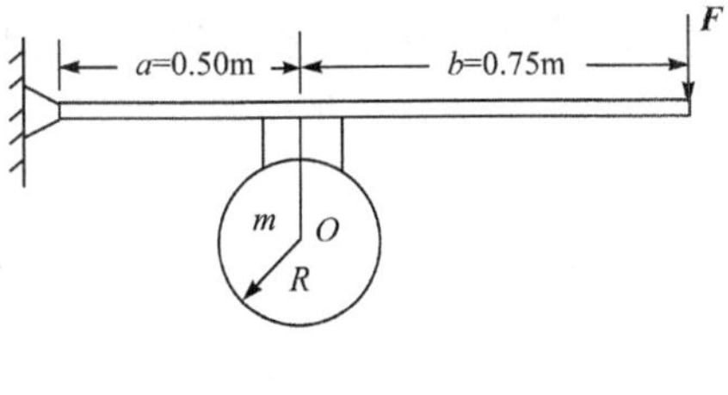

习题 3-10 图

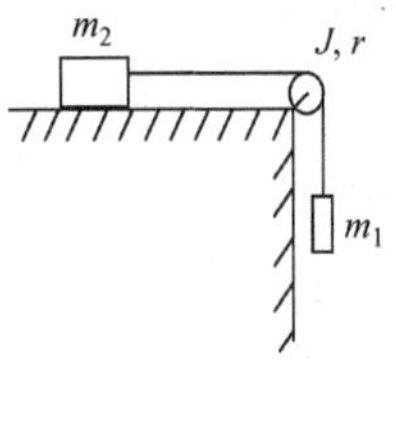

习题 3-11 图

3-12　如习题 3-12 图所示，一个组合滑轮由两个匀质圆盘固结而成，大盘质量为 $M_1=10\text{kg}$，半径为 $R=0.10\text{m}$，小圆盘质量为 $M_2=4\text{kg}$，半径为 $r=0.05\text{m}$. 两盘边缘上分别缠绕有细绳(质量忽略)，细绳的下端各悬挂质量为 $m_1=m_2=2\text{kg}$ 的物体. 静止释放两物体，求物体 m_1、m_2 的加速度的大小和方向.

3-13　工程上，常用摩擦啮合器使两飞轮以相同的转速一起转动. 如习题 3-13 图所示，A 和 B 两飞轮的轴杆在同一中心线上，两轮绕轴的转动惯量分别为 $J_A=10\text{kg}\cdot\text{m}^2$ 和 $J_B=20\text{kg}\cdot\text{m}^2$，$C$ 为摩擦啮合器. 开始时 A 轮的转速为

600rad/min，B 轮的转速为 400rad/min，方向与 A 轮的转向相反，求两轮啮合后的转速和转向.

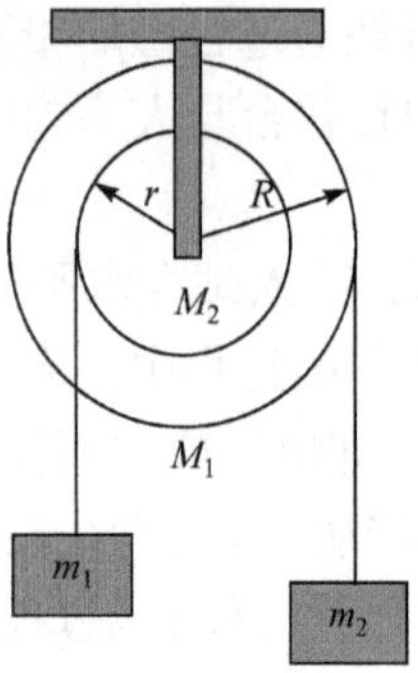

习题 3-12 图

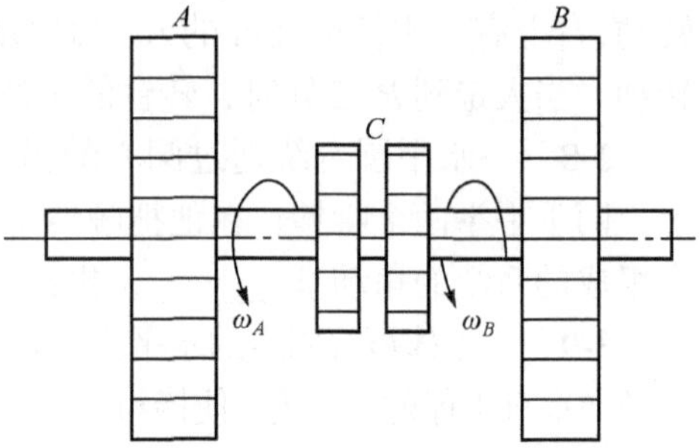

习题 3-13 图

3-14 如习题 3-14 图所示，一刚体由匀质长棒和小球组成，棒的质量为 m，长为 L，小球(视为质点)质量也是 m，该刚体可绕 O 轴在竖直平面内做无摩擦转动，将棒拉到水平位置做无初速释放，求：当棒在运动过程中与铅垂线成 θ 角时，刚体的角速度和小球的法向加速度.

3-15 如习题 3-15 图所示，一长为 L、质量为 M 的匀质木棒可绕光滑水平轴 O 在竖直平面内转动，开始时木棒静止下垂，今有一质量为 m 的子弹以水平向右的速度 v 射入棒的最下端，求棒向右摆起的最大角速度 ω 的大小.

3-16 如习题 3-16 图所示，质量为 M、长为 L 的匀质直棒可绕垂直于棒的一端的水平轴 O 无摩擦地转动，它原来静止在平衡位置上. 现有一质量为 m 的弹性小球飞来，正好在棒的下端与棒垂直地相撞，相撞后使棒从平衡位置处摆动到最大角度 $\theta = 30°$ 处.

(1) 设碰撞为弹性碰撞，求小球的初速度.

(2) 相撞时，小球受到多大的冲量？

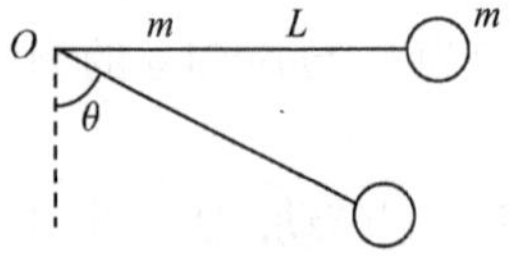

习题 3-14 图

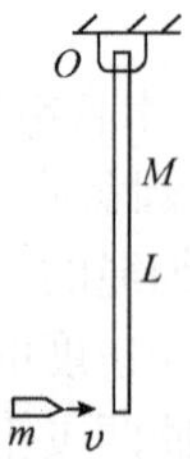

习题 3-15 图

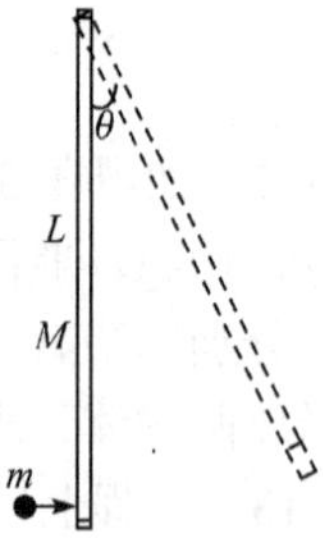

习题 3-16 图

第二篇　振动与波动

振动与波动是横跨物理学各分支学科的物质最基本的两种运动形式,其基本原理是声学、光学、电工学等科学技术部门的理论基础. 在各学科里振动与波动的具体表现形式不同，如机械振动与机械波、电磁振动与电磁波等. 物体在平衡位置附近来回往复的运动叫作机械振动，例如，心脏的搏动，耳膜、声带的振动，拨动的琴弦的振动，气缸中活塞的振动，建筑和机器的振动，物体中原子的振动等. 广泛意义上讲，振动不只限于机械振动. 一个物理量，只要在某值附近来回变化，就说这个物理量在振动，如交流电就是电路中电流或电压在某一值附近做周期性的变化，电磁振动是电场强度和磁感应强度随时间做周期性变化. 由于机械振动比较直观，容易研究，而且它的很多特征和其他振动一样，所以我们主要研究机械振动.

振动状态在空间的传播称为波动. 如声波、水波、电磁波和光波等都是波动，波动是物质的另一种主要运动形式. 各种各样的信息几乎都要借助于波动. 机械振动在介质中的传播称为机械波. 尽管各种波有各自的特性，但它们都具有相似的波动方程，具有反射、折射、干涉和衍射等波所特有的普遍的共性. 本篇主要研究机械振动和机械波.

振动与波动绪论

奇趣实验：
弹簧驻波

第4章 振　　动

【内容概要】

- ◆ 简谐振动
- ◆ 简谐振动的能量
- ◆ 简谐振动的合成
- ◆ 阻尼振动　受迫振动　共振

鹰击长空　志在千里

自然界中的振动多种多样：太阳的东升西落；微风中摇摆的花草树木；飞行中的鸟类拍打翅膀；机床上刀具的往复切割；用手指轻弹两端固定的弦线，不仅弦线上下振动，而且能发出声音；轻轻拨动吊在天花板上的物体，物体来回摆动；花园树荫下孩童玩乐的秋千来回摆动. 这些运动有一个共性：运动体以某个稳定位置为中心，并在其附近做往复式的周期运动，这种运动称为机械振动，简称振动. 但广义上的振动并不局限于机械振动范畴，只要一个物理量在某一数值附近做往复的变化，都称为振动. 然而，这些振动往往比较复杂. 简谐振动是最简单、最基本的振动形式，任何复杂振动都可看作若干个简谐振动的合成.

本章主要研究简谐振动的特征及规律、旋转矢量表示，简谐振动的能量和简谐振动的合成.

4.1　简 谐 振 动

运动方程及特征量

4.1.1　简谐振动的动力学特征

若质量为 m 的物体，在运动方向上所受合外力 F_t 与离开平衡位置(y 坐标轴的

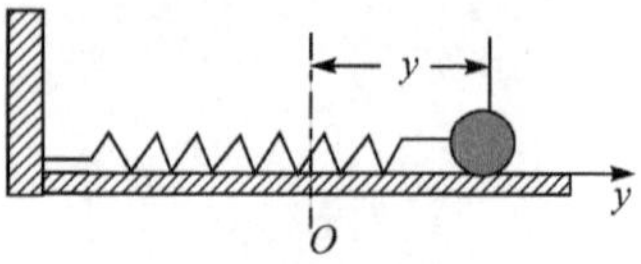

图 4-1 弹簧振子系统

原点)的位移 y 成正比而反向(如图 4-1 所示的弹簧振子系统)，即满足

$$F_t = -Ky \tag{4-1}$$

则该物体作**简谐振动**(简称谐振动). 式中 K 是正常数，y 是振动物体离开平衡位置的位移，负号表示物体受到的切向合力方向与物体位移方向相反. 这种力与弹性力的形式相同，所以称为准弹性力.

根据牛顿定律，式(4-1)可变形为

$$F_t = ma_t = m\frac{\mathrm{d}^2 y}{\mathrm{d}t^2} = -Ky$$

即

$$\frac{\mathrm{d}^2 y}{\mathrm{d}t^2} + \frac{K}{m}y = 0$$

令 $\frac{K}{m} = \omega^2$，则上式改写为

$$\frac{\mathrm{d}^2 y}{\mathrm{d}t^2} + \omega^2 y = 0 \tag{4-2}$$

或

$$a_t + \omega^2 y = 0$$

式中 ω 是由系统自身的固有性质所确定，常称之为**固有角频率**. 式(4-2)是物体作**简谐振动的微分方程式**.

4.1.2 简谐振动的运动方程

微分方程式(4-2)的解具有如下形式：

$$y = A\cos(\omega t + \varphi) \tag{4-3}$$

式中 A 、φ 是两个由初始条件所决定的积分常量，它们的物理意义和确定方法将在后面讨论. 式(4-3)称为**简谐振动的运动方程**，它也可以作为简谐振动的定义式，即如果一个物理量是时间的余弦[①]函数，这个物理量就作简谐振动.

将式(4-3)两边分别对时间求一阶和二阶导数，得物体的振动速度

---

① 因为 $\cos(\omega t+\varphi)=\sin(\omega t+\varphi+\pi/2)$，若令 $\varphi' = \varphi + \pi/2$，则式(4-3)可写成

$$y = A\sin(\omega t + \varphi')$$

所以也可以说物体作简谐振动时，位移是时间的正弦函数，但为统一起见，本书采用余弦函数.

$$v=-\omega A\sin(\omega t+\varphi)=\omega A\cos\left(\omega t+\varphi+\frac{\pi}{2}\right) \tag{4-4}$$

物体的振动加速度

$$a=-\omega^2 A\cos(\omega t+\varphi)=\omega^2 A\cos(\omega t+\varphi+\pi) \tag{4-5}$$

可见，不仅位移在作简谐振动，振动速度和振动加速度也都在作简谐振动.

振动位移随时间的变化曲线称为振动曲线，如图 4-2 所示. 显然振动曲线上任一点的斜率表示质点的振动速度，斜率大于零表示质点沿 y 轴正方向运动，斜率小于零表示质点沿 y 轴负方向运动. 由于作简谐振动物体的位移总与加速度方向相反，当振动位移与振动速度异号时质点做加速运动，当振动位移同振动速度同号时质点做减速运动.

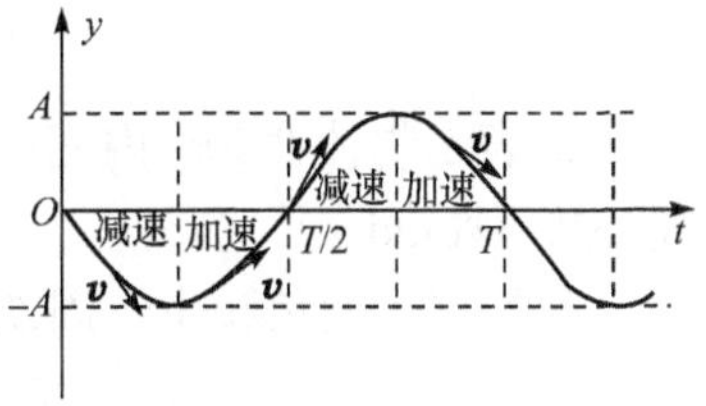

图 4-2　振动曲线

如果在振动的起始时刻，即在 $t=0$ 时，物体的初始位移为 y_0，初始速度为 v_0，则由式(4-3)和式(4-4)，得

$$\begin{cases} y_0 = A\cos\varphi \\ v_0=-\omega A\sin\varphi \end{cases} \tag{4-6}$$

4.1.3　简谐振动的特征量

1. 振幅 A

在简谐振动方程式(4-3)中，因 $\cos(\omega t+\varphi)$ 的取值在 $-1 \sim +1$，所以物体离开平衡位置的位移亦在 $-A \sim +A$. 我们把作简谐振动的物体离开平衡位置最大位移的绝对值 A 称为**振幅**.

利用式(4-3)、式(4-4)和式(4-6)，可以确定出振幅

$$A=\sqrt{y^2+\left(\frac{v}{\omega}\right)^2}=\sqrt{{y_0}^2+\left(\frac{v_0}{\omega}\right)^2} \tag{4-7}$$

2. 周期、频率和角频率

物体完成一次完整振动所经历的时间叫作振动的**周期**，用 T 表示，周期的单位为秒(s). 经历一个周期，物体的振动状态完全重复一次，所以物体在任意时刻 t 的位移和速度，应与物体在时刻 $t+T$ 的位移和速度相同，即

$$y=A\cos(\omega t+\varphi)=A\cos[\omega(t+T)+\varphi]$$

由于余弦函数的周期性，满足上述方程的 T 的最小值为 $\omega T=2\pi$，所以

$$T = \frac{2\pi}{\omega} \tag{4-8}$$

单位时间内物体完成完整振动的次数叫作**频率**，用ν表示，单位是赫兹(Hz).频率与周期的关系为

$$\nu = \frac{1}{T} = \frac{\omega}{2\pi} \tag{4-9}$$

所以

$$\omega = 2\pi\nu \tag{4-10}$$

ω表示物体在2πs内完成振动的次数，叫作**角频率**(又称圆频率)，它的单位是弧度/秒(rad/s).

弹簧振子的角频率、周期和频率分别为

$$\omega = \sqrt{\frac{k}{m}}, \quad T = 2\pi\sqrt{\frac{m}{k}}, \quad \nu = \frac{1}{2\pi}\sqrt{\frac{k}{m}}$$

由于弹簧振子的质量m和劲度系数k是振子系统本身固有的性质，所以振动周期、频率和角频率完全取决于振动系统本身，常称之为固有周期、固有频率和固有角频率.

3. 相位和初相

力学中，物体在某时刻的运动状态，可用位置矢量和速度来描述.在振幅和角频率都已给定的简谐振动中，它的运动状态可用“相位”这一物理量来决定.由式(4-3)和式(4-4)可知，作简谐振动的物体在任意时刻t的运动状态(物体离开平衡位置的位移和速度)都决定于$(\omega t+\varphi)$.也就是说，$(\omega t+\varphi)$决定了振动物体在任意时刻相对平衡位置的位移和运动速度.通常把$(\omega t+\varphi)$称为振动的**相位**，它是决定作简谐振动物体的运动状态的物理量.

例如，作简谐振动的物体在某一时刻的相位为$\omega t+\varphi=+\frac{\pi}{3}$，则此时物体的振动位移和振动速度分别为

$$y = \frac{A}{2}, \quad \upsilon = -\frac{\sqrt{3}}{2}\omega A$$

反之，若已知振动状态(y, υ)，也可求出相位$(\omega t+\varphi)$.

例如，某一时刻作简谐振动物体的位移为$y=\frac{A}{2}$，速度$\upsilon>0$，则由振动方程得

$$\frac{A}{2} = A\cos(\omega t+\varphi)$$

$$\upsilon = -\omega A\sin(\omega t+\varphi) > 0$$

由上面两式得知 $\cos(\omega t+\varphi)$等于$\frac{1}{2}$，$\sin(\omega t+\varphi)$大于零. 求得

$$\omega t+\varphi=-\frac{\pi}{3}+2n\pi \qquad (n=0,\pm1,\pm2,\cdots)$$

可见，不同的相位表示不同的运动状态. 振动位移和速度都相同的运动状态，它们的相位可以相差2π或2π的整数倍. 这说明相位不仅表示振动状态，还反映出振动在时间上的周期性特点.

$t=0$时刻的相位φ称为**初相**，它代表初始振动状态. 由式(4-6)可知，初相φ的值可由$t=0$时刻的位移和速度共同确定，取值范围通常在$-\pi \sim \pi$.

例如，$t=0$时刻，作简谐振动物体的初始位移为$y_0=\frac{A}{2}$，初速度$\upsilon_0>0$，则有

$$\frac{A}{2}=A\cos\varphi, \quad \upsilon_0=-\omega A\sin\varphi>0$$

由此求得

$$\varphi=-\frac{\pi}{3}$$

广义上讲，任何物理量(如位移、速度、电流、电压等)只要满足微分方程(4-2)，该物理量就作简谐振动.

要判断一个物体是否作简谐振动，就是看它是否满足式(4-1)或式(4-2). 其步骤如下：

(1) 画受力图；

(2) 找到平衡位置O，取O为坐标原点，沿振动方向建立坐标；

(3) 假设物体有位移$+y$，分析此时受力或加速度是否满足式(4-1)或式(4-2).

例 4-1　一根质量可以忽略并且不会伸长的细线，上端固定，下端系一可看作质点的重物就构成单摆，如图4-3所示，试证明在小角度的情况下，单摆的振动是简谐振动，并求振动周期.

解　取平衡位置为坐标原点，向右为正方向. 取摆线与竖直方向的夹角为θ，逆时针方向的夹角为正，则摆球所受的合力在圆弧切线方向的分力为

$$f_\tau=-mg\sin\theta$$

如果摆角θ很小($\theta<5°$)，$\sin\theta\approx\theta$，则

$$f_\tau=-mg\theta$$

根据牛顿第二定律，有

$$-mg\theta=m\frac{\mathrm{d}\upsilon}{\mathrm{d}t}=m\frac{\mathrm{d}(l\omega)}{\mathrm{d}t}=ml\frac{\mathrm{d}^2\theta}{\mathrm{d}t^2}$$

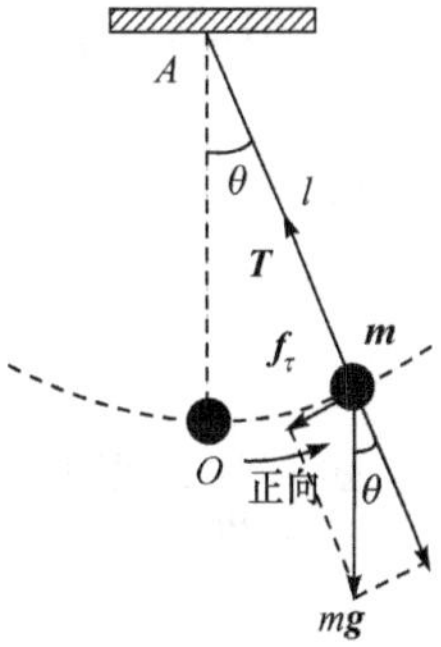

图4-3　例4-1图

整理得

$$\frac{d^2\theta}{dt^2}+\frac{g}{l}\theta=0$$

这一方程与式(4-2)具有相同的形式，所以可以得出结论：在角位移很小的情况下，单摆的振动是简谐振动.

单摆的角频率

$$\omega=\sqrt{\frac{g}{l}}$$

单摆的振动周期

$$T=\frac{2\pi}{\omega}=2\pi\sqrt{\frac{l}{g}}$$

例 4-2 一轻质弹簧，劲度系数为 k，上端固定，下端悬挂质量为 m 的物体，物体静止时弹簧的伸长量为 $\Delta l=9.8\text{cm}$. 如果此时给物体一向下的打击，使之以 $v_0=1\text{m/s}$ 的速度运动，并开始计时. 试证明物体作简谐振动，并写出该物体的运动方程.

解 首先找出平衡位置. 在静止时，物体只受重力和弹力作用，处于平衡状态，该处为平衡位置. 取平衡位置为坐标原点 O，向下为 y 轴正方向，建立如图 4-4 所示坐标系，在平衡位置时，满足 $mg=k\Delta l$，则当物体下降到 y 处时，物体所受的合力为

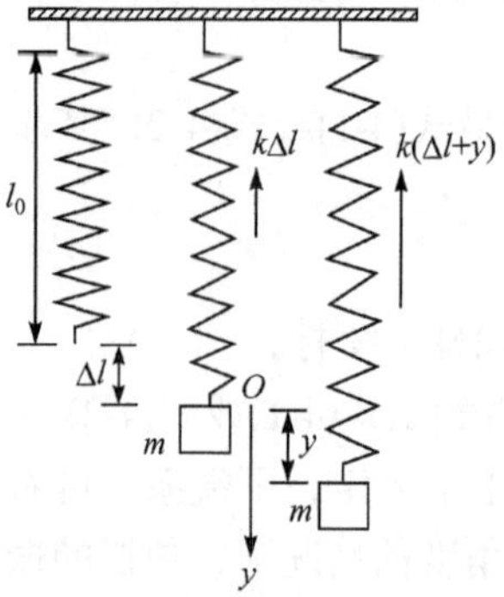

图 4-4 例 4-2

$$F=mg-f=mg-k(\Delta l+y)=-ky$$

因物体所受合外力与物体位移成正比而方向相反，所以物体作简谐振动.

根据牛顿第二定律，有

$$F=-ky=m\frac{d^2y}{dt^2}$$

于是

$$\frac{d^2y}{dt^2}+\frac{k}{m}y=0$$

令 $\omega^2=\dfrac{k}{m}$，则上式可写为

$$\frac{d^2y}{dt^2}+\omega^2y=0$$

此式为简谐振动的微分方程，式中 ω 为物体简谐振动的角频率，即

$$\omega=\sqrt{\frac{k}{m}}=\sqrt{\frac{g}{\Delta l}}=\sqrt{\frac{9.8}{9.8\times10^{-2}}}=10(\text{rad/ s})$$

设物体作简谐振动的运动方程为 $y=A\cos(\omega t+\varphi)$. $t=0$ 时刻：

$$y_0=0,\quad \upsilon_0=1\text{m/ s}$$

所以，振幅为

$$A=\sqrt{y_0^2+\frac{\upsilon_0^2}{\omega^2}}=0.1\text{m}$$

因为 $y_0=A\cos\varphi=0$ ，$v_0=-\omega A\sin\varphi=1$，所以初相为

$$\varphi=-\frac{\pi}{2}$$

因此，物体的振动方程为

$$y=0.1\cos\left(10t-\frac{\pi}{2}\right)\quad(\text{m})$$

旋转矢量法

4.1.4 旋转矢量法描述简谐振动

简谐振动是一种非匀变速运动，我们常借助于旋转矢量(或参考圆)将简谐振动与匀速率转动加以类比，用来描述简谐振动. 这是一种振幅矢量旋转投影的几何方法，描述简谐振动直观简洁，又称该方法为描述简谐振动的**旋转矢量法**.

如图 4-5 所示，从坐标原点 O(平衡位置)画一矢量 $\boldsymbol{A}$，使它的模等于振动的振幅 A，并使矢量 $\boldsymbol{A}$ 绕 O 点做逆时针方向的匀角速转动，其转动的角速度与振动的角频率 ω 相等，这个矢量 $\boldsymbol{A}$ 就叫作旋转矢量，其端点画出的圆为参考圆. 设初始时刻($t=0$)，矢量 $\boldsymbol{A}$ 的端点在 M_0 位置，OM_0 与 y 轴正向的夹角为 φ；t 时刻，矢量 $\boldsymbol{A}$ 的端点在 M 位置，在这一过程中，矢量 $\boldsymbol{A}$ 沿逆时针方向转过了角度 ωt，OM 与 y 轴的夹角为 $\omega t+\varphi$，则矢量 $\boldsymbol{A}$ 在 y 轴上的投影 P 的坐标为

$$y=A\cos(\omega t+\varphi)$$

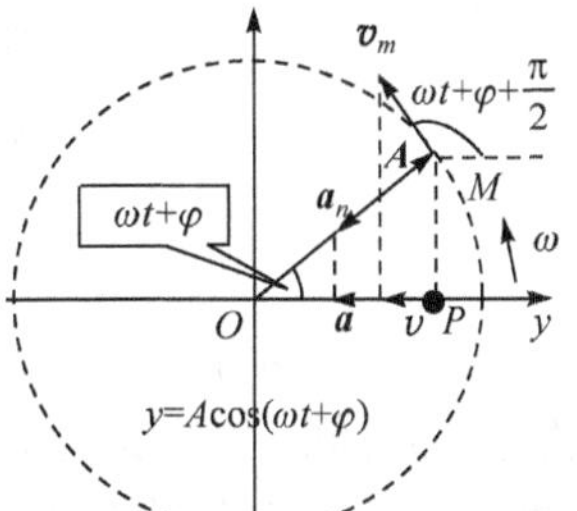

图 4-5 匀速圆周运动与简谐振动

这一结果正与简谐振动的运动方程式(4-3)相同，所以矢量末端 M 在 y 轴上的投影点 P 作简谐振动. 而且 M 点的速度 ωA 在 y 轴上的投影等于 $-\omega A\sin(\omega t+\varphi)$，这正是 P 点的振动速度；M 的加速度也就是向心加速度，等于 $\omega^2 A$，它在 y 轴上的投影等于 $-\omega^2 A\cos(\omega t+\varphi)$，也正是 P 点的加速度. 矢量 $\boldsymbol{A}$ 以角速度 ω 旋转一周，相当于其投影点 P 处的物体在 y 轴上作一次完全振动，所以简谐振动的周期 T 即

为旋转矢量旋转一周所用的时间.

必须强调指出，旋转矢量本身并不作简谐振动，我们只是利用旋转矢量端点 M 在 y 轴上投影点 P 的运动，来形象地展示简谐运动的规律. 质点 M 做圆周运动的角速度 ω 和周期 T 数值上等于投影点 P 作简谐振动的角频率 ω 和周期 T, 圆周的半径 A 数值上等于振动的振幅 A，OM 与 y 轴的夹角$(\omega t+\varphi)$数值上等于 P 点作简谐振动的相位$(\omega t+\varphi)$，初始时刻 OM_0 与 y 轴的夹角 φ 数值上等于 P 点作简谐振动的初相 φ. 采用旋转矢量图可以形象而简洁地表示简谐振动中的特征物理量.

下面借助旋转矢量法来研究简谐振动. 设一物体的振动方程为 $y = A\cos(\omega t+\varphi)$，对应的旋转矢量如图 4-6(a)所示，当 $t=0$ 时，旋转矢量 $\boldsymbol{A}$ 位于位置 1，其与 y 轴的夹角为 φ，故在 y 轴上的投影为 $A\cos\varphi$. 矢量 $\boldsymbol{A}$ 以 ω 逆时针旋转，经过不同的时刻 t，分别到达 2，3，4，5，6，7，8 各点，各时刻 $\boldsymbol{A}$ 在 y 轴上投影的变化由箭头示出. 旋转一周又回到 1，再继续第二个周期…… y-t 的对应关系如图 4-6(b)所示，振动曲线上的各点与旋转矢量端点的位置有一一对应的关系. 旋转矢量图不仅为我们提供了一幅直观而清晰的简谐振动图像，而且能使我们对相位的概念和作用一目了然，对进一步研究振动及振动合成问题十分有益.

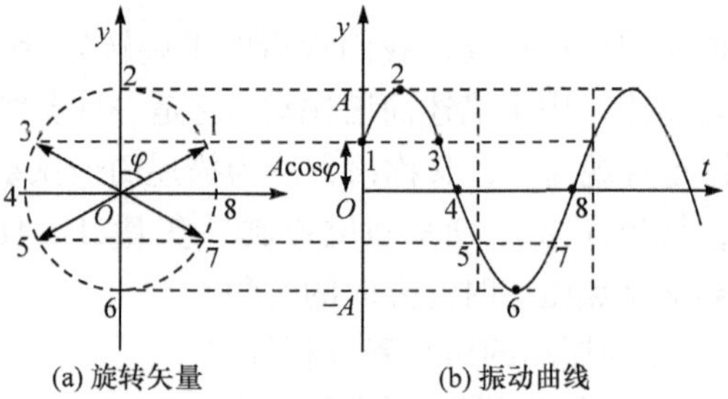

图 4-6　旋转矢量图

利用旋转矢量图，可以很容易得到同一简谐运动的两运动状态对应的相位差或所需的时间. 一简谐振动的振动曲线如图 4-7(a)所示，图中 a、b 两个时间点对应的状态可用旋转矢量在图 4-7(b)中表示出来，可以看出两状态相位差 $\omega(t_b-t_a)=\dfrac{4\pi}{3}$，$a$、$b$ 两振动状态对应的时间差 $t_b-t_a=\dfrac{4\pi/3}{2\pi}T=\dfrac{2}{3}T$. 对于两个同频率简谐振动，可以利用旋转矢量图比较它们的相位差. 设两个简谐振动的振动曲线如图 4-8(b)中的虚线(1)和实线(2)所示，为求两谐振动对应的相位之差，我们先画出两振动对应的旋转矢量图，如图 4-8(a)所示，两简谐振动的初相位之差正好与旋转矢量图 4-8(a)中 A_1、A_2 对应的夹角相等，由这两个旋转矢量之间的夹角可求得振动曲线对应的相位之差.

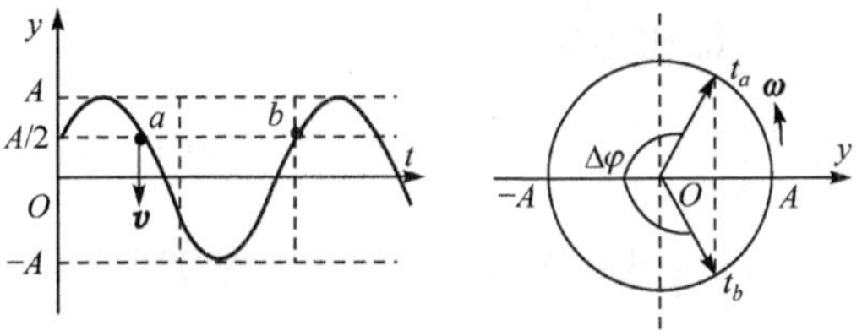

(a) 振动曲线　　(b) 旋转矢量

图 4-7　同一简谐振动上两状态对应的相位差

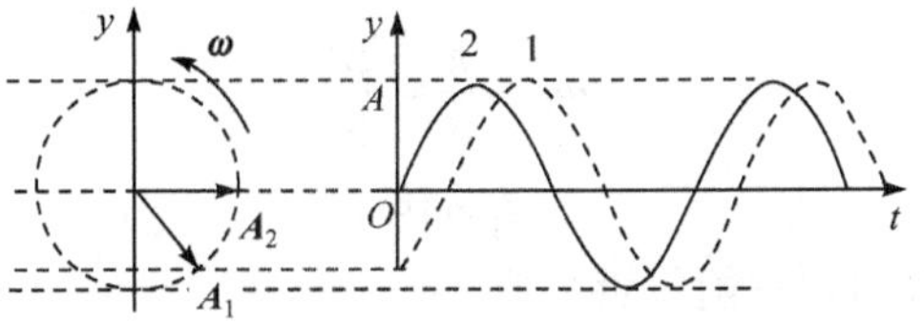

(a) 旋转矢量　　(b) 振动曲线

图 4-8　两同频率简谐振动的相位差

例 4-3　一物体沿 y 轴作简谐振动，振幅 $A=0.12\,\mathrm{m}$，周期 $T=2\,\mathrm{s}$，当 $t=0$ 时，物体的位移 $y_0=0.06\,\mathrm{m}$，且向 y 轴正方向运动. 求：

(1) 此物体作简谐振动的振动方程；

(2) 物体从 $y=-0.06\,\mathrm{m}$ 向 y 轴负方向运动，第一次回到平衡位置所需要的时间.

解　(1) 设物体作简谐振动的运动方程为

$$y=A\cos(\omega t+\varphi)$$

由题知，振幅、周期和角频率分别为

$$A=0.12\,\mathrm{m},\quad T=2\,\mathrm{s},\quad \omega=\frac{2\pi}{T}=\pi\,\mathrm{rad/s}$$

当 $t=0$ 时，$y_0=0.06\,\mathrm{m}$，$v_0>0$，由式(4-6)得

$$0.06=0.12\cos\varphi,\quad -\omega A\sin\varphi>0$$

由此得

$$\varphi=-\frac{\pi}{3}$$

因此，简谐振动的运动方程为

$$y=0.12\cos\left(\pi t-\frac{\pi}{3}\right)\mathrm{m}$$

我们也可以利用旋转矢量法求解 φ. 根据初始条件 $t=0$ 时，$y_0=0.06\,\mathrm{m}$，$v_0>0$，画旋转矢量如图 4-9 所示，由图示可得旋转矢量与 y 轴的夹角 $\varphi=-\dfrac{\pi}{3}$，

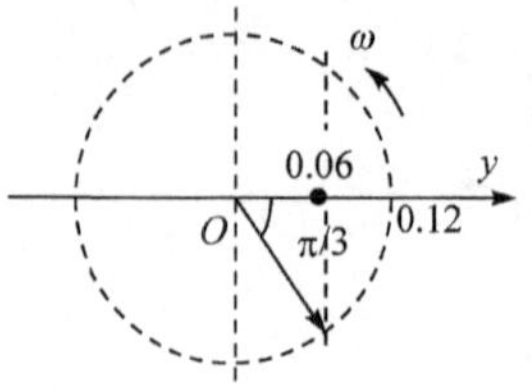

图 4-9 零时刻旋转矢量

即初相为

$$\varphi = -\frac{\pi}{3}$$

(2) 设 t_1 时刻，$y = -0.06\text{m}$ 且向 y 轴负方向运动，则

$$-0.06 = 0.12\cos\left(\pi t_1 - \frac{\pi}{3}\right), v = -0.12\pi\sin\left(\pi t_1 - \frac{\pi}{3}\right) < 0$$

所以

$$\omega t_1 - \frac{\pi}{3} = \frac{2\pi}{3}$$

$$t_1 = 1\text{s}$$

t_2 时刻，物体第一次回到平衡位置，则

$$0 = 0.12\cos\left(\pi t_2 - \frac{\pi}{3}\right), \quad \upsilon = -0.12\pi\sin\left(\pi t_2 - \frac{\pi}{3}\right) > 0$$

所以

$$\omega t_2 - \frac{\pi}{3} = \frac{3\pi}{2}$$

$$t_2 = \frac{11}{6}\text{s}$$

因此，所需时间为

$$\Delta t = t_2 - t_1 = \frac{5}{6}\text{s}$$

当然，也可以利用旋转矢量求解. t_1 时刻，物体从 $y = -0.06\text{m}$ 向 y 轴负方向运动,第一次回到平衡位置,由题意可知,振动先到达 $-A$，再沿 y 轴正方向运动到达 O 点，对应 t_2 时刻，如图 4-10 所示. 由图示计算可得，振幅矢量转过的角度为

$$\frac{\pi}{3} + \frac{\pi}{2} = \frac{5\pi}{6}$$

由于振幅矢量旋转的角速度为 $\omega = \pi$，所以由 t_1 到 t_2 对应的时间间隔为

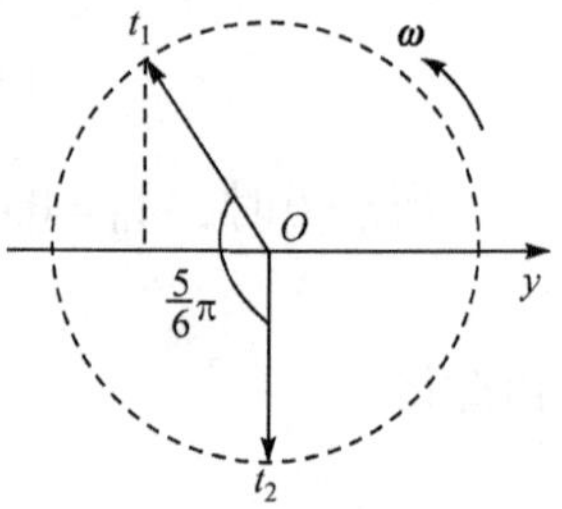

图 4-10 旋转矢量

$$\Delta t = \frac{\frac{5\pi}{6}}{\pi} = \frac{5}{6}(\text{s})$$

简谐振动的能量

4.2 简谐振动的能量

作简谐振动的物体，受到的回复力 $F = -Ky$，物体的运动规律为 $y = A\cos(\omega t$

$+\varphi)$，物体的运动速度为 $\upsilon=-\omega A\sin(\omega t+\varphi)$. 因此，系统作简谐振动时，每一时刻都具有一定的能量. 设物体的质量为 m，速度为 υ，则系统的动能为

$$E_k=\frac{1}{2}m\upsilon^2=\frac{1}{2}m\omega^2A^2\sin^2(\omega t+\varphi) \tag{4-11}$$

那么，系统的势能如何?

物体所受回复力 $F=-Ky$ 与第 2 章所讲的弹簧弹性力 $F=-kx$ 的表达形式相似，称为准弹性力. 弹簧弹性力是保守力，所以回复力也是保守力. 保守力做功与路径无关，仅与始末位置有关，因此可以引入与位置有关的函数——势能. 就弹性势能而言，当取弹簧原长($x=0$)处为势能零点时，势能 $E_p=kx^2/2$，其中 x 是形变量；对振动系统而言，取平衡位置($y=0$)处为势能零点，则当物体离开平衡位置的位移为 y 时，振动系统的势能为

$$E_p=\frac{1}{2}Ky^2=\frac{1}{2}KA^2\cos^2(\omega t+\varphi) \tag{4-12}$$

振动系统总能量为

$$\begin{aligned}E=E_k+E_p&=\frac{1}{2}m\upsilon^2+\frac{1}{2}Ky^2\\&=\frac{1}{2}m\omega^2A^2\sin^2(\omega t+\varphi)+\frac{1}{2}KA^2\cos^2(\omega t+\varphi)\end{aligned}$$

考虑到简谐振动中 $\omega^2=\dfrac{K}{m}$，上式可简化为

$$E=\frac{1}{2}m\upsilon^2+\frac{1}{2}Ky^2=\frac{1}{2}KA^2 \tag{4-13}$$

显然，总能量 E 与时间无关. 这表明简谐振动系统在振动过程中动能和势能虽然都随时间而变化，但总的机械能在振动过程中保持不变. 简谐振动系统的总能量和振幅的平方成正比，这是简谐振动的特点，对任一谐振系统都成立.

图 4-11 展示出了动能和势能随时间的变化关系及谐振动曲线(图中设 $\varphi=0$). 容易得出振动系统的动能和势能的变化频率是系统振动频率的两倍，总能量不变.

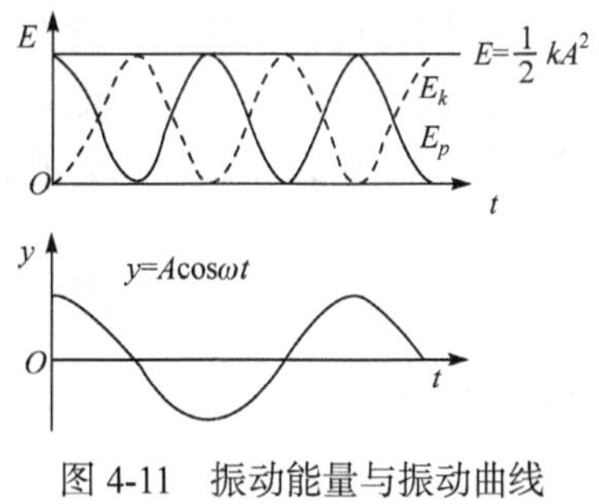

图 4-11 振动能量与振动曲线

例 4-4 如图 4-12 所示，劲度系数为 k 的轻弹簧上端固定，下端挂质量为 m 的物体，用手托起物体使弹簧处于原长处，然后放手，使其振动. 求：物体运动到位于平衡位置之下 P 点(到平衡位置的距离为 y)时物体的速度.

解 取平衡位置为坐标原点、向下为正方向建立坐标系，如图 4-13 所示. 物体在振动过程中受到的回复力是重力与弹簧弹

性力的合力，即

$$F = mg - k\left(y + \frac{mg}{k}\right) = -ky$$

所以，物体作谐振动.

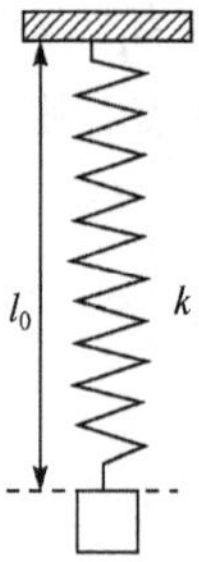

图 4-12　例 4-4 图

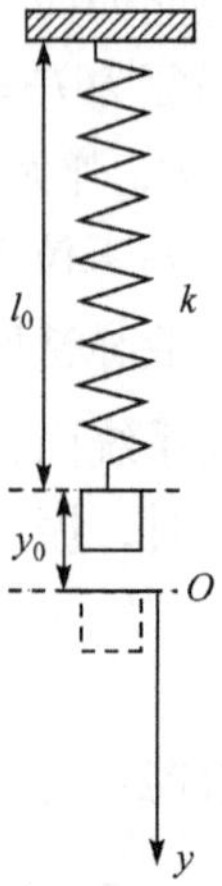

图 4-13　坐标系

初始时刻，$y_0 = -\frac{mg}{k}$，$v_0 = 0$. 由简谐振动系统机械能守恒，得

$$\frac{1}{2}mv_0^2 + \frac{1}{2}ky_0^2 = \frac{1}{2}mv^2 + \frac{1}{2}ky^2$$

解得

$$v = \pm\sqrt{\frac{k}{m}(y_0^2 - y^2)} = \pm\sqrt{\frac{k}{m}\left[\left(\frac{mg}{k}\right)^2 - y^2\right]}$$

v 有正、负两个值，反映出在 P 点物体的速度有两个可能的方向.

我们也可以取物体、弹簧、地球为系统，则该系统机械能守恒. 分别计算重力势能和弹簧弹性势能. 机械能是动能、重力势能和弹簧弹性势能之和. 取物体在弹簧原长处作为弹簧弹性势能、重力势能的零点，则

$$0 = \frac{1}{2}mv^2 + \frac{1}{2}k\left(y + \frac{mg}{k}\right)^2 - mg\left(y + \frac{mg}{k}\right)$$

同样可解得

$$v = \pm\sqrt{\frac{k}{m}\left[\left(\frac{mg}{k}\right)^2 - y^2\right]}$$

相比之下第一种方法求解要方便.

简谐振动的合成

4.3　简谐振动的合成

在实际问题中常有一个质点同时参与几个振动的情况，如当几列声波同时传到空间某一点时，该处的空气质元同时作几个振动，实际的运动就是这几个振动的合运动. 例如，周期为 T 的一个方波

$$y(t)=\begin{cases}A_0 & (0\leqslant t\leqslant T/2)\\ 0 & (T/2\leqslant t\leqslant T)\end{cases}$$

如图 4-14(a)所示，可分解为一个常数与若干个谐振动的合成，即

$$A_0\sin\left(\frac{2\pi}{T}\cdot t\right)+\frac{1}{3}A_0\sin\left(\frac{6\pi}{T}\cdot t\right)+\frac{1}{5}A_0\sin\left(\frac{10\pi}{T}\cdot t\right)+\frac{1}{7}A_0\sin\left(\frac{14\pi}{T}\cdot t\right)+\cdots$$

图 4-14(b)给出了用其中前 4 项合成出的方波，图中的锯齿波动可随着展开项中正弦谐波的数量增多而消失.

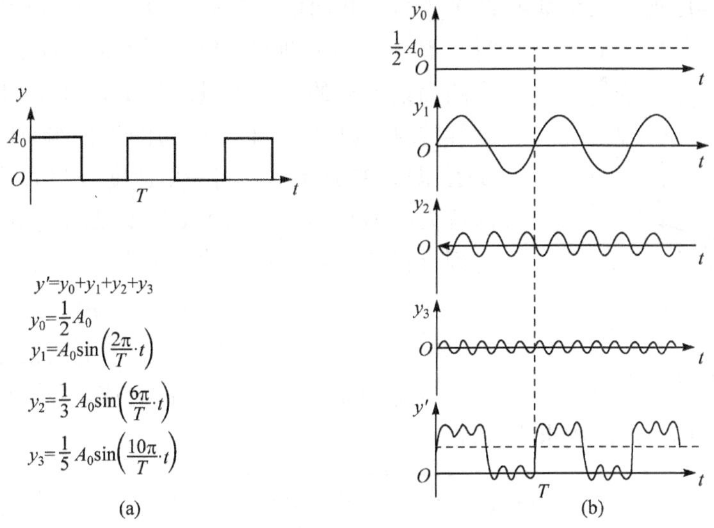

图 4-14　方波的分解与合成

4.3.1　同方向、同频率简谐振动的合成

设两同方向、同频率简谐振动的运动方程分别为

$$y_1=A_1\cos(\omega t+\varphi_1),\quad y_2=A_2\cos(\omega t+\varphi_2)$$

则它们的合振动为

$$y = y_1 + y_2 = A_1\cos(\omega t+\varphi_1) + A_2\cos(\omega t+\varphi_2)$$
$$= (A_1\cos\varphi_1 + A_2\cos\varphi_2)\cos\omega t - (A_1\sin\varphi_1 + A_2\sin\varphi_2)\sin\omega t$$

令

$$\begin{cases} A\cos\varphi = A_1\cos\varphi_1 + A_2\cos\varphi_2 \\ A\sin\varphi = A_1\sin\varphi_1 + A_2\sin\varphi_2 \end{cases}$$

则

$$y = A\cos\varphi\cos\omega t - A\sin\varphi\sin\omega t = A\cos(\omega t+\varphi)$$

式中

$$A = \sqrt{A_1^2 + A_2^2 + 2A_1A_2\cos(\varphi_2-\varphi_1)}$$
$$\tan\varphi = \frac{A_1\sin\varphi_1 + A_2\sin\varphi_2}{A_1\cos\varphi_1 + A_2\cos\varphi_2}$$

以上的合成方法称为解析法. 应用此法求多个振动的合成时会相当麻烦. 下面我们用旋转矢量法来讨论简谐振动的合成.

如图 4-15 所示, $\boldsymbol{A}_1$ 和 $\boldsymbol{A}_2$ 两个矢量以共同角速度 ω 绕 O 点逆时针旋转, 设 $t=0$ 时, $\boldsymbol{A}_1$、$\boldsymbol{A}_2$ 与 y 轴的夹角分别为 φ_1、φ_2, 则 $\boldsymbol{A}_1$ 和 $\boldsymbol{A}_2$ 为两简谐振动的旋转矢量. 当 $\boldsymbol{A}_1$ 和 $\boldsymbol{A}_2$ 以相同的角速度旋转时, 以 $\boldsymbol{A}_1$、$\boldsymbol{A}_2$ 为邻边的平行四边形的对角线 OM, 即合矢量 $\boldsymbol{A}$ 也以同一角速度 ω 绕 O 点旋转, 且保持大小不变. 设 $t=0$ 时 $\boldsymbol{A}$ 与 y 轴的夹角为 φ, 则 t 时刻 $\boldsymbol{A}$ 的末端在 y 轴上的投影为

$$y = A\cos(\omega t+\varphi)$$

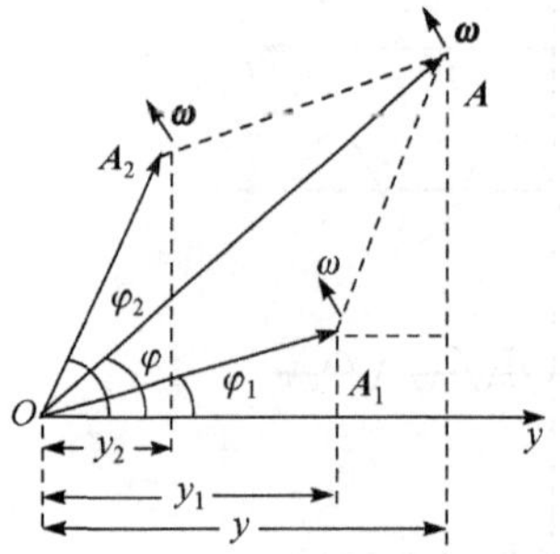

图 4-15 振动合成

可见, 合矢量 $\boldsymbol{A}$ 的末端在 y 轴上的投影代表了两个同方向、同频率简谐振动的合成, 合振动振幅的大小可由平行四边形法则求得, 即

$$A = \sqrt{A_1^2 + A_2^2 + 2A_1A_2\cos(\varphi_2-\varphi_1)} \tag{4-14}$$

当 $t=0$ 时, 有

$$\begin{cases} A\cos\varphi = A_1\cos\varphi_1 + A_2\cos\varphi_2 \\ A\sin\varphi = A_1\sin\varphi_1 + A_2\sin\varphi_2 \end{cases} \tag{4-15}$$

得

$$\tan\varphi = \frac{A_1\sin\varphi_1 + A_2\sin\varphi_2}{A_1\cos\varphi_1 + A_2\cos\varphi_2} \tag{4-16}$$

可以看出, 旋转矢量法要比解析法简单、直观.

式(4-14)表明合振动的振幅不仅与两分振动的振幅有关，还与它们的相位差 $\varphi_2-\varphi_1$ 有关. 下面讨论两个重要的特例.

(1) 两分振动同相，相位差 $\varphi_2-\varphi_1=\pm 2n\pi(n=0,1,2,\cdots)$，这时 $\cos(\varphi_2-\varphi_1)=1$，由式(4-14)得

$$A=\sqrt{A_1^2+A_2^2+2A_1A_2}=A_1+A_2$$

即合振动的振幅为两个分振动振幅之和，合振幅达到最大值.

(2) 两分振动反相，相位差 $\varphi_2-\varphi_1=\pm 2(n+1)\pi(n=0,1,2,\cdots)$，这时 $\cos(\varphi_2-\varphi_1)=-1$，由式(4-14)得

$$A=\sqrt{A_1^2+A_2^2-2A_1A_2}=|A_1-A_2|$$

即合振动的振幅为两个分振动振幅之差的绝对值，合振幅达到最小值. 若 $A_1=A_2$，则合振动的振幅为零，两分振动相互抵消，物体处于静止状态.

当相位差 $\varphi_2-\varphi_1$ 为其他值时，由式(4-14)可得，合振动振幅 A 在 $|A_1-A_2|$ 与 A_1+A_2 之间.

以上振动的合成方法及其结果的讨论十分重要，在今后研究机械波和光波的干涉、衍射等问题时都要用到.

求合振动的振幅和初相时，也可以用三角形法则，画出如图 4-16 所示的矢量三角形 OM_1M，$\boldsymbol{A}_1$ 与 $\boldsymbol{A}_2$ 的夹角等于两振动的初相差 $\varphi_2-\varphi_1$. 这个方法可以很容易地推广到求多个简谐振动的合成问题. 如图 4-17 所示是三个同频率简谐振动的合成情况，在解决多个同方向、同频率振动的合成时，这种方法显得尤为方便.

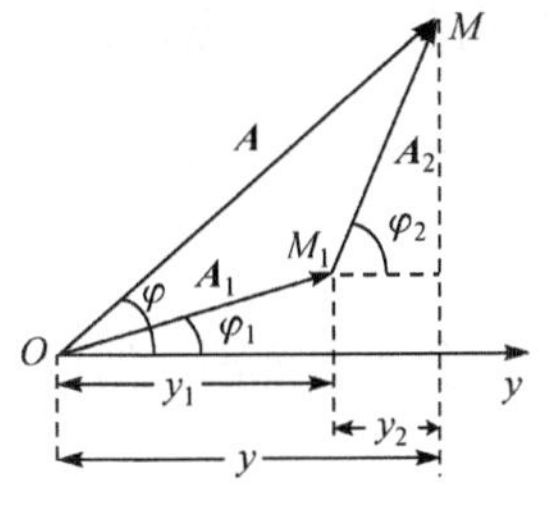

图 4-16 两振动的矢量合成

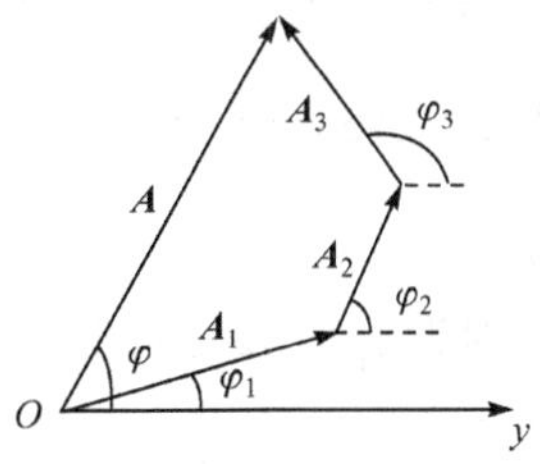

图 4-17 三振动的矢量合成

例 4-5 设某质点同时参与两个振动，两振动方程分别为

$$y_1=A\cos\omega t,\quad y_2=A\cos\left(\omega t+\frac{\pi}{2}\right)$$

求合振动方程.

解 方法一：设合振动方程为

$$y=A_{合}\cos(\omega t+\varphi)$$

由式(4-14)得合振动振幅

$$A_{合} = \sqrt{A^2 + A^2 + 2A^2\cos\frac{\pi}{2}} = \sqrt{2}A$$

由式(4-15)可得

$$\begin{cases} A_{合}\sin\varphi = A\sin 0 + A\sin\dfrac{\pi}{2} = A \\ A_{合}\cos\varphi = A\cos 0 + A\cos\dfrac{\pi}{2} = A \end{cases}$$

合振动的初相为

$$\varphi = \frac{\pi}{4}$$

因此，合振动方程为

$$y = \sqrt{2}A\cos\left(\omega t + \frac{\pi}{4}\right)$$

方法二：画旋转矢量图，如图 4-18 所示，可得

$$A_{合} = \sqrt{A^2 + A^2} = \sqrt{2}A\text{，}\quad \varphi = \frac{\pi}{4}$$

因此，合振动方程为

$$y = \sqrt{2}A\cos\left(\omega t + \frac{\pi}{4}\right)$$

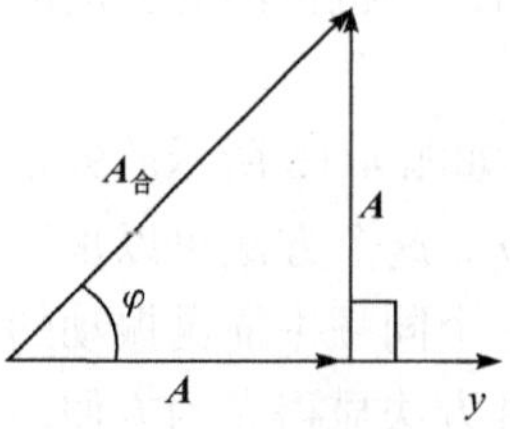

图 4-18　旋转矢量图

例 4-6　已知一质点同时参与三个振动，三个振动方程分别为 $y_1 = A\cos\omega t$，$y_2 = A\cos\left(\omega t + \dfrac{\pi}{2}\right)$，$y_3 = A\cos(\omega t - \pi)$，求它们合振动的振动方程.

解　因为 $y_1 = A\cos\omega t$ 和 $y_3 = A\cos(\omega t - \pi)$ 反相，合成后抵消，所以合振动方程为

$$y = A\cos\left(\omega t + \frac{\pi}{2}\right)$$

例 4-7　若有一质点同时参与 n 个同方向、同频率、同振幅的简谐振动，它们的振幅均为 a，初相依次差一个恒量 δ，它们的振动方程分别为

$$y_1 = a\cos\omega t$$

$$y_2 = a\cos(\omega t + \delta)$$

$$y_3 = a\cos(\omega t + 2\delta)$$

$$\cdots\cdots$$

$$y_n = A\cos[\omega t + (n-1)\delta]$$

求合振动的振幅.

解 按照图 4-19 所示的方法画出这 n 个振幅矢量，它们依次相连，任何两个相邻矢量间的夹角都是 δ，因此它们组成一个正多边形的一部分. 该正多边形的外接圆圆心在 C 点，半径为 R，每个振幅矢量在圆心处张开的角度都是 δ，则合振动振幅 A 所张开的圆心角为 $n\delta$. 在 $\triangle OCM$ 中，由几何关系可得合振动振幅

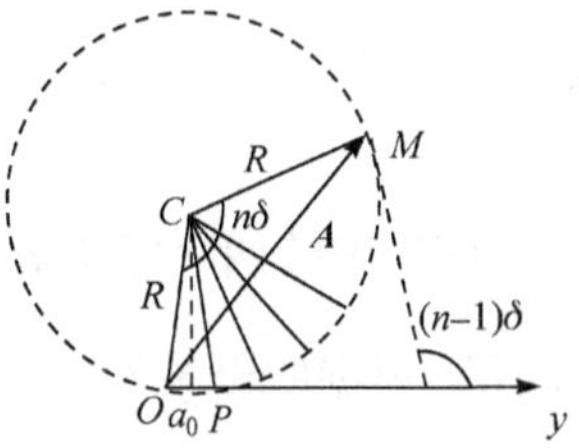

图 4-19　例 4-7 图

$$A = 2R\sin\frac{n\delta}{2}$$

在$\triangle OCP$ 中

$$a = 2R\sin\frac{\delta}{2}$$

两式相除，可得

$$A = a\frac{\sin\frac{n\delta}{2}}{\sin\frac{\delta}{2}}$$

即合振动的振幅.

下面讨论两种特殊情况：

(1) 各分振动同相，$\delta = 2k\pi, k = 0, \pm1, \pm2, \cdots$.

$$A = na$$

这时，各分振幅矢量的方向相同，合振动振幅最大.

(2) 各分振动的初相差 $\delta = 2k'\pi / n$，k' 为不等于 nk 的整数.

$$A = 0$$

这时，各分振幅矢量依次相连构成闭合的正多边形，合振幅为零.

4.3.2 同方向、不同频率的两简谐振动的合成　拍

如果一个质点同时参与两个同方向、不同频率的简谐振动，则其合振动较为复杂. 下面仅讨论两个简谐振动的频率之差不大(即$|\nu_2 - \nu_1| \ll \nu_1 + \nu_2$)且振幅相等的情况.

设两个分振动方程分别为

$$y_1 = A\cos(\omega_1 t + \varphi) = A\cos(2\pi\nu_1 t + \varphi)$$
$$y_2 = A\cos(\omega_2 t + \varphi) = A\cos(2\pi\nu_2 t + \varphi)$$

合振动方程为

$$y = y_1 + y_2 = A\cos(2\pi\nu_1 t + \varphi) + A\cos(2\pi\nu_2 t + \varphi)$$

整理得

$$y = 2A\cos\left(2\pi\frac{\nu_2 - \nu_1}{2}t\right)\cos\left(2\pi\frac{\nu_1 + \nu_2}{2}t + \varphi\right) \tag{4-17}$$

式(4-17)中的两个因子$\cos\left(2\pi\frac{\nu_2 - \nu_1}{2}t\right)$及$\cos\left(2\pi\frac{\nu_1 + \nu_2}{2}t + \varphi\right)$表示两个周期性变化的量. 根据所设条件$|\nu_2 - \nu_1| \ll \nu_1 + \nu_2$，第一个量的变化比第二个量的变化慢很多，以至于在一段较短的时间内第二个量反复变化多次时，第一个量几乎没有变化. 因此，由这两个因子的乘积决定的运动可看成振幅为$\left|2A\cos\frac{\nu_2 - \nu_1}{2}t\right|$，频率为$\frac{\nu_1 + \nu_2}{2}$的振动，但不是简谐振动. 由于振幅随时间作周期性缓慢变化，所以就出现振动忽强忽弱的现象，这种现象叫作**拍**. 这种合振动曲线如图 4-20 所示. 单位时间内振幅加强或减弱的次数叫作**拍频**. 拍频的值可以由公式$\left|2A\cos\frac{\nu_2 - \nu_1}{2}t\right|$求出. 由于这里只考虑绝对值，余弦函数的绝对值在一个周期内两次达到最大值，所以单位时间内最大振幅出现的次数应为振幅$2A\cos\left(2\pi\frac{\nu_2 - \nu_1}{2}t\right)$的频率的两倍，即拍频为$\nu = |\nu_2 - \nu_1|$，为两个分振动的频率之差.

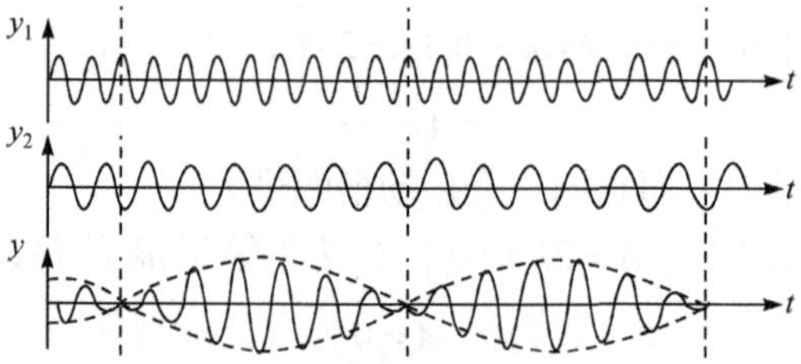

图 4-20　拍

拍是一种重要的现象，在声振动和电振动中经常遇到，例如，两频率相差很小的音叉同时振动时，产生周期性的时强时弱的声音，这就是拍现象. 利用标准音叉校准钢琴中发音不准的琴弦，方法是使音叉和琴弦同时发音，通过调整弦的松紧，使拍频越小，两频率越接近. 无线电收音机中的超外差式收音机就利用了收音机本身振荡系统的固有频率和所接收的电磁波频率产生拍频的原理.

*4.3.3　两个相互垂直的简谐振动的合成

如果一个质点同时参与两个不同方向的振动，例如，一个谐振动沿 x 轴方向、角频率为ω_x，另一些振动沿y轴方向、角频率为ω_y. 一般情况下，质点将在xOy平面上做曲线运动. 质点的运动轨迹由两振动的角频率、振幅和相位差来决定. 合振动规律比较复杂. 下面讨论两个相互垂直的同频率简谐振动的合成.

设两振动方程分别为

$$x = A_1\cos(\omega t + \varphi_1)$$
$$y = A_2\cos(\omega t + \varphi_2)$$

将上两式中的t消去，可得合振动的轨迹方程为

$$\frac{x^2}{A_1^2} + \frac{y^2}{A_2^2} - \frac{2xy}{A_1A_2}\cos(\varphi_2 - \varphi_1) = \sin^2(\varphi_2 - \varphi_1) \tag{4-18}$$

这是一个椭圆方程，它的具体形状及轨迹走向完全由两个分振动的振幅及相位差$\varphi_2 - \varphi_1$的值来确定.

当$\varphi_2-\varphi_1=0$或π时，式(4-18)变为$\left(\frac{x}{A_1}\mp\frac{y}{A_2}\right)^2=0$，即$y=\pm\frac{A_2}{A_1}x$，所以合振动的轨迹是一条经过原点的直线，合振幅为$\sqrt{A_1^2+A_2^2}$，如图4-21(a)所示. $\varphi_2-\varphi_1=0$时，两振动相位相同，斜率取正值，为A_2/A_1；$\varphi_2-\varphi_1=\pi$时，两振动相位相反，斜率取负值，为$-A_2/A_1$.

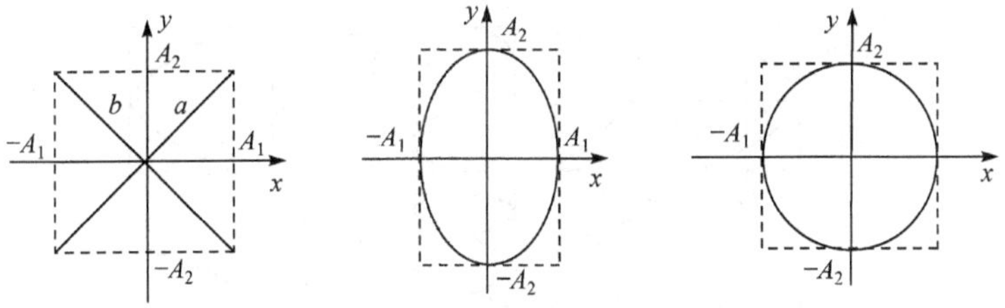

(a) $\varphi_2-\varphi_1=0$或π (b) $\varphi_1-\varphi_2=\pm\frac{\pi}{2}$ (c) $\varphi_2-\varphi_1=\pm\frac{\pi}{2}$且$A_1=A_2$

图4-21 两个相互垂直的同频率简谐振动的合成

当$\varphi_2-\varphi_1=\pm\frac{\pi}{2}$时，式(4-18)变为$\frac{x^2}{A_1^2}+\frac{y^2}{A_2^2}=1$，合振动的轨迹是以坐标轴为主轴的正椭圆. 如图4-22(b)所示. $\varphi_2-\varphi_1=+\frac{\pi}{2}$时，合振动沿顺时针方向进行；$\varphi_2-\varphi_1=-\frac{\pi}{2}$时，合振动沿逆时针方向进行. 当$A_1=A_2$时，椭圆变为正圆，如图4-21(c)所示.

若$\varphi_2-\varphi_1$不为上述数值，那么合振动的轨迹为处于边长分别为$2A_1$(x轴方向)和$2A_2$(y轴方向)的矩形范围内的任意确定走向的椭圆，如图4-22所示.

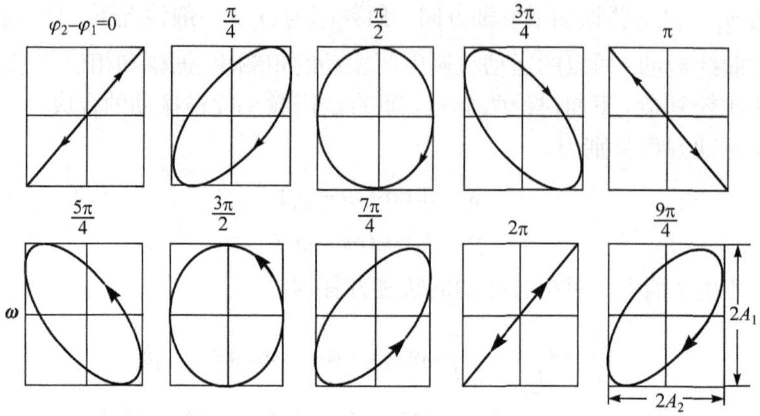

图 4-22　两个相互垂直的同频率简谐振动的合成

如果两个相互垂直的振动的频率不相同，它们的合成运动更加复杂，而且轨迹是不稳定的. 法国科学家李萨如(Lissajous)系统研究了这些规律，发现当两频率有简单的整数比时，合运动的轨迹为稳定、封闭的运动轨迹. 这种轨迹曲线称为李萨如图(图 4-23). 如果已知一个振动的频率，就可以根据李萨如图求出另一振动的频率. 这是一种比较方便也比较常用的测定频率的方法，在许多科技领域中都有应用.

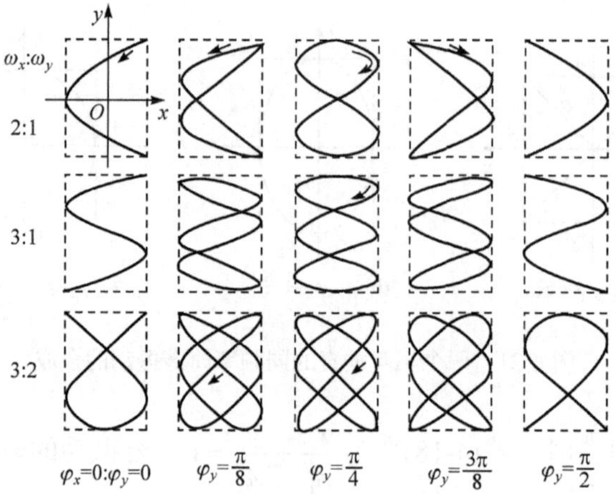

图 4-23　李萨如图与走向

*4.4　阻尼振动　受迫振动　共振

4.4.1　阻尼振动

前面讨论的简谐振动都是在不计阻力的理想情况下的等幅振动，这种振动又称为无阻尼振动. 实际上，任何振动系统都要受到阻力作用，这时的振动称为阻尼振动. 在阻尼振动中，系统在振动中要克服阻力做功并消耗系统的能量，系统的振幅将随能量的不断消耗而逐渐减小，直至停止运动，故阻尼振动又称减幅振动.

通常的振动系统都处在空气或液体中，阻力就来自周围的介质. 实验指出，当运动速度不太大时，介质对运动物体的阻力 f 与速度 v 成正比，即

$$f=-bv=-b\frac{\mathrm{d}y}{\mathrm{d}t} \tag{4-19}$$

式中 b 为阻力系数，负号表示阻力与速度反向.

以质量为 m 的弹簧振子为例，在弹性力和上述阻力作用下运动时，其动力学方程为

$$m\frac{\mathrm{d}^2y}{\mathrm{d}t^2}=-ky-b\frac{\mathrm{d}y}{\mathrm{d}t}$$

上式整理可得

$$\frac{\mathrm{d}^2y}{\mathrm{d}t^2}+\frac{b}{m}\frac{\mathrm{d}y}{\mathrm{d}t}+\frac{k}{m}y=0 \tag{4-20}$$

这是一个微分方程. 在阻尼作用较小时，此方程的解为

$$y=A_0\mathrm{e}^{-[b/(2m)]t}\cos(\omega t+\varphi) \tag{4-21}$$

其中 $\omega=\sqrt{\dfrac{k}{m}-\dfrac{b^2}{4m^2}}$，$A_0$，$\varphi$ 是由初始条件决定的常数. 如果 b=0(即无阻尼)，振子作无阻尼简谐振动($\omega_0=\sqrt{k/m}$).

如果阻力系数较小($b\ll\sqrt{km}$)，则 $\omega\approx\omega_0$. 我们可以认为式(4-21)是一个振幅 $A_0\mathrm{e}^{-bt/(2m)}$ 随时间指数减小的余弦函数，振动曲线如图 4-24 所示. 这种阻尼较小的情况称为**欠阻尼**.

如果阻尼过大，以至于 $b>2\sqrt{km}$. 此时振子以非周期运动方式慢慢回到平衡位置，如图 4-25 中的 b 所示. 这种情况称为过阻尼.

如果阻尼刚好使得 $\dfrac{k}{m}-\dfrac{b^2}{4m^2}=0$ 或 $b=2\sqrt{km}$，则振子刚刚能做非周期性运动，最后也回到平衡位置，如图 4-25 中的 c 所示. 这种情况称为临界阻尼. 从图中可以看出，当系统处于临界阻尼时，系统由开始振动到静止所经历的时间最短.

阻尼在工程技术中有着重要的应用. 例如，使精密仪器的偏转系统处在临界阻尼状态下工作，可扼制仪器的振动，减少操作时间，在最短时间内得到稳定读数.

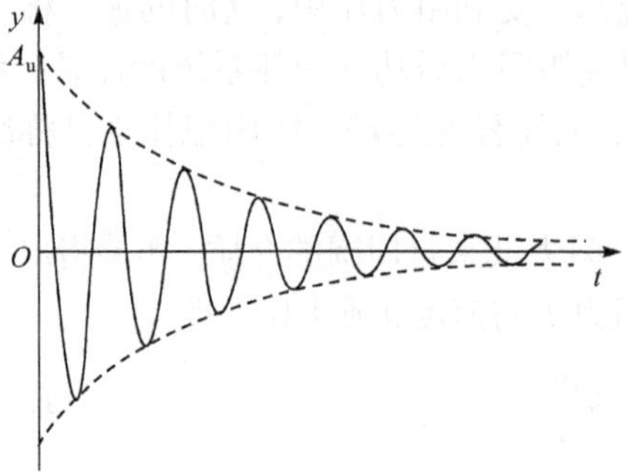

图 4-24 阻尼振动

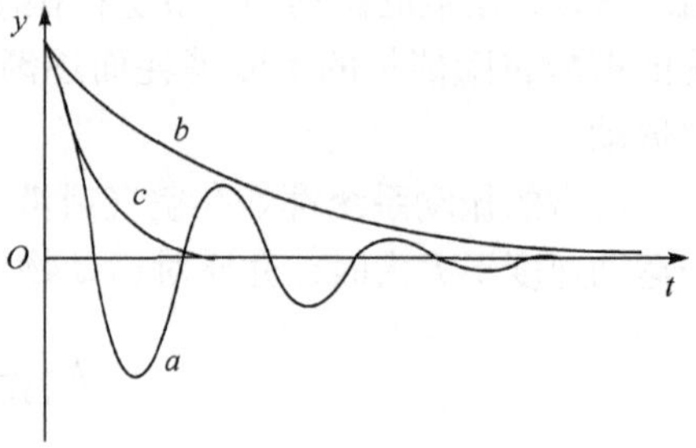

图 4-25 欠阻尼 a、过阻尼 b、临界阻尼 c

4.4.2 受迫振动

在实际振动中，阻尼是不可避免的，要维持系统作等幅振动，则必须对系统施加周期性的驱动力，以向系统补充能量，这种振动称为**受迫振动**，如扬声器中纸盆的振动，机器运转时引起基座的振动，都是受迫振动.

设一个系统受周期性外力 $F_0 \cos\omega_d t$ 作用，根据牛顿定律，可得受迫振动的微分方程

$$m\frac{\mathrm{d}^2 y}{\mathrm{d}t^2} = -ky - b\frac{\mathrm{d}y}{\mathrm{d}t} + F_0 \cos\omega_d t \tag{4-22}$$

令 $\omega_0^2 = \dfrac{k}{m}$，式(4-22)可改写为

$$\frac{\mathrm{d}^2 y}{\mathrm{d}t^2} + \frac{b}{m}\frac{\mathrm{d}y}{\mathrm{d}t} + \omega_0^2 y = \frac{F_0}{m}\cos\omega_d t \tag{4-23}$$

此方程的解为

$$y = A_0 \mathrm{e}^{-[b/(2m)]t} \cos\left(\sqrt{\omega_0^2 - \frac{b^2}{4m^2}}t + \varphi_0\right) + A\cos(\omega_d t + \varphi) \tag{4-24}$$

式(4-24)说明，受迫振动是由阻尼振动和等幅振动两部分组合而成的. 开始振动时系统的运动较为复杂，经过一段时间，阻尼振动部分衰减为零，系统的振动状态完全由驱动力来控制，振动达到稳定状态时作振幅不变的等幅振动. 因此受迫振动的稳定状态可表示为

$$y = A\cos(\omega_d t + \varphi)$$

受迫振动的角频率 ω 就是驱动力的频率 ω_d，而振幅为

$$A=\frac{F_0}{\sqrt{(k-m\omega_d^2)^2+b^2\omega_d^2}} \tag{4-25}$$

稳态受迫振动与驱动力的相差为

$$\varphi=\arctan\frac{-b\omega_d}{m(\omega_0^2-\omega_d^2)} \tag{4-26}$$

这些都与初始条件有关. 式(4-26)表明，振幅 A 的大小与周期性外力的角频率 ω_d、阻力系数 b 及振动系统的固有角频率 ω_0 有关.

从能量角度看，当受迫振动达到稳定后，周期性外力在一个周期内对振动系统做功提供的能量恰好用来补偿系统在一个周期克服阻力做功所消耗的能量，因而使受迫振动的振幅保持稳定不变.

4.4.3 共振

在不同阻尼情况下，受迫振动的振幅与外力角频率的关系如图 4-26 所示，当外力的角频率 ω_d 与系统的固有角频率 ω_0 相差很大时(即 $\omega_d \gg \omega_0$ 或 $\omega_d \ll \omega_0$)，受迫振动的振幅较小；当外力的角频率 ω_d 接近系统的固有频率 ω_0 时，受迫振动的振幅变大；当 $\omega_d=\sqrt{\omega_0^2-b^2/(2m^2)}$ 时，振幅具有极大值.

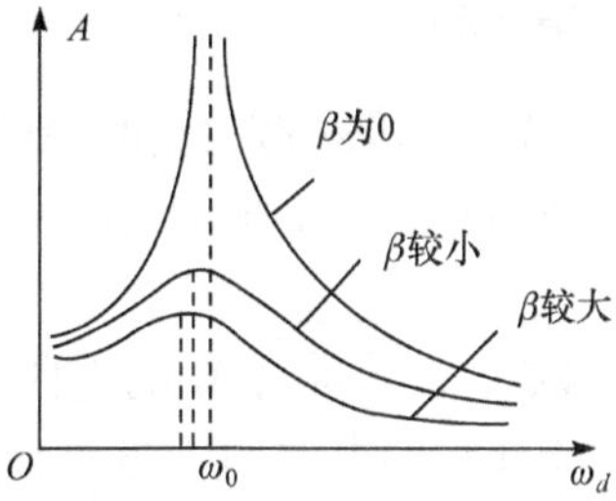

图 4-26　驱动力角频率ω对振幅的影响

我们把在周期性外力作用下，受迫振动的振幅达到极大值的现象称为**(位移)共振**，引起共振的角频率 ω_d 称为共振角频率. 在阻尼趋于零时，共振频率等于系统的固有频率.

共振是一个既有利又有弊的物理现象，在声学、光学、无线电以及工程技术中有很重要的应用. 例如，许多仪器就是利用共振原理设计的：收音机利用电磁共振选台，乐器利用共振提高音响效果，核磁共振被用来进行物质结构研究及医疗诊断等. 共振也有不利的一面，共振时振幅过大会造成机器、设备和建筑的损坏等，如军队过桥造成桥梁倒塌、呼喊造成雪崩、晕车. 1904 年，俄国一队骑兵以整齐的步伐通过彼得堡的一座桥时，引起桥身共振而桥毁人亡. 1940 年，著名的美国塔科马海峡大桥因为其桥面厚度不足，在强风的吹袭下，引起卡门涡街，桥身摆动，当卡门涡街的振动频率与吊桥自身的固有频率相同时，引起吊桥的剧烈共振而坍塌(图 4-27)，这次事件成为研究空气动力学卡门涡街引起建筑物共振破坏力的活教材，也被记载为 20 世纪最严重的工程设计错误之一.

图 4-27　塔科马海峡大桥

习　　题

一、填空题

4-1　劲度系数为 k 的轻弹簧，两边分别系着质量为 M 和 m 的物体，放在光滑水平面上，压缩弹簧，然后放手，让物体振动，则该系统的振动周期是__________.

4-2　一质量为 M 的物体在光滑平面上作谐振动，当运动到位移最大处时一块黏土正好自其竖直上方落在物体上，则其周期将________，振幅将________. (填写“变大”“变小”或“不变”.)

4-3　轻弹簧一端固定，另一端挂一物体自由下垂. 此谐振动系统机械能守恒式可写成______________________，其中势能的参考零点应选在________位置.

4-4　一物体作谐振动，设其振动方程为 $y = A\cos(\omega t + \varphi)$，若 t=0 时，它位于正方向最大位移的一半处并向平衡位置运动，其初相 φ=________.

4-5　一物体作谐振动，其振动方程为 $y = A\cos(\omega t + \varphi)$，当速率为其最大值的一半时，位移是______；当加速度大小为其最大值的一半时，位移为______；当动能和势能相等时，位移为________.

4-6　两个同方向、同频率的谐振动，振动方程分别为

$$y_1 = 5\cos(10t + 0.75\pi),\quad y_2 = 6\cos(10t + \varphi)\quad \text{(SI)}$$

要使合振动的振幅最大，则 φ 应为______，最大振幅为________.

4-7　a、b 是两个同方向、同振幅、同频率的简谐振动，y - t 曲线如习题 4-7 图所示，则

(1) 它们的角频率为______________.

(2) 初相差 $\varphi_b-\varphi_a=$__________.

(3) 在参考圆上画出 $t=0$ 时刻 a、b 两振动在圆上所对应的点；此时两振幅矢量之间的夹角为____________.

(4) a 的初相为__________，振动方程为____________；b 的初相为________，振动方程为______________.

(5) 若一质点同时参与 a、b 两个振动，它的合振动方程为____________________.

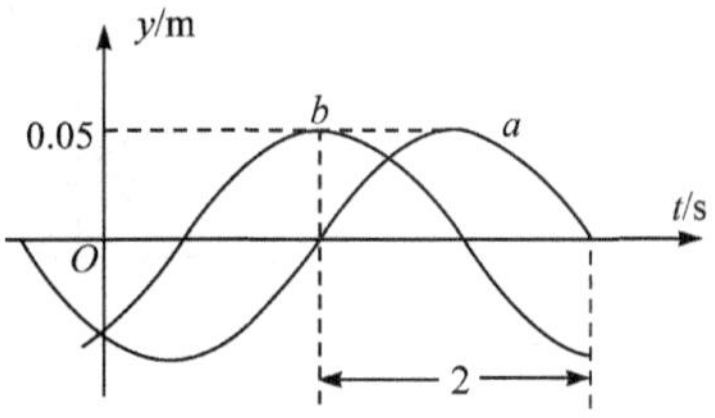

习题 4-7 图

二、计算题

4-8 将劲度系数分别为 k_1 和 k_2 的两弹簧串接在一起，上端固定，下端悬挂一个质量为 m 的小球，如习题 4-8 图所示，试求该系统的振动周期.

4-9 如习题 4-9 图所示，一半径为 R 的均匀带正电荷的细圆环，总电荷为 Q. 沿圆环轴线(取为 X 轴，原点在环心 O)放一根拉紧的光滑细线，线上套着一颗质量为 m、带负电荷 $-q$ 的小珠. 今将小珠放在偏离环心 O 很小距离 b 处，由静止释放，试分析小珠的运动情况并写出其运动方程.

4-10 一半径为 R 的圆形线圈，通有强度为 I 的电流，平面线圈处在均匀磁场 $\boldsymbol{B}$ 中，$\boldsymbol{B}$ 的方向垂直纸面向里，如习题 4-10 图所示. 线圈可绕通过它的直径的轴 OO' 自由转动，线圈对该轴的转动惯量为 J. 试求线圈在其平衡位置附近作微小振动的周期.

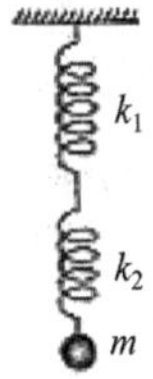

习题 4-8 图

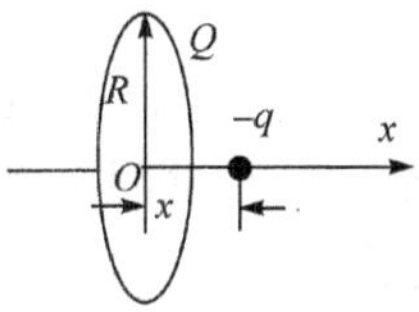

习题 4-9 图

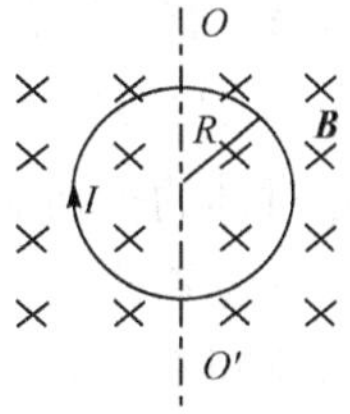

习题 4-10 图

4-11 一质点的简谐振动曲线如习题 4-11 图所示，周期为 T，振幅为 A，求：

(1) 该质点的振动方程；

(2) 该点从状态 a 回到平衡位置的最短时间.

4-12 一简谐振动的振动曲线如习题 4-12 图所示.

(1) 写出振动方程；

(2) 求 a、b 两点的相位；

(3) 求 a 状态所对应的时刻.

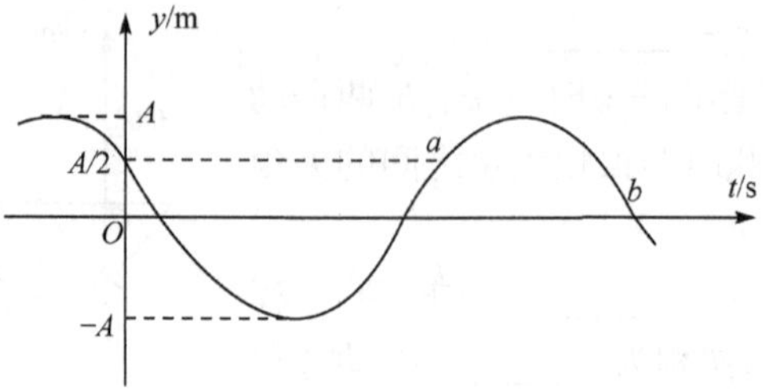

习题 4-11 图

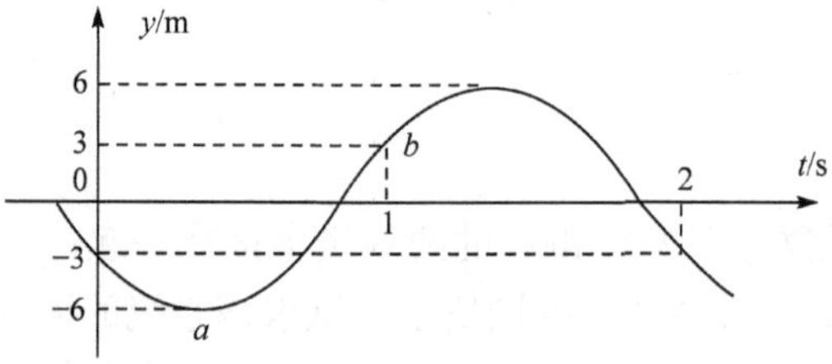

习题 4-12 图

4-13 如习题 4-13 图所示，一轻弹簧的劲度系数为 k，上端固定，下端悬挂质量为 M 的盘子. 质量为 m 的物体从离盘底高 h 处自由下落到盘中并和盘子粘在一起，于是盘子开始振动.

(1) 求系统振动到平衡位置时弹簧的伸长量及振动的周期；

(2) 若取该系统平衡位置为原点，向下为正，以盘子(与物体)开始振动时作为计时起点($t=0$)，求盘子(与物体)的振动方程.

4-14 有一装置如习题 4-14 图所示. 劲度系数为 $k=50\text{N}\cdot\text{m}$ 的轻弹簧一端固定，另一端与细绳连接，细绳跨过在桌边的定滑轮与质量为 $m=1.5\text{kg}$ 的物体连接. 定滑轮对轴的转动惯量 $J=0.02\text{kg}\cdot\text{m}^2$，半径 $R=0.2\text{m}$，取 $g=10\text{m}/\text{s}^2$. 如果将物体从平衡位置往上托 0.2m，再突然放手(此时 $t=0$)，物体开始振动. 设绳长一定，绳与滑轮间不打滑，滑轮轴承处无摩擦.

(1) 证明物体作简谐振动；

(2) 确定物体的振动周期，并写出其振动方程(取向下为正).

4-15 质量为 10g 的小球与轻弹簧组成系统，按 $y=0.1\cos(8\pi t+3\pi/2)$ 的规律振动.

(1) 求振动的能量，一周期内的平均动能和平均势能；

(2) 求振动动能和振动势能相等时小球的位移；

(3) 求小球在最大位移一半处，且向 y 轴正向运动时，它所受的力、加速度和速度；

(4) 画出这个振动的 y-t 图.

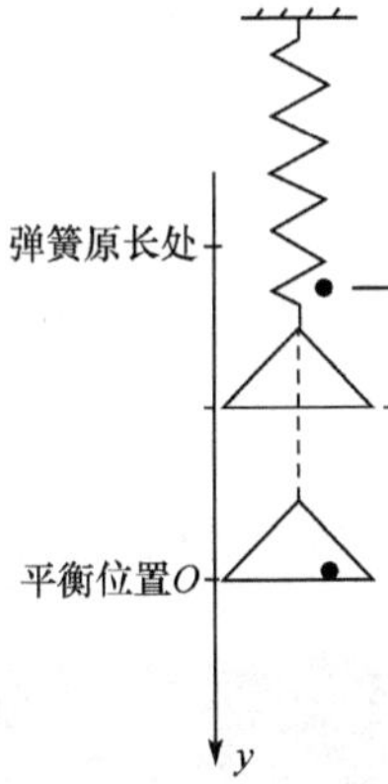

习题 4-13 图

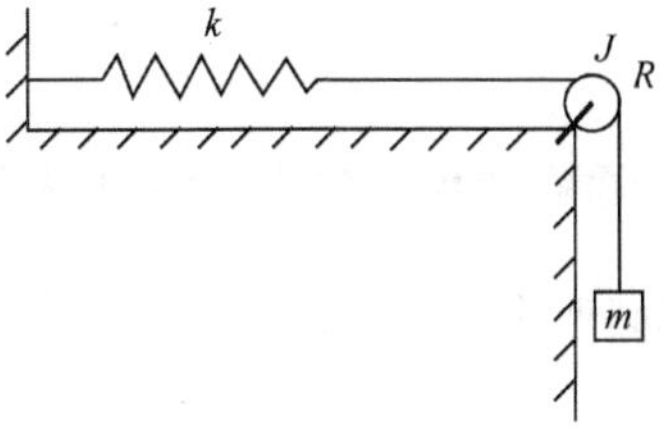

习题 4-14 图

4-16 一弹簧振子在光滑水平面上作谐振动，轻弹簧劲度系数为 k，所系物的质量为 m'，振幅为 A.

(1) 当物体通过平衡位置时，有一质量为 m 的泥团竖直落下，正粘在物体上. 求：系统的振动周期和振幅；振动总能量的损失.

(2) 如果当物体达到最大振幅 A 时，泥团竖直落在物体上，求：系统的周期和振幅；振动总能量的损失；物体系统通过平衡位置时的速度.

4-17 一质点同时参与三个谐振振动，振动方程分别为

$$y_1 = A\cos\omega t\,,\quad y_2 = A\cos(\omega t + \pi/2)\,,\quad y_3 = 2A\cos(\omega t - \pi)$$

求该质点的合振动方程.

第5章 波动概论

【内容概要】

- 机械波的产生和传播
- 平面简谐波的波函数
- 波动过程中的能量传播
- 惠更斯原理 波的干涉
- 驻波
- 多普勒效应

蜻蜓点水 层层涟漪

波动是自然界中常见的现象，是物质的运动形式之一. 当我们说到波动的时候，可以列举出很多例子，如水波、声波、光波、无线电波、小提琴琴弦上的波动、地震波，在讲到量子物理的时候我们还会学到物质波，我们甚至用波动来形容情绪和思想的变化. 那么物理上，什么是波动？如何来描述波动？波动会遵循什么样的规律呢？在本章中我们会找到答案. 波动是振动在空间的传播. 机械振动在弹性介质中的传播称为机械波，如水波、声波、地震波等；变化的电场和变化的磁场在空间的传播形成电磁波，如无线电波、光波等；近代物理中还有表示实物粒子波动性的概率波，在量子力学中用来描述电子、原子等微观粒子的运动. 人类利用无线电波传输信息，利用超声波清洗镜片、粉碎物质、促进化学反应、诊断疾病，利用次声波制造武器，利用电子、中子的物质波制成窥探微观世界的显微镜……但波也会造成破坏，形成灾难：海啸、核武器爆炸形成的次声波剥夺人类和动物的生命，地震波常造成严重的人员伤亡，能引起火灾、水灾、有毒气体泄漏、细菌及放射性物质扩散，还可能造成海啸、滑坡、崩塌、地裂缝等次生灾害……所以我们应该了解波的规律，方便人类生产和生活，并预防和减少由它引起的灾害.

各种形式的波动虽然产生的机制各不相同，性质上也有本质的区别，但它们有着许多共同的特征和规律，比如都能产生反射、折射、干涉和衍射等物理现象. 本章主要讨论机械波的基本概念及规律，包含内容有机械波的产生和传播、波函数和波的能量、惠更斯(Huygens)原理、波的干涉、驻波、多普勒(Doppler)效应等.

5.1　机械波的产生和传播

机械波的基本特征
平面简谐波

5.1.1　机械波的形成条件

我们以绳波为例来说明机械波是如何形成的、需要什么样的条件. 如图 5-1 所示，绳的一端固定，手持绳的另一端上下抖动，随着我们不停地上下抖动绳子，可以看到绳子上出现峰谷相间的形状，而且一个接一个地将振动状态沿着绳向固定端传播，形成绳波. 通过这个例子我们可以总结出机械振动形成所必备的两个条件. 第一个条件就是波源，要想出现绳波，我们必须上下抖动绳子一端，那么上下抖动绳子就为绳波提供了波源. 所谓波源就是作机械振动的物体. 再者，要想形成绳波，必须要有绳子，所以形成波的第二个条件就是必须要有弹性介质，用来传递机械振动.

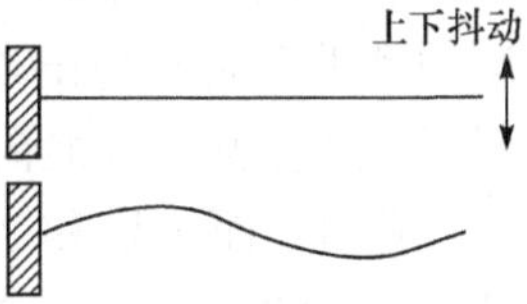

图 5-1　绳波的形成

5.1.2　横波和纵波

根据介质质元的振动方向与波的传播方向的关系，我们可将机械波分为横波和纵波. 如果在波的传播过程中，介质中各质点振动方向与波的传播方向相互垂直，这种波称为**横波**. 如果在波的传播过程中，介质中各质点的振动方向与波动的传播方向相互平行，这种波称为**纵波**. 如图 5-1 所示的绳波传播过程中，绳上下抖动，绳子上出现峰谷相间的波形，并且沿绳子长度方向传播，该波形的传播方向与绳子上各点振动方向垂直，所以绳波是横波. 如图 5-2 所示，一轻质弹簧水平放置，一端固定，用手左右推动弹簧的另一端，随着手的左右推拉，我们会观察到在弹簧中出现了一种疏密相间的分布，而且这种疏密相间的波是水平向右传播的. 手的左右推动使得弹簧中的质元左右运动，质元的运动方向和波的传播方向在同一条直线上，因此它是一种纵波. 对于纵波，介质的密度分布是不均匀的，会出现这种疏密相间的分布，所以纵波也往往被称为疏密波. 我们在说话的时候，声带的振动在空气中传播形成了声波，空气中出现疏密相间的分布，是一种纵波. 横波和纵波是波动的两种基本形式.

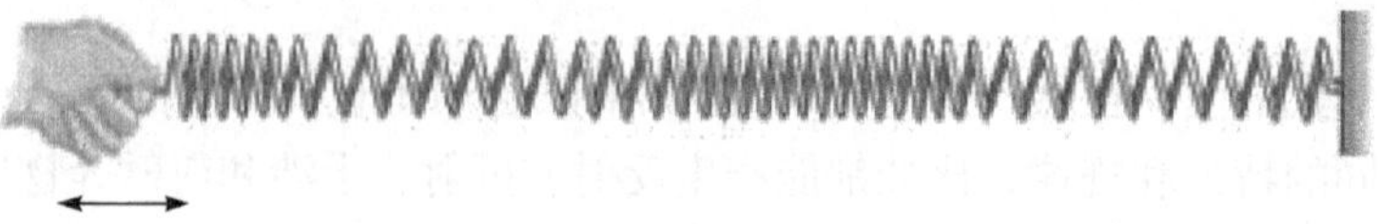

图 5-2 弹簧中的纵波

在清楚横波和纵波的概念之后，我们再来看波动的形成过程. 首先我们以绳波为例来说明横波的形成. 如图 5-3 所示，我们把一根绳子抽象为许多离散的小质元，并将小质元编上号 0，1，2，3，…，任意两个小质元通过一个微小的弹簧连接在一起. 开始的时候绳子是水平的，绳子上各质元都在自己的平衡位置上. $t=0$ 时，上下抖动 0 号质元，使其在平衡位置附近上下作简谐振动，简谐振动的周期是 T. 当 0 号质元离开平衡位置时，由于质元之间弹性力的作用，0 号质元带动 1 号质元向上运动，1 号质元又带动 2 号质元向上运动. 这样，每个质元的运动都带动它右边的质元，于是 1 号、2 号、3 号、4 号……质元先后上下振动起来，振动就沿着绳向右传播出去. 经过 $T/4$ 之后，0 号质元到达 Y 轴正方向最大位移处，而 1 号和 2 号质元在它的带动下也正向着 Y 轴正方向最大位移运动，其 $t=0$ 时的振动状态传到 3 号质元，此时绳子出现一个向上凸起的形状. $t=T/2$ 时 0 号质元回到了它的平衡位置，正向着 Y 轴负方向运动，同时它带动 1 号、2 号质元到达 Y 轴正方向最大位移，速度减小为零后也沿着 Y 轴负方向运动，此时 3 号质元到达 Y 轴正方向最大位移处，而 4 号及 5 号质元也随着 3 号质元沿 Y 轴正方向运动，而 6 号以及 6 号以后的质元还静止在它们的平衡位置上. 这时我们在绳子上看到半个上凸的正弦波形. 振动状态依次向前推进，$t=3T/4$ 时，0 号质元到达 Y 轴负方向的最大位移处，其 $t=0$ 时的状态传到 9 号质元，所有运动的质元形成 3/4 正弦波形. $t=T$ 时，0 号质元完成一次全振动而回到平衡位置，此时波刚传到 12 号质元，所有运动的质元刚好形成一个完整的正弦波形. 时间继续增加，0 号质元开始重复之前的运动，而没有完成全振动的质元也继续未完成的运动，波形也逐步向右扩展. 图 5-3 给出了绳端 0 号质元经历一次全振动过程中，在 $t=0$，$T/4$，$T/2$，$3T/4$，T 各时刻，质元 0 到 12 的振动位移.

总之，在横波传播过程中，波形沿着波的传播方向向右运动，形成凸起的波峰或者波谷，但各质点只是在自己的平衡位置附近作上下振动，它们不随波动过程传播. 因此，在波动过程中，传播的只是质点的振动状态，而不是质点本身. 不仅如此，沿波的传播方向，后一个质点的振动相位总是落后于相邻的前一质点，即相位要落后. 如果振动时间落后半个周期，相位就落后π；振动时间落后一个

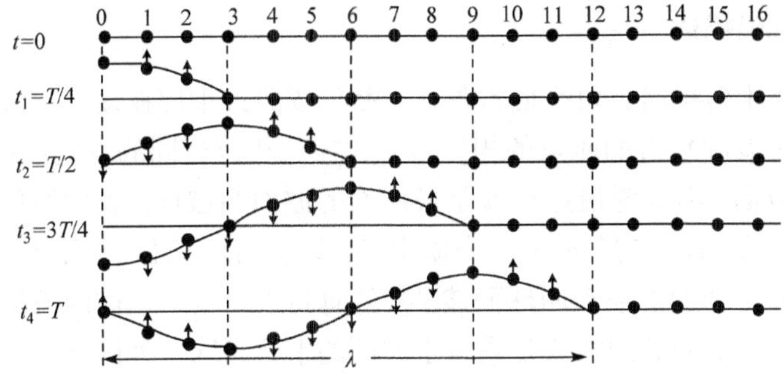

图 5-3　横波的形成

周期，相位就落后 2π，这是波动的一个重要特征.

纵波也可作类似的分析(图 5-4). 设波源的振动周期为 T, 如图 5-4 所示，在 $t=0$ 时，每个质元都在各自的平衡位置上. $t=T/4$ 时，振动传到了 3 号质元，此时 3 号质元正要离开平衡位置向右运动，如同 0 号质元在 $t=0$ 时的运动状态；此时 0 号质元已向右运动到最大位移并将向左运动. 因此，在 0 号质元和 3 号质元之间形成稠密区域. 在 $t=T/2$ 时，振动传到了 6 号质元，此时 0 号质元和 3 号质元之间变成了稀疏区域，而 3 号质元至 6 号质元之间形成了稠密区域. 以此类推，经过一个周期，0 号质元完成了一次全振动后，回到平衡位置，并将重复之前的运动；此时 0 号质元和 12 号质元之间形成一个疏密相间的纵波波形. 此后这种疏密相间的纵波波形将继续向右传播.

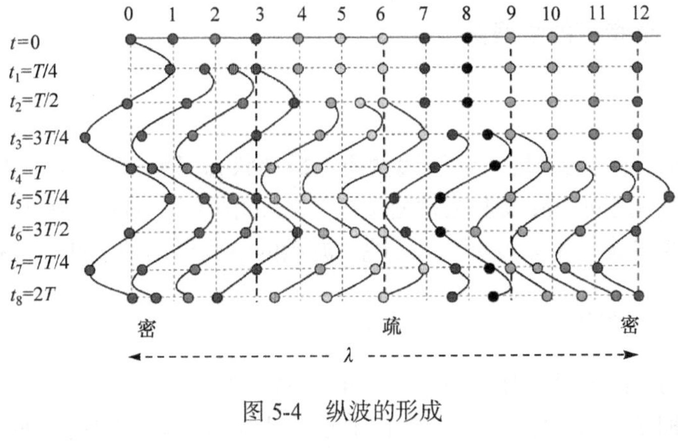

图 5-4　纵波的形成

需要指出的是，横波传播时，介质发生切变，只有能够承受切力的介质才能传播横波. 纵波传播时，介质发生体变或者长变，只有能够承受压力或者拉力的介质才能传播纵波. 固体能够产生切变、体变和长变等各种弹性形变，所以固体中能够传播横波和纵波，液体和气体只有体变弹性而只能传播纵波.

5.1.3 波的几何描述

波在介质中传播时，每个质点都在平衡位置附近来回振动，离波源较远的质点的相位比离波源较近的质点的相位落后，振动相位相同的点连成的面(同相面)叫**波阵面**或**波面**. 离波源最远也就是最前面的波面叫**波前**. 表示波传播方向的线叫**波线**或波射线. 在均匀各向同性介质中,波线与波面垂直. 波面是平面的波动叫**平面波**，波面是球面的波动叫**球面波**. 在各向同性介质中，球面波的波线是沿半径方向的直线，平面波的波线是垂直于波面的平行直线，如图 5-5 所示.

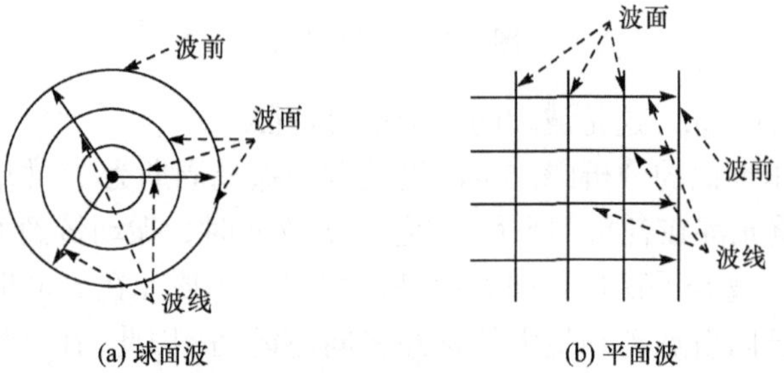

图 5-5 波线、波面与波前

当球面波的半径很大时，球面小范围内可视为平面，因此，在局部范围内可视为平面波. 如太阳在宇宙空间中发出的光波是球面波，在地球表面局部区域，可视光波为平面波. 球面波和平面波是最基本的两种波动形式.

5.1.4 描述波动特征的物理量

1. 波长 λ

沿波传播方向上,每隔一定距离两质点振动状态完全相同,相位相差 2π 或 2π 的整数倍. 我们把同一波线上振动相位相差 2π 的两个质点间的距离，即一个完整波的长度，叫**波长**，用 λ 表示. 它反映了波动的空间周期性. 如图 5-3 所示.

2. 周期 T 和频率 ν

波在时间上的周期性用波的周期 T 或频率 ν 描述.

波的**周期** T 定义为：一个完整的波形通过波线上某个固定点所需要的时间. 如果波源和观测者都不运动，波的周期等于波源的振动周期.

波的**频率** ν 定义为：在单位时间内通过波线某固定点的完整波的数目. 显然频率 ν 是周期 T 的倒数，$\nu=\dfrac{1}{T}$.

3. 波速 u

波速是单位时间振动状态传播的距离. 波的传播实际上是相位的传播, 所以波速也叫相速, 用 u 表示. 波速 u 、波长 λ 、周期 T 和频率 ν 的关系为

$$u=\frac{\lambda}{T}=\nu\lambda \tag{5-1}$$

通常, 波的传播速度仅由传播波的介质的性质决定. 由式(5-1)可知, 频率越高波长越短, 频率越低波长越长.

理论和实验都证明, 波的传播速度决定于介质的弹性和惯性, 而与振源运动状态无关. 在固体内, 纵波和横波的传播速度分别为

$$u=\sqrt{\frac{E}{\rho}} \qquad (纵波)$$

$$u=\sqrt{\frac{G}{\rho}} \qquad (横波)$$

式中 G 、 E 和 ρ 分别为固体的切变模量、杨氏模量和密度. 同种材料的切变模量 G 总是小于其杨氏模量 E (见表 5-1), 因此, 在同一种介质中横波速度要比纵波速度小些.

在液体和气体内, 纵波的传播速度为

$$u=\sqrt{\frac{K}{\rho}} \qquad (纵波)$$

式中 K 为体积模量.

对于理想气体, 若将波的传播过程视为绝热过程, 则由气体动理论和热力学方程可导出理想气体中的声波波速公式

$$u=\sqrt{\frac{\gamma p}{\rho}}=\sqrt{\frac{\gamma RT}{M}} \qquad (纵波)$$

式中 γ 为气体的比热容比, p 为气体的压强, ρ 为气体的密度, T 为气体的热力学温度, R 为普适气体常量, M 为气体的摩尔质量.

在绳(或弦)上横波的波速

$$u=\sqrt{\frac{F}{\mu}} \qquad (横波)$$

式中 F 是绳(或弦)中的张力, μ 是绳(或弦)的线密度.

下面简单介绍物体的弹性形变.

固体、液体或气体在外力作用下, 形状或体积会发生或大或小的改变, 通称为形变. 若撤掉外力后物体形变消失, 这种形变称为弹性形变. 在弹性限度内, 外

力与形变具有简单的关系.

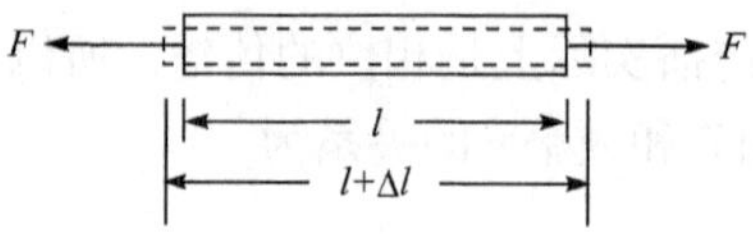

图 5-6　固体长变

(1) 长变.

如图 5-6 所示，一段固体棒，在两端沿棒长方向施加大小相等、方向相反的外力 F 时，其长度 l 会改变 Δl，以 S 表示棒的横截面积，F/S 称为应力，$\Delta l/l$ 称为应变. 实验表明：在弹性限度内，应力与应变成正比，即

$$\frac{F}{S}=E\frac{\Delta l}{l}$$

式中 E 称为杨氏模量，其数值与材料有关. 所以

$$E=\frac{F/S}{\Delta l/l}$$

(2) 切变.

固体的两个对应面受到与这两个面平行、大小相等、方向相反的外力 F 时，它的形状会发生切变(也称剪切)形变. 如图 5-7 所示，设施力面积为 S，固体宽度为 D，切变为 Δd，则 F/S 称为切应力，$\Delta d/D$ 称为切应变. 实验表明：在弹性限度内，切应力与切应变成正比，即

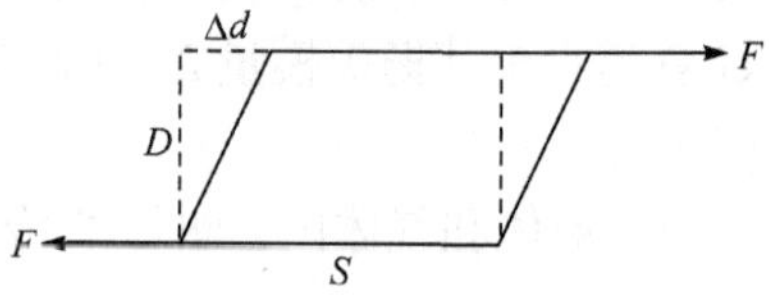

图 5-7　固体切变

$$\frac{F}{S}=G\frac{\Delta d}{D}$$

式中 G 称为切变模量，其数值与材料有关. 所以

$$G=\frac{F/S}{\Delta d/D}$$

(3) 体变.

无论固体、液体还是气体，当周围压强改变时，其体积也会发生改变. 如图 5-8 所示，设压强改变量为 Δp 时，体积改变量为 ΔV，$\Delta V/V$ 称为体应变. 实验表明：在弹性限度内，压强增量与体应变成正比，即

$$\Delta p=-K\frac{\Delta V}{V}$$

式中 K 称为体积模量，其数值与材料有关. 所以

$$K=-\frac{\Delta p}{\Delta V/V}$$

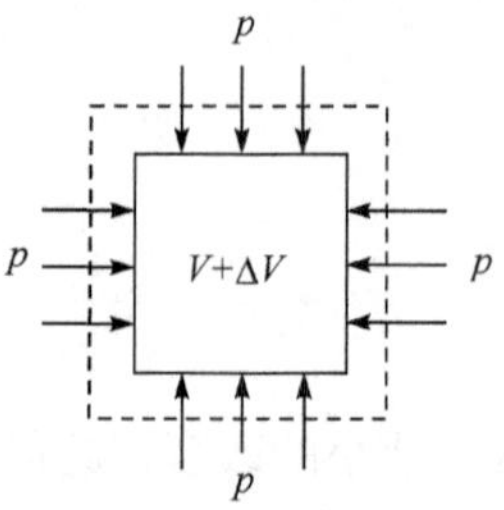

图 5-8　体变

表 5-1 给出几种常见材料的弹性模量.

表 5-1　几种常见材料的弹性模量

材料	杨氏模量 $E/(\times 10^{11}\text{Pa})$	切变模量 $G/(\times 10^{11}\text{Pa})$	体积模量 $K/(\times 10^{11}\text{Pa})$
玻璃	0.55	0.23	0.37
铝	0.7	0.30	0.70
铜	1.1	0.42	1.4
铁	1.9	0.70	1.0
钢	2.0	0.84	1.6
水			0.02
酒精			0.0091

5.2　平面简谐波的波函数

如果波动在介质中传播时，介质中的各点都作简谐振动，这样的波叫作**简谐波**. 简谐波是最简单、最基本的波动，它是一般波动的基础，任何复杂的波动都可以视为由若干个不同频率的简谐波叠加而成，因此研究简谐波具有特别重要的意义. 若简谐波的波面是平面，则称为**平面简谐波**.

怎样定量描述一个波动？我们先来回忆一下怎样描述一个质点的振动. 所谓描述一个质点的振动，就是给出该质点的位移 y 是如何随时间 t 变化的，即具体写出 y 与 t 的函数关系. 对于简谐振动来说，这个函数关系就是 $y = A\cos(\omega t+\varphi)$. 波动是振动状态的传播过程，不仅仅是一个质点的振动，而是大量质点的振动. 要描述一个波动，就要具体给出介质中坐标为 x 的质点离开平衡位置的位移 y 随时间 t 的变化关系，也就是要给出函数式 $y = f(x,t)$ ，这个函数式叫作**波函数**(或**波动表达式**). 对于一般的波动来说，波函数较为复杂，下面我们只讨论平面简谐波在均匀各向同性介质中的传播情况.

5.2.1　平面简谐波波函数的建立

设有一平面余弦行波，在无吸收的、均匀无限大介质中沿 X 轴正方向传播，波速为 u . 取任意一条波线为 X 轴，在 X 轴上任取一点 O 为坐标原点，如图 5-9 所示，为了清楚地描述波线上各点的振动，用 x 表示各个质点在波线上的平衡位置，用 y 表示它们的振动位移，注意每个质点的振动位移都是相对自己的平衡位置而言. 假设 O 点处(即 $x=0$ 处)质点的振动方程为

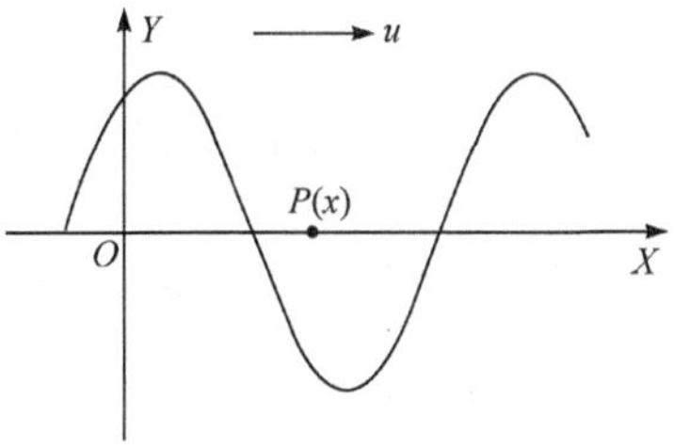

图 5-9　t 时刻波形

$$y_0 = A\cos(\omega t + \varphi) \tag{5-2}$$

式中A是振幅，ω是角频率，y_0是O点处质点在t时刻离开平衡位置的位移(横波的位移方向与X轴垂直，纵波的位移方向与X轴平行). 设P为波线上任一点，与O点的距离为x(即P点的平衡位置坐标为x). 那么，位于P点的质点在t时刻的位移y是多少?

因波沿X轴正向传播，由O点传播到P点，所以P点的振动相位将落后于O点，落后的时间就是振动状态从O点传播到P点所需要的时间x/u，即t时刻P点的振动状态与$t-x/u$时刻O点的振动状态相同. O点在$t-x/u$时刻的相位为$\omega\left(t-\dfrac{x}{u}\right)+\varphi$，因此，$P$点的振动方程为

$$y = A\cos\left[\omega\left(t-\frac{x}{u}\right)+\varphi\right] \tag{5-3}$$

式中y是坐标x和时间t的函数，反映了波线上各点的运动规律，称为沿X轴正向传播的波函数或波动表达式. 因为$\omega = 2\pi\nu = 2\pi/T$，$u=\nu\lambda$，所以式(5-3)还可改写为

$$y = A\cos\left[2\pi\left(\nu t-\frac{x}{\lambda}\right)+\varphi\right] \tag{5-4}$$

或

$$y = A\cos\left[2\pi\left(\frac{t}{T}-\frac{x}{\lambda}\right)+\varphi\right] \tag{5-5}$$

5.2.2 波函数的物理意义

式(5-3)沿X轴正向传播的波函数含有x和t两个自变量.

(1) $x=x_0=$定值，即观察某一个质点，有

$$y = A\cos\left[\omega\left(t-\frac{x_0}{u}\right)+\varphi\right] = A\cos\left(\omega t-\frac{\omega}{u}x_0+\varphi\right)$$

表示x_0处质点的振动方程，初相为$\varphi' = -\dfrac{\omega}{u}x_0+\varphi = \varphi-2\pi\dfrac{x_0}{\lambda}$. 显然$x_0$处质点的振动相位比$O$点处质点振动的相位落后$2\pi\dfrac{x_0}{\lambda}$.

(2) $t=t_0=$定值，有

$$y = A\cos\left[\omega\left(t_0-\frac{x}{u}\right)+\varphi\right] = A\cos\left(\frac{\omega}{u}x-\omega t_0-\varphi\right)$$

给出了t_0时刻不同质点离开各自平衡位置的位移，即t_0时刻的波形(如同在t_0时刻

给波动拍照)，对应的 $y\text{-}x$ 曲线称为波动在 t_0 时刻的波形曲线. 波形曲线上位移正向最大的位置称为波峰，位移负向最大的位置称为波谷.

(3) x、t 都变，表示不同时刻各质点的位移. 或更形象地说，波函数反映了波形的传播.

由式(5-3)，在 t 时刻，x 处质点的振动相位是 $\omega\left(t-\dfrac{x}{u}\right)+\varphi$，经过时间 Δt，传到 $x+\Delta x$ 处，相位是 $\omega\left(t+\Delta t-\dfrac{x+\Delta x}{u}\right)+\varphi$. 根据波的传播就是振动相位传播的思想，这两个相位应当相等，所以

$$\omega\left(t-\frac{x}{u}\right)+\varphi=\omega\left(t+\Delta t-\frac{x+\Delta x}{u}\right)+\varphi$$

化简得 $u=\dfrac{\Delta x}{\Delta t}$，说明 u 既是波传播的相速度，也是波形沿波动传播方向移动的速度.

如图 5-10 所示，实线是 t 时刻的波形，虚线是 $t+\Delta t$ 时刻的波形. 经过时间 Δt，相位沿波传播方向移动 $\Delta x=u\Delta t$ 距离，也即整个波形以波速 u 向前运动 $\Delta x=u\Delta t$ 距离.

如果知道波的传播方向，就可以分别作出 t 时刻和 $t+\Delta t$ 时刻的波形曲线，可以得到各个质点的位置变化情况，从而得到各个质点振动速度的方向，如图 5-10 所示.

上面由波形曲线和波速方向判断参与波动质点的振动方向的方法相对比较抽象，在这里给出一个形象生动、简单易懂的口诀来解决这一难点. 口诀是“迎风树倒，背风树长”. 将波的传播方向比喻为刮风的方向(图 5-11)，将波峰比喻为山峰，山峰两侧分别是迎风坡(a、b、c 所在山坡)和背风坡(d、e、f 所在山坡). 将各质点的振动比喻为飓风肆虐后长在山坡上的松树的状态，迎风山坡上的松树被风刮倒了，代表各质点的振动方向向下；背风山坡上的松树不受刮风影响，依然挺立，代表各质点的振动方向向上.

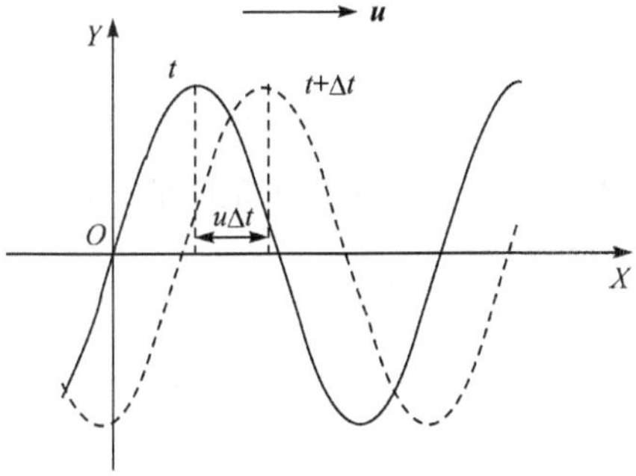

图 5-10　波形曲线

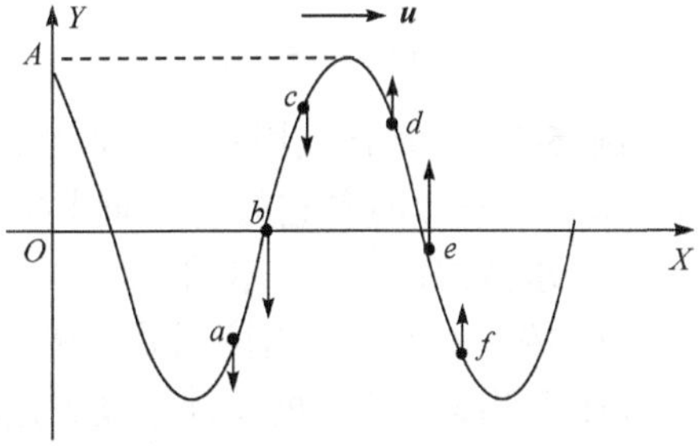

图 5-11　波的传播方向与质点的振动方向

5.2.3 沿 X 轴负向传播的平面简谐波的波函数

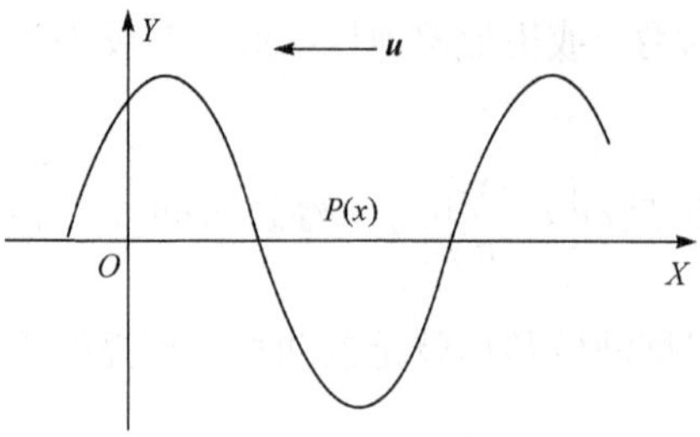

图 5-12 t 时刻的波形

式(5-3)描述的是沿 X 轴正向传播的平面简谐波，如果原点的振动方程是 $y_0 = A\cos(\omega t+\varphi)$，沿 X 轴负向传播的平面简谐波应如何表述？在图 5-12 中，某一振动状态(相位)到达 P 点要比到达 O 点早，时间间隔为 $\Delta t = x/u$，所以 P 点在 t 时刻的振动相位与 O 点在 $t+\Delta t$ 时刻的振动相位相同，这样，波函数应当写为

$$y = A\cos\left[\omega\left(t+\frac{x}{u}\right)+\varphi\right]$$

例 5-1 一列平面简谐波沿 X 轴正向传播，波的传播速度为 u，如图 5-13 所示，设 a 点(坐标为 x_a)的振动方程为 $y = A\cos(\omega t+\varphi)$，试求该列平面简谐波的波函数.

解 设在波的传播方向任选一点 P，对应坐标为 x，则波的传播过程中，振动状态由 a 点传到 P 点所需时间为 $(x-x_a)/u$，则 t 时刻 P 点的振动为

$$y = A\cos\left[\omega\left(t-\frac{x-x_a}{u}\right)+\varphi\right]$$

此方程就是该列平面简谐波的波函数.

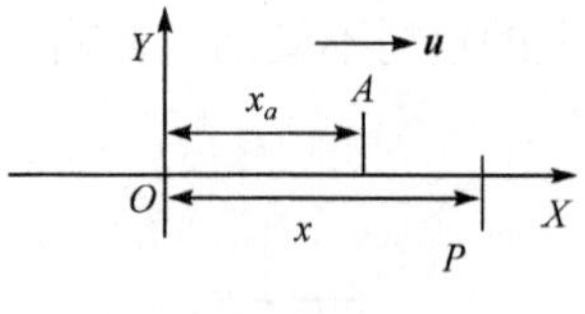

图 5-13 例 5-1 图

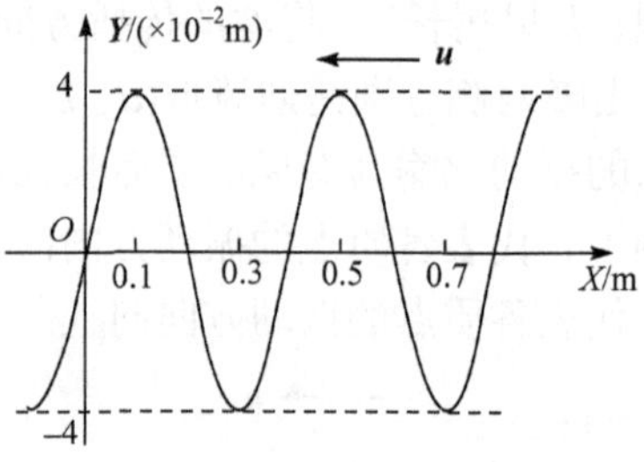

图 5-14 例 5-2 图

例 5-2 一条长线用水平力张紧，其上激起一列简谐横波向左传播，波速为 20m/s，在 $t=0$ 时刻它的波形曲线如图 5-14 所示.

(1) 求波的振幅、波长和周期.

(2) 按图示坐标写出该列波的波函数.

(3) 写出 x 处质元的振动速度表达式.

解 (1) 由图可得，振幅 $A = 4.0\times10^{-2}\text{m}$，波长 $\lambda = 0.4\text{m}$. 周期和角频率分别为

$$T = \frac{\lambda}{u} = \frac{0.4}{20} = \frac{1}{50}(\text{s})$$

$$\omega = \frac{2\pi}{T} = 100\pi \text{ rad/s}$$

(2) 在波传播的过程中，整个波形图向左平移，可得原点 O 处的质元 $t=0$ 时刻沿 Y 轴正向运动，所以其初相为 $\varphi = -\pi/2$，振动方程为

$$y_0 = 4\times10^{-2}\cos\left(100\pi t - \frac{\pi}{2}\right)$$

波函数为

$$y = 4\times10^{-2}\cos\left[100\pi\left(t+\frac{x}{20}\right)-\frac{\pi}{2}\right](\text{m})$$

(3) 位于 x 处介质质元的振动速度为

$$v = \frac{\partial y}{\partial t} = -4\pi\sin\left[100\pi\left(t+\frac{x}{20}\right)-\frac{\pi}{2}\right] = 4\pi\cos100\pi\left(t+\frac{x}{20}\right)(\text{m/s})$$

例 5-3 已知平面余弦波在 $t=0$ 时刻的波形如图 5-15 所示，波线上 P 点的振动曲线如图 5-16 所示.

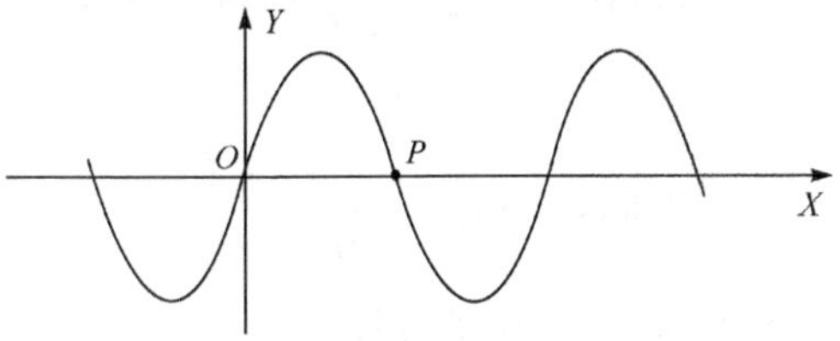

图 5-15 零时刻波形

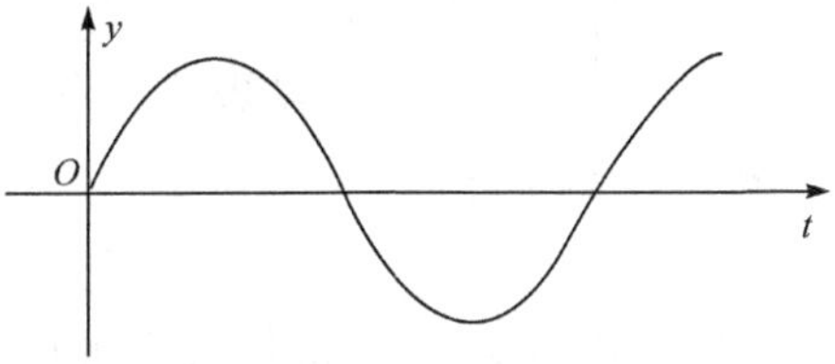

图 5-16 P 点振动曲线

(1) 波是沿 X 轴正向传播还是沿 X 轴负向传播?

(2) 画出 $x=0$ 处质点的振动曲线，并求其初相.

解 (1) 由 P 点振动曲线(图 5-16)可知，$t=0$ 时刻波线上 P 点的振动方向为正，即沿 Y 轴正方向运动. 在波形曲线中可画出 P 点的振动速度方向，如图 5-17 中箭头所示. 由波动传播的特点得知，波沿 X 轴正方向传播.

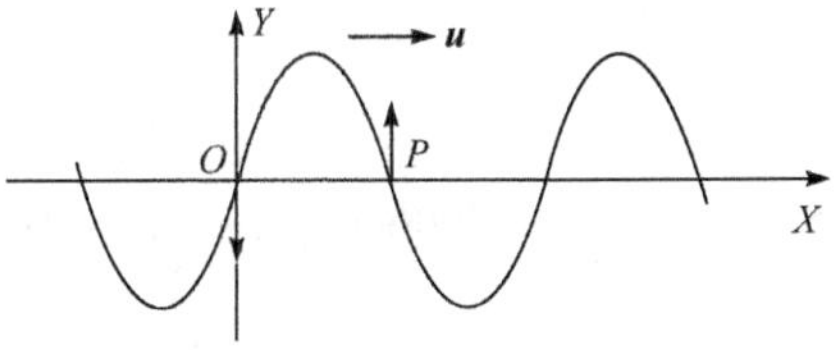

图 5-17 波形曲线中 P 点的振动速度方向

(2) 由于波动沿 X 轴正方向传播，则该时刻 $x=0$ 处的质点沿 Y 轴负方向运

动(如图 5-17 所示)，且$t=0$时刻$y=0$，由此可画出$x=0$处质点的振动曲线，如图 5-18 所示. 由旋转矢量图得出，O点的振动初相位$\varphi=\pi/2$.

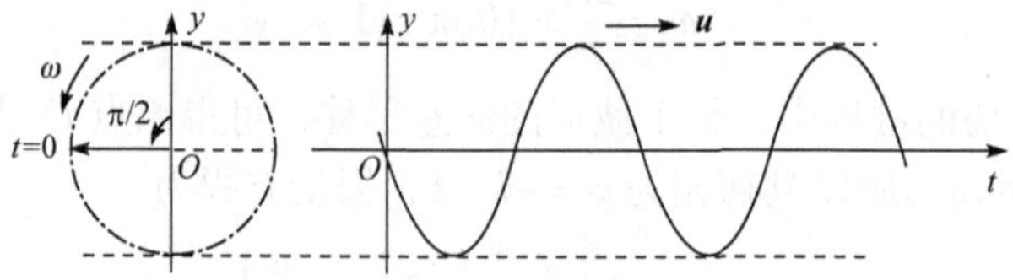

图 5-18 原点 O 处的振动曲线及其旋转矢量法确定初相

例 5-4 一列沿 X 轴正方向传播的余弦波，波长为λ=10m，角频率为$\omega=4\pi\text{rad/s}$，振幅为$A=0.06\text{m}$，且$t=0$时原点O的质点位于正向最大值的一半处，正向平衡位置运动. 求：

(1) 原点初相；

(2) 波动表达式；

(3) $t=T/2$时，$x=\lambda/2$处质点的振动位移和速度.

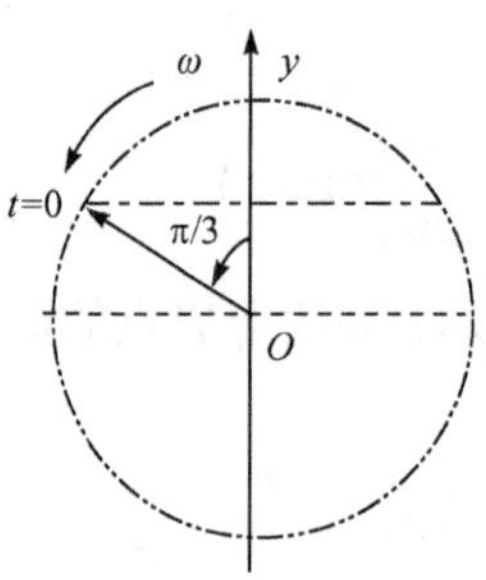

图 5-19 例 5-4 图

解 (1) 由旋转矢量得出(见图 5-19)，原点初相$\varphi=\pi/3$.

(2) $T=\dfrac{2\pi}{\omega}=\dfrac{2\pi}{4\pi}=0.5(\text{s})$，$u=\dfrac{\lambda}{T}=\dfrac{10}{0.5}=20(\text{m/s})$，波动表达式为

$$y(x,t)=0.06\cos\left[4\pi\left(t-\frac{x}{20}\right)+\frac{\pi}{3}\right]$$

(3) 将$x=\lambda/2=5\text{m}$代入波动方程，得此处质点的振动方程

$$y(t)=0.06\cos\left[4\pi\left(t-\frac{1}{4}\right)+\frac{\pi}{3}\right]=0.06\cos\left(4\pi t-\frac{2}{3}\pi\right)$$

振动方程对时间求一阶导数得该点振动速度

$$\upsilon(t)=-0.24\pi\sin\left(4\pi t-\frac{2}{3}\pi\right)$$

将时间$t=\dfrac{T}{2}=0.25\text{s}$代入上面两个式子中，得此时质点的振动位移和速度分别为

$$y(x=5\text{m},t=0.25\text{s})=0.06\cos\left(\pi-\frac{2}{3}\pi\right)=0.03(\text{m})$$

$$\upsilon(x=5\text{m},t=0.25\text{s})=-0.24\pi\cos\left(\pi-\frac{2}{3}\pi\right)=-0.12\pi(\text{m/s})$$

5.2.4 平面简谐波的波动微分方程

沿 X 轴传播的平面波的波函数为

$$y = A\cos\left[\omega\left(t \pm \frac{x}{u}\right) + \varphi\right] \tag{5-6}$$

式(5-6)分别对 x 和 t 求二阶偏导数，有

$$\frac{\partial^2 y}{\partial x^2} = -A\frac{\omega^2}{u^2}\cos\left[\omega\left(t \pm \frac{x}{u}\right) + \varphi\right]$$

$$\frac{\partial^2 y}{\partial t^2} = -A\omega^2\cos\left[\omega\left(t \pm \frac{x}{u}\right) + \varphi\right]$$

比较可得

$$\frac{\partial^2 y}{\partial x^2} = \frac{1}{u^2}\frac{\partial^2 y}{\partial t^2} \tag{5-7}$$

这就是沿 X 轴传播的平面波的波动微分方程，式(5-6)是这一方程的解.

波动微分方程式(5-7)不仅适用于机械波，也适用于电磁波，它是物理学中的一个具有普遍意义的方程. 也就是说，如果一个物理量 y 对坐标 x 的二阶偏导数等于一个常量乘以物理量 y 对时间 t 的二阶偏导数，那么这个物理量 y 的振动在空间沿 X 轴方向按波的形式传播，而且偏导数 $\frac{\partial^2 y}{\partial t^2}$ 的系数 $\frac{1}{u^2}$ 中的 u 即波的传播速度.

5.3 波动过程中的能量传播

波的能量　能量密度

波在弹性介质中传播时，介质中各质元都在自己的平衡位置附近振动，由于各质元具有振动速度，所以它具有振动动能. 同时，振动的质元也产生形变，因而该质元也具有形变势能. 随着振动由近及远地传播开来，能量(动能和势能)显然也由近及远地向外传播，所以波的传播过程也就是能量的传播过程. 这是波动的重要特征.

5.3.1 波的能量

以棒中的纵波为例来讨论波的能量. 设棒的密度为 ρ，横截面积为 S. 在棒上任取一小质元，质元平衡位置的坐标为 x，长度为 $\mathrm{d}x$，体积为 $\mathrm{d}V = S\mathrm{d}x$，质量为 $\mathrm{d}m$，离开平衡位置的位移为 y. 如果沿细棒传播的平面简谐波波函数为

$$y(x,t)=A\cos\omega\left(t-\frac{x}{u}\right)$$

则质元的振动速度

$$\upsilon=\frac{\partial y}{\partial t}=-\omega A\sin\omega\left(t-\frac{x}{u}\right)$$

质元的动能为

$$\mathrm{d}E_k=\frac{1}{2}(\mathrm{d}m)\upsilon^2=\frac{1}{2}\rho\mathrm{d}V\omega^2A^2\sin^2\omega\left(t-\frac{x}{u}\right) \tag{5-8}$$

现在讨论质元的势能. 要考虑质元的形变,就不能将质元当作质点来处理. 从图 5-20 中可以看出，质元左端 x 点的振动位移是 y，右端 $x+\mathrm{d}x$ 点的振动位移是 $y+\mathrm{d}y$，其形变量为 $\mathrm{d}y$，势能是

$$\mathrm{d}E_p=\frac{1}{2}k(\mathrm{d}y)^2$$

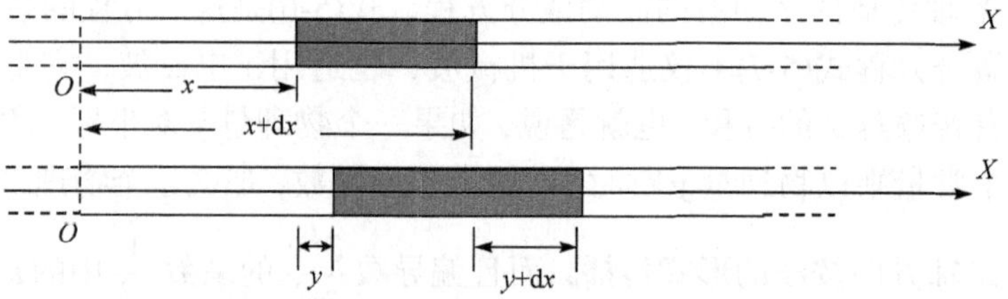

图 5-20　波传播中质元的形变

对棒状固体介质，弹性模量为

$$E=\frac{F/S}{\mathrm{d}y/\mathrm{d}x}$$

所以

$$F=ES\frac{\mathrm{d}y}{\mathrm{d}x}=k\mathrm{d}y$$

式中 $k=ES/\mathrm{d}x$. 因此弹性势能为

$$\mathrm{d}E_p=\frac{1}{2}ES\frac{1}{\mathrm{d}x}(\mathrm{d}y)^2=\frac{1}{2}ES\mathrm{d}x\left(\frac{\mathrm{d}y}{\mathrm{d}x}\right)^2$$

考虑到 y 是 x 和 t 的函数，故上式中的 $\mathrm{d}y/\mathrm{d}x$ 应是 y 对 x 的偏导数，于是有

$$\mathrm{d}E_p=\frac{1}{2}ES\mathrm{d}x\left(\frac{\partial y}{\partial x}\right)^2$$

因为$u=\sqrt{\dfrac{E}{\rho}}$，所以$E=\rho u^2$，且$\dfrac{\partial y}{\partial x}=\dfrac{\omega}{u}A\sin\omega\left(t-\dfrac{x}{u}\right)$，所以

$$\mathrm{d}E_p=\frac{1}{2}\rho u^2\mathrm{d}V\left[\frac{\omega}{u}A\sin\omega\left(t-\frac{x}{u}\right)\right]^2=\frac{1}{2}\rho\omega^2A^2\mathrm{d}V\sin^2\omega\left(t-\frac{x}{u}\right) \tag{5-9}$$

可以看出

$$\mathrm{d}E_k=\mathrm{d}E_p$$

该质元总能量为

$$\mathrm{d}W=\mathrm{d}E_k+\mathrm{d}E_p=\rho\mathrm{d}V\omega^2A^2\sin^2\omega\left(t-\frac{x}{u}\right) \tag{5-10}$$

在行波的传播过程中，质元的动能和势能均随时间作周期性变化，且等值同相. 当动能达到最大值时，势能也达最大值；当动能为零时，势能也为零. 这一点是很自然的，因为当质元到达平衡位置时，质元的振动速度最大，质元之间的相对位移也最大(质元的应变$|\partial y/\partial x|$最大)，所以质元具有最大的动能和最大的势能. 当质元到达最大位移处时，质元的振动速度为零，质元之间的相对位移也为零(质元的应变$\partial y/\partial x$为零)，所以质元的动能和势能皆为零. 因此，波的能量集中在处于平衡位置的质元附近.

对于某质元而言，总能量随时间作周期性变化，说明任一小质元都在不断地接收和放出能量，这表明波动过程也是能量传播的过程.

波动传播过程中，单位体积内的能量叫作**能量密度**，用w表示，则

$$w=\frac{\mathrm{d}W}{\mathrm{d}V}=\rho\omega^2A^2\sin^2\omega\left(t-\frac{x}{u}\right)$$

在一周期内能量密度的平均值为

$$\overline{w}=\frac{1}{T}\int_0^T w\mathrm{d}t=\frac{1}{T}\int_0^T\rho\omega^2A^2\sin^2\omega\left(t-\frac{x}{u}\right)\mathrm{d}t=\frac{1}{2}\rho A^2\omega^2 \tag{5-11}$$

可见，平均能量密度$\overline{w}$只与介质密度ρ、振幅A、角频率ω有关，与位置无关. 这一公式虽然是从平面余弦弹性纵波的特殊情况推导得出的，但是波的能量与振幅的平方成正比、与频率的平方成正比的结论却适用于所有的弹性波.

5.3.2 能流密度

波在介质中传播时伴随着能量的传播，为了描述这一特征，现引入能流的概念. 波的传播过程中，单位时间内通过介质中某一面积的能量，称为通过该面积的**能流**. 能流是周期性变化的，在实际应用中通常取在一个周期内的平均值，称为**平均能流**.

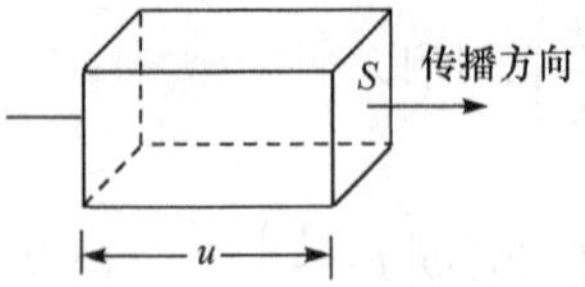

图 5-21 平均能流

设在介质中垂直于波速 u 方向有一平面，面积为 S，则单位时间通过 S 面的能量等于体积 uS 中的能量，如图 5-21 所示，单位时间内通过面积 S 的平均能流为

$$\overline{P} = \overline{w}uS$$

通过垂直于波的传播方向单位面积的平均能流叫**能流密度**或**波的强度**，用 I 表示，即

$$I = \frac{\overline{P}}{S} = u\overline{w} = \frac{1}{2}\rho u\omega^2 A^2 \tag{5-12}$$

式(5-12)表明：波的强度与波的振幅平方成正比. 这一结论不仅对简谐波适用，而且具有普遍意义. 在国际单位制中，波的强度 I 的单位是瓦/米^2($\mathrm{W/m^2}$).

若平面简谐波在各向同性、均匀无吸收的理想介质中传播，其波的振幅在传播过程中保持不变. 若球面波在各向同性、均匀无吸收的理想介质中传播，各处的振幅 A 与该处离开波源的距离 r 成反比. 类比平面简谐波的波方程，则球面简谐波的波方程可表示为

$$y = \frac{A_0}{r}\cos\left[\omega\left(t - \frac{r}{x}\right) + \varphi\right] \tag{5-13}$$

实际上，波在介质中传播时，介质总要吸收波的一部分能量，因而波的强度沿波的传播方向逐渐减弱，所吸收的能量通常转化成介质的内能，这种现象称为**波的吸收**.

5.4 惠更斯原理 波的干涉

5.4.1 惠更斯原理

惠更斯原理 波的干涉

惠更斯(Huygens，1629—1695)，荷兰物理学家、天文学家、数学家，近代自然科学的一位重要开拓者.

在观察水波的传播时可以看到，若没有障碍，波前的形状在传播过程中不变. 但是，若用一块带有小孔的隔板挡在波的前面，将会看到，不论原来的波是什么形状，只要小孔的直径小于波长，通过小孔的波前都变成以小孔为中心的球面波，好像这个小孔是个点波源一样，如图 5-22 所示. 1678 年荷兰物理学家惠更斯从实验事实总结出波的传播规律：在波的传播中，波阵面(波前)上的每一点都可

以看作发射子波的波源，在其后的任一时刻，这些子波的包迹就成为新的波阵面. 这就是**惠更斯原理**.

惠更斯原理对任何波动过程都是适用的，不论是机械波还是电磁波，只要知道某一时刻的波阵面，就可根据这一原理用几何作图法来决定任一时刻的波阵面. 因而在广泛的范围内解决了波的传播问题. 图 5-23 中用惠更斯原理描绘出在各向同性介质中的平面波和球面波的传播.

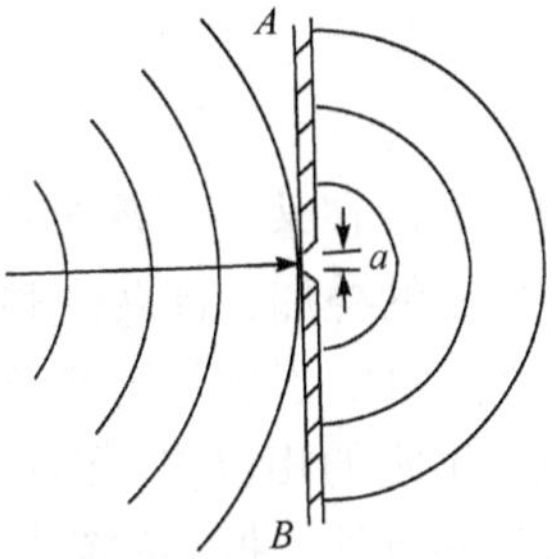

图 5-22 小孔成为新波源

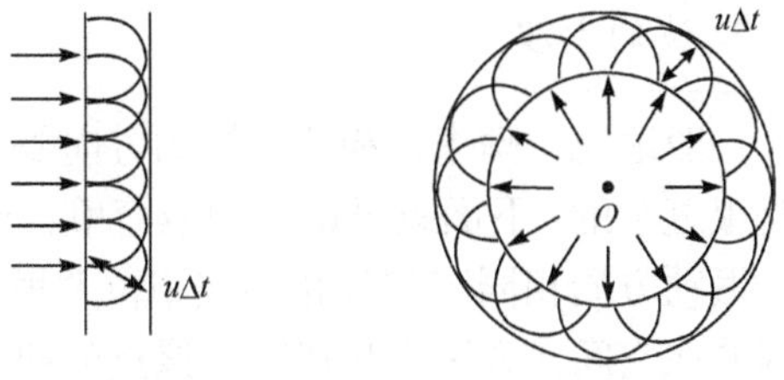

(a) 平面波 (b) 球面波

图 5-23 用惠更斯原理求平面波和球面波的波前

当波遇到障碍物时，会绕过障碍物而改变其传播方向，这种现象叫作波的衍射现象. 根据惠更斯原理，可以用作图法说明波在传播中发生的反射、折射、衍射等现象，图 5-24(a)描绘出了波的折射现象，图 5-24(b)描绘出了波的衍射现象.

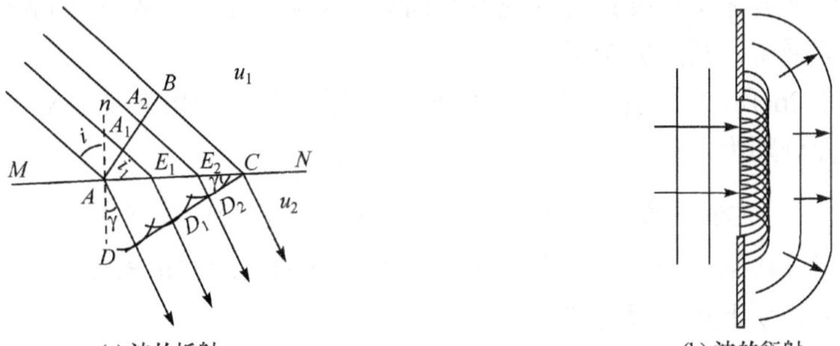

(a) 波的折射 (b) 波的衍射

图 5-24 用惠更斯原理求波的折射现象和衍射现象中的波前

波的衍射现象显著与否，与障碍物的线度及波长有关. 若障碍物的线度远大于波长，则衍射现象不明显；若障碍物的线度与波长相差不多，则衍射现象比较明显；若障碍物的线度小于波长，则衍射现象特别明显. 如在室内能听到室外的声音就是声波能绕过障碍物的缘故.

5.4.2 波的干涉

1. 波的叠加

几列波同时在某一介质中传播时，如果它们在空间某点相遇，之后每一列波都将独立地保持自己原有的特性(频率、波长、振动方向等)传播，就像在各自的路程中没有遇到其他波一样，这就是波传播的独立性. 我们可以同时听到几个人的讲话，可以分辨交响乐队中任何一种乐器的旋律，这就是波的独立性的例子. 在相遇的区域内，任一点处质点的振动为各列波单独在该点引起的振动的合振动，即在任一时刻，该点处质点的位移是各列波在该点处引起的位移的矢量和，这一规律称为波的叠加原理.

2. 波的干涉

一般地说，频率、相位、振动方向等都不相同的几列波在某一点叠加时，情形是很复杂的. 下面只讨论一种最简单、最重要的两列波的叠加，即两列频率相同、振动方向相同、相位相同或相位差恒定的简谐波的叠加. 当满足这些条件的两列波在空间任意一点相遇时，该点的两个分振动也有恒定的相位差，而且对于空间不同的点，有着不同的恒定相位差. 因而在空间某些点处，振动始终加强，而在另一些点处振动始终减弱或完全抵消，这种现象称为**干涉**现象. 能产生干涉现象的波称为相干波，频率相同、振动方向相同和初相差恒定是产生干涉所满足的条件，叫相干条件.

图 5-25 给出两列水波的干涉图像. 由图可以看出：有些地方水面起伏很厉害，即这些地方振动加强；有些地方水面只有微弱的起伏，甚至平静不动，即这些地方振动减弱，甚至完全抵消.

如图 5-26 所示，设在均匀、各向同性介质中有两个相干波源 S_1 和 S_2 ，它们的振动方程分别为

$$y_{10}=A_{10}\cos(\omega t+\varphi_1), \qquad y_{20}=A_{20}\cos(\omega t+\varphi_2)$$

激起的两列波在某 P 点处相遇并叠加，设 P 点到两波源的距离分别为 r_1 和 r_2 ，则两列波在 P 点引起的振动分别为

$$y_1=A_1\cos\left[\omega\left(t-\frac{r_1}{u}\right)+\varphi_1\right]$$

$$y_2=A_2\cos\left[\omega\left(t-\frac{r_2}{u}\right)+\varphi_2\right]$$

式中 A_1 、A_2 分别为两列波在 P 点引起振动的振幅. 由于 y_1 、y_2 的振动方向相同，根据叠加原理，则 P 点的合振动为

$$y=y_1+y_2=A\cos(\omega t+\varphi)$$

式中 φ 为合振动的初相. 由式(4-16)可知

$$\tan\varphi = \frac{A_1\sin\left(\varphi_1 - \frac{\omega r_1}{u}\right) + A_2\sin\left(\varphi_2 - \frac{\omega r_2}{u}\right)}{A_1\cos\left(\varphi_1 - \frac{\omega r_1}{u}\right) + A_2\cos\left(\varphi_2 - \frac{\omega r_2}{u}\right)}$$

合振动的振幅 A 为

$$A = \sqrt{A_1^2 + A_2^2 + 2A_1A_2\cos\Delta\varphi} \tag{5-14}$$

式中两振动的相位差为

$$\Delta\varphi = \left(\varphi_2 - \frac{\omega}{u}r_2\right) - \left(\varphi_1 - \frac{\omega}{u}r_1\right) = (\varphi_2 - \varphi_1) - 2\pi\frac{r_2 - r_1}{\lambda} \tag{5-15}$$

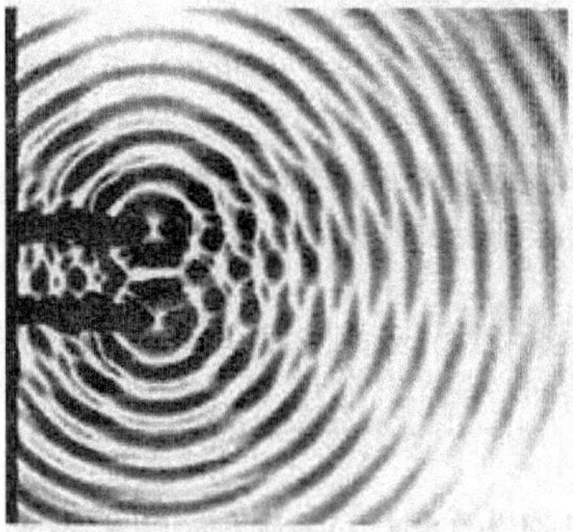

图 5-25 水波干涉实验

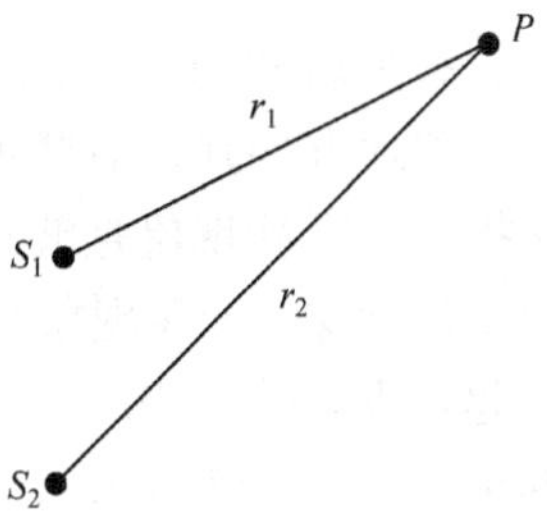

图 5-26 波的叠加

两列波在空间任一点 P 引起的合振动振幅 A，取决于两个振动的相位差. 相位差由两项组成，第一项是两波源的初相之差，第二项中的 $(r_2 - r_1)$ 代表两列波传播的路程之差，称为波程差，记为 $\delta = r_2 - r_1$.

当相位差满足

$$\Delta\varphi = 2k\pi \quad (k = 0, \pm1, \pm2, \cdots) \tag{5-16}$$

时，P 点的合振动振幅最大，等于两分振动振幅之和，即 $A = A_1 + A_2$，称为干涉加强.

当相位差满足

$$\Delta\varphi = (2k+1)\pi \quad (k = 0, \pm1, \pm2, \cdots) \tag{5-17}$$

时，P 点的合振动振幅最小，等于两分振动振幅之差，即 $A = |A_2 - A_1|$，称为干涉减弱.

在特殊情况下，若 $\varphi_2 - \varphi_1 = 0$，即两波源的初相相同，则

$$\Delta\varphi = 2\pi\frac{r_2 - r_1}{\lambda} = 2\pi\frac{\delta}{\lambda}$$

当

$$\delta = r_2 - r_1 = k\lambda \quad (k = 0, \pm 1, \pm 2, \cdots) \tag{5-18}$$

即波程差等于零或波长的整数倍时，合振动振幅最大，干涉加强.

当

$$\delta = r_2 - r_1 = \frac{2k+1}{2}\lambda \quad (k = 0, \pm 1, \pm 2, \cdots) \tag{5-19}$$

即波程差等于半波长的奇数倍时，合振动振幅最小，干涉减弱.

由于波的强度正比于振幅的平方，所以两列波叠加后的强度正比于振幅的平方，即

$$I \propto A^2 = A_1^2 + A_2^2 + 2A_1A_2\cos\Delta\varphi$$

所以

$$I = I_1 + I_2 + 2\sqrt{I_1I_2}\cos\Delta\varphi$$

由此可见，叠加后波的强度 I 随空间各点的位置不同而不同，空间各点的能量重新分布，有些地方加强，有些地方减弱，这是波的干涉的基本特点.

应该指出，干涉现象是波动形式所独有的重要特征之一，只有波动的合成，才能产生干涉现象. 干涉现象对于光学、声学等研究都非常重要，对于现代物理学的发展起着重大的作用.

例 5-5 如图 5-27 所示，a、b 为同一介质中的两个相干波源，两点相距 10m，它们激发的波频率为 $\nu = 100\text{Hz}$，波速为 $u = 400\text{m/s}$，设两列波在 a、b 连线上各点的振幅相同. 已知 a 处波源比 b 处波源相位落后 π. 求 a、b 连线上因干涉而静止的各点位置.

图 5-27 例 5-5 图

解 由题意知，两波源的初相差 $\varphi_b - \varphi_a = \pi$，波长 $\lambda = \dfrac{u}{\nu} = 4\text{m}$，在 a、b 连线上任取一点 p，p 点到两波源的距离分别为 $\overline{ap} = r_a$，$\overline{bp} = r_b$，则两列波传到 p 点的相位差为

$$\Delta\varphi = (\varphi_b - \varphi_a) - 2\pi\frac{r_b - r_a}{\lambda} = \pi - 2\pi\frac{r_b - r_a}{\lambda} \tag{①}$$

要使 p 点因干涉而静止，必须满足

$$\Delta\varphi = (2k+1)\pi \tag{②}$$

讨论：

(1) p 点在 a、b 之间，$r_b - r_a = (\overline{ab} - r_a) - r_a = 10 - 2r_a$，代入式①得

$$\Delta\varphi = \pi - 2\pi\frac{10 - 2r_a}{\lambda} = -4\pi + r_a\pi$$

与式②联立求解得

$$r_a = 2k + 5 \quad (k = 0, \pm 1, \pm 2, \cdots)$$

因为 $0 \leqslant r_a \leqslant 10$，所以在 a、b 之间与波源 a 相距 $r_a = 1\text{m}$，3m，5m，7m，9m 的各点会因干涉而静止.

(2) p 点在 b 点外侧，$r_b - r_a = -10\text{m}$，代入式①得

$$\Delta\varphi = \pi - 2\pi\frac{-10}{\lambda} = 6\pi$$

不满足式②，故在 b 点外侧不存在因干涉而静止的点.

(3) p 点在 a 点外侧，$r_b - r_a = 10\text{m}$，代入式①同理可得，在 a 点外侧也不存在因干涉而静止的点.

驻波　相位突变

5.5 驻　波

驻波是一种特殊的干涉现象. 当两列振幅相等、传播方向相反的相干波在空间相遇时会形成**驻波**.

5.5.1 驻波实验

如图 5-28 所示，细弦的一端 A 系于音叉上，另一端通过滑轮系着砝码使弦张紧，当音叉振动时，调节劈尖至适当位置. 可以看到 AB 段弦线被分成几段长度相等的振动部分，如图 5-28 所示. 其特点如下：

(1) 没有波形移动，弦线上各点基本在其平衡位置附近上下振动，但某些点始终静止不动，称为**波节**.

(2) 各点振动时振幅固定但不同，两相邻节点中间的点振幅始终最大，称为**波腹**.

(3) 相邻两波节(或相邻两波腹)之间的距离都是 $\lambda/2$.

这种波称为驻波. 显然驻波是由 A 点振动引起的向右的入射波和它在 B 点反射回来的向左的反射波叠加的结果.

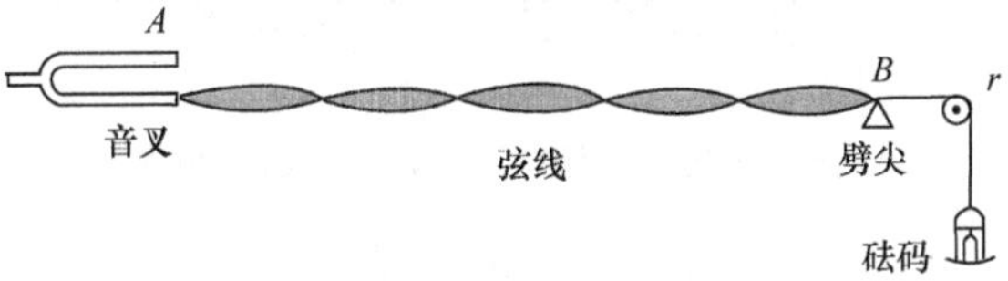

图 5-28　驻波

5.5.2 驻波的形成

设有两列振幅相等、传播方向相反的相干波沿 X 轴传播，为简单起见，设沿 X 轴正方向传播的波函数为

$$y_1 = A\cos\omega\left(t-\frac{x}{u}\right) = A\cos\left[2\pi\left(\nu t-\frac{x}{\lambda}\right)\right]$$

沿 X 轴负方向传播的波函数为

$$y_1 = A\cos\omega\left(t+\frac{x}{u}\right) = A\cos\left[2\pi\left(\nu t+\frac{x}{\lambda}\right)\right]$$

则它们的合成波为

$$y = y_1 + y_2 = A\cos\left[2\pi\left(\nu t-\frac{x}{\lambda}\right)\right] + A\cos\left[2\pi\left(\nu t+\frac{x}{\lambda}\right)\right]$$

运用三角函数展开并化简，可得

$$y = \left[2A\cos\left(2\pi\frac{x}{\lambda}\right)\right]\cos\omega t \tag{5-20}$$

式(5-20)为驻波的运动方程，不难看出此式不含有 $(t \pm x/u)$，没有波形的行进，即合成波“驻立不动”，所以称为驻波，它实质上是一种特殊的振动. 图 5-29 给出两列相干波叠加形成驻波的过程.

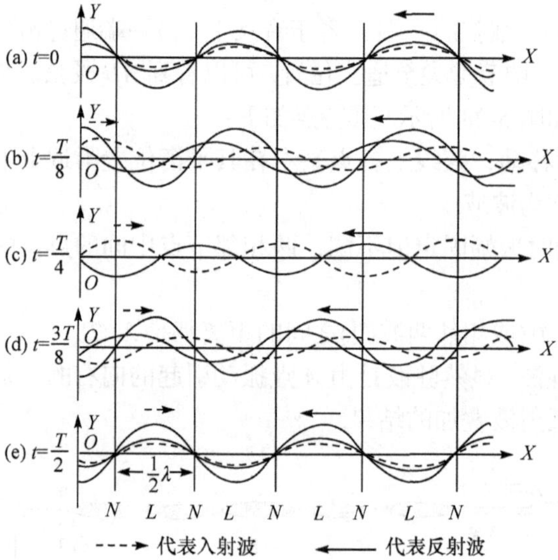

图 5-29 驻波的形成

5.5.3 驻波的特点

1. 波腹和波节

由式(5-20)可以看出，驻波上各点都在作同频率的简谐振动，振幅为

$\left|2A\cos\left(2\pi\frac{x}{\lambda}\right)\right|$，即驻波的振幅与位置$x$有关而与时间无关.

振幅最大的位置发生在$\left|\cos\left(2\pi\frac{x}{\lambda}\right)\right|=1$的点，因此波腹的位置可由

$$2\pi\frac{x}{\lambda}=\pm k\pi \quad (k=0,1,2,\cdots)$$

来决定，即

$$x=\pm\frac{k}{2}\lambda \quad (k=0,1,2,\cdots)$$

这就是波腹的位置. 相邻两个波腹间的距离为

$$\Delta x=x_{k+1}-x_k=\frac{\lambda}{2} \tag{5-21}$$

同样，振幅最小值发生在$\left|\cos\left(2\pi\frac{x}{\lambda}\right)\right|=0$的点，因此波节的位置可由

$$2\pi\frac{x}{\lambda}=\pm(2k+1)\frac{\pi}{2} \quad (k=0,1,2,\cdots)$$

来决定，即

$$x=\pm(2k+1)\frac{\lambda}{4} \quad (k=0,1,2,\cdots)$$

这就是波节的位置. 可见相邻两个波节间的距离也是$\frac{\lambda}{2}$.

2. 相位特征

由式(5-20)知，波线上各点都作简谐振动，各点振动的相位取决于$\cos\left(2\pi\frac{x}{\lambda}\right)$的正负. 在两相邻波节之间，$\cos\left(2\pi\frac{x}{\lambda}\right)$具有相同的符号，各点的振动相位相同；在一波节两侧的各点，$\cos\left(2\pi\frac{x}{\lambda}\right)$具有相反的符号，因此波节两侧的点振动相位相反. 也就是说，驻波是分段的振动，相邻两波节之间各点划分为一段，则同一分段上的各点振动步调一致，相位相同；波节两侧相邻两分段上的各点，振动步调相反，相位差为π. 因此，和行波不同，在驻波进行过程中没有振动状态和波形的定向传播.

3. 驻波的能量

两列强度相同、方向相反的行波叠加形成驻波，两列行波携带能量沿相反方向传播，所以总能流密度为零，宏观上看，驻波中没有能量的定向传播. 当介质中各点都达到最大位移处时，各质元动能为零，波节附近介质的形变量最大，对应弹性势能最大，势能集中在波节附近；当介质中各点都达到平衡位置时，各质元的形变量为零，弹性势能为零，波腹处的质元的速度最大，对应动能最大，动能集中在波腹附近. 驻波的动能和势能不断地在波腹与波节之间转移.

驻波是一种极其重要的振动过程，在声学、无线电和光学中都有重要应用，可用它测定波长，也可用它测定振动系统所激发的振动频率.

5.5.4 相位突变

在图 5-30 所示的实验中，反射点 B 静止不动，在该点处形成驻波的一个节点. 这一结果说明，当反射点固定不动时，入射波与反射波在 B 点处引起的振动反相，即相位差为 π，这个相位的突变一般叫作“半波损失”. 也就是说，反射波并不是入射波的反向延伸，而是有“半个波长的损失”. 这个结论可由弹性理论推导出来，并为实验所证实. 如图 5-30 所示，设某 t 时刻的入射波形如实线所示，在同一时刻的反射波如虚线所示. 如图 5-31 所示，如果反射点是自由的，那么反射波与入射波在端点处的振动同相，合成的驻波在反射点形成波腹，则反射波就是入射波的反向延伸，无半波损失.

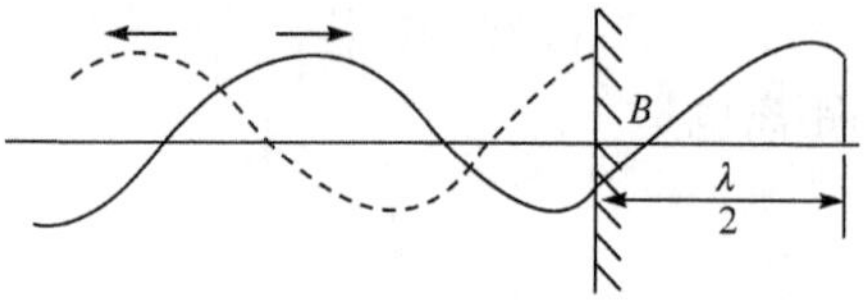

图 5-30 有半波损失的反射

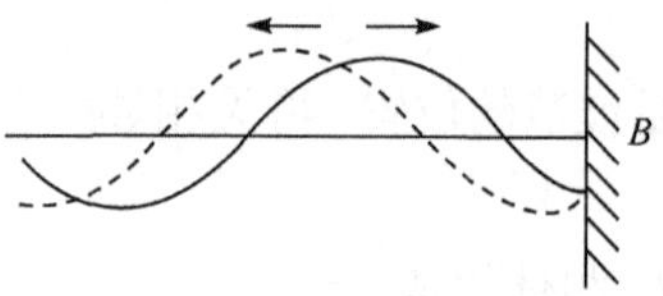

图 5-31 无半波损失的反射

进一步研究表明，当波在空间传播时，如果波垂直入射到两种介质的分界面，界面处出现波节还是波腹，将决定于波的种类和两介质的有关性质. 对于弹性波，我们按 ρu (ρ 为介质密度，u 为波速)的相对大小，可把介质分为两类：ρu 相对较大的介质称为波密介质，ρu 相对较小的介质称为波疏介质. 那么，当波从波疏介质垂直入射到波密介质时，在介质的分界面上反射的波有 π 相位的突变，也即“半波损失”，如图 5-30 所示，反射点形成波节. 反之，在反射点形成波腹，如图 5-31 所示. 例如，声波由空气中传播到水面反射时就有“半波损失”. “半波损失”是一个重要概念，它不仅适用于机械波的反射，同样也适用于包括光波在内的电磁波的反射.

例 5-6 在如图 5-32 所示的演示实验中，设入射波在 O 点引起的振动方程为 $y_0 = A\cos\omega t$，绳子中波的传播速度为 u，固定点 B 到 O 点的距离为 L. 求：

(1) 反射波的波函数；

(2) 形成的驻波表达式.

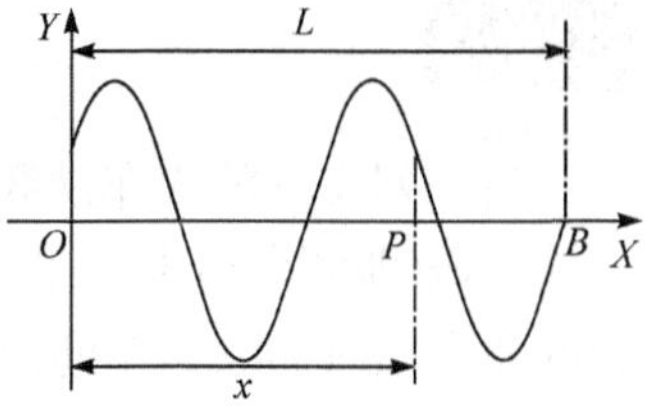

图 5-32 例 5-6 图

解 取如图 5-32 所示的坐标，则 O 点的振动方程为

$$y_0 = A\cos\omega t$$

由波的传播特性可得入射波的波函数为

$$y_\lambda = A\cos\omega\left(t - \frac{x}{u}\right)$$

入射波在 B 点引起的振动为

$$y_{\lambda B} = A\cos\omega\left(t - \frac{L}{u}\right)$$

因为 B 点是固定点，所以反射波在该点的振动有 π 相位突变.

反射波在 B 点的振动为

$$y_{\lambda B} = A\cos\left[\omega\left(t - \frac{L}{u}\right) + \pi\right]$$

所以反射波的波函数为

$$y_{反} = A\cos\left[\omega\left(t - \frac{L-x}{u}\right) - \frac{L}{u} + \pi\right] = A\cos\left[\omega\left(t - \frac{2L-x}{u}\right) + \pi\right]$$

合成的驻波为

$$y = y_\lambda + y_{反} = 2A\cos\left[\frac{\omega(L-x)}{u} - \frac{\pi}{2}\right]\cos\left[\omega\left(t - \frac{L}{u}\right) + \frac{\pi}{2}\right]$$

例 5-7 设驻波方程为 $y = 10\cos\frac{\pi x}{4}\cos\frac{\pi t}{4}$，问 $x=1$ 和 $x=3$ 两点的相差为多少？

解 将 $x=1$ 代入驻波表达式，得

$$y\big|_{x=1} = 5\sqrt{2}\cos\frac{\pi}{4}t$$

将 $x=3$ 代入驻波表达式，得

$$y\big|_{x=3} = -5\sqrt{2}\cos\frac{\pi}{4}t$$

在同一时刻两点的位移相反，所以振动反相，相差为 π.

多普勒效应

5.6 多普勒效应

当一列飞驰的火车从我们身边开过去时，火车汽笛的声调(即频率)与车静止时的声调(即频率)不同，也就是说，我们所听到的声音的频率ν_R与汽笛发出的声音的频率ν_S不同. 当车迎面而来时，频率变高；当车背离我们而去时，频率变低. 观察者运动时也有类似的情况. 这种由于观察者或波源的运动而使观察者接收到的波的频率与波源的频率不同的现象称为多普勒效应. 这种现象是由奥地利物理学家多普勒(1842 年)首先发现的，并且他还研究总结出了其中的规律. 后人为了纪念他，便将这种现象称为多普勒效应.

在定量讨论多普勒效应前，首先区分三个频率.

(1) 波的频率ν：单位时间内通过介质中某点的完整波的数目.

(2) 波源频率ν_S：单位时间内由波源发出的完整波的数目.

(3) 接收频率ν_R：观察者在单位时间内接收到的完整波的数目.

当波源和观察者相对于介质静止时，以上三个频率是相等的. 当波源和观察者相对于介质运动时，观察者所接收到的频率与波源的频率不同.

为了简单起见，我们只讨论波源和观察者沿着它们的连线相对介质运动的情况.

因为声波(或机械波)的波速是相对于介质的，所以我们以介质为参考系来讨论. 设波源 S 相对于介质的速度为V_S，观察者 R 相对于介质的速度为V_R. 分几种情况讨论.

5.6.1 波源不动，观察者相对于介质以速度 V_R 运动

如图 5-33 所示，假设观察者向波源运动，则观测者接收的波速为V_R+u，频率为

$$\nu_R=\frac{V_R+u}{\lambda}=\frac{V_R+u}{uT}=\left(1+\frac{V_R}{u}\right)\nu$$

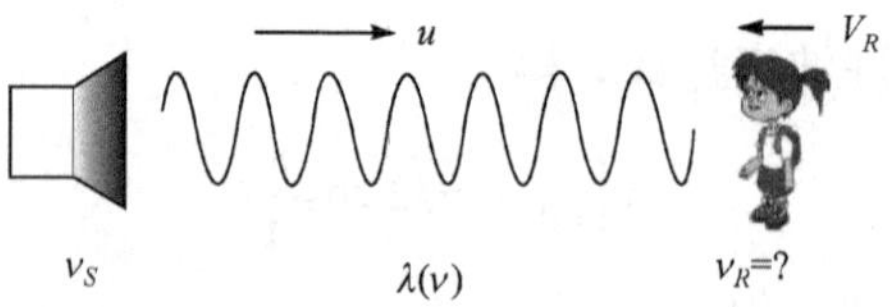

图 5-33 波源不动，观察者相对于介质以速度 V_R 运动时的多普勒效应

由于波源相对于介质静止，所以波的频率等于波源的频率，$\nu=\nu_S$，因而有

$$\nu_R = \left(1 + \frac{V_R}{u}\right)\nu_S \tag{5-22}$$

即观察者接收到的频率为波源频率的 $1 + \frac{V_R}{u}$ 倍.

若观察者背离波源运动，则接收频率为波源频率的 $1 - \frac{V_R}{u}$ 倍.

5.6.2　观察者静止，波源相对于介质以速度 V_S 运动

如图 5-34 所示，若波源向着观察者运动，则观察者接收到的波长会被压缩

$$\lambda_R = uT_S - V_S T_S$$

接收频率为

$$\nu_R = \frac{u}{\lambda_R} = \frac{u}{uT_S - V_S T_S} = \frac{u}{(u - V_S)T_S} = \frac{u}{u - V_S}\nu_S \tag{5-23}$$

若波源背离观察者运动，则

$$\nu_R = \frac{u}{\lambda_{R'}} = \frac{u}{uT_S + V_S T_S} = \frac{u}{u + V_S}\nu_S$$

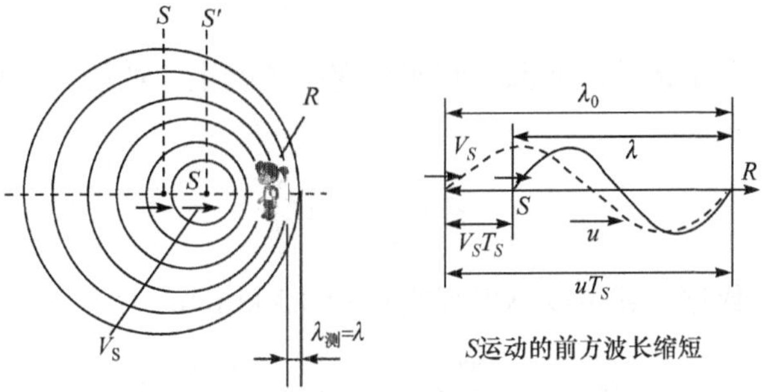

图 5-34　波源运动而观测者静止时的多普勒效应

5.6.3　观察者和波源同时相对于介质运动

如果观测者和波源同时相对于介质运动，根据以上讨论有如下结果：

$$\nu_R = \frac{u + V_R}{u - V_S}\nu \tag{5-24}$$

式中当观察者向着波源运动时，$V_R > 0$；当观察背离波源运动时，$V_R < 0$；当波源向着观察者运动时，$V_S > 0$；当波源背离观察者运动时，$V_S < 0$.

5.6.4　多普勒效应的应用

多普勒效应的应用十分广泛. 声波的多普勒效应可以用于医学诊断，也就是

我们平常说的彩超. 频率在 20000Hz 以上的声波即为超声波. 超声波在传播过程中要发生反射、折射及多普勒效应等，而且在介质中传播时，还会发生声能衰减. 因此超声通过一些实质性器官，会发生形态及强度各异的反射. 声束通过肿瘤组织，声能的吸收和衰减现象也比较明显. 人体组织器官由于生理、病理、解剖情况不同，对超声波的反射、折射和吸收衰减各不相同. 超声诊断就是根据这些反射信号的多少、强弱、分布规律来判断各种疾病.

在交通上，交警常用的雷达测速仪就是利用了多普勒效应. 警车将雷达波束定向朝路面直线发射，道路上的车辆就会把雷达波反射到警车的接收器上. 若被监测的车辆朝装有雷达装置的警车开过来，相当于观察者不动，波源靠近观察者运动，可用多普勒公式得到车辆的行驶速度，从而判定该车是否超速行驶. 下面通过一个例题来说明测速原理，如图 5-35 所示. 雷达测速仪发射出一列超声波，频率为ν =100kHz，传播速度为 u=340m/s，此时有辆汽车开过来了，假定车速v_0是我们要测量的量. 这一列波遇到汽车后反射回来，测速仪接收到的波的频率变为ν'' =110kHz. 测速实际上由两个过程组成：第一个过程，测速仪是静止不动的波源，汽车是运动的观察者，它接收到的频率

$$\nu' = \frac{u + v_0}{u}\nu \tag{5-25}$$

第二个过程，汽车是运动的波源，测速仪变成了静止的观察者，测速仪接收到的频率

$$\nu'' = \frac{u}{u - V_S}\nu' \tag{5-26}$$

两式联立，代入数据，就可以算出车速v_0 =58.3 km/h.

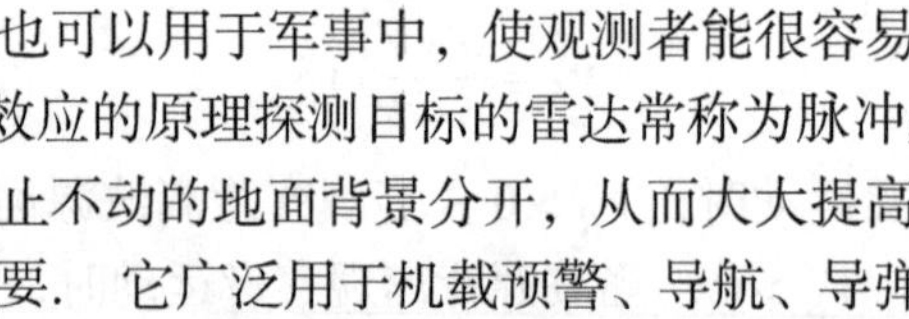

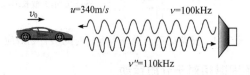

图 5-35　雷达测速仪原理

雷达测速的原理也可以用于军事中，使观测者能很容易地鉴别目标活动的情况. 这种利用多普勒效应的原理探测目标的雷达常称为脉冲多普勒雷达(图 5-36)，可把移动的目标与静止不动的地面背景分开，从而大大提高了雷达的下视能力，对空战的意义十分重要. 它广泛用于机载预警、导航、导弹制导、卫星跟踪、战场侦察、靶场测量、武器火控和气象探测等方面，成为重要的军事装备. 装有脉冲多普勒雷达的预警飞机，已成为对付低空轰炸机和巡航导弹的有效军事装备.

由于飞机的运动也会导致飞机发射无线电波的频率发生变化，多普勒效应也

可用于雷达导航，根据多普勒效应制成的多普勒导航雷达可以测量出飞机的速度和偏向角等.

图 5-36　脉冲多普勒雷达

关于宇宙的产生，科学家爱德文 · 哈勃(Edwin Hubble)使用多普勒效应得出宇宙正在膨胀的结论. 他发现远离银河系的天体发射的光线频率变低，即移向光谱的红端，称为红移，天体离开银河系的速度越快，红移越大，这说明这些天体在远离银河系. 反之，如果天体正移向银河系，则光线会发生蓝移. 根据后来更多天体的红移测定，人们相信宇宙在长时间内一直在膨胀，物质密度一直在变小. 由此推知，宇宙结构在某一时刻之前是不存在的，它只能是演化的产物. 因而 1948 年伽莫夫提出宇宙大爆炸模型.

如果波源的运动速度大于波速，那么式(5-23)将失去意义. 实际上，在这种情况下，急速运动的波源的前方不可能有任何波动产生，所有的波将被挤压而聚集在一圆锥面上，如图 5-37 所示，在这个圆锥面上，波的能量已被高度集中，容易造成极大的破坏，这种波称为冲击波或激波. 飞机、炮弹等以超声速飞行，或火药爆炸、核爆炸时，都会在空气中激起冲击波. 冲击波到达的地方，空气的压强突然增大，足以损伤耳膜和内脏，甚至摧毁建筑物.

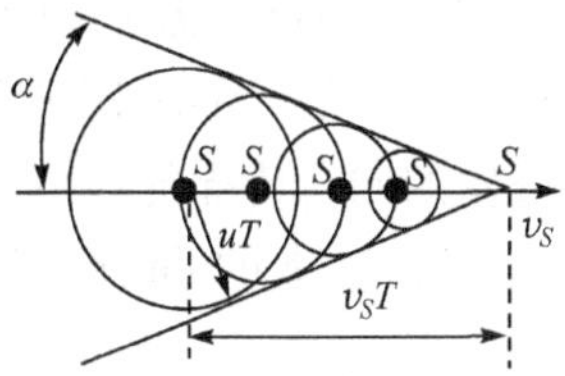

图 5-37　冲击波的产生

习　　题

一、填空题

5-1　一列沿 X 轴正向传播的平面余弦波的波长为 0.1m，在坐标为 3m 的 A 点的振动表达式为 $y_A = 0.06\cos\pi t$ ，则波速为________，波动的表达式为____________________.

5-2 一平面余弦波波速为 20m/s，沿 X 轴负方向传播，若坐标为 20cm 的点的振动方程为 $y=0.1\cos 50\pi t$，则该波的波函数应写为________________.

5-3 一平面简谐波的周期为 2.0s，在波的传播路径上有相距 2.0cm 的 M、N 两点，若 N 的相位比 M 落后 $\pi/6$，则该波波长为________，波速为________.

5-4 已知平面余弦波在时刻 $t=0$ 的波形如习题 5-4 图(a)所示，波线上 O 点的振动曲线如习题 5-4 图(b)所示，则波沿 X 轴_____向传播，P 点的振动初相等于__________.

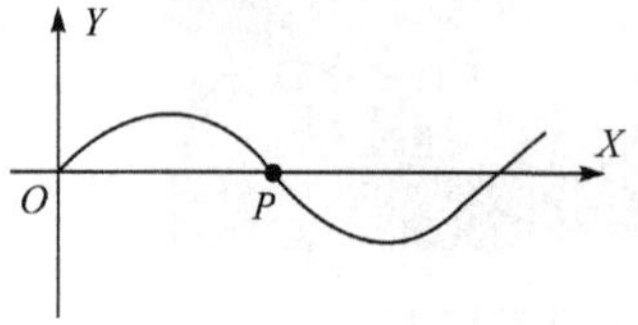

(a) t=0时刻波形图

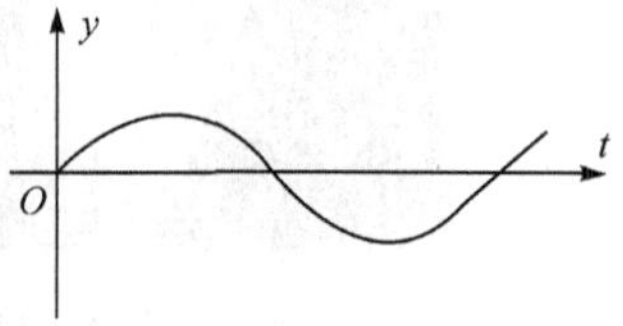

(b) O点的振动曲线

习题 5-4 图

5-5 如习题 5-5 图所示，两相干波源 S_1 和 S_2 相距 $\lambda/4$，S_1 较 S_2 的相位超前 $\pi/2$ (S_1 的相位比 S_2 的相位大 $\pi/2$)，振幅分别为 A_1 和 A_2，不随距离而变，则在 S_1 外侧 P 点的合振幅为____________.

5-6 表达式为 $y_1=0.01\cos(100\pi t-x)$ 和 $y_2=0.01\cos(100\pi t+x)$ 的两列波叠加后，相邻两波节之间的距离为_________.

5-7 如习题 5-7 图所示，沿 X 轴正向传播的平面简谐横波，波速为 100m/s，频率为 50Hz，振幅为 0.04m，已知坐标为 $x_1=-2.0\text{m}$ 处的质点在 $t=0$ 时刻的位移为 $+A/2$，且沿 Y 轴负向运动. 则 x_1 处质点的振动方程为______________，它所激发的向右传播的波的波函数为___________________________；当波传到坐标为 $x_2=10\text{m}$ 处的固定端(密介质)时，波全部反射，则反射波的波函数为_______________________. 合成波的表达式为___________________________.

5-8 一辆汽车以速度 v 向一座山崖开去，同时汽车喇叭发出频率为 ν 的声音，若声速为 u，则山崖反射声音的频率为_________，汽车司机听到山崖回声的频率为_________.

习题 5-5 图

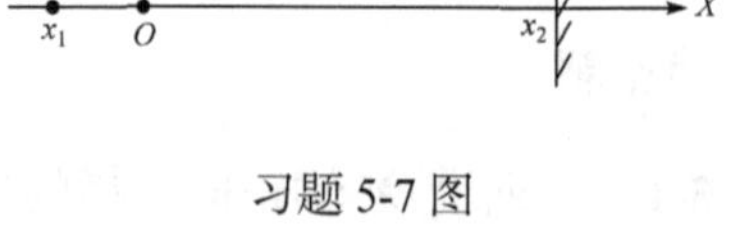

习题 5-7 图

二、计算题

5-9 已知平面余弦波的周期$T=0.5\text{s}$，波长$\lambda=10\text{m}$，振幅为0.1m. 当$t=0$时，原点处质点振动的位移恰为正方向的最大值，波沿X轴正方向传播. 求：

(1) 波函数；

(2) 坐标为$\lambda/2$处质点的振动方程；

(3) 当$t=T/4$时，坐标为$2\lambda/3$处质点的位移；

(4) 当$t=T/2$时，坐标为$\lambda/4$处质点的振动速度.

5-10 一列横波沿绳子传播的波函数为$y=0.05\cos(10\pi t-4\pi x)$.

(1) 求此波的振幅、波速、频率和波长.

(2) 求绳子上各点振动时的最大速度和最大加速度.

(3) 求$x=0.2\text{m}$处的质点在$t=1\text{s}$时的相位. 它是原点处质点在哪一时刻的相位？

5-11 一平面简谐波某时刻的波形如习题5-11图所示，取该时刻为$t=0$，作出P点在接下去的一个周期内的振动曲线(示意图).

5-12 如习题5-12图所示，一平面波在介质中以速度$u=20\text{m/s}$沿X轴正方向传播，已知在传播路径上某点A的振动方程为$y=3\cos 4\pi t$.

(1) 写出以A为坐标原点的波函数；

(2) 分别写出C点和D点的振动方程；

(3) 分别求出C、B两点间的相位差和C、D两点间的相位差；

(4) 写出以B为坐标原点的波函数.

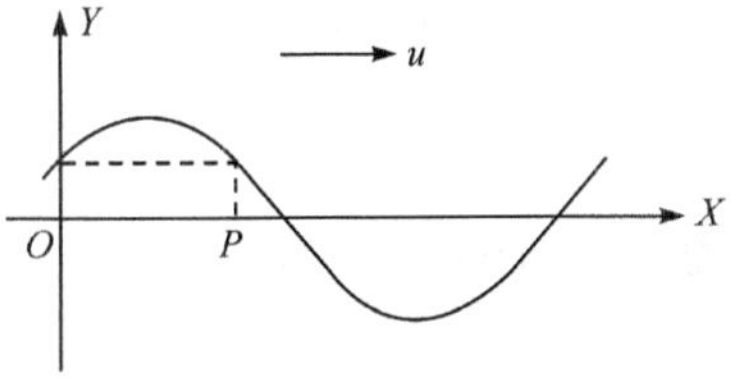

习题5-11图

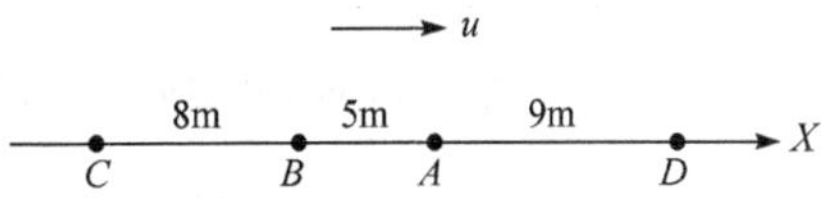

习题5-12图

5-13 振幅为10cm、波长为200cm的余弦波以100cm/s的速率沿一条绷紧了的弦从左向右传播，坐标原点取在弦静止时的左端，坐标轴向上为正. $t=0$时，弦左端的质点在平衡位置并向下运动.

(1) 求前进波的频率和角频率；

(2) 写出这列前进横波的表达式；

(3) 写出原点右方150cm处质点的振动方程(不考虑反射波).

5-14 一列沿X轴正方向传播的余弦波，波长为λ，周期为T，振幅为A，

且 $t=0$ 时原点 O 的振动位移为正向最大. 试作出 $x=\lambda/2$ 处质点的振动图线.

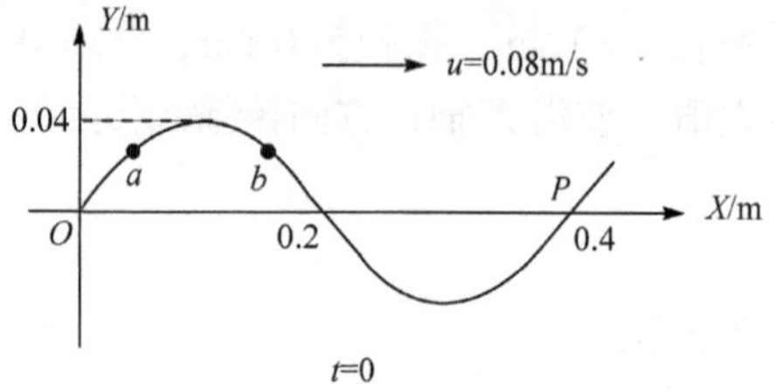

习题 5-15 图

5-15 如习题 5-15 图所示为一平面余弦波在 $t=0$ 时刻的波形曲线.

(1) 求 O 点的振动方程;

(2) 求波函数;

(3) 求 $t=0$ 时 a、b 和 P 点的运动方向;

(4) 求 P 点的振动方程;

(5) 作 P 点的振动图线;

(6) 作 $t=3T/4$ 时刻的波形曲线.

5-16 习题 5-16 图是干涉型消音器结构原理图,利用这一结构可以消除噪声. 当发动机排气噪声声波经过管道到达 A 点时,分成两路而后在 B 点相遇,声波因干涉而相消. 如果要消除频率为 300 Hz 的发动机排气噪声,求图中弯道与直管道的长度之差至少应为多少(设声波速度为 340 m/s).

5-17 同一介质中的两个平面简谐波波源位于 A、B 两点,其振幅相等,频率均为 100 Hz,相位相差 π (波源 B 振动比波源 A 振动相位超前 π). 若 A、B 两点相距 30 m (如习题 5-17 图所示),波在介质中的传播速度为 400 m/s,试求 A、B 连线上因干涉而静止的各点的位置.

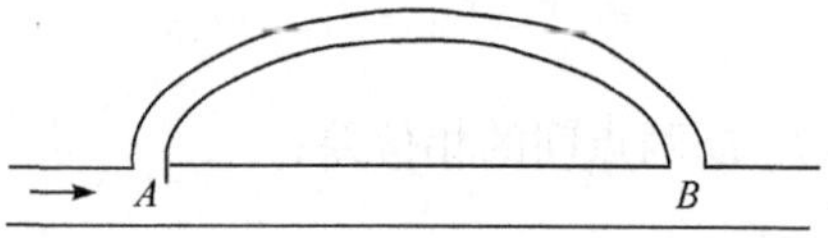

习题 5-16 图

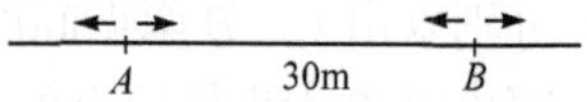

习题 5-17 图

5-18 若入射波与反射波的表达式分别为

$$y_1 = 2\cos[2\pi(50t - x/2)], \quad y_2 = 2\cos[2\pi(50t + x/2)]$$

画出它们叠加后,在 $t=\frac{1}{3}\text{s}$ 时的波形图.

5-19 两个波在一根很长的细线上传播,它们的表达式分别为

$$y_1 = 0.06\cos\left[\pi(x-4t)\right], \quad y_2 = 0.06\cos\left[\pi(x+4t)\right] \text{(SI)}$$

(1) 试证明这细线在作驻波式的振动;

(2) 求波节和波腹的位置;

(3) 求波腹处的振幅和 $x=1.2\text{m}$ 处的振幅.

5-20 如习题 5-20 图所示,在音叉产生驻波的实验中,细绳 OB 长为 L,取音叉 O 点为坐标原点,X 轴水平向右. 音叉振动时,绳上产生的入射波向右传播,

在 B 点反射产生的反射波向左传播. 设音叉的振动规律为 $y = A\cos(\omega t + \varphi)$，产生的波的波长为 λ.

(1) 分别写出入射波和反射波的表达式；

(2) 求 O、B 间波节的位置.

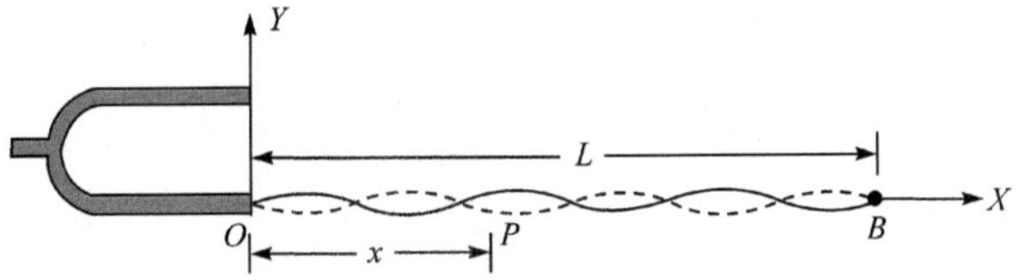

习题 5-20 图

第三篇 热 学

热学是研究物质的热性质和热运动规律及应用的一门学科. 前面学习了物质的机械运动，下面我们学习物质的另一种运动形式——热运动. 热运动是指物体中分子或原子的无规则运动，大量分子热运动的整体效应在宏观上表现为物体的热现象及热性质.

热现象是一种宏观现象，但可以从宏观和微观两种不同的观点，采用不同的方法加以研究. 所谓宏观观点是从宏观物体的总体上来观察和考虑问题，微观观点则是从组成宏观物体的大量分子的运动和相互作用来考虑问题. 这样，就形成了研究热现象的两种方法和理论：热力学和统计物理学.

热力学从大量的实验规律出发，应用数学演绎及推理方法，研究宏观物体的热的性质，这是关于热现象的宏观理论，它是以热力学第一、第二定律为基础的. 统计物理学则是从物质内部的微观结构出发，即从组成物质的分子、原子的运动和它们之间的相互作用出发，依据每个粒子所遵循的力学规律，用统计的方法阐明宏观物体的热的性质. 热力学的结论来自实验，可靠性好，但对问题的本质缺乏深入了解. 统计物理学则深入热现象的本质，从分子运动出发求出宏观观测量的微观决定因素，弥补了热力学的缺陷；但是由于统计物理学对物质的微观结构所作的假设往往是简化了的模型假设(如分子的刚性模型等)，因此所得的理论结果往往是近似的. 总之，热力学和统计物理学在对热现象的研究上各具特色、相辅相成，使问题的研究从表观到实质.

本篇先介绍统计物理学中的气体分子运动论，简称气体动理论，然后介绍热力学的基本概念和定律.

热学绪论　　奇趣实验：热机

第 6 章　气体动理论

【内容概要】

◆　平衡态 理想气体状态方程

◆　理想气体的压强和温度公式

◆　能量均分定理 理想气体的内能

◆　麦克斯韦速率分布律

◆　分子平均碰撞频率和平均自由程

随风而行　环游世界

空气受热后膨胀，密度变小而向上升起. 热气球利用了气体热胀冷缩的原理，在大气的浮力作用下升空遨游.

本章以气体为研究对象，从气体分子热运动的观点出发，对个别分子的运动应用力学规律，对大量分子的集体行为应用统计平均的方法，认为大量气体的宏观性质是大量气体分子的集体表现，而宏观物理量是微观量的统计平均值，从本质上阐明气体分子的热运动规律. 本章主要讨论平衡态理想气体的性质、压强、温度、摩尔热容、内能等宏观量的微观本质，能量均分定理和麦克斯韦速率分布律.

6.1　热力学系统的状态及其描述

6.1.1　分子运动的基本观点

(1) 宏观物体由大量微观粒子——分子(或原子)组成.

物质的分子是可以独立存在并保持该物质原有性质的最小粒子. 1811 年意大利化学家阿伏伽德罗提出 1mol 任何物质中拥有 6.02×10^{23} 个分子. 把 $N_A =$

$6.02\times10^{23}\mathrm{mol}^{-1}$称为阿伏伽德罗常量. 在常温常压下，单位体积的物质内包含的分子数(即分子数密度 n)巨大. 例如，每立方厘米的氧气中约有 2.5×10^{19} 个氧气分子. 分子又是很小的，它的线度(或直径 d)数量级约为$10^{-10}\mathrm{m}$，分子的质量也很小，对于氧分子，$m=5.31\times10^{-26}\mathrm{kg}$.

大量实验表明，分子间存在空隙. 把500mL 酒精与500mL 水混合后，总体积却小于1000mL. 通常气体分子之间的空隙很大，而液体和固体分子之间的空隙要小得多，所以气体比液体和固体更容易被压缩.

(2) 分子永不停息地做无规则热运动，运动的剧烈程度与物体的温度有关.

扩散运动可充分地说明这个结论. 在室内打开一瓶乙醚的瓶盖，很快就会在整个房间内闻到乙醚的气味. 这种由于分子无规则运动而产生物质迁移的现象称为扩散. 液体也有扩散现象，一杯清水中滴入一滴红墨水，隔一段时间后，就会发现整杯清水都染上了红色. 固体也可以进行扩散. 例如，使一块铅和一块金相互接触，经过一段足够长的时间之后，就会在很薄的一层接触面上发现：铅里面有少量的金，金里面也有少量的铅. 扩散现象充分说明组成物质的分子在不停地做无规则的热运动. 如果提高温度，无论是气体、液体还是固体中的扩散都会加强.

(3) 分子间存在相互作用力.

分子间既有引力也有斥力，引力与斥力同时存在，合力称为分子力. 例如，固体和液体的分子之所以会聚集在一起而不分开，是因为分子之间存在相互吸引力；而固体和液体又很难压缩，即使是气体也不能无限制地压缩，这说明分子之间除了吸引力外还存在斥力. 气体分子是由电子、质子等组成的复杂带电系统，从本质上讲，分子力属于分子内电荷之间相互作用的电磁力.

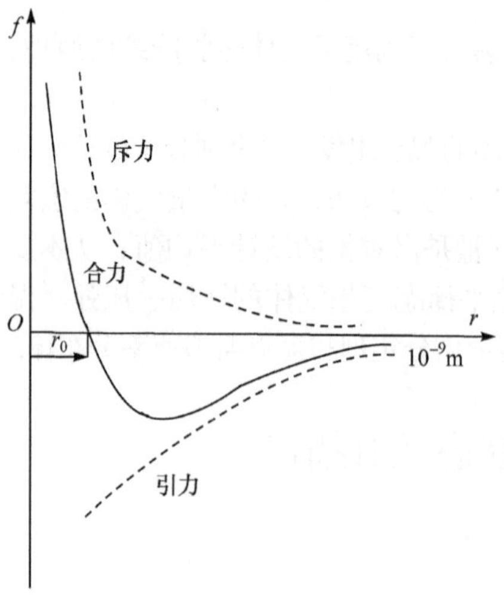

图 6-1 分子力曲线

实验表明，分子之间的相互作用力与分子间的距离有关，分子力曲线如图 6-1 所示. 两条虚线分别表示引力和斥力随距离变化的情况，实线表示合力 f 随距离变化的情况. 从图中可以看出：当两个分子中心相距 r_0 时，$f=0$，表明分子之间的引力与斥力互相抵消，这个距离叫分子间的平衡距离. 对于不同物质的分子，r_0 的数值略有不同，一般在$10^{-10}\mathrm{m}$ 左右. 当分子中心间距离大于r_0时，$f<0$，表明分子间是引力起主要作用. 引力的数值随距离的加大而迅速减小，当距离大于10^{-9}m时，引力就可以忽略不计了. 当分子中心间距离小于r_0时，$f>0$，表明分子间是斥力起主要作用. 随着距离减小，斥力急剧增大.

近代技术已经实现了对分子(原子)力的探测，研制出了足以看清固体表面原子的原子力显微镜.

6.1.2　平衡态　状态参量

热力学的研究对象是由大量微观粒子组成的宏观物体，我们称之为**热力学系统**，简称系统，也称工作物质，系统以外的物体统称外界. 若系统与外界无任何相互作用，我们称该系统为**孤立系统**.

1. 平衡态

热力学系统的宏观状态可分为平衡态和非平衡态两种. 实验表明，一个孤立系统，如果最初各部分的宏观性质不均匀，则经过足够长的时间以后，将逐步趋于均匀一致，最后保持一个宏观性质不再变化的状态. 我们把孤立系统最终达到的这种所有宏观性质不随时间变化的状态叫作**平衡态**. 反之，就称为非平衡态.

应当指出，当系统处于平衡态时，组成系统的分子仍在不停地运动着，只是分子运动的平均效果不随时间改变. 因此，热力学的平衡是一种动态平衡，又称为**热动平衡**.

2. 状态参量

描述系统运动状态的物理量称为状态参量. 为了研究热力学系统的宏观状态，对一定量的气体，可用压强p、体积V和温度T来描述其状态，并将气体的压强、体积和温度这三个物理量称为气体的状态参量.

压强p是气体作用于容器器壁单位面积上的垂直压力，是气体分子对器壁碰撞的宏观表现. 在国际单位制中，压强的单位是帕斯卡(Pa)，简称帕，$1\text{Pa}=1\text{N}/\text{m}^2$. 其他常用单位还有毫米汞柱(mmHg)、标准大气压(atm)等，其换算关系为

$$1\text{atm}=760\text{mmHg}=1.013\times10^5\text{Pa}$$

气体的体积V是指气体分子所能达到的空间，即容器的容积. 在国际单位制中，体积的单位是立方米(m^3)，其他常用单位还有升(L)，$1\text{L}=10^{-3}\text{m}^3$.

温度是物体冷热程度的量度，它来源于人们日常生活对物体的冷热感觉. 从分子动理论的观点来看，温度与物体内部大量分子热运动的剧烈程度有关. 温度的概念是建立在热力学第零定律的基础上的. 实验事实证明，如果两个热力学系

统A和B分别与第三个热力学系统C处于热平衡，则系统A、B也将处于热平衡. 这一结论称为**热力学第零定律**.

热力学第零定律表明，处于热平衡的系统必然具有某种共同的宏观性质，以表示它们共同所处的热平衡状态，用温度来描述. 因此，一切互为热平衡的系统都具有相同的温度，这是温度的基本特征. 本质上温度的高低反映了组成系统的大量微观粒子的热运动的剧烈程度.

温度只能通过物体随温度变化的某些特性来间接测量，温度的数值表示法叫**温标**. 各种各样的温度计的数值都是由各种温标决定的. 物理学中常用的温标有热力学温标T(单位开尔文，符号K)和摄氏温标t(单位摄氏度，符号℃).

热力学温度和摄氏温度的关系为

$$t/℃ = T/\text{K} - 273.15 \tag{6-1}$$

理想气体状态方程

6.2 理想气体

在无外力场作用的条件下，处于平衡状态下的热力学系统，温度和状态参量之间存在着确定的函数关系，这就是状态方程. 对简单系统即$T = f(p,V)$或$f(p,V,T)=0$，应用统计物理学理论，原则上可以根据物质的微观结构导出状态方程. 然而，实际系统的状态方程却往往要由实验来测定.

6.2.1 理想气体的状态方程

理想气体是一个重要的理论模型，它反映了各种气体在密度趋于零时的共同的极限性质. 实际气体在温度不太低、压强不太大的实验条件下，遵守玻意耳-马里奥特定律、盖吕萨克定律和查理定律. 我们称遵守这三定律的气体为理想气体.

对理想气体，其状态方程为

$$pV = \nu RT \quad 或 \quad pV = \frac{m}{M}RT \tag{6-2}$$

式中m是气体的总质量；M是气体的摩尔质量；$\nu = \dfrac{m}{M}$是气体的物质的量，单位是mol；R是普适气体常量，其值可由标准状态下的大气压强p_0($1.013\times10^5\text{Pa}$)、温度T_0(273.15K)和摩尔体积V_0($22.4\times10^{-3}\text{m}^3/\text{mol}$)求得.

$$R = \frac{p_0V_0}{T_0} = \frac{1.013\times10^5\times22.4\times10^{-3}}{273.15} = 8.31(\text{J}/(\text{mol}\cdot\text{K}))$$

在式(6-2)中，若分别令T、p和V保持不变，则该状态方程就称为玻意耳-马略特定律、盖吕萨克定律和查理定律.

设质量为 m 的气体的分子数为 N，分子量为 M，则气体的物质的量可表示为

$$\nu=\frac{m}{M}=\frac{N}{N_A}$$

于是式(6-2)可改写为

$$PV=\frac{N}{N_A}RT$$

或

$$p=\frac{N}{V}\frac{R}{N_A}T=nkT \tag{6-3}$$

式中 $n=\frac{N}{V}$ 表示单位体积内的分子数，称为分子数密度；$N_A=6.02\times10^{23}\text{mol}^{-1}$ 为阿伏伽德罗常量，$k=\frac{R}{N_A}=1.38\times10^{-23}\text{J/K}$ 亦为一个常数，1892 年由奥地利物理学家玻尔兹曼引入，称为玻尔兹曼常量. 式(6-3)是理想气体状态方程的另一种表达式，它表明，理想气体的压强与分子数密度 n 和温度 T 的乘积成正比.

6.2.2　混合理想气体的状态方程

英国科学家道尔顿于 1802 年在实验中发现：稀薄混合气体的压强等于各组分的分压强之和，即

$$p=p_1+p_2+\cdots+p_n \tag{6-4}$$

式(6-4)称为道尔顿分压定律.

混合理想气体内部，对每一组分都有

$$p_iV=\nu_iRT\quad(i=1,2,3,\cdots,n)$$

对所有组分求和，则有 $\sum_{i=1}^{n}p_iV=\sum_{i=1}^{n}\nu_iRT$，应用 $p=\sum_{i=1}^{n}p_i$ 和 $\nu=\sum_{i=1}^{n}\nu_i$，则有

$$pV=\nu RT$$

这就是混合理想气体的状态方程.

例 6-1　氧气瓶的容积为 $4.0\times10^{-2}\text{m}^3$，氧气的压强为 $1.3\times10^7\text{Pa}$，为了避免经常洗瓶，压强降到 $2.0\times10^5\text{Pa}$ 时就要重新充气. 设某实验室每天用 $1.013\times10^5\text{Pa}$ 的氧气 0.2m^3，求在温度不变的情况下，一瓶氧气可用多少天.

解　以氧气瓶中的气体为研究对象，使用前后气体体积和温度不变，根据理想气体状态方程 $pV=\frac{m}{M}RT$ 可得使用前后氧气瓶中的气体质量. 设使用前后瓶中氧气的质量分别为 m_1 和 m_2，则

使用前：$m_1 = \dfrac{p_1 V M}{RT}$

使用后：$m_2 = \dfrac{p_2 V M}{RT}$

每天使用的气体质量为

$$m_3 = \frac{p_3 V_3 M}{RT}$$

则一瓶氧气使用的时间为

$$\begin{aligned} n &= \frac{m_1 - m_2}{m_3} = \frac{(p_1 - p_2)V}{p_3 V_3} \\ &= \frac{(1.3\times10^7 - 2.0\times10^5)\times4.0\times10^{-2}}{1.013\times10^5\times0.2} \\ &= 25.3(\mathrm{d}) \end{aligned}$$

6.3 理想气体的压强

6.3.1 理想气体的微观模型

理想气体是一种简化的模型，是 $p \to 0$ 的极限情况. 我们在物质结构的三个基本观点的基础上，进一步提出以下几个基本假设，作为理想气体的模型.

(1) 分子本身的线度与分子间平均距离相比可以忽略不计，分子可以视为质点；

(2) 除碰撞的一瞬间外，气体分子之间以及气体分子与器壁之间无相互作用力，分子在两次碰撞间做匀速直线运动；

(3) 分子之间以及分子与器壁之间的碰撞可以视为完全弹性碰撞，分子运动遵从力学规律.

第一条假设的根据是理想气体极其稀薄，分子之间的平均距离很大. 第二条假设的根据是分子间的作用力是短程力，既然分子间的平均距离很大，所以分子之间的作用力除碰撞瞬间外，一般可以忽略. 第三条假设的根据是在平衡态下气体的状态参量不随时间改变，因此可以认为分子在碰撞时无动能损失.

以上三条形成了理想气体的微观模型，即理想气体是大量不停地无规则运动着的无相互作用力的弹性质点的组合.

6.3.2 平衡态气体分子的统计性假设

气体处在平衡态时，密度处处相等，各个方向的压强相等. 因此，对处于平衡态时理想气体分子的热运动，可作如下统计假设.

(1) 当忽略重力影响时，气体分子均匀地分布于容器中，即分子数密度处处相等.

(2) 在平衡态时，气体分子沿任何方向运动的概率均等，即分子速度按方向分布均匀. 因此，分子速度沿各个方向分量的各种平均值都相等，即

$$\bar{v}_x = \bar{v}_y = \bar{v}_z = 0$$

$$\overline{v_x^2} = \overline{v_y^2} = \overline{v_z^2} \tag{6-5}$$

因为 $v^2 = v_x^2 + v_y^2 + v_z^2$，所以 $\overline{v^2} = \overline{v_x^2} + \overline{v_y^2} + \overline{v_z^2}$，于是

$$\overline{v_x^2} = \overline{v_y^2} = \overline{v_z^2} = \frac{1}{3}\overline{v^2} \tag{6-6}$$

应该指出，统计假设是对大量分子而言，是大量分子做无规则热运动时的统计平均值. 气体分子数越多，准确度就越高.

6.3.3　理想气体的压强公式

理想气体的压强

容器器壁所受到的压力来自分子与器壁碰撞对器壁的作用力. 尽管单个分子或少量分子给器壁的作用力断断续续且大小、位置都不确定，但大量分子对器壁作用的总效果却产生了一个稳定持续的压力，这就与雨点打在伞上的情况相似. 雨中打伞的经验表明，当稀疏的雨点打到伞上时，我们感到伞上各处受力是不均匀而且是断续的；但当密集的雨点打到伞上时，就会感到雨伞受到一个均匀持续的压力.

气体的压强就是做无规则运动的大量分子碰撞器壁时，作用于器壁单位面积上的平均冲力，或者说是单位时间内作用于器壁单位面积上的平均冲量.

假定长方形容器中盛有 N 个质量为 m_0 的理想气体分子，分子数密度为 n，如图 6-2 所示. 我们考察右侧面器壁所受的压强，设右侧面器壁面积为 A，则压强 $p = \bar{F}/A$，式中 $\bar{F}$ 为该面器壁受到的大量气体分子碰撞的平均冲力.

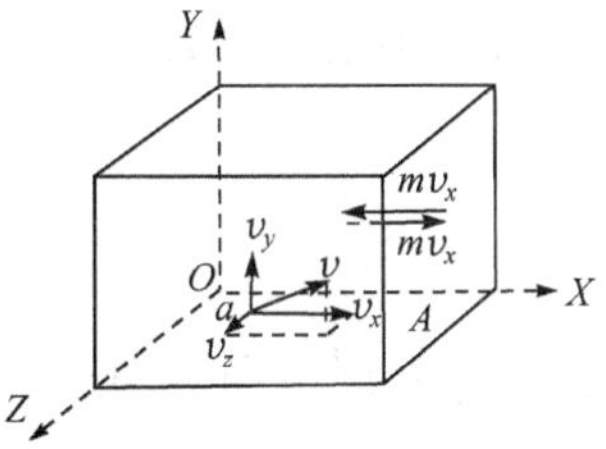

图 6-2　气体容器

先讨论单个分子在一次碰撞中对 A 面的作用.

设速度为 $\boldsymbol{v}_i$ 的分子与右侧面碰撞. 因为分子与器壁的碰撞是弹性碰撞，所以该分子与器壁右侧面 A 相碰后的速度分量，由 v_{ix} 变为 $-v_{ix}$，Y、Z 方向速度分量不变. 根据动量定理，分子对器壁的冲量为 $2m_0v_{ix}$.

然后，讨论速度为 $\boldsymbol{v}_i$ 的分子 dt 时间内给予器壁 A 的总冲量.

设容器中速度为$\boldsymbol{v}_i$的分子数密度为n_i，则 dt 时间内有$n_i \cdot v_{ix}\mathrm{d}t \cdot A$个该类分子碰撞器壁$A$，如图 6-3 所示. 一个分子与器壁碰撞时对器壁的冲量为$2m_0v_{ix}$，在 dt 时间内速度为$\boldsymbol{v}_i$的分子对器壁的总冲量为

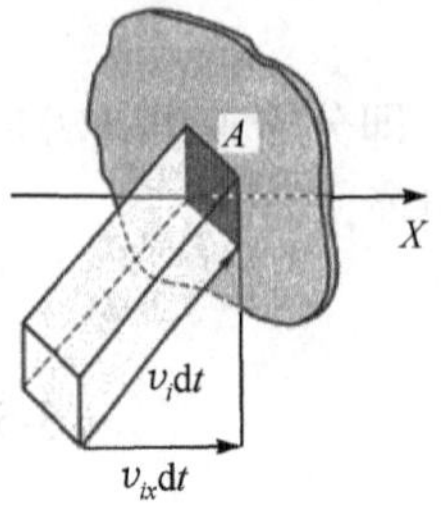

图 6-3　压强公式推导图

$$2m_0v_{ix} \cdot n_iv_{ix}\mathrm{d}tA = 2m_0v_{ix}^2n_iA\mathrm{d}t$$

最后，考虑大量分子在 dt 时间内对器壁A的总冲量

$$\mathrm{d}I = \sum_{i(v_{ix}>0)} 2m_0v_{ix}^2n_iA\mathrm{d}t$$

在求和时必须限制$v_{ix}>0$，因为$v_{ix}<0$的分子不会与器壁A相碰. 平均而言，$v_{ix}>0$与$v_{ix}<0$的分子各占一半，概率均等，故分子作用于器壁A的总冲量

$$\mathrm{d}I = \sum_{i(v_{ix}>0)} 2m_0v_{ix}^2n_iA\mathrm{d}t = \sum_i m_0v_{ix}^2n_iA\mathrm{d}t$$

所以气体对器壁的压强为

$$p = \frac{\bar{F}}{A} = \frac{\mathrm{d}I}{A\mathrm{d}t} = m_0\sum_i n_iv_{ix}^2 = nm_0\left(\frac{\sum_i n_iv_{ix}^2}{n}\right) = nm_0\overline{v_x^2}$$

式中$n=\sum_i n_i$为分子数密度，$\overline{v_x^2}=\dfrac{\sum_i n_iv_{ix}^2}{n}$为分子在$X$方向速度分量平方的统计平均值. 根据统计假设式(6-6)，$\overline{v_x^2}=\overline{v_y^2}=\overline{v_z^2}=\dfrac{1}{3}\overline{v^2}$，上式可改写为

$$p=\frac{1}{3}nm_0\overline{v^2}=\frac{2}{3}n\left(\frac{1}{2}m_0\overline{v^2}\right) \tag{6-7}$$

式中$\dfrac{1}{2}m_0\overline{v^2}$是气体分子的平动动能的平均值，称为分子的**平均平动动能**，用$\bar{w}$表示. 至此，我们得到了理想气体的压强公式

$$p=\frac{2}{3}n\bar{w} \tag{6-8}$$

式(6-7)或式(6-8)将宏观物理量压强p与微观物理量v^2、w的统计平均值联系起来，显示了宏观物理量与微观物理量的关系，称为理想气体的压强公式. 公式表

明：气体压强 p 正比于分子数密度 n 和分子的平均平动动能 $\overline{w}$，是大量气体分子无规则热运动的统计结果，对大量气体分子才有明确的意义.

实际上，推导压强公式的过程中所取的 A，$\mathrm{d}t$ 都是“宏观小微观大”的量. 例如，在标准状态下，气体分子在 $\mathrm{d}t=10^{-3}\mathrm{s}$ 的短时间内对 $A=10^{-2}\mathrm{cm}^2$ 的小面元上的碰撞次数仍有 10^{16} 之多，因此在 $\mathrm{d}t$ 时间内分子对器壁某一面积的碰撞次数是很大的. 对于少量的分子而言，它们对器壁的碰撞是断续的，给予器壁的冲量大小也是偶然的，没有确定的数值，但对于大量的分子而言，器壁获得的冲量具有确定的统计平均值.

温度的微观意义

6.4 理想气体的温度公式

根据理想气体状态方程和压强公式，我们可以导出理想气体的温度与分子运动的关系，进一步阐明温度这一概念的微观本质.

处于平衡状态下的理想气体，其压强同时满足 $p=nkT$ 和 $p=\dfrac{2}{3}n\overline{w}$，所以，比较可得

$$\overline{w}=\frac{1}{2}m_0\overline{v^2}=\frac{3}{2}kT \tag{6-9}$$

式(6-9)是宏观物理量温度 T 与微观物理量分子平均平动动能 $\overline{w}$ 之间的联系公式，称为理想气体的**温度公式**. 该式揭示了温度的微观本质，即气体的绝对温度是气体分子平均平动动能的量度；分子平均平动动能的大小又是分子热运动剧烈程度的反映. 所以，温度是气体分子热运动剧烈程度的量度. 气体温度越高，说明气体分子的平均平动动能越大，分子无规则运动越剧烈.

关于理想气体的温度公式，需要说明以下几点：

(1) $\overline{w}$ 是统计平均值，所以温度也是一个统计的概念，它只适用于大量分子组成的集体，对单个分子或少量分子谈温度的概念是没有意义的.

(2) 热平衡的微观实质是分子碰撞使系统间发生能量交换，进而重新分配能量的结果. 所谓达到热平衡，实际上是两个系统各自的分子平均平动动能达到相等. 只要这两个量相等，二者就达到热平衡，而不论两个系统内分子的种类是否相同，也不论两个系统各自的分子总数是多少(分子数多少只影响系统的总能量).

(3) 由式(6-9)似乎可以得出，当 $T=0$ 时，$\overline{w}=0$，即温度达到绝对零度时，分子热运动会停止. 实际上，当物体温度很低时，已经不是气体了，式(6-9)不再适用. 近代理论表明，即使达到了绝对零度，分子的热运动也不会停止，还要保持着一定的振动，具有一定的振动能量，称之为零点能.

由式(6-9)可以得到一个重要的统计平均值——气体分子的方均根速率.

$$\sqrt{\overline{v^2}}=\sqrt{\frac{3kT}{m_0}}=\sqrt{\frac{3RT}{M}} \tag{6-10}$$

$\sqrt{\overline{v^2}}$ 叫作气体分子的方均根速率，它是气体分子速率平方的统计平均值的平方根.

例 6-2 求27℃时氢气和氧气的方均根速率$\sqrt{\overline{v_{H_2}^2}}$、$\sqrt{\overline{v_{O_2}^2}}$.

解 将氢气和氧气看作理想气体，应用式(6-10)可得

$$\sqrt{\overline{v_{H_2}^2}}=\sqrt{\frac{3RT}{M_{mol}}}=\sqrt{\frac{3\times 8.31\times 300}{2\times 10^{-3}}}=1.93\times 10^3(\text{m/s})$$

$$\sqrt{\overline{v_{O_2}^2}}=\sqrt{\frac{3RT}{M_{mol}}}=\sqrt{\frac{3\times 8.31\times 300}{32\times 10^{-3}}}=4.83\times 10^2(\text{m/s})$$

6.5 能量按自由度均分定理

能量按自由度均分定理

前面我们把理想气体分子看作质点，所讨论的各种问题(理想气体的压强、温度等)中，就分子本身的情况而论，都只须研究分子的平动而不必考虑分子的内部结构. 下面，我们要讨论理想气体的内能，因而需要研究每个分子各种运动形式的总能量，就必须进一步考虑分子的内部结构. 从分子内部结构看来，气体分子可以是单原子、双原子和多原子的，它们不仅有平动，还有转动和分子内部原子的振动. 气体分子无规则运动的能量应包括所有这些运动形式的能量. 本节研究分子无规则运动的能量所遵从的统计规律——能量按自由度均分定理，从而得出理想气体的内能. 为此，先介绍自由度的概念.

6.5.1 自由度

自由度是描述物体运动自由程度的物理量. 例如，一个质点在三维空间的运动就比在一维空间直线上的运动来得自由. 在力学中，描述一个物体在空间的位置和形态所需要的独立坐标数称为该物体的自由度，常用符号 i 表示.

对一个在空间可以自由运动的质点，要确定其位置，需要三个独立坐标数 (x,y,z)，所以它有 3 个自由度. 如果该质点的运动被局限在一个曲面 $f(x,y,z)=0$ 上，确定其位置只需两个独立坐标数，所以它有 2 个自由度.

对有形的物体，不仅有平动还可以转动，如飞机在空中的翻滚运动，现将它看作刚体，于是需要研究刚体的自由度. 由刚体运动学可知，刚体的运动可以看作是由两部分运动合成的——质心的平动和绕质心的转动. 由此，刚体在空间的位置可确定如下：

(1) 确定刚体质心需要三个独立坐标(x,y,z)；

(2) 确定任一条通过质心的转轴需要两个独立坐标(α,β)(该质心轴可绕X、Y、Z轴转动，其方位角(α,β,γ)中只有两个独立，我们取该转轴与X轴和Y轴的夹角α和β)；

(3) 刚体绕轴转动需要一个独立坐标φ.

如果这六个量都已确定，则刚体在空间的位形就被确定(如图 6-4 所示). 所以，自由刚体有 6 个自由度，其中 3 个为平动自由度，3 个为转动自由度.

分子多由双原子或多原子组成，常温下组成分子的原子之间的距离是不变的，因此常温下的分子可以看作是刚性分子. 根据前面的分析，很容易确定刚性理想气体分子的自由度.

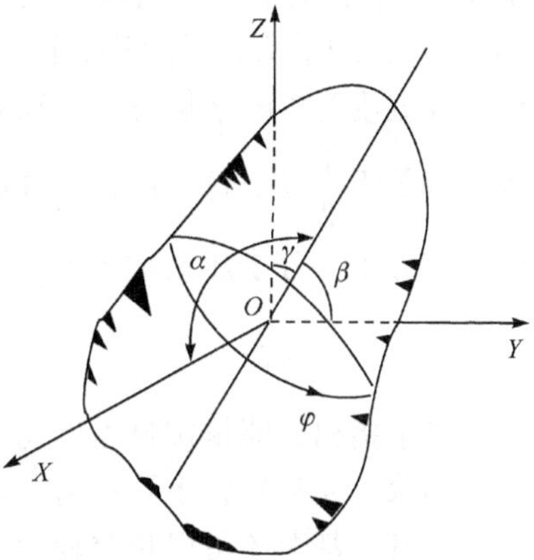

图 6-4　刚体的自由度

单原子分子，如氦(He)、氖(Ne)等分子，可视为质点，其自由度为 3，全部为平动自由度；刚性双原子分子，如氧(O_2)、氮(N_2)等分子，可视为两个质点通过一个刚性键联结的模型，自由度为 5，其中 3 个平动自由度、2 个转动自由度；刚性多原子分子，如二氧化碳(CO_2)、氨(NH_3)等分子，可视为刚体，自由度为 6，其中 3 个平动自由度、3 个转动自由度.

以上讨论把分子看成大小、形状不变的刚性分子. 实际上，双原子或多原子分子并不完全是刚性的，在高温情况下，气体分子的原子间还有相对微小的振动，还要考虑振动自由度. 本书只讨论常温下的刚性理想气体分子.

6.5.2　能量均分定理

根据气体分子的平均平动动能和温度的关系式(6-9)

$$\frac{1}{2}m_0\overline{v^2}=\frac{3}{2}kT$$

分子的平均平动动能还可表示为

$$\frac{1}{2}m_0\overline{v^2}=\frac{1}{2}m_0\overline{v_x^2}+\frac{1}{2}m_0\overline{v_y^2}+\frac{1}{2}m_0\overline{v_z^2}$$

由理想气体的统计性假设知$\overline{v_x^2}=\overline{v_y^2}=\overline{v_z^2}=\frac{1}{3}\overline{v^2}$，所以有

$$\frac{1}{2}m_0\overline{v_x^2}=\frac{1}{2}m_0\overline{v_y^2}=\frac{1}{2}m_0\overline{v_z^2}=\frac{1}{3}\left(\frac{1}{2}m_0\overline{v^2}\right)=\frac{1}{2}kT \tag{6-11}$$

式(6-11)表明，平衡态下，理想气体分子的三个平动自由度上具有相等的平均动能，且每个自由度的平均动能都是$\frac{1}{2}kT$．这是气体动理论关于分子无规则碰撞的统计性假设的结果，也是分子运动无序性的表现.

对于理想气体的刚性双原子分子和多原子分子，不仅有平动，而且有转动，在分子的无规则碰撞中，平动和转动之间以及转动各自由度之间也可以相互交换能量，而且没有哪个自由度在能量分配上更占优势. 式(6-11)的结论也可以推广到温度为 T 的平衡态下的其他物质(包括气体、液体或固体). 经典统计力学可以证明：在温度为T的平衡态下，物质分子的每个自由度都具有相等的平均动能，其大小都等于$\frac{1}{2}kT$．这个结论叫作**能量均分定理**. 根据能量均分定理，自由度数为i的气体分子，分子热运动的平均动能就是

$$\bar{\varepsilon}=\frac{i}{2}kT \tag{6-12}$$

必须指出，能量按自由度均分定理是一条统计规律，是大量气体分子统计平均的结果. 对于单个分子来说，在某一时刻它的各种形式的动能不一定按自由度均分，其值甚至还可以相差较大，但当达到平衡态时，能量就按自由度均匀分配了. 表 6-1 列出了刚性理想气体分子的自由度和平均动能的详细信息.

表 6-1　刚性理想气体分子的自由度和平均动能

分子类型	平动自由度	转动自由度	自由度 i	分子热运动的平均动能 $\frac{i}{2}kT$
单原子分子	3	0	3	$\frac{3}{2}kT$
刚性双原子分子	3	2	5	$\frac{5}{2}kT$
刚性多原子分子	3	3	6	$\frac{6}{2}kT$

6.5.3　理想气体的内能

一般说来，实际气体除了分子具有平动动能、转动动能、组成分子的原子的振动动能和振动势能外，分子间还具有相互作用势能. 气体分子的各种动能和分子间势能之和叫作气体的**内能**，用 E 表示. 对理想气体分子，因不考虑分子间的相互作用力，分子间相互作用势能便忽略不计，对于刚性分子，则不考虑原子间的振动，因此，刚性分子组成的理想气体的内能就是所有分子热运动动能之和，即各分子的平动动能和转动动能之和.

根据能量均分定理，一个自由度为 i 的理想气体分子的平均动能为 $\frac{i}{2}kT$ ，1mol 理想气体的内能为

$$E_{\text{mol}} = N_{\text{A}} \cdot \frac{i}{2}kT = \frac{i}{2}RT$$

质量为 m 、摩尔质量为 M 的理想气体的内能为

$$E = \frac{m}{M}\frac{i}{2}RT \tag{6-13}$$

可以看出，一定量的理想气体的内能仅取决于分子的自由度数 i 和温度 T . 对于一定量的某种理想气体，只要温度确定了，内能就确定了. 因此理想气体的内能是温度的单值函数，是状态量.

一定量理想气体从一个平衡态(温度为 T_1)到另一个平衡态(温度为 T_2)后，内能的增量与系统所经历的过程无关，而只取决于始末状态. 内能增量可表示为

$$\Delta E = \frac{m}{M}\frac{i}{2}R(T_2 - T_1) \tag{6-14}$$

从上面可以看到：玻尔兹曼常量 k 与一个分子的情况对应；普适气体常量 R 与 1mol 分子的情况对应. 例如，一个自由度上分子热运动的平均动能是 $\frac{1}{2}kT$ ，一个分子热运动的平均平动动能是 $\frac{3}{2}kT$ ，一个自由度为 i 的刚性分子热运动的平均动能是 $\frac{i}{2}kT$ ； 1 mol 理想气体的内能是 $\frac{i}{2}RT$.

例 6-3　求 27℃时氧气分子的平均平动动能、平均动能及 16g 氧气具有的热力学能.

解　由能量均分定理可知，气体分子的每个自由度都有 $\frac{1}{2}kT$ 的平均能量. 氧分子是双原子分子，自由度为 $i = 5$.

氧气分子的平均平动动能

$$\overline{\varepsilon}_t = \frac{3}{2}kT = \frac{3}{2} \times 1.38 \times 10^{-23} \times (273.15 + 27) = 6.21 \times 10^{-21}(\text{J})$$

氧气分子的平均动能

$$\overline{\varepsilon} = \frac{i}{2}kT = \frac{5}{2} \times 1.38 \times 10^{-23} \times (273.15 + 27) = 1.04 \times 10^{-20}(\text{J})$$

16g 氧气的热力学能

$$E = \frac{i}{2} \cdot \frac{m}{M}RT = \frac{5}{2} \cdot \frac{16}{32} \times 8.31 \times (273.15 + 27) = 3.12 \times 10^3(\text{J})$$

6.6 麦克斯韦速率分布律

麦克斯韦速率分布律

平衡态时，分子按速率的分布情况是怎样的呢？由大量分子组成的气体，由于分子间的频繁碰撞，分子做无规则热运动，各个分子的运动速率瞬息万变，在任一时刻，某一个分子具有多大的速率完全是偶然的，分子的速率可取 $0\sim\infty$ (严格来讲是 $0\sim3\times10^8\mathrm{m/s}$)的任何值，下一时刻的速率也是不可预知的. 但理论和实验证明，在一定的宏观条件下，气体分子按速率的分布遵从确定的统计规律. 1859 年，英国物理学家麦克斯韦(Maxwell)用概率论证明了在平衡态下的理想气体分子速率分布规律，称为麦克斯韦速率分布律. 麦克斯韦速率分布律现在已经被大量实验所证实，并得到广泛的应用. 本节学习速率分布函数和麦克斯韦速率分布律的基本内容.

麦克斯韦(Maxwell，1831—1879)，英国物理学家、数学家. 建立电磁场理论，经典电动力学的创始人，统计物理学的奠基人之一.

6.6.1 速率分布函数

研究气体分子速率分布情况，与研究一般的分布问题相似，需要先把速率分成若干个相等的区间 Δv ，然后通过实验或理论推导，找出气体分子速率处在速率区间 $v\sim v+\Delta v$ 内的分子数 ΔN 与总分子数 N 的比率 $\Delta N/N$ (也是任一分子速率位于速率区间 $v\sim v+\Delta v$ 内的概率). 如果我们掌握了各速率区间内的分子数与总分子数的比率，也就掌握了分子按速率的分布情况. 表 6-2 给出了 0℃时 O_2 分子按速率的分布情况.

表 6-2 0℃时 O_2 分子按速率的分布情况

$v\sim v+\Delta v$ /(m/s)	$\frac{\Delta N}{N}$ /%	$v\sim v+\Delta v$ /(m/s)	$\frac{\Delta N}{N}$ /%
100 以下	1.4	500～600	15.1
100～200	8.1	600～700	9.2
200～300	16.5	700～800	4.8
300～400	21.4	800～900	2.0
400～500	20.6	900 以上	0.9

由表 6-2 可知,速率在 300～400m/s 的分子数占总分子数的比例最大(21.4%),其次是 400～500m/s 的分子数占总分子数的比例(20.6%),速率小于 100m/s、大于 900m/s 的分子数占总分子数的比例都很小. 可以看出,分子速率出现在 $v \sim v+\Delta v$ 的分子数占总分子数的比例 $\Delta N/N$，与速率 v 的大小有关，也与速率区间 Δv 的大小有关，速率取中等值的氧气分子较多，而速率很大或很小的分子较少，大致反映了氧气分子按速率的分布规律.

为了直观地表示氧气分子按速率分布的情况,我们可以采用条形统计图表示,以 $\Delta N/(N\Delta v)$ 为纵坐标，分子速率 v 为横坐标，可得如图 6-5 所示的气体分子速率分布曲线. 图中的小矩形面积就是 $\Delta N/N$,表示分子速率在 v 附近 Δv 区间内的分子数占总分子数的比例.

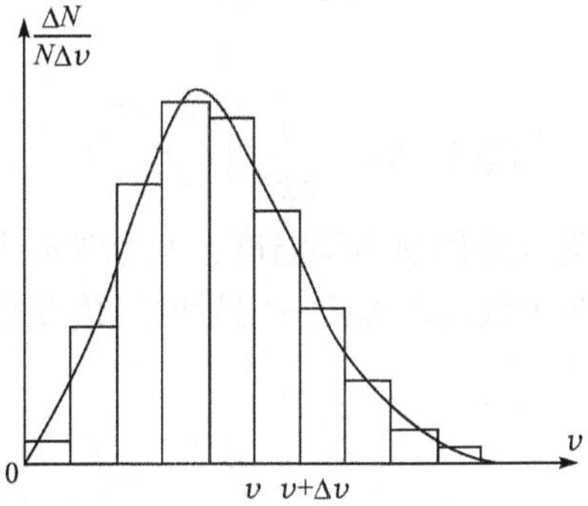

图 6-5　气体分子速率分布曲线

如果我们把速率区间取得足够小,速率区间表示为 $\mathrm{d}v$ (区间 $\mathrm{d}v$ 内仍包含大量分子)，其分子速率在 $v \sim v+\mathrm{d}v$ 内的分子数表示为 $\mathrm{d}N$，图 6-5 中的柱形统计图顶端的折线就变得近乎光滑，形成一条以速率 v 为变量的曲线，它反映了分子按速率的分布情况，称为速率分布函数，用 $f(v)$ 表示，即

$$f(v)=\frac{\mathrm{d}N}{N\mathrm{d}v} \tag{6-15}$$

$f(v)$ 的物理意义是：分子速率在速率 v 附近单位速率区间内的分子数占总分子数的比例. 或用概率的概念来理解速率分布函数，$f(v)$ 表示大量分子中某一个分子的速率在速率 v 附近单位速率区间的概率. 在概率论中，速率分布函数 $f(v)$ 又称为分子速率分布的概率密度. 将式(6-15)改写为

$$\frac{\mathrm{d}N}{N}=f(v)\mathrm{d}v \tag{6-16}$$

式(6-16)确定了分子按速率分布的统计规律，称为**速率分布律**. 表示分子速率在 v

附近 $\mathrm{d}v$ 区间(或速率在 $v\sim v+\mathrm{d}v$ 区间)内的分子数占总分子数的比例，或一个分子速率在 v 附近 $\mathrm{d}v$ 区间内的概率.

将式(6-16)对所有速率间隔积分，将得到速率在 0～∞内的分子数占总分子数比例的总和，这显然等于 1，即

$$\int_0^\infty f(v)\mathrm{d}v = 1 \tag{6-17}$$

式(6-17)称为速率分布函数的归一化条件.

6.6.2 麦克斯韦速率分布函数

实验和理论证明，分子速率分布函数 $f(v)$ 的具体形式依赖于系统的性质和宏观条件. 1859 年，麦克斯韦首先从理论上导出了在平衡状态下气体速率分布函数 $f(v)$ 的数学表达式为

$$f(v) = 4\pi\left(\frac{m}{2\pi kT}\right)^{3/2} \mathrm{e}^{-\frac{mv^2}{2kT}} v^2 \tag{6-18}$$

式中 m 为分子质量，T 为气体的热力学温度，k 为玻尔兹曼常量.

由麦克斯韦速率分布函数可以确定一定量的气体在平衡态下，分布在速率间隔 $v\sim v+\mathrm{d}v$ 内的相对分子数

$$\frac{\mathrm{d}N}{N} = 4\pi\left(\frac{m}{2\pi kT}\right)^{3/2} \mathrm{e}^{-\frac{mv^2}{2kT}} v^2\mathrm{d}v \tag{6-19}$$

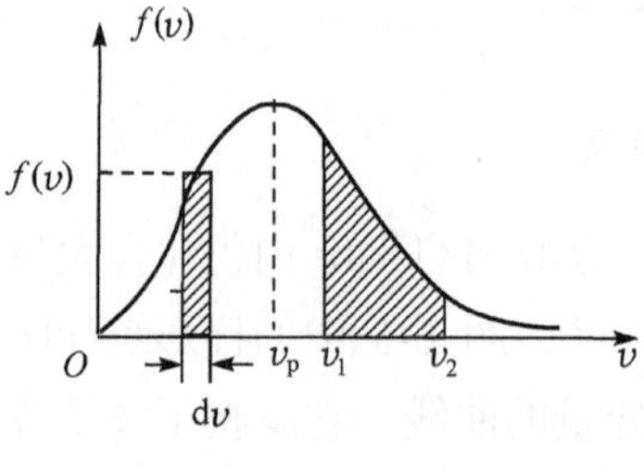

图 6-6 麦克斯韦速率分布曲线

式(6-19)给出了温度为 T 的理想气体在平衡态下，气体分子的分布规律，称为麦克斯韦速率分布律. 图 6-6 是麦克斯韦速率分布曲线，速率 v 附近曲线下宽度为 $\mathrm{d}v$ 的小窄条面积就是 $f(v)\mathrm{d}v$，它等于分布在此速率区间的分子占总分子数的比例 $\mathrm{d}N/N$.

在速率区间 $v_1\sim v_2$ 内曲线下的面积 $\int_{v_1}^{v_2} f(v)\mathrm{d}v = \frac{\Delta N}{N}$，表示分子速率在 $v_1\sim v_2$ 区间内的分子数占总分子数的比例，或表示任一分子速率出现在 $v_1\sim v_2$ 区间内的概率.

图 6-6 速率分布曲线表明，速率很小或很大的分子数占总分子数的比例都较小，具有中等速率的分子数占总分子数的比例较大. 当 $v=v_\mathrm{p}$ 时，分布函数 $f(v)$ 取极大值，对应的速率 v_p 称为最概然速率(或最可几速率).

6.6.3 分子的三种速率

分子动理论中常用的三种速率如下.

1. 最概然速率 v_{p}

分布函数 $f(v)$ 取极大值时对应的速率称为最概然速率. 最概然速率的物理意义是: 速率在 v_{p} 附近单位速率区间的气体分子数占总分子数的比例最大或任一气体分子速率分布在 v_{p} 附近单位速率区间内的概率最大.

令 $\dfrac{\mathrm{d}f(v)}{\mathrm{d}v}=0$，解方程得

$$\overline{v}_{\mathrm{p}}=\sqrt{\frac{2kT}{m_0}}=\sqrt{\frac{2RT}{M}}\approx 1.41\sqrt{\frac{RT}{M}} \tag{6-20}$$

2. 平均速率 $\overline{v}$

大量分子速率的算术平均值称为平均速率.

$$\overline{v}=\frac{\sum\limits_i v_i\Delta N_i}{N}$$

对于连续分布函数，平均速率为

$$\overline{v}=\frac{\int_0^N v\mathrm{d}N}{N}=\int_0^\infty vf(v)\mathrm{d}v \tag{6-21a}$$

将麦克斯韦速率分布函数式(6-18)代入式(6-21a)并积分，可得

$$\overline{v}=\sqrt{\frac{8kT}{\pi m_0}}=\sqrt{\frac{8RT}{\pi M}}\approx 1.60\sqrt{\frac{RT}{M}} \tag{6-21b}$$

3. 方均根速率 $\sqrt{\overline{v^2}}$

大量分子速率平方平均值的平方根称为方均根速率. 根据求平均值的定义式(6-21a)，分子速率平方的平均值为

$$\overline{v^2}=\int_0^\infty v^2 f(v)\mathrm{d}v$$

将麦克斯韦速率分布函数 $f(v)$ 代入上式并积分，可得理想气体分子方均根速率为

$$\sqrt{\overline{v^2}}=\sqrt{\frac{3kT}{m_0}}=\sqrt{\frac{3RT}{M}}\approx 1.73\sqrt{\frac{RT}{M}} \tag{6-22}$$

这一结果与前面式(6-10)统计结果相同.

以上三种统计速率都反映了大量分子做热运动的统计规律，对遵循麦克斯韦速率分布律的分子，它们都与 $\sqrt{T}$ 成正比，与 $\sqrt{m_0}$ (或 $\sqrt{M}$)成反比，且 $v_{\mathrm{p}}<\overline{v}<\sqrt{\overline{v^2}}$. 这三种统计速率各有不同的含义，也各有不同的应用. 在讨论速率分布时，要用

到最概然速率；在研究分子的碰撞输运过程时，要用到平均速率；在气体的压强、内能和摩尔热容中计算分子的平均动能时，要用到方均根速率.

6.6.4 温度、分子质量对速率分布曲线的影响

1. 温度对速率分布曲线的影响

给定气体时，若温度升高，分子热运动加剧，速率较大的分子所占比例增高，最概然速率 v_p 增大，分布曲线的峰值向速率大的方向移动. 由于分布曲线下的总面积不变(恒等于 1)，所以随着温度的升高，分布曲线向高速区域扩展，峰值变低. 这意味着温度越高，速率较大的分子数越多，分子运动越剧烈，如图 6-7 所示.

2. 分子质量对速率分布曲线的影响

在同一温度下，因气体分子最概然速率 v_p 与 $\sqrt{m_0}$ 成反比，所以质量越小的气体分子的 v_p 越大，即速率较大的分子所占比例越高，曲线向高速区域扩展，曲线变宽变平坦，如图 6-8 所示.

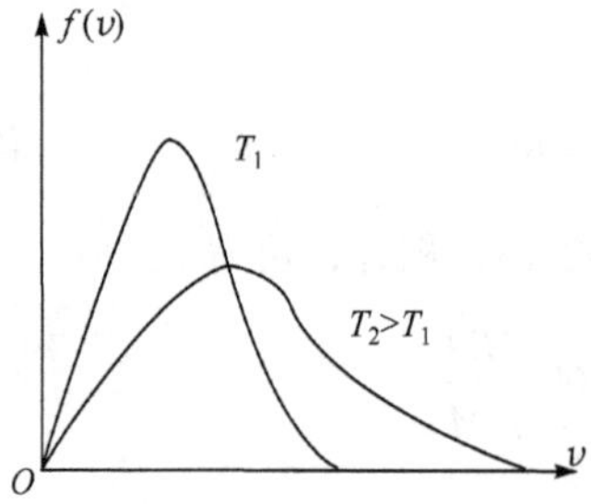

图 6-7 温度不同时气体速率分布曲线

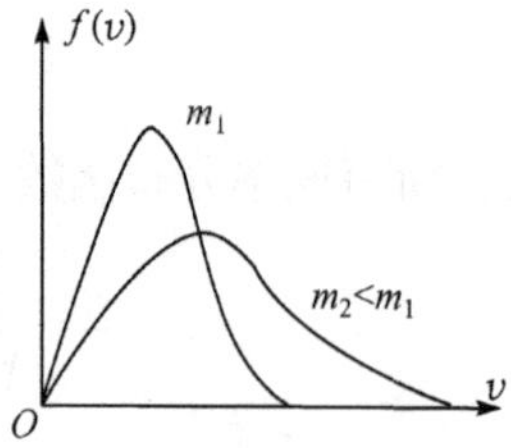

图 6-8 质量不同时气体速率分布曲线

6.6.5 麦克斯韦速率分布律的实验验证

1859 年麦克斯韦首先从理论上导出了气体分子速率分布律，1920 年斯特恩第一次对该分布律进行了实验验证，后来有许多人对此实验作了改进. 1934 年，我国物理学家葛正权测定了铋(Bi)蒸气分子的速率，实验结果与麦克斯韦速率分布律基本符合. 1955 年，密勒和库士对麦克斯韦速率分布律作出了高度精确的实验证明. 这里仅介绍朗缪尔实验，其装置简图如图 6-9 所示. 全部装置放于高真空的容器中. 图中 A 是一个恒温箱，箱中为待测的金属(如水银、锡等)蒸气，即分子源. 分子从 A 上小孔射出，经定向狭缝 S 形成一束定向的分子射线. D 和 D′ 是两个可以转动的共轴圆盘，盘上各开一条狭缝，两缝错开一个小的角度 θ (约 2°). P 是接收分子的屏. 当圆盘转动时，圆盘每转一周就有分子射线通过 D 盘上的狭缝一次. 但是由于分子速率的大小不同，自 D 到 D′ 所需的时间也不同，所以并非

任意速率的分子都能通过 D′ 上的狭缝而到达 P. 设圆盘的转动角速度为 ω，两盘间的距离为 l，分子速率为 v，自 D 到 D′ 所需的时间为 t，则只有满足 $v=\omega l/\theta$ 的分子才能达到 P(因此这种装置可用作微观粒子的速率选择器). 这样，只要改变旋转角速度 ω，就可以从分子束中选择出不同速率的分子来. 更确切些说，因为凹槽有一定宽度，故所选择的不是恰好某一确切的速率，而是某一速率范围 $v\sim v+\Delta v$ 内的分子数. 在接收屏上安上能测出单位时间内接收到的分子数 ΔN 的探测器，就可利用这种实验装置测出分子束中速率从零到无穷大范围内分子按速率的分布情况. 实验结果如图 6-10 所示，与麦克斯韦速率分布律吻合很好.

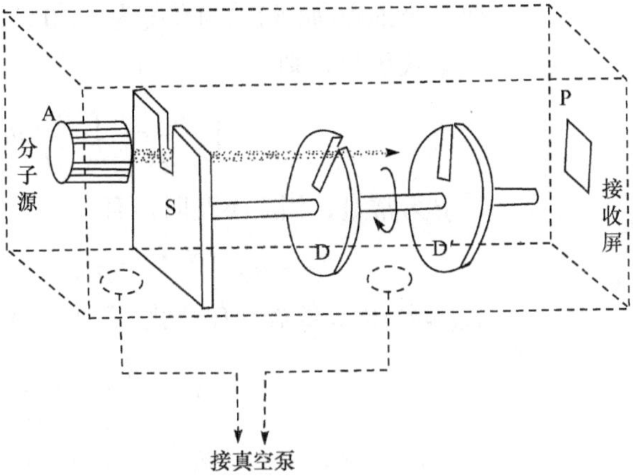

图 6-9 朗缪尔实验装置简图

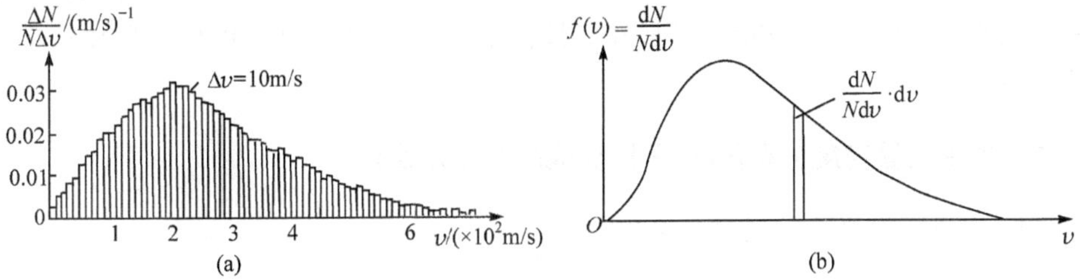

图 6-10 朗缪尔实验曲线

*6.7 玻尔兹曼分布律

6.7.1 等温气压公式

在 6.6 节里没有考虑外场(如重力场)的作用，气体的密度在空间里分布均匀. 若存在外力场，则气体分子的数密度 $n=n(\boldsymbol{r})$ 是空间位置 $\boldsymbol{r}$ 的函数. 作为一个特例，我们先看平衡气体在重力场中密度随高度的变化.

设平衡气体的压强随高度变化的函数关系为 $p=p(h)$. 如图 6-11 所示，在气体中取一柱体，其上下端面水平，底面积为 dS，柱体的高为 dh. 此气柱上下端面所受压力分别为 $(p+dp)dS$ 和 pdS，二者之差与气柱所受重力 dmg 平衡. 由 $(p+dp)dS+dmg=pdS$，则 $dpdS=-gdm$. 由 $dm=\rho dSdh$（ρ 为气体的密度），$\rho=nm$，$p=nkT$，可得

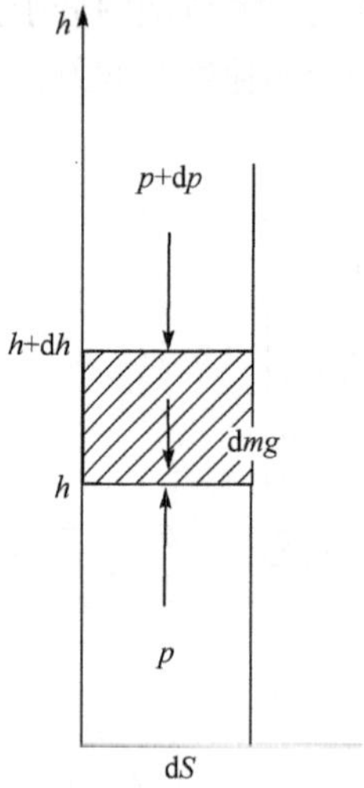

图 6-11　大气薄层受力分析

$$dp=-g\cdot\frac{mp}{kT}\cdot dh$$

取某个地点(如地面)的高度为 $h=0$，令该处的 $p=p_0$，对上式积分，则

$$\int_{p_0}^{p}\frac{dp}{p}=-\int_0^h\frac{mg}{kT}dh$$

设 g 为常量，当 T 不变时，有

$$p=p_0e^{-mgh/(kT)}=p_0e^{-M_{mol}gh/(RT)} \tag{6-23}$$

式(6-23)称为**等温气压公式**. 等温气压公式可改写成

$$h=\frac{RT}{M_{mol}g}\ln\frac{p_0}{p} \tag{6-24}$$

以上都是根据等温大气模型来讨论的，实际上大气并不等温，可见等温大气的压强分布式只能是近似的. 在地面附近，g 可以认为是常量，温度变化也不太大. 因此，在登山运动和航空驾驶中，往往根据式(6-24)从测出的压强变化估算上升的高度.

6.7.2　玻尔兹曼密度分布律(分子按势能的分布规律)

1. 重力场中分子按高度的分布

应用 $p=nkT$ 及 $p_0=n_0kT$，则

$$n(h)=n_0e^{-mgh/(kT)}\quad(n_0\text{ 为 }h=0\text{ 处的分子数密度}) \tag{6-25}$$

式(6-25)为重力场中气体分子数密度按高度的分布，它表明重力加速度 g 一定时，在温度不变的情况下，分子数密度随着高度的上升按指数衰减.

2. 玻尔兹曼密度分布律

式(6-25)中的 mgh 是气体分子在重力场中的势能，将 mgh 代之以粒子在任意保守场中的势能 ε_p，就可将该式推广到任意势场. 在任意势场中

$$n(\boldsymbol{r})=n_0\mathrm{e}^{-\varepsilon_{p(\boldsymbol{r})}/(kT)} \quad (n_0\text{ 为 }\varepsilon_p=0\text{ 处的分子数密度}) \tag{6-26}$$

式(6-26)称为玻尔兹曼密度分布律,它反映了热平衡态下分子数密度在任意外场中的分布.

作为式(6-26)除重力场以外的例子，我们来看回转体中微粒的径向分布. 在回转体中质元受到一惯性离心力，其作用可用离心势能来描述

$$\varepsilon_p(r)=-\int_0^r f_{惯离}\mathrm{d}r=-\int_0^r m\omega^2 r\mathrm{d}r=-\frac{1}{2}m\omega^2 r^2$$

式中 ω 是旋转的角速度. 将此式代入式(6-26)，即得粒子数的径向分布

$$n(r)=n_0\mathrm{e}^{m\omega^2 r^2/(2kT)} \quad (n_0\text{ 为 }r=0\text{ 处的粒子数密度}) \tag{6-27}$$

式(6-27)可应用于分离大分子或微粒的超速离心机，它们的转速可高达 $10^3\,\mathrm{rad/s}$，产生的离心加速度可达 $10^6 g$ (g 为重力加速度).

台风是由气体回转运动形成的热带风暴. 在处于热带的北太平洋西部洋面上局部积聚的湿热空气大规模上升至高空的过程中,周围低层空气乘势向中心流动,在科里奥利力的作用下形成了空气旋涡. 为了说明旋转大气内气压的分布，我们需把式(6-27)改用压强来表示. 仍采用等温大气模型，则式(6-27)可化为

$$p(r)=p_0\mathrm{e}^{m\omega^2 r^2/(2kT)} \tag{6-28}$$

按式(6-28),气流的旋转使台风中心(称台风眼)的气压 p_0 比周围的低很多,低气压使云层裂开变薄，有时还可看到日月星光. 惯性离心力将云层推向四周，形成高耸的壁，狂风暴雨均发生在台风眼之外，在台风眼内往往风和日丽，一片宁静.

6.7.3 玻尔兹曼能量分布律

麦克斯韦分布律考虑的是系统处于平衡态时分子按动能的分布，没有考虑空间的影响，即麦克斯韦分布律与空间无关；玻尔兹曼密度分布律只考虑了物质微粒按势能的分布，因而与空间有关. 玻尔兹曼将两种分布律相结合，得出了在外力场中处于平衡态的系统粒子按状态区间(x,y,z,v_x,v_y,v_z)~($x+\mathrm{d}x,y+\mathrm{d}y,z+\mathrm{d}z,v_x+\mathrm{d}v_x,v_y+\mathrm{d}v_y,v_z+\mathrm{d}v_z$)的分布规律

$$\mathrm{d}N=n_0\left(\frac{m}{2\pi kT}\right)^{\frac{3}{2}}\mathrm{e}^{\frac{-\varepsilon}{kT}}\mathrm{d}x\mathrm{d}y\mathrm{d}z\mathrm{d}v_x\mathrm{d}v_y\mathrm{d}v_z \tag{6-29}$$

n_0 为 $\varepsilon_p=0$ 处，单位体积内具有各种速度粒子的总数； $\varepsilon=\varepsilon_k+\varepsilon_p$. 式(6-29)称为**玻尔兹曼能量分布律**.

玻尔兹曼能量分布律是统计力学的一条基本规律，它说明在能量 ε 越大的状态附近，粒子的数目越少. 这个规律不限于气体的分布，在一般情况下，粒子(原

子、分子等)总是趋向于处在能量最低的状态，即使在量子力学中，它也是正确的. 在那里，粒子的能量状态是按能级分布的，玻尔兹曼能量分布律表述为：如果分子(或原子)状态的能级为 E_1，E_2，…，E_i，…，则在热平衡下，在能量为 E_i 的特定状态中找到一个分子(或原子)的概率与 $e^{-E_i/(kT)}$ 成正比.

例 6-4 处于第一激发态的氢原子数 N_2 与处于基态的氢原子数 N_1 之比约是多少？(设 $T=300\text{K}$.)

解 氢原子基态能量 $E_1=-13.6\text{eV}$，第一激发态能量 $E_2=E_1/4=-3.4\text{eV}$，因原子数与 $e^{-E_i/(kT)}$ 成正比，得

$$\frac{N_2}{N_1}=e^{-(E_2-E_1)/(kT)}=e^{-[(-3.4)-(-13.6)]\text{eV}/(kT)}$$

$T=300\text{K}$ 时，$kT=0.026\text{eV}$，代入上式可得

$$\frac{N_2}{N_1}=e^{-394}\approx 10^{-171}$$

这是一个极微小的量，由于热运动，实际值要比 10^{-171} 大些，但确实 N_2 要比 N_1 小得多.

6.8 分子平均碰撞频率和平均自由程

室温下分子的平均速率一般为几百米每秒，声速约为 340m/s，两者是同数量级的. 早在 1858 年，克劳修斯就提出一个有趣的问题：若摔破一瓶汽油，声音和气味是否该差不多同时传到同一地点？事实上总是先听到声音，而气味的扩散要慢得多. 克劳修斯认为分子具有一定的体积，它们在飞行的过程中不断碰撞，妨碍了它们的直线行进，如图 6-12 所示.

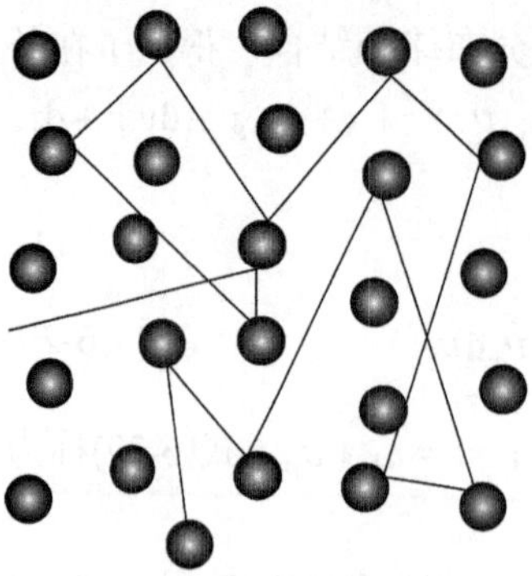

图 6-12 分子碰撞

分子之间的碰撞是短程的排斥力在起作用，若不考虑碰撞的细节，可把分子看成具有一定直径的弹性球，认为只有当两球接触时才有相互作用. 这样，分子在相继两次碰撞之间依惯性做匀速直线运动. 一个分子在连续两次碰撞之间自由运动的路程叫作分子自由程，记作 λ. 一个分子在单位时间内与其他分子碰撞的次数叫作分子碰撞频率，用 Z 表示. 对于不同的分子来说，λ 和 Z 都是不同的. 对于同一个分子来说，它们也是随时间而变化的. 我们不可能也没有必要去研究每一个分子的碰撞

频率和自由程，但是对于大量的分子来说，讨论它们的平均值还是有意义的.

平均自由程是指分子在连续两次碰撞之间自由运动的平均路程，用$\bar{\lambda}$表示. **平均碰撞频率**是指每个分子在单位时间内与其他分子碰撞的平均次数，用$\bar{Z}$表示.

为了确定平均碰撞频率，我们设想跟踪一个分子，比如说分子 A，数一数在单位时间内它与其他分子碰撞的平均次数. 对于碰撞过程来说，重要的是分子间的相对运动，所以为了简单起见，我们认为其他分子都静止不动，分子 A 以平均相对速率$\bar{u}$运动. 在分子 A 行进的过程中，显然只有中心与 A 的中心之间相距小于或等于两分子半径之和(即一个分子直径)的那些分子才可能与 A 相碰. 因此可设想以分子 A 中心运动的轨迹为轴线，以分子直径d为半径作一个曲折的圆柱体(如图 6-13 所示)，凡是中心在此圆柱体内的分子都会与 A 相碰，其余分子都不与 A 相碰. 圆柱体的截面积$\sigma = \pi d^2$，称为分子的**碰撞截面**. 在单位时间内分子 A 走过路程$\bar{u}$，圆柱体的体积为$\sigma\bar{u}$. 以n表示分子数密度，则在此圆柱体内的分子数，就是单位时间内 A 与其他分子的碰撞次数$n\sigma\bar{u}$，于是碰撞频率$\bar{Z} = n\sigma\bar{u}$. 可以证明，对化学纯气体，$\bar{u} = \sqrt{2}\bar{v}$，$\bar{v}$为气体分子的平均速率. 因而处于平衡态的化学纯理想气体中分子的平均碰撞频率为

$$\bar{Z} = \sqrt{2}n\sigma\bar{v} = \sqrt{2}\pi d^2 n\bar{v} \tag{6-30}$$

又$p = nkT$，$\bar{v} = \sqrt{\dfrac{8kT}{\pi m}}$，故

$$\bar{Z} = \frac{4\pi d^2 p}{\sqrt{\pi mkT}} \tag{6-31}$$

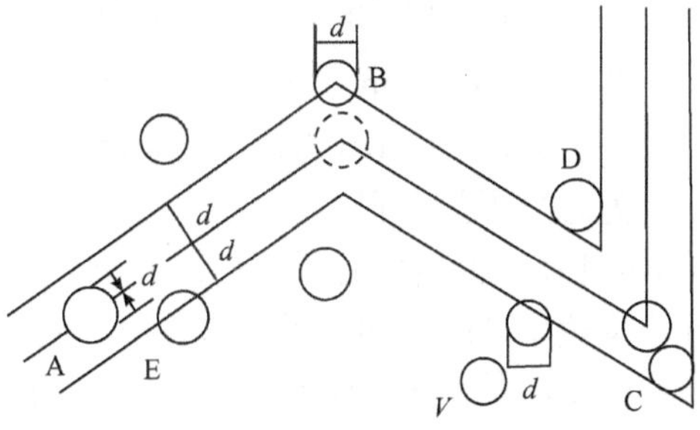

图 6-13 平均碰撞频率计算图

式(6-31)说明：在温度不变时，压强越大分子间碰撞越频繁；在压强不变时，温度越低分子间碰撞越频繁.

下面，我们求平均自由程. 在单位时间内分子走过的路程为$\bar{v}$，而单位时间里的碰撞次数为$\bar{Z}$，则平均自由程为$\bar{\lambda} = \dfrac{\bar{v}}{\bar{Z}}$，将式(6-30)代入，则

$$\bar{\lambda}=\frac{1}{\sqrt{2}n\sigma}=\frac{1}{\sqrt{2}\pi d^2 n}=\frac{kT}{\sqrt{2}\pi d^2 p} \tag{6-32}$$

式(6-32)说明：温度一定时，$\bar{\lambda}$ 与压强成反比；压强一定时，$\bar{\lambda}$ 与温度成正比.

注意：这里的d并不是分子的几何直径，因为当分子相互靠近时，分子力就不能忽略，而且表现为很强的斥力，以致不能再互相靠拢，这时两个分子之间的距离最近，它们中心间的距离就是d，称为**分子的有效直径**，其数量级约为10^{-10}m．在标准状态下，$p\approx 1\times 10^5$Pa，$T=273$K，若取$d=10^{-10}$m，则$\bar{\lambda}\approx 8\times 10^{-7}$m，为分子直径的几千倍，确实可以认为气体足够稀薄．$\bar{Z}=\bar{v}/\bar{\lambda}\approx 10^9\text{s}^{-1}$，即十亿次．这些数值都只给出数量级，并不精确，但是可以大致了解分子运动的概况.

习　　题

一、填空题

6-1 理想气体处于平衡状态，设温度为 T，气体分子的自由度为 i，则每个分子所具有的平均平动动能为________，每个分子的平均动能为________.

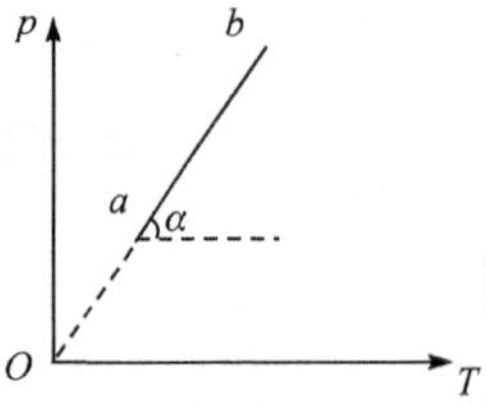

习题 6-2 图

6-2 一定量理想气体作一平衡过程，在 p-T 图上表示为 ab 直线(习题 6-2 图)，则 $\tan\alpha/k$ 表示__________.（k为玻尔兹曼常量.）

6-3 已知氧气的压强 $p=2.026\times 10^5$Pa，体积 $V=3.00\times 10^{-2}\text{m}^3$，则氧气内能 U=________.

6-4 设 $f(v)$ 为速率分布函数，n 为分子数密度，N 为总分子数，则

(1) 在速率v附近dv速率区间内的分子数与总分子数之比为__________；

(2) 在速率v附近单位速率区间内的分子数与总分子数之比为__________；

(3) 速率在区间 $v\sim v+\mathrm{d}v$ 内的分子数为__________；

(4) 单位体积内速率在区间 $v\sim v+\mathrm{d}v$ 内的分子数为__________；

(5) 一个分子速率在区间 $v_1\sim v_2$ 内的概率为__________；

(6) 速率不超过 v_1 的分子数为__________.

6-5 习题6-5图中的两条曲线分别表示在相同温度下氢气和氧气的分子速率分布曲线，图中a表示________气分子速率分布曲线，氧气分子和氢气分子最概然速率之比为________.

6-6 某气体分子的速率分布曲线如习题6-6图所示. 若 v_0 两侧曲线下包围的

面积相等，则 v_0 的物理意义为________________.

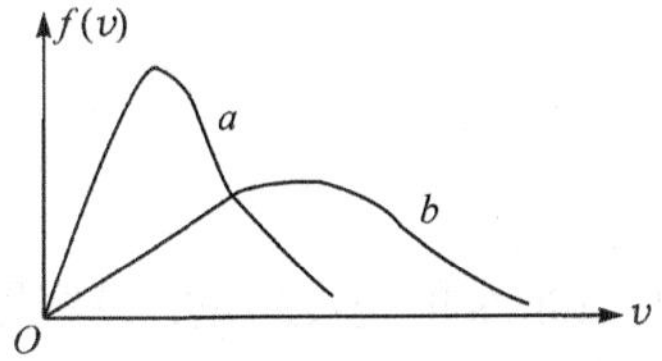

习题 6-5 图

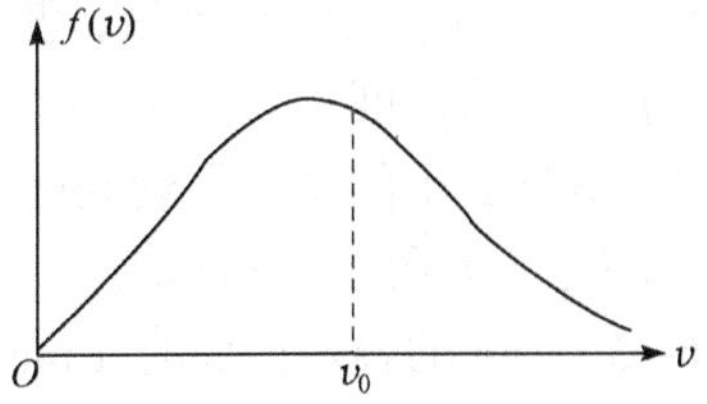

习题 6-6 图

6-7 有 N 个同种分子组成的理想气体，在温度 T_2 和 T_1 ($T_1 > T_2$)时的麦克斯韦速率分布曲线如习题 6-7 图所示. 若阴影部分的面积为 A，则在两种温度下，气体中分子运动速率小于 v 的分子数之差为__________.

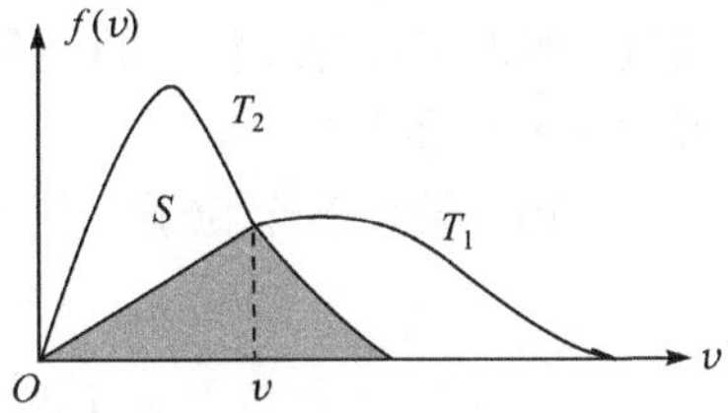

习题 6-7 图

6-8 一定量的某种理想气体，由状态Ⅰ(p,V,T_1)经等压过程，变化到状态Ⅱ($p,V/2,T_2$). 若习题 6-8 图中实线表示气体分子在状态Ⅰ的速率曲线，则在状态Ⅱ的速率分布曲线为虚线________.

6-9 某气体在不同温度 T_1 和 T_2 的速率分布曲线如习题 6-9 图所示，试判断温度 T_1 和 T_2 的大小是 T_1______T_2.

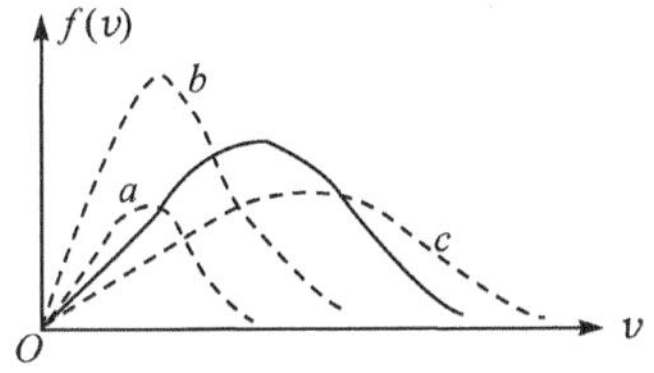

习题 6-8 图

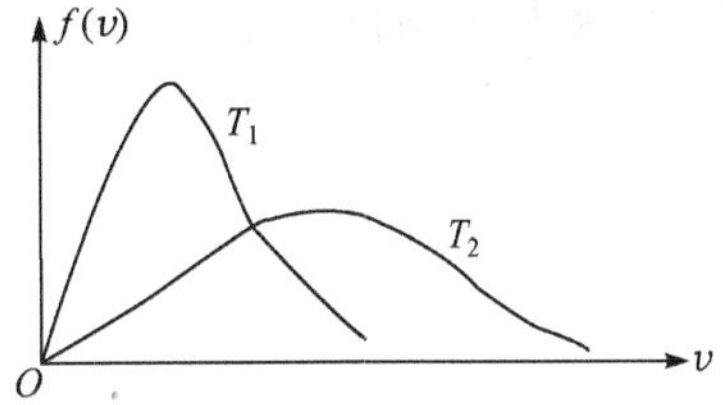

习题 6-9 图

二、计算题

6-10 某柴油机的汽缸充满空气，其中空气的温度为47℃，压强为 8.61×10^4 Pa. 当活塞急剧上升时，把空气压缩到原体积的1/17，此时压强增大到 4.25×10^6 Pa，求这时空气的温度(分别以K和℃表示).

6-11 一氢气球在20℃充气后，压强为 1.2×10^5 Pa，半径为1.5m. 到夜晚时，温度降为10℃，气球半径缩为1.4m，其中氢气压强减为 1.1×10^5 Pa. 问漏掉了多少氢气?

6-12 一容器内储有氧气，测得其压强为 1atm，温度为 300K. 试求：

(1) 分子数密度；

(2) 氧气分子的平均平动动能；

(3) 氧气分子的平均动能.

6-13 $1m^3$ 的容器内储有 1 mol 氧气，整体以 20m/s 的速度运动. 设容器突然停止，其中氧气 80%的机械运动动能转化为气体分子热运动动能. 试求该气体的温度和压强各升高了多少.

6-14 一个能量为10^{12}eV 的宇宙射线粒子，射入氖管中，氖管中含有 0.01mol 氖气. 如果宇宙射线粒子的能量全部被氖气分子所吸收而变为热运动能量，氖气温度能升高多少?

6-15 设有 N 个粒子，其速率分布函数为

$$f(v)=\begin{cases} av/v_0, & 0\leqslant v\leqslant v_0 \\ a, & v_0\leqslant v\leqslant 2v_0 \\ 0, & v>2v_0 \end{cases}$$

(1) 作速率分布曲线并求常量 a；

(2) 分别求速率大于 v_0 和小于 v_0 的粒子数；

(3) 求粒子的平均速率.

6-16 设氧气分子的有效直径为 2.9×10^{-10}m，求在标准状态下空气分子的平均碰撞频率和平均自由程.

第 7 章　热力学基础

【内容概要】

- 准静态过程
- 内能　功　热量
- 热力学第一定律
- 摩尔热容
- 热力学第一定律在理想气体中的应用
- 循环过程及热机效率
- 热力学第二定律
- 熵

蒸汽传动　风生水起

热力学是从 18 世纪末期发展起来的理论，是研究热现象的宏观理论，它的主要理论基础是热力学的三条定律. 本章的主要内容是热力学第一定律和热力学第二定律，热力学第一和第二定律是热力学最基本、最重要的理论基础，热力学第一定律是包括热现象在内的能量守恒定律，从数量上描述了热能与机械能相互转化时的数量关系. 热力学第二定律讨论热力学过程的方向性问题，从质量上说明热能与机械能之间的差别，指出能量转化的条件和方向性. 在工程上它们都有很强的指导意义.

生活中无处不存在热力学现象，热力学现象的本质和原理亦来自生活. 比如家里用的空调、热水器、抽水泵、高压锅等，都是我们身边很轻易就可以看到的例子. 第一次工业革命的标志是以机械化代替手工，1785 年，瓦特制成的改良型蒸汽机投入使用，提供了更加便利的动力，得到迅速推广，大大推动了机器的普及和发展. 人类社会由此进入了“蒸汽时代”.

蒸汽机是如何实现机械动力的？如何利用热机的循环过程实现功能转化？如何提高热机的效率？等等，这些问题都是热力学的研究成果. 为什么会实现如此神奇的功能？它们的工作原理是什么？本章将带我们走进热力学的世界.

热力学能 热量
准静态过程

7.1 准静态过程

当系统的状态发生变化时，我们就说系统经历了一个过程. 如果系统在过程中的任一状态都是平衡态，则称该过程为平衡过程. 实际上平衡过程是不存在的. 例如图 7-1(a)所示的气缸-活塞系统，当一下子去掉活塞上的砝码时，系统的状态由(p_1,V_1)过渡到(p_2,V_2)，这个过程的始末状态为平衡态，可以在 p-V 图上表示为 1、2 两点，但整个过程却不能在 p-V 图上描绘出来. 这是因为起初靠近活塞的地方气体局部变稀，压强比其他地方低，这时的状态是一个非平衡态，随后通过分子的运动和频繁的碰撞，减压的影响以声速在物质中向远处传播，这期间系统中各处没有统一的压强，皆为非平衡态，我们无法在 p-V 图上把它们表示出来. 不过，最后气体总会自动地过渡到新的平衡态(p_2,V_2). 这种系统受到扰动后，由非平衡态达到新的平衡态所经历的过程称为弛豫过程，过程所经历的时间叫作弛豫时间.

若如图 7-1(b)所示，把大砝码分为两个，先去掉一个，待系统恢复平衡后再去掉另一个，则我们在 p-V 图上除了始末态外还可标出一个中间点，如图 7-1(b)所示. 若如图 7-1(c)所示，把砝码分成很多小份，每次去掉一小份，待系统恢复平衡后再去掉下一小份，则我们在 p-V 图上可以得到一系列中间点，如图 7-1(c)所示. 设想把砝码无限地分下去，且足够缓慢地减少它们的个数，则我们可在 p-V 图上得到一条连续的曲线，如图 7-1(d)所示，从而将系统经历的中间过程详细地描绘出来. 这种进行得足够缓慢，以致系统在过程中的任一状态都可近似地看成平衡态的过程叫作准静态过程. 只有准静态过程才能在 p-V 图上用曲线表示出来.

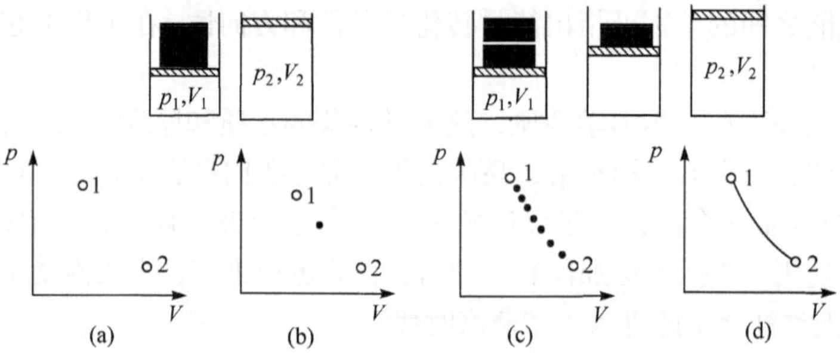

图 7-1 气缸-活塞系统

准静态过程是一个理想的概念，只要实际过程进行得“足够缓慢”，就可视为准静态过程. 若过程所经历的时间 Δt 与弛豫时间 τ 比较始终满足 $\Delta t \gg \tau$ 的条件，就能保证系统在过程中的任一中间状态总能十分接近平衡态. 例如，常温下空气的扩散速度为 $340\text{m}/\text{s}$，若气缸的长度 $L = 0.3\text{m}$，则弛豫时间 τ 约为 10^{-3}s. 若以 $10\text{m}/\text{s}$ 的速率将气缸压缩 0.1m，则整个压缩过程经历的时间 $\Delta t = 0.01\text{s}$，与 10^{-3}s 相比尚大一个量级. 由此可见，若把活塞在气缸中的压缩过程近似看作准静态过程来分析，尚不致产生大的误差.

7.2　内能　功　热量

7.2.1　内能

如果一个过程中系统和外界没有热量交换，则称此过程为绝热过程. 在图 7-2(a)所示的实验中，水盛在由绝热壁包围着的容器中，重物下降带动叶片在水中搅动而使水温升高. 如果把水和叶片看作一个热力学系统，其温度的升高完全是重物下降做功的结果，所经历的过程就是绝热过程. 在图 7-2(b)所示的实验中，如果把水和电阻器看作一个热力学系统，其温度升高完全是电源做功的结果，所经历的也是一个绝热过程. 英国物理学家焦耳反复做了大量的这类实验，结果发现：用各种不同的绝热过程使物体升高一定的温度，所需要的功是相等的. 这个事实表明，可以定义一个态函数 E，称之为内能，它在终态 2 和初态 1 之间的差值，等于绝热过程中外界对系统所做的功 $A_{外}$，即

$$E_2 - E_1 = A_{外} \tag{7-1}$$

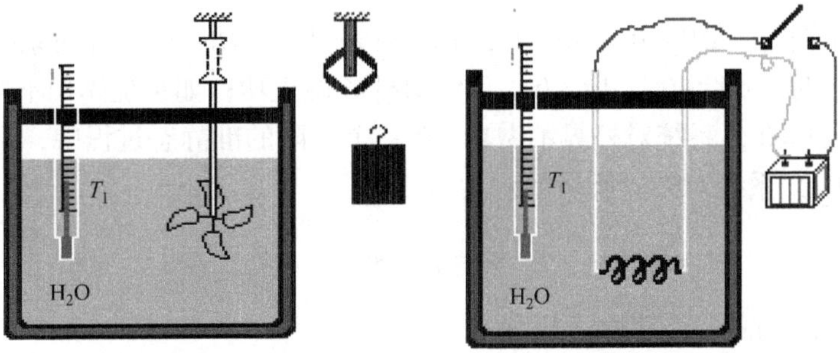

(a)　　(b)

图 7-2　热力学系统

根据内能的定义，我们并不能确定系统处在某一状态时内能的绝对值，而只能确定两个平衡态的内能差，可以任意选择某一状态为标准状态，规定其内能为

某个值或零，这样系统任一状态的内能也就随之完全确定下来了. 因此，系统的内能是状态的单值函数，是状态量. 例如，若选取 $T=0$ 时理想气体的内能为零(即选取分子相距无穷远时分子间相互作用势能为零，$T=0$ 时分子热运动动能为零)，则理想气体的内能为 $E=\nu\frac{i}{2}RT$. 在实际问题中，要确定的往往是系统两个平衡态之间的内能差，而不必知道系统内能的绝对值.

若初状态系统的内能为 E_1 ，末状态的内能为 E_2 ，则内能的增量

$$\Delta E=E_2-E_1 \tag{7-2}$$

与系统由初态变化到末态所经历的过程无关. $\Delta E>0$ 表示系统的内能增加，$\Delta E<0$ 表示系统的内能减少.

7.2.2 功

准静态过程的一个重要性质是，如果没有摩擦阻力，外界在准静态过程中对系统的作用力，可以用描述系统平衡态的参量来表示. 如图 7-3 所示，在带有活塞的气缸中，当气体作无摩擦的准静态膨胀或压缩时，为了维持气体的平衡态，外界的压强必须等于气体的压强，否则在有限压差的作用下系统将失去平衡，过程将不会是准静态过程. 以下凡是提到准静态过程，我们都是指无摩擦的准静态过程.

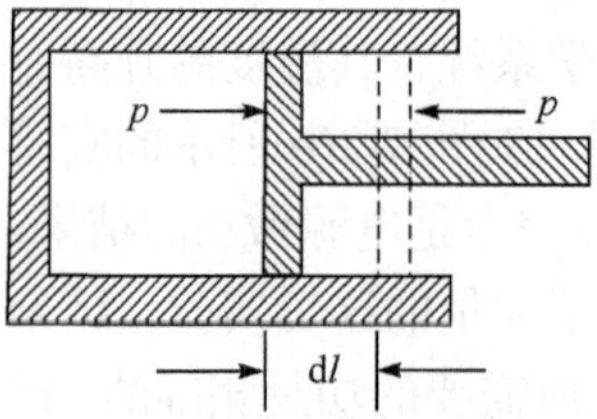

图 7-3 带有活塞的气缸

如图 7-3 所示，当面积为 S 的活塞在准静态过程中移动距离 $\mathrm{d}l$ 时，气体体积的变化为 $\mathrm{d}V=S\mathrm{d}l$ ，系统对外界所做的元功为

$$\mathrm{d}A=pS\mathrm{d}l=p\mathrm{d}V \tag{7-3}$$

当系统被压缩时，$\mathrm{d}V<0$ ，$\mathrm{d}A<0$ ，系统对外界做负功，即外界对系统做正功；当系统膨胀时，$\mathrm{d}V>0$ ，$\mathrm{d}A>0$ ，系统对外界做正功；如系统体积不发生变化，$\mathrm{d}V=0$ ，$\mathrm{d}A=0$ ，系统对外界不做功. 在一个有限的准静态过程中，系统的体积由 V_1 变为 V_2 ，系统对外界所做的总功为

$$A=\int_{V_1}^{V_2}p\mathrm{d}V \tag{7-4}$$

关于式(7-4)需要说明以下几点：

(1) 对任意形状的容器，只要在无摩擦的准静态过程中所做的功是通过体积变化而实现的，式(7-4)就适用.

(2) 体积功的大小可以在 p-V 图上表示出来. 如图 7-4 所示，曲线下画斜线的小长方形面积为元功 $\mathrm{d}A$ 的大小，而曲线下阴影区的总面积就等于在这过程中气体对外界所做总功 A 的大小.

(3) 功是过程量. 如图 7-5 所示，我们用 p-V 图上的 1 和 2 两点分别代表一系统的初态和末态，如果系统从初态 1 分别经过不同的过程 a 和 b 到达末态 2，在过程中系统对外界所做的功就分别等于 p-V 图中曲线 $1a2$ 和 $1b2$ 下方的面积，两者显然是不相等的，它们的差值就是图 7-5 中阴影部分的面积. 因此，功是过程量. 换言之，功不是由系统的状态唯一确定的，功不是态函数，在无限小过程中的元功不是态函数的全微分，以后我们将元功记为 $\text{đ}A$.

(4) 要用式(7-4)计算体积功，需先知道 p 和 V 的函数关系，这正体现出功与具体过程进行的方式有关，所以计算体积功必须知道准静态过程的过程方程.

(5) 只要知道固体或液体的 p-V 关系，就可以用式(7-4)计算压缩固体和液体时外界所做的功.

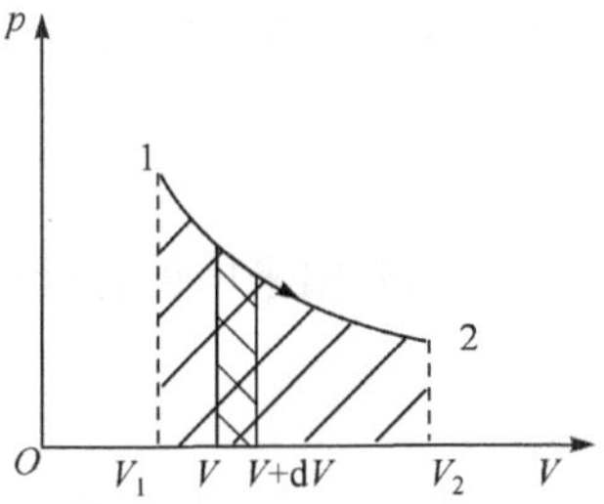

图 7-4　p-V 图

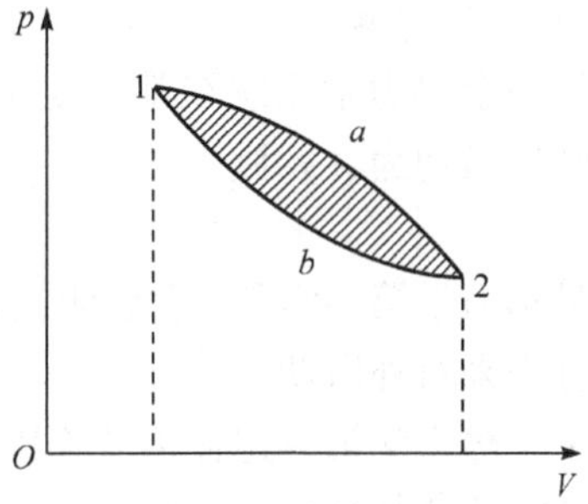

图 7-5　包含两个过程的 p-V 图

7.2.3　热量

做功是一种传递能量的方式，还有另一种传递能量的基本方式——热传递. 在图 7-2 所示的实验装置中，将容器底壁换成导热材料，通过加热同样可以使系统由状态 1 变到状态 2. 由于内能是系统状态的函数，因而内能也发生相应的改变，这说明通过热传递的方式也可以改变系统的内能，热传递也是传递能量的一种方式. 为了量度被传递能量的多少，我们引入热量的概念，用符号 Q 表示. 热量的单位和功的单位都是焦耳.

焦耳(Joule，1818—1889)，英国物理学家. 1840 年 12 月，提出电流通过导体产生热量的定律.

焦耳在 1842 年第一次从实验上发现功和热可互相转化，并测出了热功当量. 现在的热功当量的公认值为 $1\text{cal} = 4.1858\text{J}$.

焦耳的实验告诉我们：做功与热传递是传递能量的两种基本方式，在这一点上做功和热传递是等效的，且数量上也可以相等. 它们又是有区别的，做功是将物体有规则的宏观运动能量转化成系统内分子的无规则热运动能量，从而改变系统的内能；热传递是将系统外物体分子的无规则热运动能量转化成系统内分子的无规则热运动能量，从而改变系统的内能.

和功一样，热量也是过程量. 即在系统状态变化的过程中，所传递的热量不仅与始末状态有关，而且与所经历的具体过程有关. 以后我们用 $\text{đ}Q$ 来表示无限小过程中系统所吸收的热量.

热力学第一定律

7.3 热力学第一定律

设一个热力学系统在某一变化过程中，吸收热量为 Q，内能增量为 ΔE，同时对外界做功为 A，则

$$Q = \Delta E + A \tag{7-5}$$

这就是热力学第一定律. 它表明：系统所吸收的热量一部分用来增加自身的内能，一部分用来对外做功.

关于热力学第一定律需要作以下几点说明：

(1) 定律中的 Q、A 和 ΔE 都是代数量，可正可负. $\Delta E > 0$ 表示系统内能增加，$\Delta E < 0$ 表示系统内能减少；$Q > 0$ 表示系统从外界吸热，$Q < 0$ 表示系统向外界放热；$A > 0$ 表示系统对外界做正功，$A < 0$ 表示系统对外界做负功(或外界对系统做正功).

(2) 热力学第一定律实质上就是包含热现象在内的能量守恒定律，它适用于一切系统、一切过程. 它是大量实验结果的总结，是一个经验定律. 在实际计算中，由于非平衡态很难用少数几个态参量表示，所以定律中只是要求初态和末态必须是平衡态.

(3) 若热力学系统经历一个无穷小的准静态过程，则热力学第一定律可写为

$$\text{đ}Q = \mathrm{d}E + \text{đ}A \tag{7-6}$$

若系统所经历的无摩擦准静态过程中只有体积功，则 $\text{đ}A = p\mathrm{d}V$，式(7-6)可改写为

$$\text{đ}Q = \mathrm{d}E + p\mathrm{d}V \tag{7-7}$$

(4) 如果系统经过一系列变化又回到初始状态，这样的过程叫作循环过程. 对循环过程，系统的末态和初态一样，所以内能增量为零，因此有 $Q = A$，即循环过程中系统对外界所做的净功等于它从外界吸收的净热量，不吸热而对外做功的循环过程是不存在的. 在 19 世纪早期，不少人沉迷于一种神秘机械，曾有人企图制成一种机器，工作物质经过循环过程不需吸热而对外做功，这种机器叫作第一

类永动机. 在热力学第一定律提出之前，人们一直围绕着制造永动机的可能性问题展开激烈的讨论，制造第一类永动机的所有尝试当然都以失败告终，原因是它违背了热力学第一定律. 所以，热力学第一定律又可以叙述为“第一类永动机不可能制成”.

7.4　摩尔热容

1mol 物质在某一过程中温度升高 1K 所吸收的热量，称为**摩尔热容**，用 C 来表示

$$C = \frac{1}{\nu}\frac{đQ}{\mathrm{d}T} \tag{7-8}$$

式中 ν 是物质的量. 把单位质量物质在某一过程中温度升高 1K 所吸收的热量称为比热容或比热，用小写字母 c 表示

$$c = \frac{C}{M_{\mathrm{mol}}} = \frac{1}{M}\frac{đQ}{\mathrm{d}T} \tag{7-9}$$

由于系统所吸收的热量 Q 与其经历的过程有关，所以任一物体的摩尔热容和比热也是与过程有关的物理量. 即同一物体升高相同的温度，若经历的过程不同，则吸收的热量不同. 等体过程中的摩尔热容称为定体摩尔热容，用 C_V 表示，有

$$C_V = \frac{1}{\nu}\left(\frac{đQ}{\mathrm{d}T}\right)_V \tag{7-10}$$

等压过程中的摩尔热容称为定压摩尔热容，用 C_p 表示，有

$$C_p = \frac{1}{\nu}\left(\frac{đQ}{\mathrm{d}T}\right)_p \tag{7-11}$$

由式(6-10)可得等体过程所吸收的总热量

$$Q_V = \int đQ_V = \int_{T_1}^{T_2} \nu C_V \mathrm{d}T$$

如果温度变化范围 $\Delta T = T_2 - T_1$ 不太大，则 C_V 与 C_p 为常量(以后若不作说明，则认为都满足该条件)，有

$$Q_V = \nu C_V \Delta T \tag{7-12}$$

同理，可得等压过程所吸收的总热量

$$Q_p = \nu C_p \Delta T \tag{7-13}$$

7.5 热力学第一定律在理想气体中的应用

典型热力学过程(一)

典型热力学过程(二)

在本节里我们把热力学第一定律运用到理想气体这个模型上，推导出各种准静态热力学过程的过程方程、内能的增量ΔE、气体对外界做的功A和气体从外界吸收的热量Q等. 常见的过程有等体过程、等压过程、等温过程和绝热过程.

7.5.1 等体过程 定体摩尔热容

等体过程的过程特点是气体的体积保持不变，即$\mathrm{d}V=0$或$V=$恒量.

等体过程的过程方程可表示为$\dfrac{p_1}{T_1}=\dfrac{p_2}{T_2}$或$\dfrac{p}{T}=$恒量. 其过程曲线为平行于$p$轴的直线，如图 7-6 所示.

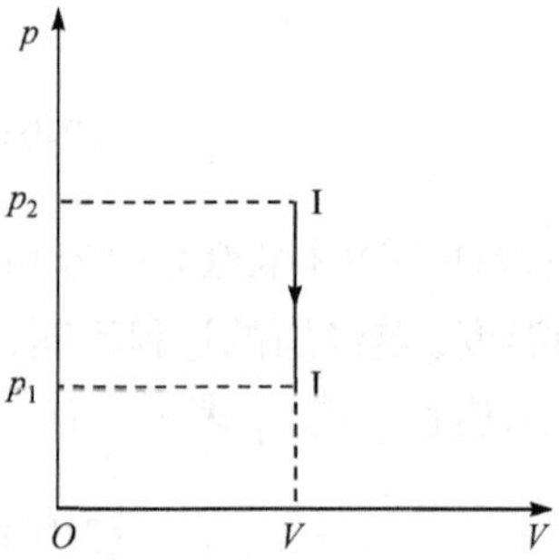

图 7-6　等体过程

由于等体过程$\mathrm{d}V=0$，因此$A=0$，又$\Delta E=\nu\dfrac{i}{2}R\Delta T$，应用第一定律有

$$Q=\Delta E+A=\Delta E=\nu\frac{i}{2}R\Delta T=\frac{i}{2}V\Delta p \qquad (7\text{-}14)$$

因此，在等体过程中，压强增大时，系统从外界吸收的热量完全转化为系统的内能，使系统内能增加；压强减小时，系统内能减少，所减少的内能全部以热量的形式向外界放出.

结合式(7-14)和式(7-12)，可得

$$Q=\Delta E=\nu C_V\Delta T=\nu\frac{i}{2}R\Delta T \qquad (7\text{-}15)$$

由式(7-15)知，等体过程的摩尔热容

$$C_V=\frac{i}{2}R \qquad (7\text{-}16)$$

7.5.2 等压过程 定压摩尔热容

等压过程的特点是气体的压强保持不变，即$\mathrm{d}p=0$或$p=$恒量.

等压过程的过程方程可表示为$\dfrac{V_1}{T_1}=\dfrac{V_2}{T_2}$或$\dfrac{V}{T}=$恒量. 其过程曲线为平行于$V$轴的直线，如图 7-7 所示.

等压过程中内能增量

$$\Delta E = \nu C_V \Delta T = \nu \frac{i}{2} R(T_2 - T_1) = \frac{i}{2} p\left(V_2 - V_1\right) \quad (7\text{-}17)$$

系统对外界做功

$$A = p(V_2 - V_1) = \nu R(T_2 - T_1) \quad (7\text{-}18)$$

系统从外界吸热

$$Q = A + \Delta E = \nu \frac{i+2}{2} R\Delta T = \frac{i+2}{2} p\Delta V \quad (7\text{-}19)$$

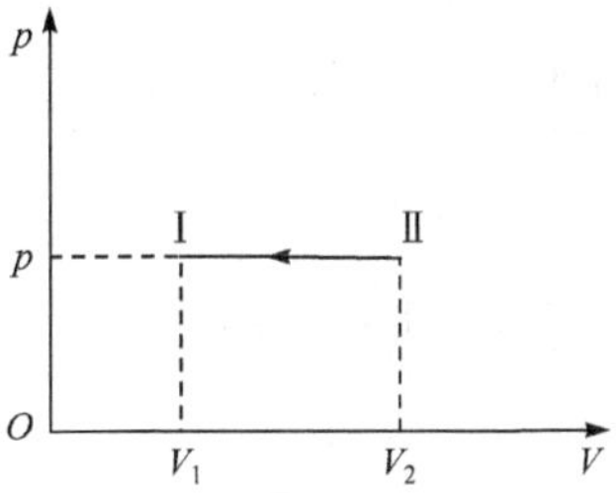

图 7-7　等压过程

因此，等压膨胀时，系统从外界吸收热量 Q，其中一部分用于增加系统的内能 ΔE，另一部分转化为系统对外界所做的功 A. 气体等压压缩时，外界对系统所做的功和系统所减少的内能，一起以热量的形式向外界放出.

结合式(7-19)和式(7-13)，可得

$$Q = \nu C_p \Delta T = \nu \frac{i+2}{2} R\Delta T \quad (7\text{-}20)$$

由式(7-20)知，等压过程的摩尔热容为

$$C_p = \frac{i+2}{2} R \quad (7\text{-}21)$$

由式(7-16)及式(7-21)得

$$C_p = C_V + R \quad (7\text{-}22)$$

式(7-22)称为迈耶公式，它给出了理想气体定体摩尔热容与定压摩尔热容的关系. 迈耶公式指出：定压摩尔热容比定体摩尔热容大 R，也就是说，使1mol理想气体温度升高1K经过等压过程要比等体过程多吸收8.31J的热量，这一部分热量转化为等压过程中气体对外界所做的功.

理想气体的 C_p 与 C_V 的比值，叫作理想气体的比热容比(简称比热比)，用 γ 表示. 对刚性理想气体分子，有

$$\gamma = \frac{C_p}{C_V} = \frac{i+2}{i} \quad (7\text{-}23)$$

对单原子分子，$\gamma = \frac{5}{3}$；对刚性双原子分子，$\gamma = \frac{7}{5}$；对刚性多原子分子，$\gamma = \frac{8}{6} = \frac{4}{3}$.

经典理论指出，理想气体的摩尔热容是不随温度变化的. 但实验结论却告诉我们，摩尔热容是温度的函数，随着温度的改变而改变. 问题的关键在于，经典理论认为粒子的能量是连续的，而实际上粒子的运动遵从量子力学规律，只有用量子的观点才能完满解释热容随温度的变化.

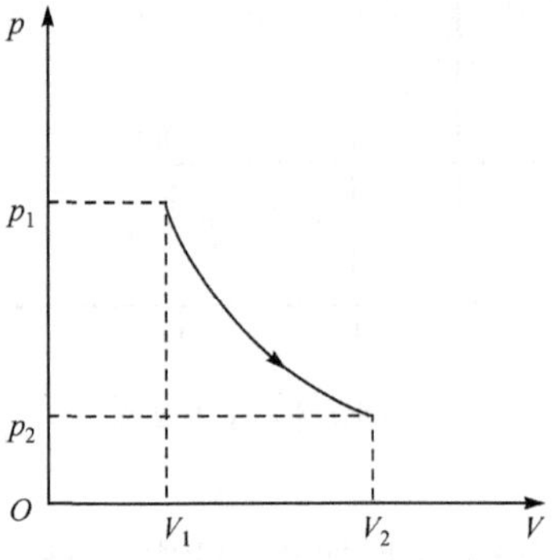

图 7-8 等温过程

7.5.3 等温过程

等温过程的特征是系统的温度保持不变，即 $\mathrm{d}T=0$ 或 $T=$恒量.

等温过程的过程方程为可表示 $p_1V_1=p_2V_2$ 或 $PV=$恒量. 其过程曲线是双曲线的一个分支，如图 7-8 所示.

因为理想气体的内能只与温度有关，所以在等温过程中理想气体的内能不变，即 $\Delta E=0$，根据热力学第一定律，$Q=A$.

在等温过程中，气体对外界所做的功为

$$A=\int_{V_1}^{V_2}p\mathrm{d}V=\int_{V_1}^{V_2}\frac{\nu RT}{V}\mathrm{d}V=\nu RT\ln\frac{V_2}{V_1}$$

因此

$$Q=A=\nu RT\ln\frac{V_2}{V_1}=\nu RT\ln\frac{p_1}{p_2} \tag{7-24}$$

在等温过程中，系统的内能保持不变. 等温膨胀时，系统从外界吸收的热量用来对外界做功；等温压缩时，外界对系统所做的功全部以热量的形式向外界放出.

等温过程中，无论吸收多少热量，系统的温度都不会升高，由摩尔热容的定义，等容过程的摩尔热容 $C_T=\frac{1}{\nu}\left(\frac{\mathrm{d}Q}{\mathrm{d}T}\right)_T$，知 $C_T=\infty$.

7.5.4 绝热过程

热力学中另一个重要的过程是绝热过程，在绝热过程中系统不与外界交换热量.

绝热过程是一个理想过程. 若实际过程和外界热交换很慢，则可近似为绝热过程. 例如，用绝热材料将容器与外界隔离，在容器内所进行的任何过程就是绝热过程. 由于海水质量非常大，它和外界交换的热量与它本身的内能相比微不足道，可把海洋系统中进行的过程，看成绝热过程. 另外，当实际过程进行得很快，系统来不及和外界交换热量时，系统内发生的过程也可近似为绝热过程. 例如，内燃机中气体点火后迅速膨胀的过程及声波传播时引起空气压缩和膨胀的过程等都可认为是绝热过程.

绝热过程分为一般绝热过程和准静态绝热过程. 注意过程进行的快慢是相对的. 例如，内燃机中活塞压缩汽缸的过程虽然很快，系统来不及和外界交换热量，因此可认为是绝热过程；但是过程所经历的时间 Δt 远大于弛豫时间 τ，因此又可以认为是准静态过程. 若不作说明, 我们一般研究准静态绝热过程, 简称绝热过程.

1. 绝热过程的过程方程

由于绝热过程中系统始终不与外界交换热量，因此 $đQ=0$. 应用热力学第一定律有 $đQ=\mathrm{d}E+đA=0$ ，又 $\mathrm{d}E=\nu C_V\mathrm{d}T$ ， $đA=p\mathrm{d}V$ ，所以

$$\nu C_V\mathrm{d}T+p\mathrm{d}V=0 \tag{7-25}$$

此外，对准静态过程中的任一状态，理想气体始终满足 $pV=\nu RT$ ，对状态方程两边同时微分，得

$$p\mathrm{d}V+V\mathrm{d}p=\nu R\mathrm{d}T \tag{7-26}$$

比较式(7-25)和式(7-26)，消去 $\mathrm{d}T$ 得

$$\left(C_V+R\right)p\mathrm{d}V+C_V V\mathrm{d}p=0$$

两边同除以 pV ，并利用迈耶公式 $C_V+R=C_p$ 及比热容比定义式 $\gamma=\dfrac{C_p}{C_V}$ ，可得

$$\gamma\frac{\mathrm{d}V}{V}+\frac{\mathrm{d}p}{p}=0$$

因 $\gamma=\dfrac{C_p}{C_V}=\dfrac{i+2}{i}$ 为常量，对上式进行积分，则有 $\gamma\ln V+\ln p=\ln C_1$ ，即

$$pV^{\gamma}=C_1 \tag{7-27}$$

式(7-27)称为泊松方程，与理想气体的状态方程 $pV=\nu RT$ 结合，容易推得

$$TV^{\gamma-1}=C_2 \tag{7-28}$$

$$p^{\gamma-1}T^{-\gamma}=C_3 \tag{7-29}$$

式中 C_1 、 C_2 、 C_3 均为常量. 式(7-27)～式(7-29)就是绝热过程的方程.

2. 绝热过程的过程曲线

根据式(7-27)可画出绝热过程的过程曲线. 由式(7-27)可得绝热过程的过程曲线上任一点的切线斜率为

$$\left(\frac{\mathrm{d}p}{\mathrm{d}V}\right)_Q=-\frac{\gamma p}{V}$$

由 $pV=C$ 可以得到等温线上任一点的切线斜率为

$$\left(\frac{\mathrm{d}p}{\mathrm{d}V}\right)_T=-\frac{p}{V}$$

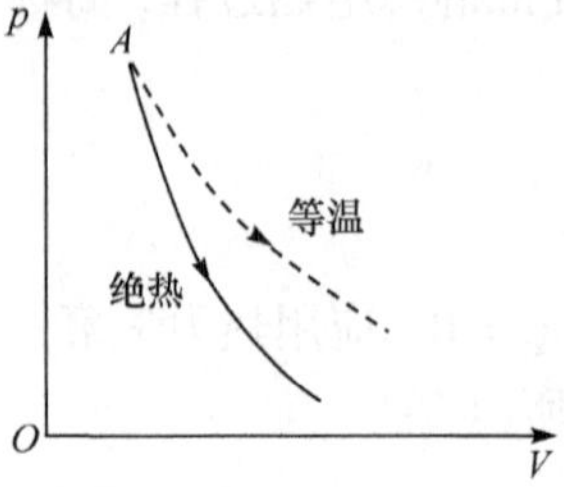

图 7-9　绝热过程

因为 $\gamma>1$，显然，在等温线与绝热线的交点处 $\left|\frac{\mathrm{d}p}{\mathrm{d}V}\right|_T<\left|\frac{\mathrm{d}p}{\mathrm{d}V}\right|_Q$，因此绝热线比等温线更陡些，如图 7-9 所示.

由热力学第一定律也可以解释这一结论. 绝热膨胀过程中系统不吸热，系统对外界做功必然以降低自身的内能为代价，所以温度要降低. 因此，绝热线要比等温线更陡.

3. 热力学第一定律在绝热过程中的应用

绝热过程中，$Q=0$，则 $A=-\Delta E$，且

$$\Delta E=\nu C_V\Delta T=\nu\frac{i}{2}R\Delta T=\frac{i}{2}\Delta\left(pV\right) \tag{7-30}$$

所以

$$A=-\nu C_V\Delta T=-\nu\frac{i}{2}R\Delta T=-\frac{i}{2}\Delta\left(pV\right) \tag{7-31}$$

绝热过程系统与外界没有热交换，因此绝热过程的摩尔热容 $C_Q=0$.

我们还可以用准静态过程功的定义式求绝热过程中系统对外界做的功，即

$$A=\int_{V_1}^{V_2}p\mathrm{d}V=\int_{V_1}^{V_2}\frac{C}{V^\gamma}\mathrm{d}V=C\left.\frac{V^{1-\gamma}}{1-\gamma}\right|_{V_1}^{V_2}=\frac{C}{1-\gamma}(V_2^{1-\gamma}-V_1^{1-\gamma})$$

将 $C=p_1V_1^\gamma=p_2V_2^\gamma$ 代入上式，则有

$$A=\frac{1}{1-\gamma}\left(p_2V_2^\gamma V_2^{1-\gamma}-p_1V_1^\gamma V_1^{1-\gamma}\right)=\frac{1}{1-\gamma}(p_2V_2-p_1V_1)$$

应用理想气体的状态方程后可得

$$A=\frac{1}{1-\gamma}(p_2V_2-p_1V_1)=\frac{1}{1-\gamma}\nu R(T_2-T_1) \tag{7-32}$$

将 $\gamma=\frac{i+2}{i}$ 代入式(7-32)，则

$$A=\frac{1}{1-\frac{i+2}{i}}\nu R(T_2-T_1)=-\frac{i}{2}\nu R\Delta T$$

与前面计算的结果相同. 将式(7-32)与式(7-31)比较可得

$$C_V=\frac{R}{\gamma-1} \tag{7-33}$$

从而

$$C_p = \gamma C_V = \gamma \frac{R}{\gamma - 1} \tag{7-34}$$

式(7-33)和式(7-34)虽然是由刚性理想气体分子模型得出的，但它们给出的是一个一般性的结论．我们通过测量γ，就可以求出气体的C_V和C_p．

例 7-1　1mol 氮气，压强为 1atm，体积为 10L．将气体在定压下加热，直到体积增大一倍，然后在定容下加热，使压强增大一倍，最后做绝热膨胀，使其温度降至初始时的温度为止．试求整个过程中气体内能的增量、气体对外界做的功及系统从外界吸收的热量．

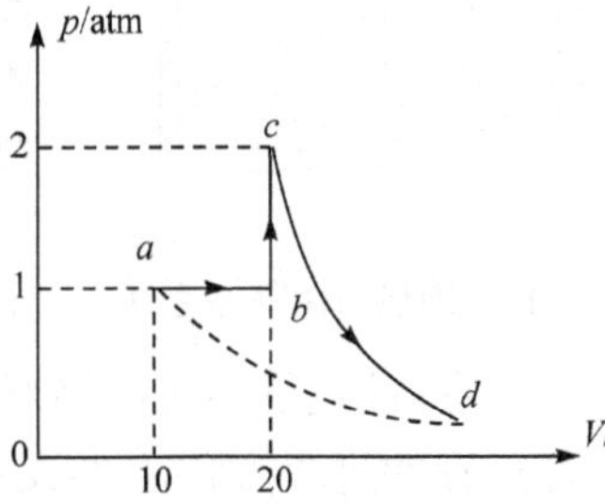

图 7-10　p-V 图

解　过程的 p-V 图如图 7-10 所示．由于始末状态的温度相等，所以整个过程的内能增量为零，即$\Delta E = 0$．

设ab、bc和cd各过程中系统吸收的热量分别为Q_{ab}、Q_{bc}和Q_{cd}，则

$$Q_{ab} = \nu C_p (T_b - T_a) = \nu \frac{i+2}{2} R (T_b - T_a) = \frac{i+2}{2}(p_b V_b - p_a V_a) = 35\text{atm} \cdot \text{L}$$

$$Q_{bc} = \nu C_V (T_c - T_b) = \nu \frac{i}{2} R (T_c - T_b) = \frac{i}{2}(p_c V_c - p_b V_b) = 50\text{atm} \cdot \text{L}$$

$$Q_{cd} = 0$$

所以整个过程系统从外界吸收的热量为

$$Q = Q_{ab} + Q_{bc} + Q_{cd} = 85\text{atm} \cdot \text{L}$$

整个过程气体对外做的功为

$$A = Q - \Delta E = 85\text{atm} \cdot \text{L}$$

本例也可先求出ab、bc和cd各过程中系统对外界所做的功A_{ab}、A_{bc}和A_{cd}，即

$$A_{ab} = p_a (V_b - V_a) = 1 \times (20 - 10) = 10(\text{atm} \cdot \text{L})$$

$$A_{bc} = 0$$

$$A_{cd} = -\frac{i}{2}(p_d V_d - p_c V_c) = -\frac{i}{2}(p_a V_a - p_c V_c) = -\frac{5}{2}(1 \times 10 - 2 \times 20) = 75(\text{atm} \cdot \text{L})$$

所以整个过程气体对外界做的功为

$$A = A_{ab} + A_{bc} + A_{cd} = 85\text{atm} \cdot \text{L}$$

系统从外界吸收的热量为

$$Q = A + \Delta E = 85\text{atm} \cdot \text{L}$$

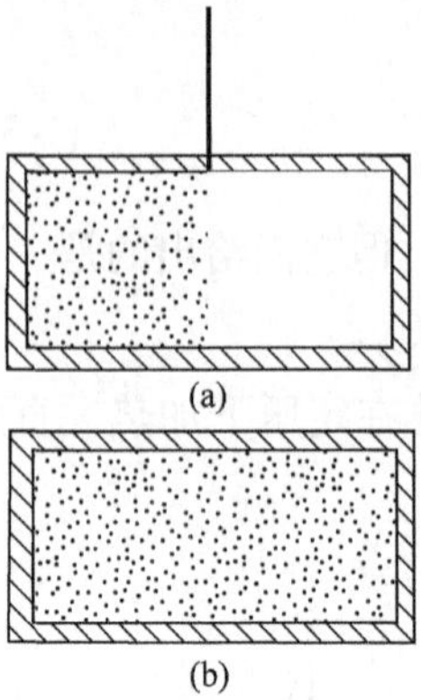

图 7-11 绝热自由膨胀系统

例 7-2 如图 7-11 所示，把一绝热容器分成相同的两部分，一边装有压强为 p 的气体，另一边抽成真空. 若将隔板突然抽去，气体将充满整个容器，并很快达到新的平衡态，这个过程称为理想气体的绝热自由膨胀过程. 求末态气体压强.

解 在这个过程中，气体没有对外做功，且过程是绝热的，所以内能也没有改变，即 $A=0$ ，$Q=0$ ，$\Delta E=0$ ，从而 $\Delta T=0$ ，即末态温度 T' 与初态温度 T 相等. 由 $p=nkT$ 知，因为末态分子数密度比初态减小了一半，因此末态压强减小为初态压强的一半，$p'=p/2$.

注意：此过程不是准静态过程. 尽管 $Q=0$ ，因为过程的中间状态不是平衡态，绝热过程的过程方程不再成立. 尽管 $T'=T$ ，该过程也不是等温过程，等温过程的过程方程也不成立.

表 7-1 列出了理想气体准静态过程的主要公式以备查用. 由于内能是状态量，与具体过程无关，所以在任何过程中内能的变化均可用 $\Delta E=\nu C_V\Delta T$ 求出，表中不再列出.

表 7-1 理想气体准静态过程的主要公式

过程	过程方程	系统对外界做功 A	吸收热量 Q	摩尔热容
等体	$\frac{p}{T}=$ 常量	0	$\nu C_V(T_2-T_1)$	$\frac{i}{2}R$
等压	$\frac{V}{T}=$ 常量	$p(V_2-V_1)$ $=\nu R(T_2-T_1)$	$\nu C_p(T_2-T_1)$	$\frac{i+2}{2}R$
等温	$pV=$ 常量	$\nu RT\ln\frac{V_2}{V_1}$ $=\nu RT\ln\frac{p_1}{p_2}$	$\nu RT\ln\frac{V_2}{V_1}$ $=\nu RT\ln\frac{p_1}{p_2}$	∞
绝热	$pV^{\gamma}=$ 常量 $TV^{\gamma-1}=$ 常量 $p^{\gamma-1}T^{-\gamma}=$ 常量	$\frac{1}{1-\gamma}(p_2V_2-p_1V_1)$ $=\frac{\nu R}{1-\gamma}(T_2-T_1)$	0	0

循环过程及热机效率

7.6 循 环 过 程

人们研究热力学的目的之一，就是利用它的基本原理，制造一种能对外做功的机器——热机. 热力学系统对外做功是通过气体体积的膨胀来实现的，但实际上体积的膨胀是有限的，因此利用单调的体积膨胀不可能达到持续做功的目的，于是人们就利用了循环过程. 热机的发明和使用,就是与循环过程紧密相连的. 对循环过程的研究，既是热力学第一定律的应用，又为热力学第二定律的建立提供了依据，具有重要的意义.

7.6.1　循环过程及热机效率

按顺时针方向进行的循环过程，称为正循环；按逆时针方向进行的循环过程，称为逆循环. 对正循环，系统对外界所做的净功 $A_{净}$ 大于零，其大小等于曲线所包围的面积(如图 7-12 所示). 这样就从理论上给出了制造热机的可能.

热机就是利用热能做功的机械. 17 世纪末人们发明了巴本锅和蒸汽泵，18 世纪末瓦特完善了蒸汽机，使之真正成为动力.

我们以蒸汽机为例说明一个热机的构成(如图 7-13 所示)：

(1) 加热器 O，也叫锅炉. 其中装水或其他流体，从外部加热.

(2) 气缸 B，蒸汽冲击轮机叶片带动机轴对外做功.

(3) 冷凝器 C，使流体在其中冷却向外界放热. 在冷凝器中，蒸汽将凝结为水. 冷凝器从外部冷却，一般用循环水带去废热而水本身变热.

(4) 压缩机 D，就是馈水装置(水泵). 它将冷却后的流体重新送入加热器.

这就是说，热机由以下几个部分组成：循环工作物质、两个以上温度不同的热源和做功机械.

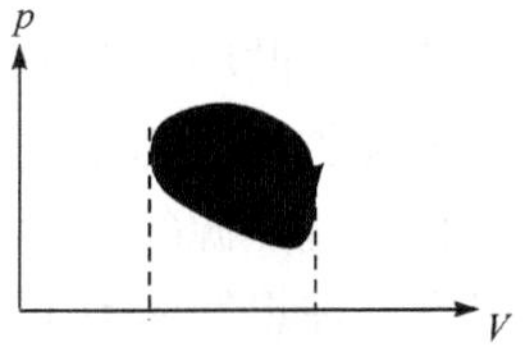

图 7-12　循环过程

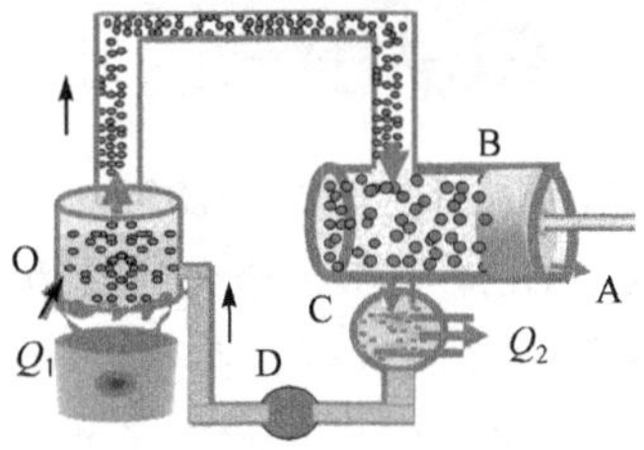

图 7-13　蒸汽机系统

由 $Q = A + \Delta E = A$ 知，系统经过正循环过程后，总体上是吸热的. 这并不是说，对循环过程的每一分过程都吸热，而是有时吸热，有时放热，总的吸热大于放热. 用 $Q_{吸}$ 表示总吸热，用 $|Q_{放}|$ 表示总共放出热量的多少，则循环过程中净吸热为 $Q_{净} = Q_{吸} - |Q_{放}|$，所以有 $A_{净} = Q_{吸} - |Q_{放}|$. 由此可见，对一个正循环过程，系统从高温热源吸热，一部分用来对外做功，一部分释放到低温热源，最后又回到原态.

我们研究循环过程是为了研究热机中的热功转化问题. 在热机中消耗燃料使

系统吸收热量，从而对外做功. 系统吸收的热量$Q_{吸}$是靠消耗燃料(蒸汽、汽油、柴油以及固体燃料等)获得的，而放出的热量$|Q_{放}|$一般散失掉了. 显然，$Q_{吸}$越小、$A_{净}$越大，热机的性能就越好. 定义热机的循环效率为转化为功的热量占总吸热的比例，即

$$\eta = \frac{A_{净}}{Q_{吸}} = 1 - \frac{|Q_{放}|}{Q_{吸}} \tag{7-35}$$

热机在人类生活中发挥着重要的作用. 现代化的交通运输工具都靠它提供动力. 热机的应用和发展推动了社会的快速发展，也不可避免地损失部分能量，并对环境造成一定的污染.

7.6.2 卡诺循环及其效率

19 世纪初，热机的效率还很低，不足 5%. 许多人认识到为了提高热机效率，除了对结构进行改进(如减少漏热、漏气、摩擦等)外，还必须从理论上进行研究，其中的代表人物是法国工程师卡诺. 卡诺在 1824 年发表了《论火的动力》一文，其中研究了一种理想热机(卡诺热机)，并证明它具有最高的效率，从而为提高热机的效率指明了方向，同时为热力学第二定律的建立打下了基础.

卡诺(Carnot，1796—1832)，法国人，1824 年在《论火的动力》一文中提出了一种理想热机，为热力学第二定律的建立打下了基础.

卡诺循环是由两个等温过程和两个绝热过程组成的循环，如图 7-14 所示. 卡诺热机进行的循环为正循环，工作物质工作于两个恒定的热源之间，它从高温热源(温度为T_1)吸热，向低温热源(温度为T_2)放热. 现在我们来研究以理想气体为工作物质的卡诺热机的效率.

利用式(7-35)求卡诺循环的效率，首先应判断哪些过程是吸热过程，哪些过程是放热过程，求出$Q_{吸}$和$|Q_{放}|$，然后利用过程方程进行状态参量的变换，将结果化简为最简形式.

对 ab 过程，工作物质从外界吸热

$$Q_{吸} = Q_1 = \nu RT_1 \ln\frac{V_2}{V_1}$$

对 cd 过程，工作物质向外界放热

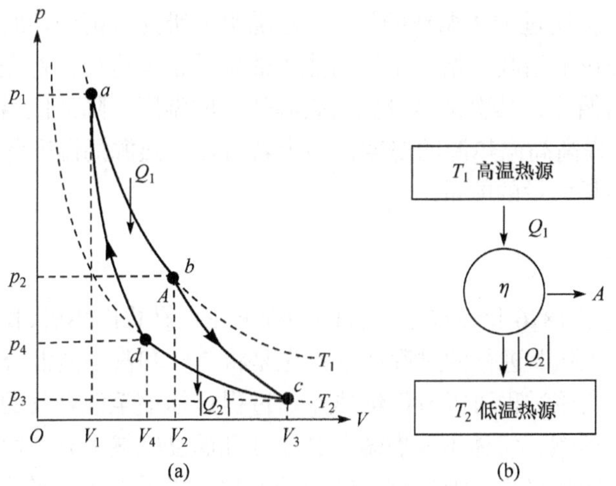

图 7-14　卡诺循环

$$|Q_{放}| = |Q_2| = \nu RT_2 \ln\frac{V_3}{V_4}$$

所以卡诺循环的效率

$$\eta_c = 1 - \frac{|Q_{放}|}{Q_{吸}} = 1 - \frac{T_2}{T_1}\frac{\ln\frac{V_3}{V_4}}{\ln\frac{V_2}{V_1}} \tag{7-36}$$

因为 bc、da 过程是绝热过程，由式(7-28)有

$$T_1V_2^{\gamma-1} = T_2V_3^{\gamma-1},\quad T_1V_1^{\gamma-1} = T_2V_4^{\gamma-1}$$

两式相除，得到

$$\frac{V_3}{V_4} = \frac{V_2}{V_1}$$

代入式(7-36)，得

$$\eta_c = 1 - \frac{T_2}{T_1} \tag{7-37}$$

由此可见，卡诺循环的效率与 p-V 图上循环所包围的面积无关，只与两个热源温度之比有关. T_2 与 T_1 之比越小，η_c 就越大，但是它总小于 1. 若在热电厂中，高温热源是水蒸气，温度高达 580℃，低温热源是冷凝水，温度大约为 30℃. 若该循环为卡诺循环，其效率为 $\eta = 1 - \dfrac{273+30}{273+580} \approx 64.5\%$，但实际效率只有 25% 左右，这是因为严格的卡诺循环是不可能实现的.

可以证明如下的卡诺定理：工作于同样的高温热源与同样的低温热源之间的

一切热机的效率都不会超过卡诺循环的效率. 这说明了研究卡诺循环的重要性，卡诺循环的研究从理论上给我们指出了提高热机效率的根本途径：首先是使循环尽可能地接近于卡诺循环，其次是尽量提高高温热源的温度、降低低温热源的温度. 实际中采用的是提高高温热源的温度，因为若将低温热源的温度降低到比周围环境更低，需要消耗大量的能量.

7.6.3 内燃机的效率

德国工程师奥托于 1876 年设计了一种四冲程火花点燃式内燃机，整个循环可以分为四个冲程. 它实际上进行的过程如下：先是将空气和汽油的混合气吸入汽缸，然后急速压缩汽缸(该过程可以看作绝热压缩过程). 压缩至混合气的体积最小时用电火花点火引起爆燃，气体迅速燃烧，其压强和温度骤然上升，由于燃烧非常迅速，活塞移动的距离极小，所以这一瞬间的变化可以看作等体吸热过程，接着高压气体推动活塞对外做功，气体膨胀而降压降温，这一过程被近似认为是一绝热膨胀过程. 做功后的废气被排出汽缸，然后再吸入新的混合气(可视为等容过程)进行下一个循环.

如上所述，内燃机的工作过程并不是严格的闭合循环，因为在吸气、排气过程中，工作物质不是定量气体，而且由于在燃烧过程中工作物质的化学成分也发生了变化，系统不能完全回到初始状态. 为了便于理论上的分析，可以近似地假定汽缸中工作物质的成分不变(工作物质的 80%左右是氮，它不参加燃烧，因而化学成分不变)，而将汽缸内部工作物质的燃烧过程看作从汽缸外部向工作物质加热的过程. 同时，由于进气、排气过程的功互相抵消，因此可认为工作循环不进气也不排气，而是在封闭的汽缸中的定量气体不断地进行循环. 这就是汽油机的循环理论，也叫定体加热循环或奥托循环.

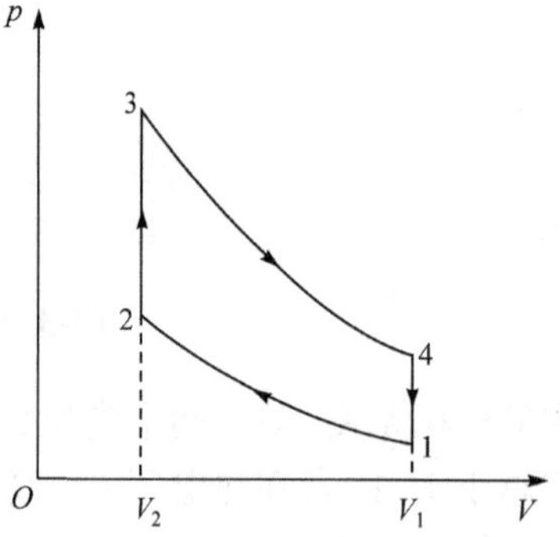

图 7-15 奥托循环

综上所述，奥托循环是由两个绝热过程和两个等体过程组成的循环，如图 7-15 所示. 系统在 2 到 3 过程吸热，在 4 到 1 过程放热. 设状态 1、2、3、4 的温度分别为 T_1、T_2、T_3、T_4，则

$$Q_{吸}=\nu C_V(T_3-T_2), \qquad |Q_{放}|=\nu C_V(T_4-T_1)$$

汽油机效率为

$$\eta=1-\frac{|Q_{放}|}{Q_{吸}}=1-\frac{T_4-T_1}{T_3-T_2}$$

因为 $T_3V_2^{\gamma-1}=T_4V_1^{\gamma-1}$，$T_2V_2^{\gamma-1}=T_1V_1^{\gamma-1}$，所以

$$(T_3-T_2)V_2^{\gamma-1}=(T_4-T_1)V_1^{\gamma-1}$$

从而

$$\frac{T_4-T_1}{T_3-T_2}=\left(\frac{V_2}{V_1}\right)^{\gamma-1}$$

故有

$$\eta=1-\left(\frac{V_2}{V_1}\right)^{\gamma-1}$$

我们将 $r=\dfrac{V_1}{V_2}$ 称为压缩比，则

$$\eta=1-\frac{1}{r^{\gamma-1}} \tag{7-38}$$

由此可见，这种循环的效率完全由绝热压缩比 r 所决定，并随着 r 的增大而增大，所以提高汽油机效率的重要途径之一是提高绝热压缩比. 但压缩比增加得太大就会使汽油与空气的混合物密度过大，燃烧过于猛烈，从而对汽缸和活塞施以极大的冲击力，产生爆震现象. 这就不能保证热机平稳地燃烧，增大了机件的磨损，而且随着爆震的产生，功率也显著降低. 因此，普通的汽油机采用的绝热压缩比一般为 5～7，最大不超过 10. 汽油机功率小，但汽缸运动平稳，噪声小(常应用于汽车、飞机等).

7.6.4　逆循环　制冷机

逆循环的功能转换关系和正循环刚好相反. 对逆循环来说，外界对系统做功，工作物质从低温热源吸热，向高温热源放热，这样低温热源的温度会降得更低，这就是制冷机的原理，其原理图见图 7-16.

我们以冰箱为例说明制冷机的工作原理.

冰箱由四部分组成：电动压缩泵 O、冷凝器 B、毛细管 C、蒸发器 D，如图 7-17 所示.

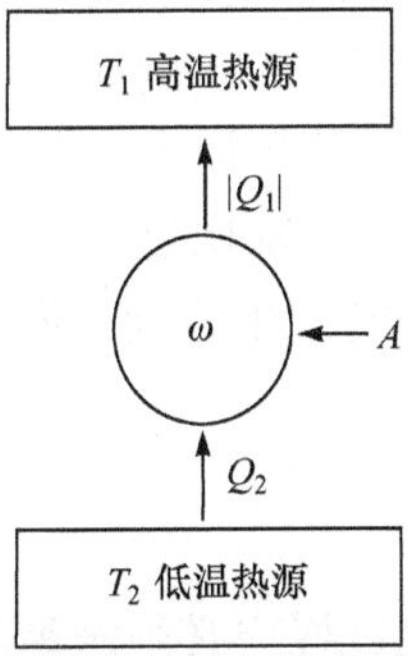

图 7-16　制冷机原理图

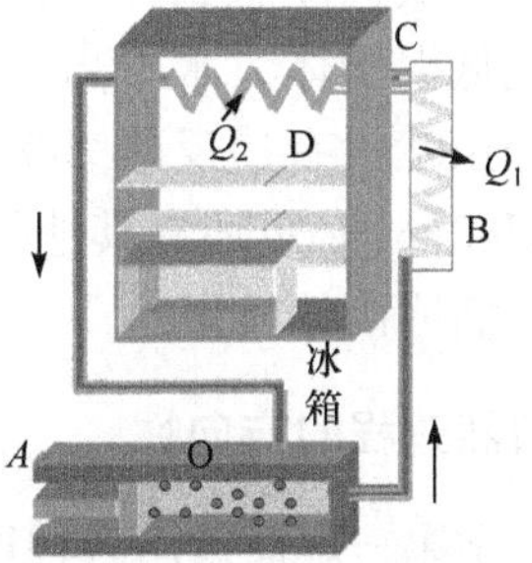

图 7-17　冰箱工作原理图

冰箱的工作原理：压缩泵将制冷剂压缩成高温高压气体，送至冷凝器(高压-沸点高于室温，高温热源温度低于沸点，液化，向高温热源放热). 经过毛细管减压膨胀，进入蒸发器(低压-沸点低，低温热源温度高于沸点，吸收冰箱热量，变为低压气体).

对制冷机，我们希望它从低温热源吸收的热量 Q_2 多一些，消耗外界的功 A 少一些，这样制冷机的性能就好一些. 定义制冷机的制冷系数为

$$w=\frac{Q_2}{A}=\frac{Q_2}{|Q_1|-Q_2} \tag{7-39}$$

式中 $|Q_1|$ 为放出热量的绝对值.

逆时针的卡诺循环就是卡诺制冷机的循环. 对卡诺制冷机，有

$$w=\frac{Q_2}{|Q_1|-Q_2}=\frac{T_2}{T_1-T_2} \tag{7-40}$$

式中 T_1 和 T_2 分别为高、低温热源的热力学温度.

热机的效率总是小于 1，而制冷机的制冷系数往往大于 1. 如将家用电冰箱视为卡诺制冷机，保持箱内温度为 270K，假定箱外温度为 300K，则 $w=9$. 这就是说，消耗 1J 的功可以从低温热源中吸取 9J 的热，实际制冷机的制冷系数远小于这个结果. 制冷机实质上就是热泵，它的作用就是把热量由低温物体抽到高温物体. 例如空调机：夏天，室内就是它的低温热源，室外是它的高温热源，空调不断地将热量由室内抽向室外；冬天则反过来，室内就是空调机的高温热源，而室外则是它的低温热源，空调不断地将热量由室外抽向室内.

热力学第二定律

7.7 热力学第二定律

热力学第二定律是热力学的又一基本定律. 它是关于在有限空间和时间内，一切和热运动有关的物理、化学过程具有不可逆性的总结. 自热力学第一定律被发现以后，人们注意到许多自行发生的过程都是单方向的，例如，热量从高温物体传到低温物体，水由高处向低处流动，气体的扩散与混合，其反向自行发生的过程虽然没有违反热力学第一定律，却从来还没有发现过，可见除了热力学第一定律外，必定还有其他的定律在限制这些过程的发生方向. 热力学第二定律将给我们明确的答案.

7.7.1 自然过程的方向性

热力学第一定律给出各种形式的能量在相互转化过程中必须满足能量守恒，对过程进行的方向并没有给出任何限制. 那么满足能量守恒的过程是否都能自发

地发生呢?

自然过程是指在不受外来干预的条件下所进行的过程. 在热力学中，所谓过程的方向，总是指自然过程的方向. 下面我们看几个例子.

1. 功热转化

首先来看焦耳实验，如图 7-2(a)所示. 在该实验中，重物可以自动下落，使叶片在水中转动，叶片和水相互摩擦而使水温上升，这是功变热的过程. 与此相反的过程，即水温自动降低，产生水流，推动叶片转动，带动重物上升的过程，是热自动地转变为功的过程，这一过程是不可能发生的.

“热自动地完全转化为功的过程不可能发生”也常说成是：不引起其他任何变化，而唯一效果是热量完全转化为功的过程是不可能发生的. 当然热变功的过程是有的，如各种热机的目的就是使热转变为功，但实际的热机都是工作物质从高温热源吸收热量，其中一部分用来对外做功，同时还有一部分热量不能做功，而传给了低温热源. 因此热机循环除了热变功这一效果以外,还产生了其他效果. 热全部转变为功的过程也是有的，如理想气体的等温膨胀过程. 但在这一过程中除了气体把从热源吸的热全部转变为对外做的功以外，还引起了其他变化，表现在过程结束时，理想气体的体积增大了.

2. 热传导

两个温度不同的物体互相接触，热量总是自动地由高温物体传向低温物体，从而使两物体温度相同而达到热平衡. 从未发现过与此相反的过程，即热量自动地由低温物体传给高温物体，而使两物体的温差越来越大.

这里“自动地”几个字就是说在传热过程中不引起其他任何变化. 热量从低温物体传向高温物体的过程在实际中是有的，如制冷机，但制冷机是要通过外界做功才能把热量从低温热源传向高温热源.

3. 气体的绝热自由膨胀

如图 7-11 所示，当绝热容器中的隔板被抽去的瞬间，气体都聚集在容器的左半部，这是一种非平衡态. 此后气体将自动地迅速膨胀充满整个容器，最后达到新的平衡. 而相反的过程，即充满容器的气体自动地收缩到只占原体积的一半，而另一半变为真空的过程是不可能实现的.

尽管以上过程都不违反能量守恒，但都不能沿相反的方向自发地完成. 大量的经验事实表明，在自然界中，任何宏观自发过程都具有方向性. 对于孤立系统，过程自发进行的方向总是从非平衡态到平衡态，而不可能在没有外来作用的条件下，自发地从平衡态过渡到非平衡态.

7.7.2 可逆过程和不可逆过程

为了把过程的方向性明确化，我们引进可逆与不可逆过程的概念. 我们定义：一个过程，如果每一步都可沿相反的方向进行而不引起外界的其他任何变化，则称此过程为可逆过程；反之，如果用任何方法都不可能使系统和外界完全复原，则称此过程为不可逆过程.

所谓一个过程不可逆，并不是说该过程的逆过程一定不能进行，而是说当过程逆向进行时，逆过程在外界留下的痕迹不能将原来正过程的痕迹完全消除掉. 所谓可逆过程，也并不是说该过程一定可以自发地逆向进行，而是说如果它进行，则其逆过程与正过程合起来可以使系统和外界完全复原；或者说，对于可逆过程来说，存在着另一过程，它能使系统回到原来的状态，同时消除了原来过程对外界引起的一切影响. 因此，为使过程成为可逆过程，必须使过程在反向进行时，其每一步都是正过程相应的每一步的重复，必须使正过程和逆过程中相应的态具有相同的参量，这只有在准静态和无摩擦的条件下才可能. 因此我们说无摩擦的准静态过程为可逆过程. 显然，可逆过程只是一个理想的过程，在实际中只能与此接近，而不可能真正达到.

前面所举的三个典型的实际过程(功热转化、热传导、气体的绝热自由膨胀)都是按一定的方向进行的，是不可逆的. 由于自然界中一切与热现象有关的实际宏观过程都涉及热功转化或热传导，都是由非平衡态向平衡态的转化，因此可以说，一切与热现象有关的实际宏观过程都是不可逆的.

落叶永离，覆水难收. 欲死灰之复燃，艰乎为力；愿破镜之重圆，冀也无端. 人生易老，返老还童只是幻想；生米煮成熟饭，无可挽回. 大量事实表明，与热现象有关的自然过程都是不可逆的.

7.7.3 热力学第二定律的两种常见表述

1. 开尔文表述

历史上热力学理论是在研究热机工作原理的基础上发展起来的. 最早提出的并沿用至今的热力学第二定律的表述是和热机及制冷机的工作相联系的. 1851 年开尔文通过对热机效率的深入研究，提出了热力学第二定律的一种表述：

不可能从单一热源吸热，使之完全变成有用的功而不产生其他影响.

这里，单一热源是指温度均匀并且恒定不变的系统. 若一系统各部分温度不相同或者温度不稳定，则热机中的工作物质可以在不同温度的两部分之间工作，从而可以对外做功. 据报道，有些国家已在研究利用海水上下温度不同而制造发电机.

前面曾讲过第一类永动机，它的设计违反能量守恒定律，是不可能研制成功的. 如果能够从单一热源吸热并全部用来对外做功，就可以设计一种不违反能量守恒定律的“永动机”. 例如，若有办法不以任何代价使处于环境温度的海水温度稍微降低，把所释放出来的热量全部拿来做功，这就是一种永动机，因为它所提供的能源实际上是取之不尽、用之不竭的. 有人估算过，如果使海水降低 0.01℃，它所放出的热量可供全世界现有的工厂连续工作 1000 年. 因此，人们对于以海洋、大气等为单一热源的热机的幻想与追求，并不亚于第一类永动机. 人们把这种从单一热源吸热做功的永动机称为第二类永动机. 所以开尔文表述又可表述为：第二类永动机不可能制成.

例 7-3 在炎热的夏季，假定室外温度为 37℃，每天都有 3.3×10^8J 的热量通过热传导方式自室外传入室内，设该空调制冷机的制冷系数为同等条件下的卡诺制冷机的制冷系数的 40%.

(1) 启动空调，使室内温度始终保持在 17℃，则空调一天耗电多少?

(2) 启动空调，使室内温度始终保持在 27℃，则空调一天耗电多少?

解 若空调是卡诺逆循环，则其制冷系数为

$$w=\frac{T_2}{T_1-T_2}=\frac{290}{20}=14.5$$

实际的制冷系数为

$$w'=14.5\times40\%=5.8$$

$$A=\frac{Q_2}{w'}$$

功率为

$$P=\frac{3.3\times10^8}{5.8\times24\times3600}=6.59\times10^2(\mathrm{W})$$

每小时耗电 0.659kW · h，每天耗电 15.816kW · h. 同样的计算，若温度为 27℃，则每天只耗电 5.088kW · h.

2. 克劳修斯表述

基于热传导的不可逆性，1850 年，克劳修斯提出了热力学第二定律的另一种表述：

不可能把热量从低温物体传到高温物体而不引起其他变化.

其中“其他变化”是指除了从低温物体吸热和向高温物体放热以外的任何变化，消耗外界的功当然也属于“其他变化”. 克劳修斯表述的另一种说法是：热量不可能自动地由低温物体传到高温物体.

开尔文表述是关于热机的，克劳修斯表述是关于制冷机的.

可以证明，开尔文表述和克劳修斯表述是等价的. 违背了开尔文表述，也必定违背克劳修斯表述；反之，违背了克劳修斯表述，也必定违背开尔文表述. 各种实际自然过程的不可逆性是相互沟通的，任何不可逆过程都可作为热力学第二定律的表述，也就是说，热力学第二定律有多种表述，但各种表述都是等价的.

7.7.4 热力学第二定律的微观意义

以上是从宏观的观察、实验和论证得出了热力学第二定律. 如何从微观上理解这一定律的意义呢？我们再来看前面所举的三个典型例子.

先说热功转化. 功转变为热是机械能(或电能)转变为内能的过程. 从微观上看，是大量分子的有序运动向无序运动转化的过程，这是可能的. 而相反的过程，即无序运动自动地转变为有序运动是不可能的. 因此从微观上看，在热功转化现象中，自然过程总是沿着使大量分子的运动从有序状态向无序状态进行.

再看热传导. 初态温度高的物体分子的平均平动动能大，温度低的物体分子的平均平动动能小. 这意味着，虽然两物体的分子运动都是无序的，但还能按分子的平均平动动能的大小区分两个物体. 到了末态，两物体的温度变得相同，所有分子的平均平动动能都一样了，按平均平动动能区分两物体也不可能了. 也就是说，热传导是沿着大量分子运动的无序性增大的方向进行的. 而相反的过程，即分子运动从平均平动动能完全相同的无序状态自动地向两物体分子平均平动动能不同的较为有序的状态进行的过程是不可能的.

再看气体的绝热自由膨胀. 自由膨胀过程是气体从占有较小空间的初态变到占有较大空间的末态. 从分子运动状态(这里指分子的位置分布)来说是更加无序了. 相反的过程，即分子运动自动地从无序状态向较为有序的状态变化的过程是不可能的.

综上分析可知：一切自然过程总是沿着无序性增大的方向进行. 这是不可逆性的微观本质，它说明了热力学第二定律的微观意义.

热力学第二定律既然是涉及大量分子运动的无序性变化的规律，因而就是一条统计规律. 这就是说，它只适用于包含大量分子的系统，对少数分子不适用. 由于宏观热力学过程总涉及大量的分子，对它们来说，热力学第二定律总是正确的. 因此它是自然科学中最基本而又最普遍的规律之一.

7.7.5 热力学第二定律的概率性表述

考察气体的绝热自由膨胀过程. 设有一容器被隔板分成相同的两部分，一边充满气体，一边抽成真空. 下面我们讨论将隔板抽掉后，容器中气体分子的分布情况.

为了便于理解，我们先来看系统只有 6 个分子时的情况，如表 7-2 所示.

表 7-2　6 个分子的位置分布

宏观态	左边分子数	6	5	4	3	2	1	0
	右边分子数	0	1	2	3	4	5	6
微观态	对应微观态的个数 Ω	$C_6^0=1$	$C_6^1=6$	$C_6^2=15$	$C_6^3=20$	$C_6^4=15$	$C_6^5=6$	$C_6^6=1$
	总计	$\sum_{i=0}^{6} C_6^i = 2^6 = 64$						
微观态出现的概率		$\frac{1}{64}$	$\frac{6}{64}$	$\frac{15}{64}$	$\frac{20}{64}$	$\frac{15}{64}$	$\frac{6}{64}$	$\frac{1}{64}$

从表 7-2 中还可以看出，与每一种宏观状态对应的微观状态数是不同的. 在表 7-2 中，左、右两侧分子数相等或差不多相等的宏观状态所对应的微观状态数最多，但在分子总数少的情况下，它们占微观状态总数的比例并不大. 计算表明，分子总数越多，则左、右两侧分子数相等和差不多相等的宏观状态所对应的微观状态数占微观状态总数的比例越大. 对实际系统(假设是 1mol 气体)来说，这一比例几乎是 100%. 气体分子全部回到左边的宏观状态所对应的微观状态数占微观状态总数的比例仅为 $\frac{1}{2^{N_A}} = 2^{-6.02\times10^{23}}$ (微观状态总数为 $\sum_{i=0}^{N_A} C_{N_A}^i = 2^{N_A}$)，概率如此之小，因此是难以实现的.

统计物理有一个基本假设：对于孤立系统，各个微观状态出现的可能性(或概率)是相同的. 我们定义：任一宏观状态所对应的微观状态数称为该宏观状态的热力学概率，并用 Ω 表示. 这样，对应微观状态数目多的宏观状态出现的概率就大. 实际上最可能观察到的宏观状态就是热力学概率最大的状态，也就是微观状态数最多的宏观状态. 对上述容器内封闭的气体来说，也就是左、右两侧分子数相等或差不多相等的那些宏观状态. 对于实际上分子总数很多的气体系统来说，这些“位置上均匀分布”的宏观状态所对应的微观状态数几乎占微观状态总数的 100%，因此实际上观察到的总是这种宏观状态——平衡态. 对孤立系统，平衡态是对应于微观状态数 Ω 最大的宏观状态. 若系统最初所处的状态是非平衡态，系统将随着时间延续向 Ω 增大的宏观状态过渡，最后达到平衡态. 气体的自由膨胀过程在微观上说，就是由包含微观状态数目少的宏观状态向包含微观状态数目多的宏观状态进行的过程.

孤立系统中自发进行的过程，总是由热力学概率小的宏观状态向热力学概率大的宏观状态进行. 这就是热力学第二定律的概率性表述.

由于自然过程总是沿着使分子运动更加无序的方向进行，同时也是沿着使系统的热力学概率增大的方向进行，因此热力学概率是分子运动无序性的一种量度.

平衡态是在一定条件下系统内分子运动最无序的状态.

7.7.6 热力学第一定律与热力学第二定律的区别和联系及“可用能”

热学力第一定律主要从数量上说明功和热量的等价性,热力学第二定律表明热转化为功是有条件的，揭示了自然界中普遍存在的一类不可逆过程. 从而，我们得到结论：功与热有本质的区别，功与热的“品质”不一样. 人类所关心的是可用能量(用来做有用功的能量)，但是吸收的热量不可能全部用来做功. 任何不可逆过程的出现，总伴随有“可用能量”被贬值为“不可用能量”的现象发生. 例如，两个温度不同的物体间的传热过程，其最终结果无非使它们的温度相同. 若我们不是使两物体之间直接接触，而是借助一部可逆卡诺热机，把两物体分别作为高温和低温热源，在卡诺热机运行过程中，两物体温度渐渐接近，最后达到热平衡，在这过程中可输出一部分有用功. 但是若使这两物体直接接触而达到热平衡，则上述那部分可用能量却被白白地浪费了. 读者可自己去证明，在自由膨胀、扩散过程中也都浪费了“可用能量”. 不可逆过程在能量利用上的后果总是使一定的能量从能做功的形式变为不能做功的形式，即成了“退化的”能量. 因此，应特别研究各种过程中的不可逆性，仔细地消除各种不可逆因素，以增加可用能，提高效率.

7.8 熵

7.7 节讲过的热力学第二定律是通过语言来定性描述的,为了定量地描述热力学第二定律，我们引入熵的概念.

玻尔兹曼(Boltzmann，1844—1906)，奥地利物理学家、哲学家，热力学和统计物理学的奠基人之一.

7.8.1 玻尔兹曼熵与熵增加原理

1877 年，玻尔兹曼引用由下式定义的状态函数熵 S 来表示系统无序性的大小：

$$S \propto \ln \Omega$$

式中 Ω 为宏观状态的热力学概率. 1900 年，普朗克引进玻尔兹曼常量 k 作比例系数，把它写成

$$S = k \ln \Omega \tag{7-41}$$

式(7-41)称为玻尔兹曼关系. 由玻尔兹曼熵的定义，可知系统的熵反映了这一宏观态所对应的微观态数目的大小，微观态个数大小又反映系统无序程度(混乱度)的大小，所以熵在微观意义上代表系统内分

子热运动的混乱程度，是系统无序程度(混乱度)的量度. 一个孤立系统中发生的自发过程总是向无序程度(混乱度)增加的方向进行，因而孤立系统中的自发过程正是熵增大的过程. 一切自发的不可逆过程总是从非平衡趋向平衡的过程，达到平衡态时过程停止，熵也达到最大. 可见处于一定条件下的平衡态对应着熵最大的状态.

综上所述，孤立系统内的自发过程总是沿着熵增大的方向进行. 这就是熵增加原理. 很明显，熵增加原理是热力学第二定律的一种表述方法，其数学表示为

$$\Delta S > 0 \tag{7-42}$$

“熵”无处不有，一桶水，一块铁，任何宏观物质都有熵，熵也可以在过程中产生和传递. 摩托车在大街上急驰而过喷出股股青烟，污染了环境，也产生了熵；美英联军对伊拉克的大规模空中打击，摧毁了大量建筑和各种设施，死伤众多，战争这个怪物使熵得到急剧的增加. 自古以来，总有人眷恋着人生，希望能找到一种长生不老或返老还童的“仙丹”，但“熵”的规律总逼着我们由童年走向青年、壮年，走向衰老，走向死亡，这是一切生物都无法抗拒的安排，我们只能延缓这个过程，推行劳逸结合，修身养性，来抑制“熵”的催促，延缓衰老的过程.

综上所述，好像总有一只无形的大手在控制着我们周围的一切，那是什么呢？物理学的发展告诉我们那就是“熵增加原理”.

*7.8.2 信息与熵

1. 信息

大家都说，当代的社会是信息社会. 什么是信息呢？信息就是进行传递或交流的一组语言、文字、符号或图像.

在人类社会里，应该说，信息与物质、能量一样，有其重要的地位，是人类赖以生存发展的基本要素. 因此了解信息，掌握信息，懂得如何充分有效地利用信息也变得非常迫切了.

信息的内容既有量的差别，又有质的不同. 一段文字，字的多少反映了量的差别，而其含义则反映了质的不同. 在日常生活中，我们对信息的量与质有相当深刻的体验，量的差别固然重要，质的不同更不容忽视. 同样是 20 个字，李白的“床前明月光，疑是地上霜；举头望明月，低头思故乡”，情景交融，蕴藉隽永，余韵袅袅，千古传诵；而一封电报写道“我因生了病不能及时赶回来参加会议非常抱歉”，只是直截了当地说明了一件事. 就信息的量而言，二者并无差别，就其含意和价值而言，却有天壤之别.

应该指出，有关信息内容的问题，实际上涉及对价值的评估，显然超出了自然科学的范围，目前尚没有为大家所接受的客观标准. 不得已求其次，单在信息

量的问题上下功夫，这正是当代“信息论”这门学科的出发点.

2. 信息的统计理论

1948 年，现代信息论的创始人香农摆脱了具体语言和符号系统的限制，撇开了事件发生的时间、地点、内容，以及人们的情感和人们对事件的反应，而只顾事件发生的状态数目及每种状态发生的可能性，从概率的角度给出了信息量的定义.

通常的事物具有各种可能性，最简单的情况是具有两种可能性，如是和否、黑和白、有和无、生和死等. 现代计算机普遍采用二进制，数据的每一位非 0 即 1，也是两种可能性，在没有信息的情况下，每种可能性的概率都是 1/2. 在信息论中，把从两种可能性中做出判断所需的信息量叫作 1 比特(bit=binary information unit)，这就是信息量的单位. 从四种可能性中做出判断需要多少信息量？让我们来看一个两人玩的小游戏. 甲从一副扑克牌中随机抽出一张，让乙猜它的花色，规则是允许乙提问题，甲只回答是与否，看乙能否在猜中之前提的问题最少. 这个问题中，最科学的问法应该是这样的：是黑的么？是桃么？得到这两个回答后，乙必猜中答案无疑. 因为得到其中的一个答案后，乙就只面对两种可能性，再一个问题就足以使他获得所需的全部信息. 所以，从 4 种可能性中做出判断需要 2bit 的信息量. 如此类推，从 8 种可能性中做出判断需要 3bit 的信息量，从 16 种可能性中做出判断需要 4bit 的信息量……一般说，从 N 种可能性中做出判断需要的信息量(比特数)为 $n=\log_2 N$. 换成自然对数，则

$$n=K\ln N$$

式中 $K=1/\ln 2=1.4427$. 在对 N 种可能性完全无知的情况下，根据等概率原理，N 种可能性中任一种情况出现的概率 P 都是 $1/N$，有 $\ln P=-\ln N$，即这时为做出完全的判断所需的信息量为

$$n=-K\ln P \tag{7-43}$$

3. 信息与熵

香农把所需的信息量叫作信息熵，即信息熵定义为

$$S=-K\ln P \tag{7-44}$$

它意味着信息量的缺损. 热力学熵表示分子状态的无序程度，它被定义为该宏观状态下对应的微观状态数的对数值，亦即 $S=k\ln\Omega$，而该宏观状态出现的概率 $P=\Omega/N$（N 为所有微观状态的总数)，因此有 $S=K'\ln P$. 可见，信息熵与热力学熵有类似之处，它们的定义只差了一个常数.

以上是各种可能性概率相等的情况. 天气预报员说，明天有雨，这句话给了我们 1bit 的信息量. 如果她说有 80%的概率下雨，这句话包含了多少信息量？对

于这种概率不等的情况，信息论中给出的信息熵的定义是

$$S = -K\sum_{a=1}^{N} P_a \ln P_a \tag{7-45}$$

此式的意思是，如果有 $a = 1,2,3,\cdots,N$ 等 N 种可能性，各种可能性的概率是 P_a，则信息熵等于各种情况的信息熵 $-K\ln P_a$ 按概率 P_a 的加权平均. 如果所有的 $P_a = 1/N$，则式(7-45)归结为式(7-44).

令 $a = 1$ 和 2 分别代表下雨和不下雨的情况，则 $P_1 = 0.80$，$P_2 = 0.20$，由式(7-45)知信息熵为

$$S = -K(P_1 \ln P_1 + P_2 \ln P_2) = -\frac{1}{\ln 2}(0.80\times\ln 0.80 + 0.20\times\ln 0.20) = 0.722$$

即比全部所需信息(1bit)还少 0.722 bit，所以预报员的话所包含的信息量只有 0.278 bit. 同理，若预报员的话改为明天有 90%的概率下雨，则依上式可算出信息熵 $S = 0.469$，从而这句话含信息量 $I = 1 - S = 0.531$. 可见，信息熵的减少意味着信息量的增加. 在一个过程中 $\Delta I = -\Delta S$，即信息量相当于负熵. 信息量所表示的是体系的有序度、组织结构复杂性、特异性或进化发展程度. 这是熵(无序度、不定度、混乱度)的矛盾对立面，即负熵. 获得信息量(即给系统适当的负熵流)会使系统变得更有序、更有组织，因而从系统的有序化和自组织的需要来说，最直接的方法是获得负熵流来降低熵值.

【阅读材料】——生活中的热现象

高压锅，大家并不陌生，现在还有很多家庭用它来烧饭，我们来了解一下它工作时的一些原理. 刚开始高压锅里面主要含有水和对应的食物，主要的变化过程是水和水蒸气的变化，密封高压锅里面的水经加热慢慢变成达到对应的温度、压力的饱和水，这个过程为预热阶段，所吸收的热量称为液体热. 继续加热处于湿蒸汽状态，在此过程中对应的温度、压力不变，分别称为饱和温度和饱和压力，一直到高压锅里面的水加热成干饱和蒸汽，这个过程称为汽化阶段，所

图 7-18 高压锅

吸收的热量称为汽化潜热．继续对干饱和蒸汽加热，达到过热状态，即得到过热蒸汽．这主要是高压锅内部水和水蒸气的变化情况．接着从锅炉内部压强和外部压强来分析高压锅气阀工作情况．每个高压锅都有对应的工作压强和压强释放阀动作值，一般高压锅工作压强在 80kPa 左右，压强释放阀动作值在 120kPa 左右，也就是说，过热蒸汽继续加热到压力阀外部压力和重力之和与内部气体的压力相平衡的时候就会将压力阀间歇性地顶起来，在内外压力差变化的时候，内部高温高压蒸汽不断地排出去，里面的蒸汽比容将会随着时间的加长而增大，里面的食物主要是靠一定时间的高温高压蒸汽的作用煮烂煮熟．

习　题

一、填空题

7-1　1mol 刚性双原子分子理想气体作绝热变化，温度降低 20℃，则气体对外做功__________.

7-2　各为 1mol 的氢气和氦气，从同一初状态(p_0，V_0)开始作等温膨胀．若氢气膨胀后体积变为 $2V_0$，氦气膨胀后压强变为 $p_0/2$，则它们从外界吸收热量之比为________.

7-3　同种理想气体的定压摩尔热容 C_p 大于定容摩尔热容 C_V，因为__________.

7-4　如习题 7-4 图所示，AB、DC 为绝热过程，CEA 为等温过程，BED 为任意过程，组成一循环．若 $EDCE$ 所围面积为 70J，$EABE$ 所围的面积为 30J，CEA 过程中系统放热 100J，则整个循环系统对外所做的净功为_____J．在 BED 过程中系统从外界吸热______J．

7-5　如习题 7-5 图所示，在 p-V 图中有两条邻近的绝热线(Ⅰ、Ⅱ)，则 AB 为________过程，FG 为__________过程．(填“吸热”，或“放热”，或“绝热”．)

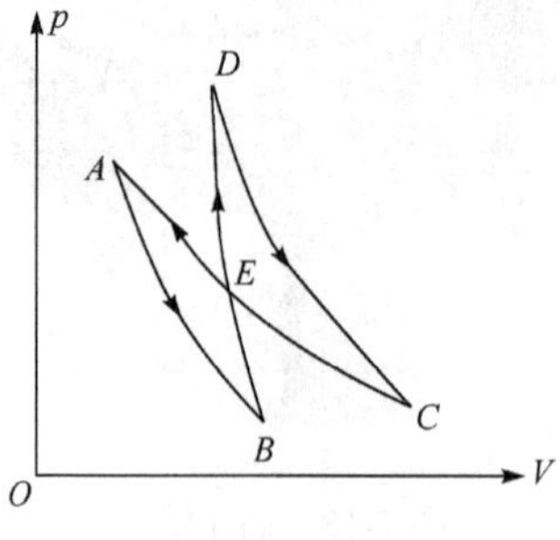

习题 7-4 图

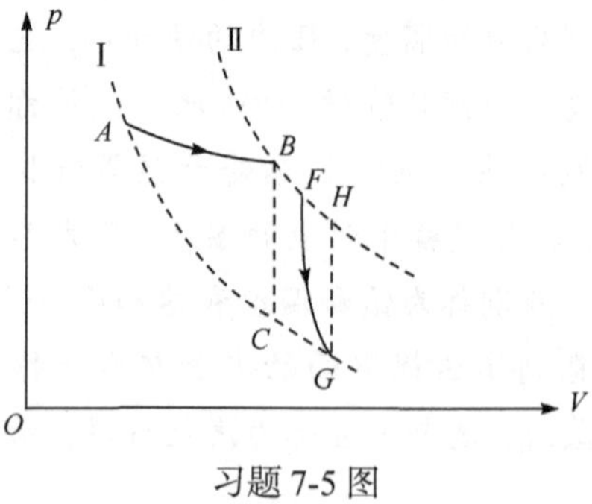

习题 7-5 图

7-6　在某一循环中，最低的温度为27℃，若要求该循环的效率为25%，则循环中最高的温度至少为______.

7-7　一卡诺制冷机，其热源的绝对温度是冷源的n倍，若在制冷过程中，外界做功为W，则制冷机可向热源提供的热量为__________.

7-8　如习题 7-8 图所示，在卡诺循环中绝热线 bc 下的面积(即 $bchg$ 的面积)_______绝热线 da 下的面积(即 $daef$ 的面积). (填 = 、< 或 > .)

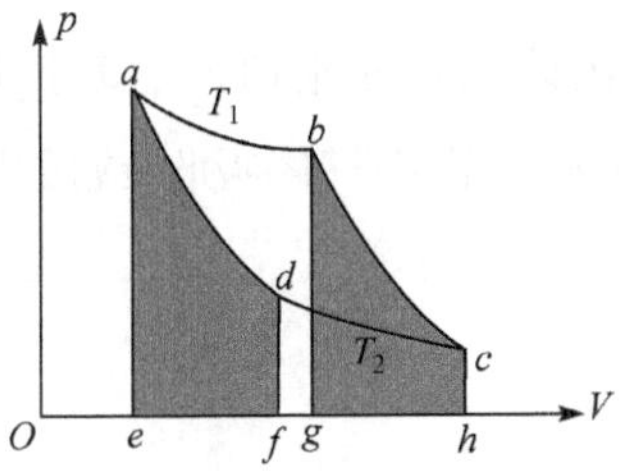

习题 7-8 图

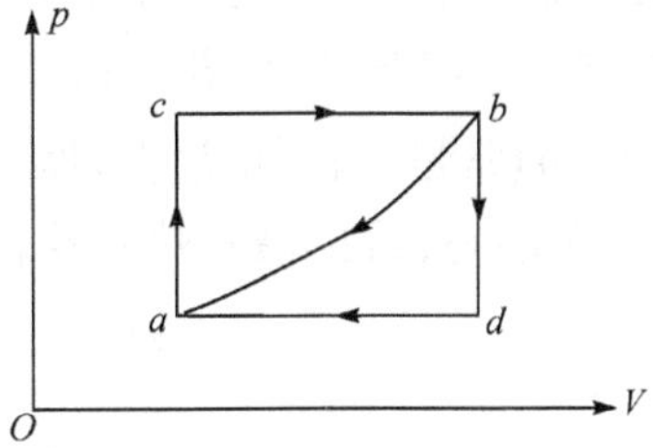

习题 7-9 图

二、计算题

7-9　如习题 7-9 图所示，一系统由 a 状态沿 acb 到达 b 状态，有 320J 热量传入系统，而系统对外做功126J .

(1) 若 adb 过程系统对外做功 42J ，问有多少热量传入系统？

(2) 当由 b 状态沿曲线 ba 返回 a 状态时，外界对系统做功 84J ，试问系统是吸热还是放热？热量是多少？

7-10　1mol 单原子理想气体从 300K 加热至 350K . 问在下面这两个过程中各吸收了多少热量？增加了多少内能？气体对外做了多少功？

(1) 体积没有变化；

(2) 压强保持不变.

7-11　3.2g 氧气贮在一配有活塞的圆筒内，起始时压强为1×10^5Pa ，体积为 10L ，先在等压情况下加热，使体积加倍，再在体积不变情况下加热，使压强加倍，然后经过一绝热膨胀，使温度降至开始时的数值.

(1) 在 p-V 图上画出该气体所经历的过程；

(2) 求在每一过程中传给气体的热量、气体所做的功和气体内能的变化.

7-12　1mol 氧气进行一循环过程，起始压强为1×10^5Pa ，体积为 30L ，先进行等温膨胀，使气体变为 60L ，再先后进行等压过程和等体过程回到初始状态.

(1) 在 p-V 图中画出这一过程；

(2) 求此循环过程中气体对外做的功和吸收的热量；

(3) 求此循环的效率.

7-13 一定量理想气体经历一循环过程，初始温度为T_1，绝热膨胀到温度T_2，再先后经过等压压缩、绝热压缩和等压膨胀过程回到初始状态，画出此循环的p-V图，并证明此循环的效率$\eta=1-T_2/T_1$. 此循环是卡诺循环吗?

7-14 一定量理想气体从温度为T的初始状态出发，先经过等压过程，使温度降为$T/2$，再先后经过绝热过程和等温过程回到初始状态.

(1) 画出此循环过程的p-V图，并用箭头在图上标出过程的走向；

(2) 证明此循环的效率为$1-1/\ln 2$.

7-15 如习题 7-15 图所示，ν mol 理想气体由体积V_1膨胀到V_2，其过程方程为$pV^2=a$(常量). 已知其定容摩尔热容为C_V，求此过程中气体吸收(或放出)的热量，并确定该过程的摩尔热容的表达式.

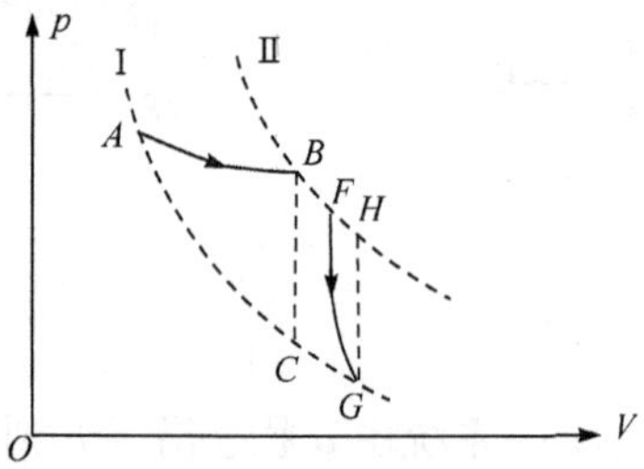

习题 7-15 图

第四篇 电 磁 学

21 世纪是人类迈入高科技的时代，高科技是人才密集、知识密集、技术密集、资金密集、风险密集、信息密集、产业密集、竞争性和渗透性强，对人类社会的发展和进步具有重大影响的前沿科学技术. 然而，这些科学技术都离不开一种无形的物质：场，或者说是电场、磁场和它们之间相互作用的电磁感应. 智能家居、工业机器人、办公自动化等的问世，标志着人类的意愿越来越可以通过机器来完成，远在 65 亿 km 之外的“新视野号”仍然在准确无误地不断传回它拍摄的太阳系柯伊伯带外的小天体的影像，这些指令与信息的传播来自电磁波. 1865 年，英国物理学家麦克斯韦利用自己发现的方程，用数学推导的方法预言了电磁波的存在和性质. 1887 年，刚刚 30 岁的德国实验物理学家赫兹用实验成功地验证了电磁波的存在. 所有人都不会想到电磁波影响人类生活和科技竟然如此深，如此远……

实际上，两千多年前电与磁产生的自然现象就已经被发现，人们从雷电现象中看到了电，甲骨文中就有了“雷”字，在西周时代的青铜器的铭文中出现了“电”字. 对电磁现象的观察记录可追溯到公元前 585 年，希腊哲学家泰勒斯记载了用木块摩擦过的琥珀能吸引碎草等轻小物体，以及天然磁矿石吸引铁的现象. 我国是发现天然磁铁最早的国家之一. 春秋战国时期(公元前 770—公元前 221)，已有“山上有慈石(即磁石)者，其下有铜金”和“磁石召铁，或引之也”等磁石吸铁的记载，东汉已有指南针的前身司南勺.

人类对电磁现象的真正研究开始于 16 世纪末英国的吉尔伯特，他利用琥珀经摩擦后具有吸引轻小物体的性质，把琥珀的希腊文 ηλεκτρον 称为“电”(electricity). 他还制成了世界上第一只实验用的验电器，可以探测物体是否带电.

1785 年，法国工程师、物理学家库仑研究电荷之间的相互作用力，他设计制作了精巧的扭秤实验装置，可利用这种装置测出静电力和磁力的大小，并由此得到两个点电荷之间的静电作用力的表达式，使电磁学的研究从定性进入了定量时代. 其后通过泊松、高斯等的研究形成了静电场(以及静磁场)的(超距作用)理论. 伽伐尼于 1786 年发现了电流，后经伏特、欧姆、法拉第等发现了关于电流的定律. 1820 年，奥斯特发现了电流的磁效应，很快(一两年内)，毕奥、萨伐尔、安培、拉普拉斯等作了进一步定量的研究，深刻揭示“电生磁”的本质与规律. 1831 年，法拉第发现了电磁感应现象，并提出场和力线的概念，进一步揭示了电与磁的联系. 在这些基础上，麦克斯韦集前人之大成，再加上他极富创建性的关于“涡旋电场”和“位移电流”的假说，建立了一整套电磁学方程组，组成了完整的经典电磁理论，电磁学理论成为经典物理中一个相当完善的分支.

本篇就是讲述电磁的基本规律，它所涉及的内容对整个物理学有着深远的影响.

奇趣实验：起电机

第8章 静 电 场

【内容概要】

- 电荷 库仑定律
- 电场 电场强度
- 高斯定理
- 静电场力的功 环路定理
- 电势
- 电场强度与电势的微分关系
- 静电场中的导体
- 静电场中的电介质
- 电容 电场的能量

电闪雷鸣　追风逐日

地球周围的大气是一部大电机，雷暴是大气活动中最为壮观的现象之一. 由于雷雨云和大气气流的作用，即使在晴朗的天气，大气中也到处有电场和电流. 雷暴好似一部静电起电机，能产生负电荷并将其送到地面，同时把正电荷送到大气上层. 大气的上层是电离层，它是良导体，流入它的电流很快向四周流开，遍及整个电离层. 在晴天区域，这电流逐渐向地面泄漏，这样就形成了完整的大气电路. 大气电流的形成也是因为大气中存在电场. 晴天区域的大气电场都指向下方. 在地表附近的平坦地面上，晴天大气电场强度在100～200 V/m. 由此决定了地球表面必然带有负电荷. 地球表面带了多少负电荷？闪电是如何形成的？闪电为什么是柱状的？一次闪电有多少电荷倾注地面？产生了多少电势能？这些我们日常所见包含了静电场的许多物理学原理，答案就在本章中.

英国物理学家法拉第首次提出场的概念，在他之前，引力、电力、磁力都被视为超距作用，法拉第提出电荷、磁体、电流等周围弥漫着一种物质，它传递着电或磁的作用，被称为“电场”“磁场”等. 我们学习场，尤其是矢量场，需要清楚该场的强度、方向、性质等，性质包括有(无)源性、有(无)旋性，这需要两个定理——高斯定理和环路定理来说明.

静止电荷产生的电场称为静电场. 由于产生电场的电荷静止，空间各个位置处电场不改变.

本章研究静电场的基本性质，着重讨论描述静电场性质的两个基本物理量——电场强度和电势；学习反映静电场性质的两个基本规律——静电场的高斯定理和环路定理，以及电场强度与电势的关系. 在本章我们还要学习静电场与导体、电介质的相互影响，重要的电学元件——电容器，以及电场的能量.

8.1 电荷守恒定律 库仑定律

静电场绪论

8.1.1 电荷

物质能产生电磁现象，归因于物质带上了电荷，以及这些电荷的运动. 物质所带电荷数量的大小，叫电荷量，简称电量.

1. 电荷的种类

富兰克林(Franklin，1706—1790)，美国民主的缔造者之一，发明了避雷针，发现了电荷守恒定律，统一了天电和地电，命名了正、负电荷.

1732 年，法国的杜费(Du Fay，1698—1739)发现电荷有两种，美国物理学家富兰克林首次以正、负电荷命名两种不同性质的电荷,一直沿用至今. 同种电荷相互排斥,异种电荷相互吸引. 宏观带电体所带电荷种类不同根源在于组成它们的微观粒子所带电荷种类不同：电子带负电，质子带正电，中子不带电.

现代物理实验证明,电子的电荷集中在半径小于10^{-18}m 的体积内，比较而言，电子可看成没有内部结构的有质量和电荷的“点”. 质子中只有正电荷，都集中在半径约10^{-15}m 的体积内. 中子内部也有电荷，靠近中心为正电荷，靠外为负电荷；正、负电荷电量相等，所以对外不显电性. 通过高能电子束散射实验测出的质子内和中子内的电荷分布分别如图 8-1(a)、(b)所示.

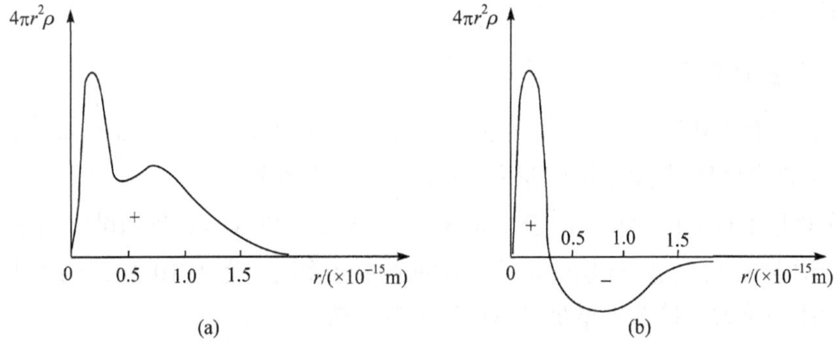

图 8-1 质子内(a)和中子内(b)的电荷分布

数量巨大的电荷隐藏在日常生活中，物体含有等量的两种电荷，由于电荷的这种均等或平衡，物体呈电中性，即它不包含净电荷. 如果两种性质的电荷不平衡，则有净电荷，我们就说物体带电.

2. 电荷的相对论不变性

狭义相对论问世以后，人们知道质量是随参考系改变的，那么，电荷会不会也改变呢?

实验证明，一个电荷的电量与其运动状态无关，同时，这个结论导出的大量结果也与实验结果相符合. 带电体的电量不随带电体的运动状态改变而改变，即相对于不同的参考系，同一个带电体的电量是相同的. 简单地说，就是电荷与运动状态无关.

3. 电荷的量子性

大量事实表明，任何带电体的电量都不是无限可分的，即电荷只能是一份一份存在的，都是一个电荷最小基本单元的整数倍，电荷的这种特性叫作电荷的量子性. 电荷的最小基本单元(基本电荷)是 $1e = 1.6\times10^{-19}\,\text{C}$ ，这也是一个电子或质子所带电量的大小.

1913 年，密立根设计了著名的油滴实验，直接测定了基本电荷的量值. 现在已经知道，许多基本粒子都带有正的或负的基本电荷.

20 世纪 60 年代以来，人们提出自然界中还存在分数电荷，认为中子和质子是由更小的粒子——夸克组成的，夸克所带电量应为 $\pm e/3$ 或 $\pm 2e/3$. 但到现在为止，自由的夸克(孤立的夸克)还没有被分离出来(夸克囚禁现象)，所以分数电荷是否存在还是一个谜，是当代物理学家们颇感兴趣的问题，但无论如何不能改变电荷的量子性.

4. 电量的单位

国际单位制中，电量的单位是库仑(C). 正电荷电量取正值，负电荷电量取负值. 一个带电体所带总电量为其所带正负电量的代数和.

库仑是个很大的单位，由于$1e = 1.6\times10^{-19}\text{C}$，所以$1\text{C} = 6.25\times10^{18}\text{e}$. 例如，两个电量均为1C的点电荷相距1m时，其间的相互作用力为$9\times10^{9}\text{N}$，约相当于90万吨物体的重力，这个力量足可以压碎一栋大楼.

5. 电荷守恒定律

人们总结了大量的实验事实，得到了如下的结论：进行任何物理过程，都只能使电荷从一个物体转移到另一个物体，或从物体的一部分转移到另一部分. 当一种电荷出现时，必有等量的异号电荷同时出现；当一种电荷消失时，必有等量的异号电荷同时消失. 也就是说，在一个孤立的系统内，不论进行怎样的物理过程，电量的代数和(净电荷)始终保持不变. 这个结论叫作电荷守恒定律.

注意：电荷守恒并不意味着电荷不可以产生和消失，如在正负电子对的湮没和产生等过程中电荷是可以产生和消失的，但总量不变.

例如：研究表明，恒星发光发热的原因是其内部在不断发生热核反应，热核反应的公式如下

$$4\text{H} \rightarrow \text{He} + 2\text{e}^{+} + 2\nu + \text{能量} \tag{8-1}$$

即4个氢核(质子)聚合生成1个氦核(由2个质子和2个中子组成)、2个正电子e^{+}和2个中微子ν(不带电)，并释放出核能，过程满足电荷守恒定律.

8.1.2 库仑定律

在发现电现象以后的两千多年内，人们对电的认识一直停留在定性阶段. 从18世纪中叶开始，不少人着手研究电荷之间作用力的定量规律，最先是研究静止电荷之间的作用力. 研究静止电荷之间相互作用的理论叫静电学. 静电学是以1785年法国物理学家库仑从实验得出在真空中两个静止点电荷之间的相互作用力的规律——库仑定律为基础的. 库仑定律的表述如下：相对于惯性系观察，自由空间(或真空)中两个静止点电荷之间的作用力(斥力或引力)，与这两个电荷所带电量的乘积成正比，与它们之间距离的平方成反比，作用力的方向沿着这两个点电荷的连线.

所谓点电荷，是指这样的带电体，它本身的几何线度比起所研究问题的范围要小得多，其几何形状和电荷的分布情况对问题的研究已无关紧要，这样的带电体就可以抽象成一个几何点，叫作点电荷. 点电荷是一个相对的概念.

库仑(Coulomb，1736—1806)，法国工程师、物理学家，建立了静电学中著名的库仑定律.

两带电量分别为 q_1 和 q_2 的点电荷之间的相互作用力大小为 $F=kq_1q_2/r^2$，其中 r 是两点电荷之间的直线距离，k 是比例系数. 如果用 $\hat{\boldsymbol{r}}$ 表示施力点电荷指向受力点电荷的单位矢量，库仑定律可写成矢量式

$$\boldsymbol{F}=k\frac{q_1q_2}{r^2}\hat{\boldsymbol{r}} \tag{8-2}$$

当 $q_1q_2>0$ 时，$\boldsymbol{F}$ 与 $\hat{\boldsymbol{r}}$ 同向，表现为斥力；当 $q_1q_2<0$ 时，$\boldsymbol{F}$ 与 $\hat{\boldsymbol{r}}$ 反向，表现为引力. 如图 8-2 所示.

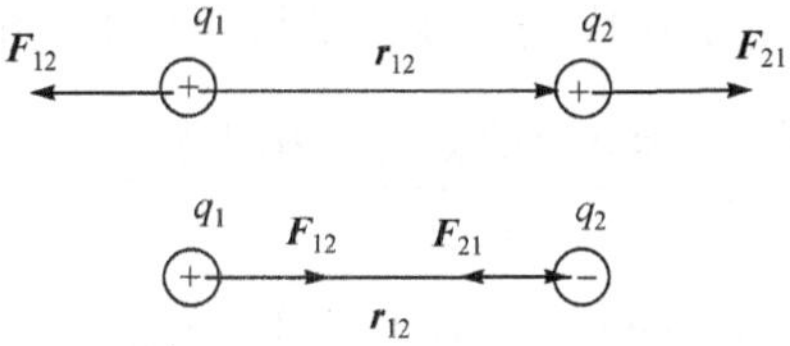

图 8-2 库仑力

国际单位制中，实验测定比例常数 k 为

$$k=8.9880\times10^9\,\mathrm{N\cdot m^2/C^2}\approx9\times10^9\,\mathrm{N\cdot m^2/C^2}$$

为了以后表述得更简洁，令 $k=1/(4\pi\varepsilon_0)$，则

$$\boldsymbol{F}=\frac{1}{4\pi\varepsilon_0}\frac{q_1q_2}{r^2}\hat{\boldsymbol{r}} \tag{8-3}$$

其中 $\varepsilon_0=1/(4\pi k)=8.85\times10^{-12}\,\mathrm{C^2/\left(N\cdot m^2\right)}$，叫作真空电容率(或真空介电常数).

在库仑定律的应用中一定要注意：库仑定律仅适用于真空中的点电荷，如果真空中不止一个点电荷，库仑力满足力的叠加原理，即两点电荷之间的作用力不因第三个点电荷的存在而改变，$\boldsymbol{F}=\sum\limits_i\boldsymbol{F}_i$.

1785 年,库仑用自制的扭秤实验装置测得电荷之间作用力(包括引力与斥力)与距离呈平方反比关系. 库仑定律是一个实验定律，也是一种关于基本力的定律，

它的正确性在不断经历着实验的考验. 大量实验表明，库仑力的平方反比关系精确成立. 设定律分母中两点电荷之间的直线距离 r 的指数为 $2+\alpha$,则精确实验得到

$$|\alpha| \leqslant 10^{-16} \tag{8-4}$$

近代量子电动力学表明，库仑定律中 r 的指数与光子的静止质量有关. 若光子的静止质量为 0, 则平方反比关系严格成立. 精密的测量表明, 光子静止质量的上限为 $10^{-48}\,\mathrm{kg}$.

现代高能散射实验证实，库仑定律在小到 $10^{-17}\,\mathrm{m}$ 的范围内仍精确成立；通过人造地球卫星研究地球磁场得到，大到 $10^{7}\,\mathrm{m}$ 以上(普遍认为还可以更大)范围内，库仑定律仍然有效.

例 8-1 氢原子中电子和质子的距离为 $5.3\times10^{-11}\,\mathrm{m}$. 求此两粒子间的静电力和万有引力.

解 电子的电荷是 $-e$，质子的电荷为 $+e$，电子的质量 $m_{\mathrm{e}}=9.1\times10^{-31}\,\mathrm{kg}$，质子的质量 $m_{\mathrm{p}}=1.7\times10^{-27}\,\mathrm{kg}$. 由库仑定律，求得两粒子间的静电力的大小为

$$F_e=\frac{e^2}{4\pi\varepsilon_0 r^2}=\frac{9.0\times10^9\times(1.6\times10^{-19})^2}{(5.3\times10^{-11})^2}=8.2\times10^{-8}(\mathrm{N})$$

由万有引力定律，求得两粒子间的万有引力的大小为

$$F_g=G\frac{m_{\mathrm{e}}m_{\mathrm{p}}}{r^2}=\frac{6.7\times10^{-11}\times9.1\times10^{-31}\times1.7\times10^{-27}}{(5.3\times10^{-11})^2}=3.7\times10^{-47}(\mathrm{N})$$

由计算结果可以看出，氢原子中电子与质子间相互作用的静电力远大于万有引力，前者约为后者的 10^{39} 倍. 因此，后续我们在计算两个粒子之间的作用力时，可以不用考虑万有引力，只计算库仑力即可.

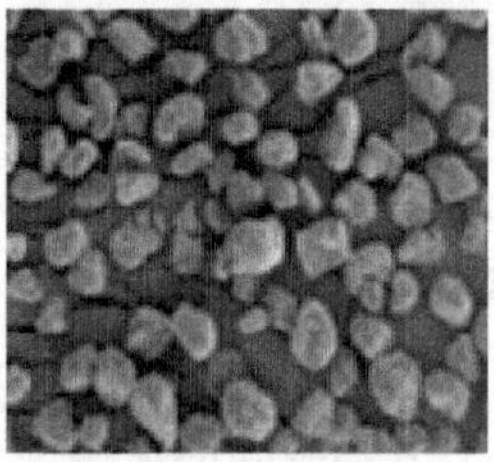

图 8-3 墨粉吸附在载体珠上

带电物体之间的吸引和排斥有许多工业上的应用，包括静电喷漆、粉末覆层、烟筒中烟灰的收集、非点击式喷墨印刷及照相复印等. 静电复印机就是利用了静电引力作用. 如图 8-3 所示，复印机中微小的载体珠，直径约为 0.3mm，被黑色的墨粉粒子覆盖，墨粉粒子借助静电力附着在珠上，带负电的墨粉粒子最后从载体珠被吸引到转鼓上，在那里形成被复制文件的带正电的图像. 然后把墨粉粒子从转鼓吸引到它本身上，之后被热融在应有的位置以生成复制品.

8.2 电场强度

8.2.1 电场

前文我们讲到，英国物理学家法拉第首先提出“认为‘两个不接触的物体之间产生的力是力的超距作用’的结论是不对的”，物体间的相互作用必须通过相互接触或借助于介于其间的物质才能传递. 没有物质，物体之间的相互作用就不可能发生. 法拉第认为电荷、磁体或电流周围弥漫着一种物质，它传递电或磁的作用，并把这种物质称为电场和磁场. 他还凭着惊人的想象力把场用力线来加以形象化地描绘，并用铁粉演示了磁力线的“实在性”.“场”和“力线”已经成为物理学不可或缺的概念与研究问题的方法. 我们把认识到的“场”分成两类：标量场和矢量场.

法拉第(Faraday，1791—1867)，
英国物理学家，发现了电磁感应定律.

温度在室内的每一点都有一个确定的值，我们可以通过在那里放一个温度计测量任一给定点或一组点的温度，得到温度的分布为温度场，显然温度场是没有方向的，我们称之为标量场. 类似的还有大气中的压强场等.

电荷之间有相互作用，这种作用是如何传递的呢？电荷间的相互作用是通过一种特殊的物质——**电场**来作用的. 每当电荷出现时，在它的周围就会产生(或激发)电场，任何置于其中的其他电荷都将受到该电场对它的作用力，称为电场力. 力是有方向的，此类“场”也有方向，我们称之为“矢量场”. 类似的还有“磁场”“引力场”等.

电荷周围有电场，这是客观实在，不以人的意志为转移，而且它的存在能够被反映出来，所以电场是一种物质. 实验和理论表明，场与实物一样具有质量、能量、动量等. 但是场与实物也有差别，实物的分子、原子所占据的空间不能同时为另一分子、原子所占据，但是几个电荷产生的电场却可以同时占据同一空间，所以场是一种特殊的物质，具有可入性.

电场的宏观表现可以从两个方面体现：一是对引入其中的电荷有力的作用，二是对引入其中的运动电荷做功.

电荷间的相互作用是通过电场进行的，要探测空间的电场，并定量地了解电场的性质，我们需要引入一个物理量——电场强度矢量.

8.2.2 电场强度的计算

库仑定律 电场强度

电场强度矢量(简称电场强度)是描述电场强弱和方向的物理量.

下面从电荷受力的角度来定义电场强度的概念. 我们先定义检验电荷 q_0，通过检验电荷的受力来研究电场，这个检验电荷应当满足以下两个要求：①电荷所占空间必须很小，否则无法确定探测的是哪一点电场的性质；②电量必须很小，否则它将影响待测的电场.

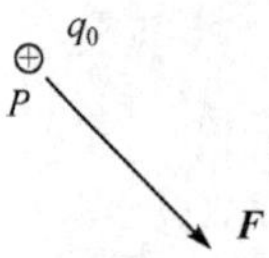

图 8-4 检验电荷的受力

在静电场中引入一检验电荷 q_0 (为方便起见，取 q_0 为正电荷)，如图 8-4 所示，观察它的受力情况. 实验发现，在同一点，不论检验电荷的大小如何改变，它所受到的力与电量的比值始终不变，即 $\boldsymbol{F}/q_0$ 是一与 q_0 无关的常量. 显然，这个常量是描述静电场本身性质的量. 于是就有定义：某点电场强度为

$$\boldsymbol{E}=\frac{\boldsymbol{F}}{q_0} \tag{8-5}$$

电场强度的单位为牛/库(N/C)或伏/米(V/m).

若检验电荷是负的，那么电场方向与检验电荷受力的方向相反.

一般说来，场中各点的电场强度的大小和方向都不同，所以 $\boldsymbol{E}$ 是一个位置函数(点函数). 如果场中各点 $\boldsymbol{E}$ 的大小和方向都相同，则该电场就是均匀电场(常称为匀强电场).

静电场是矢量场. 在多个带电体共同激发的电场中，某一位置处检验电荷的受力为各个带电体产生的合力，则

$$\boldsymbol{E}=\frac{\sum_i \boldsymbol{F}_i}{q_0}=\frac{\boldsymbol{F}_1}{q_0}+\frac{\boldsymbol{F}_2}{q_0}+\cdots+\frac{\boldsymbol{F}_n}{q_0}=\boldsymbol{E}_1+\boldsymbol{E}_1+\cdots+\boldsymbol{E}_n=\sum_i \boldsymbol{E}_i \tag{8-6}$$

电场强度是各个带电体在此处激发的电场强度的矢量和，称为电场强度叠加原理. 下面我们来具体计算不同带电体在空间产生的电场强度.

1. 点电荷产生的电场强度

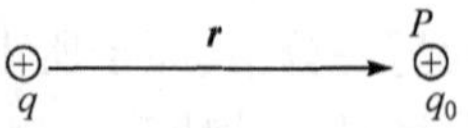

图 8-5 点电荷产生的电场强度

如图 8-5 所示，静止点电荷 q 在空间激发电场，我们来求距离 q 为 r 的 P 点处的电场强度. 为求 P 点电场强度，在 P 点引入一检验电荷 q_0. 检验电荷 q_0 所受的电场力为

$$\boldsymbol{F}=\frac{qq_0}{4\pi\varepsilon_0 r^2}\hat{\boldsymbol{r}}$$

其中$\hat{\boldsymbol{r}}$是从点电荷q指向P点处的单位矢量，所以P点电场强度为

$$\boldsymbol{E}=\frac{\boldsymbol{F}}{q_0}=\frac{q}{4\pi\varepsilon_0 r^2}\hat{\boldsymbol{r}} \tag{8-7}$$

可以看得出，点电荷产生的电场强度的分布具有球对称性.

2. 点电荷系产生的电场强度

多个点电荷组成点电荷系，点电荷系在空间某点产生的电场强度满足电场强度叠加原理，即总电场强度

$$\boldsymbol{E}=\sum_i \boldsymbol{E}_i=\sum_i \frac{q_i}{4\pi\varepsilon_0 r_i^2}\hat{\boldsymbol{r}}_i$$

例 8-2 相隔很近的两个等量异号电荷$+q$和$-q$构成的系统称为电偶极子. 以$\boldsymbol{l}$表示从$-q$到$+q$的有向矢量，则用$\boldsymbol{p}_e=q\boldsymbol{l}$表示电偶极子的电偶极矩(简称电矩). 如图 8-6 所示，求电偶极子在其延长线上的P点和中垂线上的Q点产生的电场强度(P点和Q点距离电偶极子中心O点均为r).

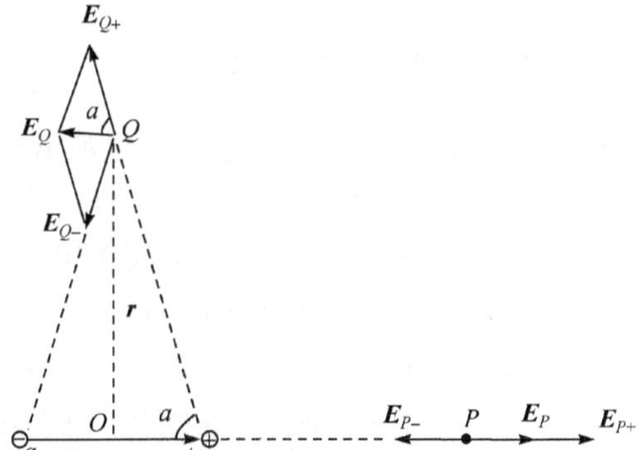

图 8-6 例 8-2 图

解 由电场强度叠加原理，P点的电场强度是$+q$和$-q$在P点产生的电场强度的矢量和，即$\boldsymbol{E}_P=\boldsymbol{E}_{P+}+\boldsymbol{E}_{P-}$.

因为$\boldsymbol{E}_{P+}$、$\boldsymbol{E}_{P-}$沿同一直线，方向相反，并且P点距离两电荷中心为r，所以

$$E_P=E_{P+}-E_{P-}=\frac{q}{4\pi\varepsilon_0}\left\{\frac{1}{\left(r-\dfrac{l}{2}\right)^2}-\frac{1}{\left(r+\dfrac{l}{2}\right)^2}\right\}=\frac{2qrl}{4\pi\varepsilon_0\left(r^2-\dfrac{l^2}{4}\right)^2}$$

当$r \gg l$时，$E_P \approx \dfrac{2ql}{4\pi\varepsilon_0 r^3}$，方向向右；由于电偶极子的电矩 $\boldsymbol{p}_e = q\boldsymbol{l}$，因而这一结果可写成矢量式$\boldsymbol{E}_P = \dfrac{2\boldsymbol{p}_e}{4\pi\varepsilon_0 r^3}$.

同理，Q 点的电场强度是$+q$ 和$-q$ 在 Q 点产生的电场强度的矢量和 $\boldsymbol{E}_Q = \boldsymbol{E}_{Q+} + \boldsymbol{E}_{Q-}$，$+q$ 和$-q$ 在 Q 点产生的电场强度不沿同一条直线，二者大小相等，有一定的夹角，如图 8-6 所示，设α为$\boldsymbol{E}_{Q+}$和$\boldsymbol{E}_Q$的夹角，同样由于 Q 点距离两电荷中心为r，则

$$E_Q = 2\boldsymbol{E}_{Q+}\cos\alpha = 2\frac{q}{4\pi\varepsilon_0\left(r^2+\dfrac{l^2}{4}\right)}\frac{\dfrac{l}{2}}{\sqrt{r^2+\dfrac{l^2}{4}}} = \frac{ql}{4\pi\varepsilon_0\left(r^2+\dfrac{l^2}{4}\right)^{3/2}}$$

当$r \gg l$时，$E_Q = \dfrac{ql}{4\pi\varepsilon_0 r^3}$，方向向左，与电偶极矩 $\boldsymbol{p}_e = q\boldsymbol{l}$ 的方向相反，则 $\boldsymbol{E}_Q = -\dfrac{\boldsymbol{p}_e}{4\pi\varepsilon_0 r^3}$.

3. 电荷连续分布的带电体产生的电场强度

若带电体的电荷是连续分布的，可以看作包含大量被密集放置的点电荷(也许数十亿个)的电荷分布. 可以把带电体分成许多电荷元$\mathrm{d}q$，认为每个电荷元$\mathrm{d}q$是一个点电荷，我们需要借助于微积分而不是逐一考虑这些电荷来求出它们激发的电场强度. 如图 8-7 所示，在连续带电体上任意位置处取一电荷元$\mathrm{d}q$，$\mathrm{d}q$ 在场点 P 产生的电场强度为$\mathrm{d}\boldsymbol{E}$，有

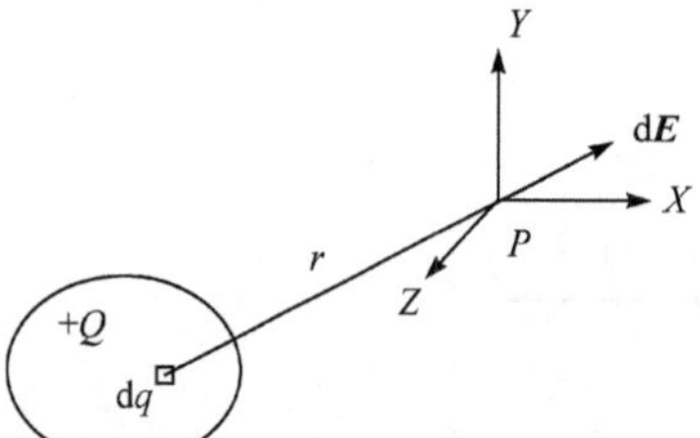

图 8-7 连续带电体产生的电场强度

$$\mathrm{d}\boldsymbol{E} = \frac{\mathrm{d}q}{4\pi\varepsilon_0 r^2}\hat{\boldsymbol{r}}$$

式中r是从电荷元$\mathrm{d}q$到场点 P 的距离，而$\hat{\boldsymbol{r}}$是由$\mathrm{d}q$指向 P 点的单位矢量. 整个带电体在 P 点所产生的总电场强度为

$$\boldsymbol{E} = \int \mathrm{d}\boldsymbol{E} = \int \frac{\mathrm{d}q}{4\pi\varepsilon_0 r^2}\hat{\boldsymbol{r}} \tag{8-8}$$

特别注意的是，电场强度是矢量，叠加时不能把$\mathrm{d}\boldsymbol{E}$的大小直接相加，即一般情况下$E \neq \int \mathrm{d}E$. 应该先建立坐标系，把$\mathrm{d}\boldsymbol{E}$投影在 X、Y、Z 轴上，得到$\mathrm{d}E_x$、

$\mathrm{d}E_y$、$\mathrm{d}E_z$，然后再分别积分，即求出 $E_x=\int \mathrm{d}E_x$，$E_y=\int \mathrm{d}E_y$，$E_z=\int \mathrm{d}E_z$，则 $\boldsymbol{E}=E_x\boldsymbol{i}+E_y\boldsymbol{j}+E_z\boldsymbol{k}$.

电荷可以分布在一定的体积范围内，也可以分布在一条线上或者一个面内，此时电荷密度的概念经常被用到.

若电荷连续分布在一条线上，定义线电荷密度为

$$\lambda=\frac{\mathrm{d}q}{\mathrm{d}l}$$

式中 $\mathrm{d}q$ 是线元 $\mathrm{d}l$ 所带的电量.

若电荷连续分布在一个面上，定义面电荷密度为

$$\sigma=\frac{\mathrm{d}q}{\mathrm{d}S}$$

式中 $\mathrm{d}q$ 是面元 $\mathrm{d}S$ 所带的电量.

若电荷连续分布在一个立体内，定义体电荷密度为

$$\rho=\frac{\mathrm{d}q}{\mathrm{d}V}$$

电场叠加原理的应用

式中 $\mathrm{d}q$ 是体积元 $\mathrm{d}V$ 所带的电量.

应用电荷密度的概念，式(8-6)中的 $\mathrm{d}q$ 可根据不同的电荷分布写成

$$\mathrm{d}q=\begin{cases}\lambda\mathrm{d}l\\ \sigma\mathrm{d}S\\ \rho\mathrm{d}V\end{cases}$$

此时式(8-8)中的积分分别为线积分、面积分和体积分.

例 8-3 一根长为 L 的均匀带电细棒，线电荷密度(即单位长度上的电荷)为 λ (设 $\lambda>0$)，求带电细棒附近任一点 P(与棒的垂直距离为 a，与棒两端的连线和棒夹角分别为 θ_1 和 θ_2)的电场强度.

解 如图 8-8 所示，在带电直棒上取长度为 $\mathrm{d}x$ 的电荷元，其电量 $\mathrm{d}q=\lambda\mathrm{d}x$，电荷元到该场点 P 的距离为 r，它在该场点产生的电场大小为

$$\mathrm{d}E=\frac{1}{4\pi\varepsilon_0}\frac{\mathrm{d}q}{r^2}=\frac{\lambda}{4\pi\varepsilon_0}\frac{\mathrm{d}x}{r^2}$$

方向如图所示，可以看出不同位置处的电荷元在 P 点产生的电场方向不同，因此，建立直角坐标系，先把 $\mathrm{d}\boldsymbol{E}$ 分解到 X、Y 方向上，再分别积分.

$$\mathrm{d}E_x=\mathrm{d}E\cos\theta=\frac{\lambda}{4\pi\varepsilon_0}\frac{\mathrm{d}x}{r^2}\cos\theta$$

$$\mathrm{d}E_y=\mathrm{d}E\sin\theta=\frac{\lambda}{4\pi\varepsilon_0}\frac{\mathrm{d}x}{r^2}\sin\theta$$

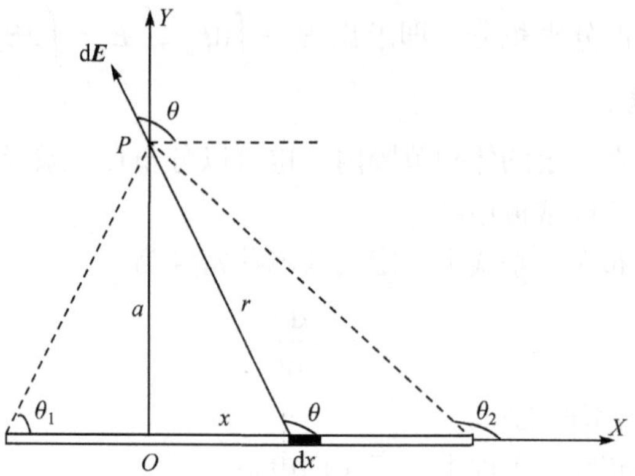

图 8-8 例 8-3 图

由图 8-8 可知，$x = a\cot(\pi-\theta) = -a\cot\theta$，所以 $\mathrm{d}x = \dfrac{a}{\sin^2\theta}\mathrm{d}\theta$，且 $r = \dfrac{a}{\sin\theta}$，因此

$$E_x = \int \mathrm{d}E_x = \frac{\lambda}{4\pi\varepsilon_0}\int \frac{a/\sin^2\theta}{a^2/\sin^2\theta}\cos\theta\mathrm{d}\theta = \frac{\lambda}{4\pi\varepsilon_0 a}\int_{\theta_1}^{\theta_2}\cos\theta\mathrm{d}\theta = \frac{\lambda}{4\pi\varepsilon_0 a}(\sin\theta_2 - \sin\theta_1)$$

$$E_y = \int \mathrm{d}E_y = \frac{\lambda}{4\pi\varepsilon_0}\int \frac{a/\sin^2\theta}{a^2/\sin^2\theta}\sin\theta\mathrm{d}\theta = \frac{\lambda}{4\pi\varepsilon_0 a}\int_{\theta_1}^{\theta_2}\sin\theta\mathrm{d}\theta = \frac{\lambda}{4\pi\varepsilon_0 a}(\cos\theta_1 - \cos\theta_2)$$

若 P 点在棒的中垂线上，有 $\theta_1 + \theta_2 = \pi$，则

$$E_x = 0 \text{ (也可由对称性分析得到)}$$

$$E_y = \frac{\lambda}{4\pi\varepsilon_0 a}2\cos\theta_1 = \frac{\lambda L}{4\pi\varepsilon_0 a\sqrt{\dfrac{L^2}{4}+a^2}}$$

此电场的方向沿中垂线向外. 进一步，若 $a \gg L$，即中垂线上 P 点距离棒很远，则

$$E = \frac{\lambda L}{4\pi\varepsilon_0 a^2} = \frac{q}{4\pi\varepsilon_0 a^2}$$

其中 $q = \lambda L$ 为带电直线的总电量，上式过渡到点电荷的电场强度公式. 这表明离带电直线很远处的电场相当于一个点电荷产生的电场.

若 $L \gg a$，即中垂线上 P 点距离棒很近，则

$$E = \frac{\lambda}{2\pi\varepsilon_0 a} \tag{8-9}$$

此时可将带电棒看作“无限长”. 式(8-9)即为无限长带电直线的电场强度公式.

例 8-4 一均匀带电细圆环，半径为 a，带电总量为 $+Q$，求圆环轴线上任一

点 P 的电场强度.

解 建立如图 8-9 所示的坐标系，规定 X 轴过圆环中心且垂直于环面，向右为正方向.

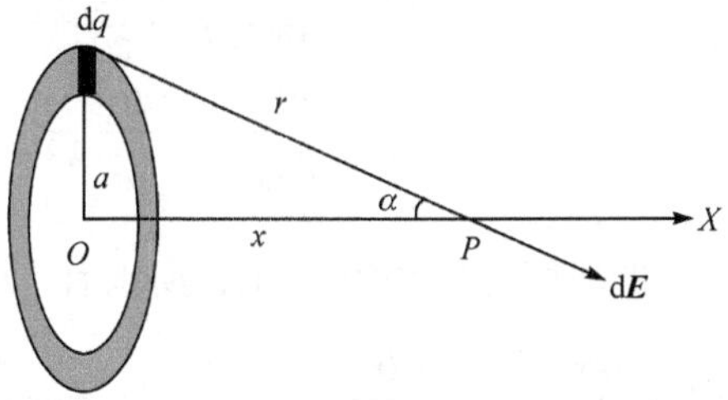

图 8-9 例 8-4 图

设 P 点与圆环中心点的距离为 x，由对称分析得，P 点的 $\boldsymbol{E}$ 沿 X 轴正方向，即垂直于轴线的电场强度分量为零. 在圆环上任取一电荷元 $\mathrm{d}q$，电荷元在 P 点产生的电场强度为

$$\mathrm{d}E=\frac{1}{4\pi\varepsilon_0}\frac{\mathrm{d}q}{r^2}$$

它沿 X 方向的分量

$$\mathrm{d}E_x=\mathrm{d}E\cos\alpha=\frac{\mathrm{d}q}{4\pi\varepsilon_0 r^2}\cos\alpha$$

所以

$$E=\int\mathrm{d}E_x=\frac{\cos\alpha}{4\pi\varepsilon_0 r^2}\int\mathrm{d}q=\frac{\cos\alpha}{4\pi\varepsilon_0 r^2}Q=\frac{xQ}{4\pi\varepsilon_0 r^3}=\frac{Q}{4\pi\varepsilon_0}\frac{x}{(a^2+x^2)^{3/2}}$$

写成矢量形式

$$\boldsymbol{E}=\frac{Q}{4\pi\varepsilon_0}\frac{\boldsymbol{x}}{(a^2+x^2)^{3/2}} \tag{8-10}$$

在圆环中心处，$x=0$，因此 $E=0$.

若 $x\gg a$ 时，$(a^2+x^2)^{3/2}\approx x^3$，则

$$E=\frac{Q}{4\pi\varepsilon_0 x^2}$$

上式成为点电荷的电场强度公式. 这说明，远离环心处，环的大小和形状已不重要，环可以看作点电荷.

例 8-5 均匀带电的圆盘(厚度忽略不计，可看成圆平面)，半径为 R，面电荷密度为 $\sigma(\sigma>0)$，求圆盘轴线上任一点 P 的电场强度.

解 把圆盘看作由许多同心细圆环组成. 如图 8-10 所示，任取一半径为 r 、

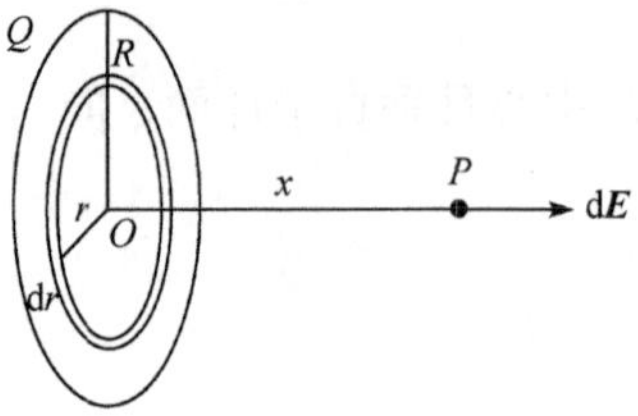

图 8-10 例 8-5 图

宽度为 dr 的细圆环，其带电量 $dq=\sigma 2\pi r dr$，由例 8-4 可知，此圆环在 P 点产生的场强为

$$dE=\frac{x dq}{4\pi\varepsilon_0(r^2+x^2)^{3/2}}=\frac{x\sigma 2\pi r dr}{4\pi\varepsilon_0(r^2+x^2)^{3/2}}$$

$$=\frac{\sigma x}{2\varepsilon_0}\frac{r dr}{\left(x^2+r^2\right)^{3/2}}$$

由于所有圆环在 P 点产生的场强方向均沿 X 轴，所以有

$$E=\int dE=\frac{\sigma x}{2\varepsilon_0}\int_0^R\frac{r dr}{\left(x^2+r^2\right)^{3/2}}=\frac{\sigma}{2\varepsilon_0}\left(1-\frac{x}{\sqrt{x^2+R^2}}\right)$$

$$\boldsymbol{E}=\frac{\sigma}{2\varepsilon_0}\left(1-\frac{x}{\sqrt{x^2+R^2}}\right)\boldsymbol{i} \tag{8-11}$$

当 $x\gg R$ 时，有

$$E=\frac{\sigma}{2\varepsilon_0}\left(1-\frac{1}{\sqrt{1+\left(\dfrac{R}{x}\right)^2}}\right)=\frac{\sigma}{2\varepsilon_0}\left\{1-\left(1-\frac{1}{2}\frac{R^2}{x^2}\right)\right\}=\frac{\sigma R^2}{4\varepsilon_0 x^2}=\frac{Q}{4\pi\varepsilon_0 x^2}$$

即点电荷的场强公式，此时可以把带电圆盘看成点电荷.

当 $R\gg x$ 时，即在盘近旁区域内

$$E\approx\frac{\sigma}{2\varepsilon_0} \tag{8-12}$$

此时可把圆盘看成无限大均匀带电平面.

电场强度的大小对我们生活有着重要的影响，表 8-1 显示一些电场强度数值.

表 8-1 一些电场强度数值

名称	电场强度数值/(N/C)
铀核表面	2×10^{21}
中子星表面	约 10^{14}
X 射线管内	5×10^{6}
空气的电击穿强度	3×10^{6}
电视机的电子枪内	10^{5}
闪电内	10^{4}

续表

名称	电场强度数值/(N/C)
太阳光内平均值	10^3
晴天地表面附近大气中	10^2
日光灯内	10
地球表面大气电场	平均 130
无线电波内	约 10^{-1}
家用电路线内	约 3×10^{-2}
宇宙背景辐射平均值	3×10^{-6}

8.2.3 电荷在电场中受力的应用

1. 测定基本电荷的量值

密立根(Millikan，1868—1953)，美国实验物理学家.

1913 年，密立根直接测定了基本电荷的量值. 如图 8-11 所示，用喷雾器将油滴喷入电容器两块水平的平行电极板之间，油滴经喷射后，一般都是带电的. 在不加电场的情况下，小油滴受重力作用而降落，加上电场后，当油滴所受向上的电场力与其重力相等时，油滴将在空中静止. 欲测一颗给定油滴所带电量，只需先测出它的平衡电压，然后撤去电压，让它在空气中自由下降，并在下落达到匀速后，测出下落给定距离所用的时间即可. 通过开关开启时和关闭时对油滴运动计时并因而确定对电荷的影响，密立根发现电荷量 q 的值总是由下式给定：

$$q = ne \quad (n = 0, \pm1, \pm2, \pm3, \cdots)$$

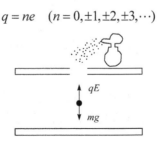

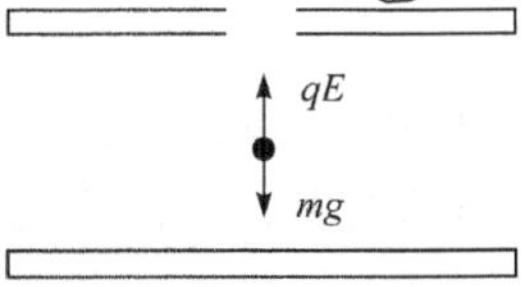

图 8-11 密立根油滴实验

式中 e 后来被证明是基本电荷的电量，它等于 $1.6\times10^{-19}\,\text{C}$. 密立根对电荷的量子化提供了有力的实验证明，并由此获得了 1923 年诺贝尔物理学奖.

2. 喷墨打印

由于对高质量、高速率打印的需要，人们寻找一种替代针式打印机的方法，在纸上喷射微小墨滴构成文字就是一种替换. 在喷墨打印机内，以超声频率振动的喷嘴按一定间距喷出非常细微且大小一致的墨滴. 这些墨滴在经过带电室时，按照与要打印的字符成正比的方式获得电荷，由于两垂直偏转板间的电势差一定，墨滴垂直方向的位移与所带电荷量成正比. 图 8-12 显示出在两块导体偏转板之间运动的带负电的墨滴，在两板间已建立起均匀、指向下方的电场 $\boldsymbol{E}$. 墨滴向上偏转然后到达纸上某一位置，该位置由 $\boldsymbol{E}$ 的大小和墨滴上的电荷 q 确定. 可以看到，墨滴必须在进入偏转系统之前通过充电装置，充电装置本身又由待打印材料编码的电子信号驱动，即从计算机出来的输入信号控制给予每个墨滴的电荷量，因而控制电场对墨滴的影响和墨滴落在纸上的位置，形成一个字母约需 100 个微小墨滴. 若不使墨滴带电荷，则得到字符间的空白，此时墨滴由储墨盒收回. 打印头以恒定速率移动，达到每秒形成 100 个字符的速率. 喷墨打印机运动部分少，可以提高打印速度，可以形成任何字符，可以打印图片，改善打印质量，同时安静可靠，从而取代了针式打印机.

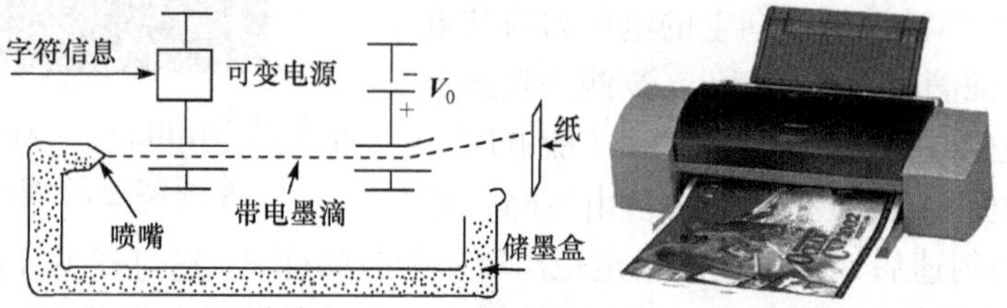

(a) (b)

图 8-12 喷墨打印机

静电场的高斯定理

8.3 高斯定理

高斯研究矢量场穿过闭合曲面的通量，在数学上得到了高斯公式；在电场中，电场的通量和闭合曲面包围的电荷有关，我们称之为高斯定理. 因此我们先介绍电场线和电通量.

8.3.1 电场线

为了形象、直观地描述电场在空间的分布,引入电场线(电力线),如图 8-13 所示. 电场线是按下述规定在电场中画出的一系列假想的曲线:曲线上每一点的切线方向代表该点电场强度的方向,曲线的疏密代表电场强度的大小. 定量地说,为了表示电场中某点电场强度的大小,设想通过该点画一个垂直于电场方向的面元 $\mathrm{d}s_\perp$,通过该面元的电场线条数为 $\mathrm{d}N$,场中某点电场线的数密度等于该点电场强度的大小,即

高斯(Gauss,1777—1855),德国著名数学家、物理学家、天文学家. 近代数学奠基人之一,享有“数学王子”美称.

$$E = \lim_{\Delta s \to 0} \frac{\Delta N}{\Delta s_\perp} = \frac{\mathrm{d}N}{\mathrm{d}s_\perp}$$

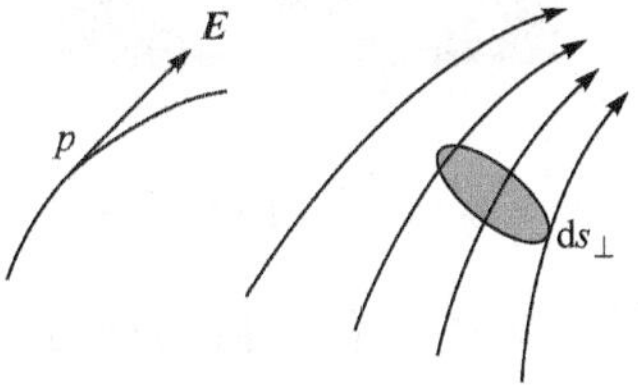

图 8-13 电场线的定义

显然,知道了电场线的分布,也就大致知道了电场的分布情况. 图 8-14 画出了几种静止电荷产生的电场线. 其中(a)、(b)、(c)分别是点电荷、电偶极子、带电平行板的电场线图形. 电场线图形也可以通过实验演示出来. 将一些针状晶体碎屑撒到绝缘油中使之悬浮起来,加以外电场后,这些小晶体会因感应而成为小的电偶极子. 它们在电场力的作用下就会转到电场方向排列起来,于是就显示出了电场线的图形. 图 8-15(a)是两个等量的正、负电荷的电场线,图 8-15(b)是两个带等量异号电荷的平行金属板产生的电场线,图 8-15(c)是有尖的异形带电导体产生的电场线.

静电场的电场线具有以下性质:

(1) 电场线起源于正电荷(或无限远处),终止于负电荷(或无限远处). 电场线不形成闭合线.

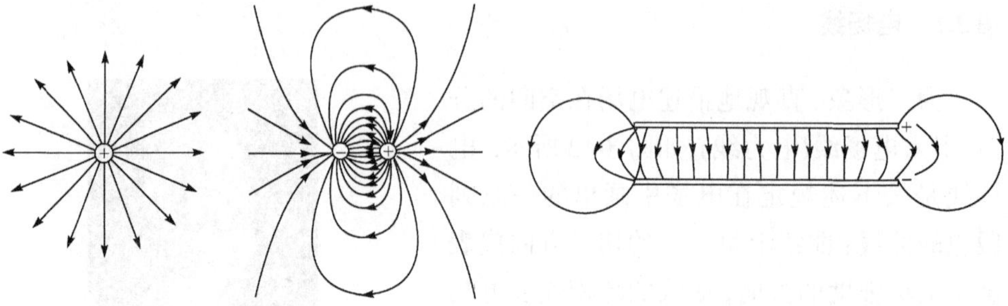

(a) (b) (c)

图 8-14 几种静止电荷产生的电场线

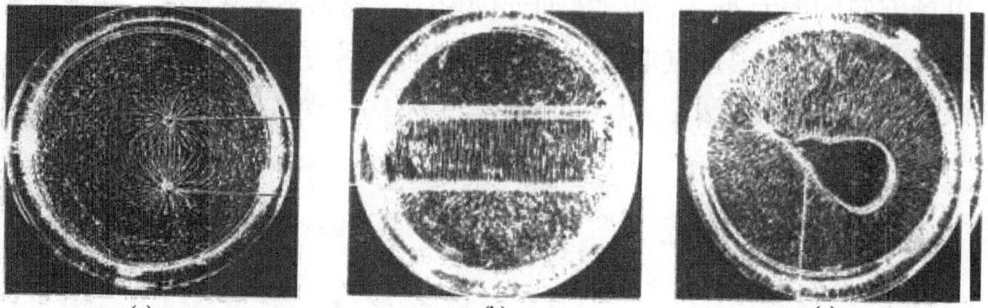

(a) (b) (c)

图 8-15 电场线的显示

(2) 电场线具有连续性. 即在没有电荷的地方，电场线既不会增加，也不会减少.

(3) 在没有电荷的地方，电场线不会相交.

8.3.2 电通量

电场中,通过任一给定曲面的电场线的条数,叫作通过该面的电场强度通量，简称电通量，用Φ_e表示.

如图 8-16(a)所示，在均匀电场$\boldsymbol{E}$中，放一平面s，且$\boldsymbol{E}$的方向垂直于平面s，则通过面s的电通量为$\Phi_e = Es$.

如图 8-16(b)所示，若平面s转过一角度θ，平面s在垂直于电场强度方向的投影大小为$s_{\perp} = s\cos\theta$，则通过平面s的电通量为$\Phi_e = Es\cos\theta$.

我们定义**平面矢量$\boldsymbol{s}$**，其大小等于该平面的面积，方向沿该平面面法线的方向，即

$$\boldsymbol{s} = s\boldsymbol{n} \tag{8-13}$$

式中$\boldsymbol{n}$表示面法线单位矢量. 这样，通过匀强电场中任一平面的电通量可表示为

$$\Phi_e = \boldsymbol{E}\cdot\boldsymbol{s}$$

如何求通过非匀强电场中任一曲面的电通量呢？我们再次想到微积分．如图 8-16(c)所示，在曲面上任意位置处选取一面元矢量 $\mathrm{d}\boldsymbol{s}$．$\mathrm{d}\boldsymbol{s}$ 面积很小，所以可认为面元是一平面，且其上电场强度 $\boldsymbol{E}$ 均匀．

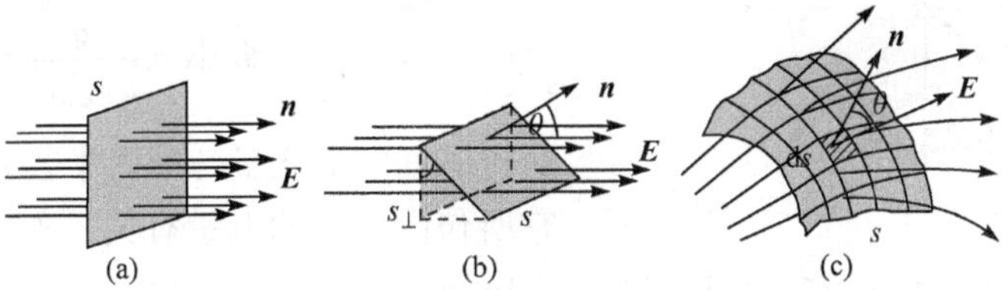

图 8-16 电通量的定义

与平面矢量的定义类似，我们定义面元矢量 $\mathrm{d}\boldsymbol{s}$：大小为面元的面积大小，方向为面元的法线方向，即

$$\mathrm{d}\boldsymbol{s}=\mathrm{d}s\boldsymbol{n}$$

通过面元 $\mathrm{d}\boldsymbol{s}$ 的电通量为

$$\mathrm{d}\Phi_e=\boldsymbol{E}\cdot\mathrm{d}\boldsymbol{s}$$

通过整个曲面的电通量为通过各面元电通量之和，即

$$\Phi_e=\int\mathrm{d}\Phi_e=\int_s\boldsymbol{E}\cdot\mathrm{d}\boldsymbol{s}=\int_s E\mathrm{d}s\cos\theta \tag{8-14}$$

电通量的正负与面法线的选取有关，但是对于闭合曲面来说(可以想象一个吹起来的气球表面、封闭的正方体表面等)，电场线就有穿入和穿出的差别，为此，我们规定：闭合曲面上各面元矢量的方向沿曲面外法线方向，则通过一闭合曲面的电通量可以写成

$$\Phi_e=\oint_s\boldsymbol{E}\cdot\mathrm{d}\boldsymbol{s}$$

显然，当电场线从曲面内部穿出时，电场强度方向与面元外法线方向夹角为锐角，电通量为正；当电场线由外部穿入时，电场强度方向与面元外法线方向夹角为钝角，电通量为负．因此，通过整个闭合曲面的电通量 Φ_e 等于穿出与穿入闭合曲面的电场线的条数之差，也就是净穿出闭合曲面的电场线条数．它与什么有关呢？高斯定理解决了这个问题．

8.3.3 高斯定理的推导

我们先来考虑一个静止的点电荷 q 的电场．

1. 穿过一个以点电荷 q 所在位置为球心、任意大小的闭合球面的电通量

如图 8-17 所示，设球面半径为 r，其上各点的电场强度大小相等，且方向都

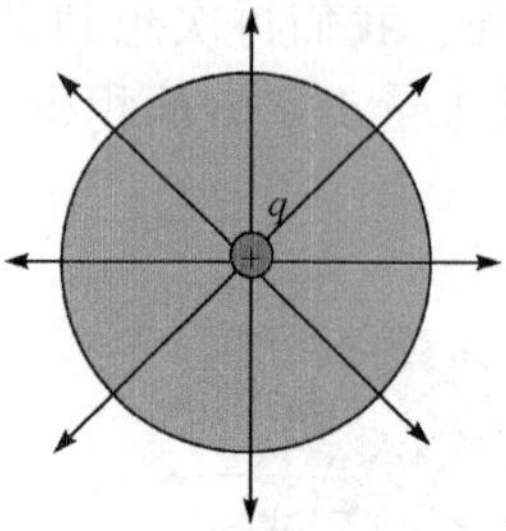

图 8-17 点电荷在球心时任意大小的闭合球面的电通量

沿径向向外. 通过球面的电通量为

$$\Phi_e = \oint_s \boldsymbol{E} \cdot \mathrm{d}\boldsymbol{s} = \oint_s E\mathrm{d}s = \oint_s \frac{q}{4\pi\varepsilon_0 r^2}\mathrm{d}s$$

$$= \frac{q}{4\pi\varepsilon_0 r^2}\oint_s \mathrm{d}s = \frac{q}{4\pi\varepsilon_0 r^2}4\pi r^2 = \frac{q}{\varepsilon_0}$$

通过球面的电通量与球面半径 r 无关，只与它所包围电荷的电量有关. 这意味着，对以点电荷 q 为中心的任意球面来说，通过它们的电通量都一样，等于 q/ε_0 . 用电场线的图像来说，这表示通过各球面的电场线总条数相等，或者说，**从点电荷 q 发出的电场线连续地延伸到无限远处**. 这实际上就是可以用连续的线描述电场分布的根据.

2. 穿过内部仅包含一个点电荷的任意闭合曲面 s' 的电通量

如图 8-18 所示，闭合曲面 s' 内包含一点电荷 q，以 q 为球心、r 为半径作一球面 s. 因为通过 s 面和 s' 面的电场线条数一样，所以通过 s 面和 s' 面的电通量相等，即

$$\Phi_e = \Phi_e' = \frac{q}{\varepsilon_0}$$

再来考虑多个静止点电荷激发的电场情形.

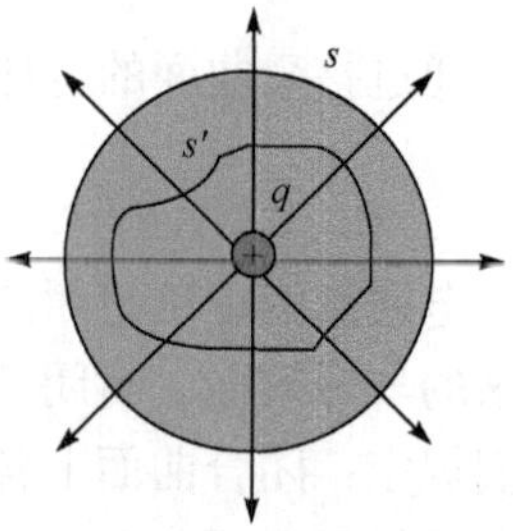

图 8-18 仅包含一个点电荷的任意闭合曲面的电通量

3. 通过包围多个点电荷的任意闭合曲面的电通量

如图 8-19 所示，曲面上任一位置处的电场强度由多个点电荷共同产生，由电场强度叠加原理知，$\boldsymbol{E} = \boldsymbol{E}_1 + \boldsymbol{E}_2 + \cdots$，所以通过闭合曲面的电通量为

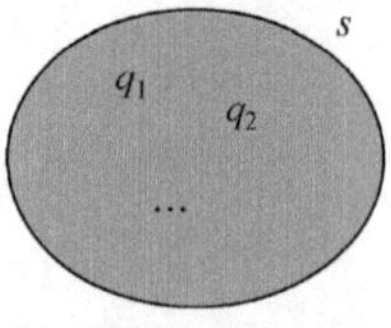

图 8-19 包围多个点电荷的任意闭合曲面的电通量

$$\Phi_e = \oint_s \boldsymbol{E} \cdot \mathrm{d}\boldsymbol{s} = \oint_s (\boldsymbol{E}_1 + \boldsymbol{E}_2 + \cdots) \cdot \mathrm{d}\boldsymbol{s}$$

$$= \oint_s \boldsymbol{E}_1 \cdot \mathrm{d}\boldsymbol{s} + \oint_s \boldsymbol{E}_2 \cdot \mathrm{d}\boldsymbol{s} + \cdots$$

$$= \frac{q_1}{\varepsilon_0} + \frac{q_2}{\varepsilon_0} + \cdots = \frac{\sum_i q_i}{\varepsilon_0}$$

其中 $\sum_i q_i$ 是曲面内所包围多个电荷电量的代数和.

4. 闭合曲面不包围电荷时的电通量

当闭合曲面不包围电荷时，曲面内既不会有电场线的出发点，也不会有电场线的终止点，穿入曲面和穿出曲面的电场线条数一样，即净穿出曲面的电场线条数为零. 电通量在电场线穿入时为负，穿出时为正，所以通量为零，即

$$\Phi_e = 0$$

5. 曲面内外都有电荷时的电通量

设 $\boldsymbol{E}_{内}$ 和 $\boldsymbol{E}_{外}$ 分别是闭合曲面内、外电荷激发的电场强度，则通过闭合曲面的电通量为

$$\Phi_e = \oint_s \boldsymbol{E} \cdot \mathrm{d}\boldsymbol{s} = \oint_s \boldsymbol{E}_{内} \cdot \mathrm{d}\boldsymbol{s} + \oint_s \boldsymbol{E}_{外} \cdot \mathrm{d}\boldsymbol{s} = \frac{1}{\varepsilon_0}\sum q_{内} + 0 = \frac{1}{\varepsilon_0}\sum q_{内}$$

其中 $\sum q_{内}$ 是曲面内部包围的所有电荷电量的代数和.

上述是通过点电荷的特例推导出的，通过以上讨论，可以看出能推广到任意电荷产生的电场中，从而得到一个结论：

在静电场中，通过任意一个闭合曲面的电通量等于包围在该曲面内所有电荷的代数和(净电荷)除以真空的电容率 ε_0. 这就是静电场的**高斯定理**，这里的闭合曲面叫作**高斯面**. 高斯定理的数学表达式为

$$\oint_s \boldsymbol{E} \cdot \mathrm{d}\boldsymbol{s} = \frac{1}{\varepsilon_0}\sum q_{内} = \frac{1}{\varepsilon_0}\int \rho \mathrm{d}V \tag{8-15}$$

式中 ρ 代表曲面内电荷的体密度.

对高斯定理的理解需要注意以下几点：

(1) 高斯定理说明通过一个闭合面的电通量只与它内部的电荷有关. 可以看出，仅与内部电荷的电量代数和有关，与电荷分布无关.

(2) 定理中的曲面上各点的 $\boldsymbol{E}$ 是由所有电荷(面内和面外的)共同产生的，而且曲面上各点的 $\boldsymbol{E}$ 与面内、面外电荷的分布有关. 尽管面外的电荷对闭合曲面的总电通量为零，但对部分曲面的电通量却有贡献.

(3) 如果闭合曲面上各点的 $\boldsymbol{E} = 0$，则有 $\oint_s \boldsymbol{E} \cdot \mathrm{d}\boldsymbol{s} = 0$，由高斯定理得 $\sum q_{内} = 0$，即高斯面内的净电荷为零.

如果 $\sum q_{内} > 0$，则穿过闭合曲面的电通量大于零，说明从曲面内穿出的电场线条数多于穿入曲面的电场线条数，曲面内有电场线的出发点，我们称之为“源”. 反过来，如果 $\sum q_{内} < 0$，则穿过闭合曲面的电通量小于零，说明从曲面内穿出的电场线条数小于穿入曲面的电场线条数，曲面内有电场线的终止点，我们称之为

"汇". 高斯定理反映了静电场的一个重要性质，即静电场是由电荷产生的，或者说，静电场是**有源场**.

利用数学上的高斯公式$\oint_s \boldsymbol{E}\cdot \mathrm{d}\boldsymbol{s}=\int_V(\nabla\cdot\boldsymbol{E})\mathrm{d}V$，与式(8-15)比较可得

$$\nabla\cdot\boldsymbol{E}=\frac{\rho}{\varepsilon_0} \tag{8-16}$$

式中$\nabla=\frac{\partial}{\partial x}\boldsymbol{i}+\frac{\partial}{\partial y}\boldsymbol{j}+\frac{\partial}{\partial z}\boldsymbol{k}$是矢量算符，用算符点乘矢量场称为散度，因此静电场中有电荷存在的位置附近各点的散度一般不为零.

(4) 上面高斯定理是由库仑定律和叠加原理导出的，在电场强度定义之后，也可以用高斯定理结合自由空间的各向同性而导出库仑定律，两者用不同的形式表示电场和场源电荷关系的规律，但在研究运动电荷或者一般地随时间变化的电场时，人们发现，库仑定律已不再成立，但高斯定理依然有效，说明高斯定理是关于电场的普遍的基本规律.

8.3.4 由高斯定理求电场强度

在一个参考系内，当静止电荷的分布具有某种对称性时，利用高斯定理可以求出带电体的电场强度. 要用高斯定理求电场强度，必须把$\boldsymbol{E}$从$\oint_s \boldsymbol{E}\cdot\mathrm{d}\boldsymbol{s}$中提出来，这一方法的技巧是选取合适的高斯面，必须要求电场具有很高的对称性，即带电体要有很高的对称性. 下面举例说明.

例 8-6 已知均匀带电球面所带电量总和为Q，半径为R，求球面内外各点的电场强度.

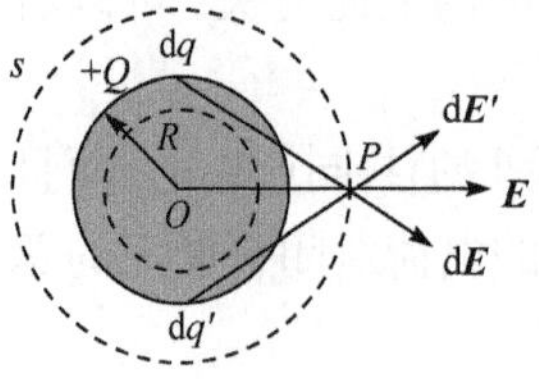

图 8-20 例 8-6 图

解 先求外部任一点P的电场强度. 如图 8-20 所示，对称的电荷元$\mathrm{d}q$和$\mathrm{d}q'$在P点产生的电场$\mathrm{d}\boldsymbol{E}$和$\mathrm{d}\boldsymbol{E}'$大小相等，沿径向的分量叠加，与径向垂直方向的分量抵消，所有电荷元均做这样的对称分析得，P点的电场强度沿径向向外. 以球面的球心O为球心、以P到球心的距离r为半径作一球面，则球面上各点的电场强度大小是一样的，方向均沿径向向外. 这个球面就是我们要找的高斯面s.

由高斯定理得

$$\oint_s \boldsymbol{E}\cdot\mathrm{d}\boldsymbol{s}=\oint_s E\mathrm{d}s=E\oint_s \mathrm{d}s=E\cdot 4\pi r^2=Q/\varepsilon_0$$

所以

$$E=\frac{Q}{4\pi\varepsilon_0 r^2}\quad (r>R)$$

这个结果与电量集中在球心时点电荷的电场强度是一样的.

再求球面内任一点 P' 的电场强度. 上述关于电场强度大小和方向的分析仍然适用，建立以 O 为球心、以 P' 到球心的距离 r' 为半径的高斯面，则由高斯定理得

$$\oint_s \boldsymbol{E}\cdot d\boldsymbol{s}=\oint_s E ds=E\oint_s ds=E\cdot 4\pi r'^2=0$$

$$E=0\quad (r<R)$$

所以均匀带电球面的电场强度分布为

$$E=\begin{cases}0 & (r<R)\\ \dfrac{Q}{4\pi\varepsilon_0 r^2} & (r>R)\end{cases}\tag{8-17}$$

根据上述结果，可画出电场强度随距离的变化曲线，如图 8-21 所示. 可以看出电场强度值在球面内外是不连续的.

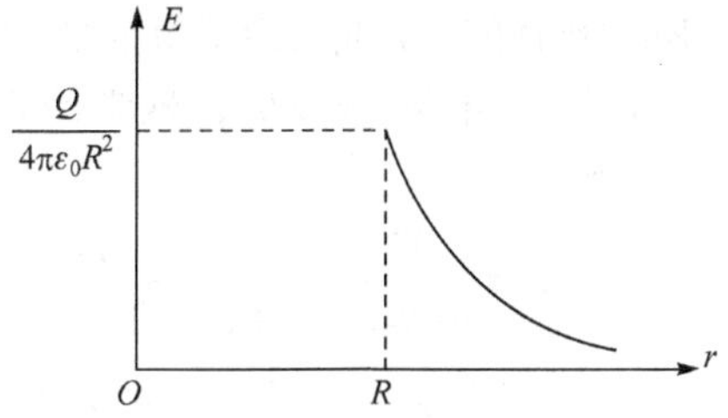

图 8-21 均匀带电球面场强随距离的变化曲线

例 8-7 均匀带电球体所带总电量为 Q ，球半径为 R ，求球体内外任一点的场强.

解 先求外部任一点 P 的电场强度. 如图 8-22(a)所示，以球体的球心 O 为球心、以 P 到球心的距离 r 为半径作一球面 s，则由对称分析可得，球面上各点的场强大小是一样的，方向均沿径向向外，这就是我们要找的高斯面. s 面内包围的电荷为 Q，求 P 的场强的方法和结果与例 8-6 类似，即

$$E=\frac{Q}{4\pi\varepsilon_0 r^2}\quad (r>R)$$

对球体内部任一点，作如图 8-22(b)所示的高斯面，与带电球面不同的是，内部作的高斯面内包围有一定量的电荷，则由高斯定理得

$$\oint_s \boldsymbol{E}\cdot d\boldsymbol{s}=\oint_s E ds=E\oint_s ds=E\cdot 4\pi r^2=\frac{Q}{\frac{4}{3}\pi R^3}\frac{4}{3}\pi r^3\frac{1}{\varepsilon_0}=\frac{Qr^3}{R^3\varepsilon_0}$$

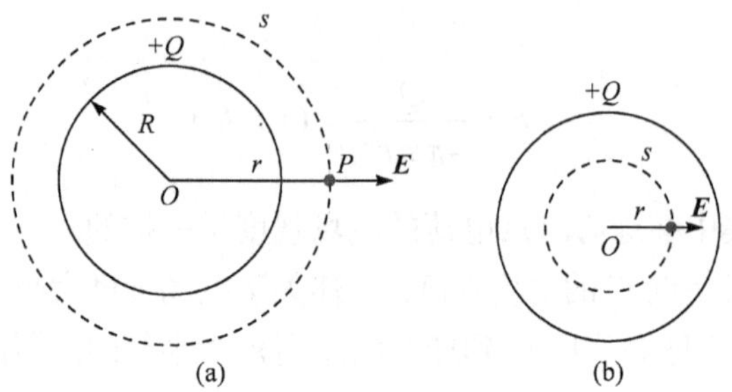

图 8-22 例 8-7 图

$$E=\frac{Q}{4\pi\varepsilon_0 R^3}r \quad (r<R)$$

这表明，在均匀带电球体内部各点场强的大小与矢径成正比. 所以均匀带电球体的场强分布为

$$E=\begin{cases}\dfrac{Q}{4\pi\varepsilon_0 R^3}r & (r<R)\\ \dfrac{Q}{4\pi\varepsilon_0 r^2} & (r>R)\end{cases} \tag{8-18}$$

均匀带电球体的 E-r 曲线绘于图 8-23，注意在球体表面上，场强的大小是连续的.

铀核所带电量 $q=92e$，核半径 $R=7.4\times10^{-15}\text{m}$，由式(8-18)可以计算铀核表面的电场强度

$$E=\frac{92e}{4\pi\varepsilon_0 R^2}=\frac{92\times1.6\times10^{-19}}{4\pi\times8.85\times10^{-12}\times(7.4\times10^{-15})^2}=2.4\times10^{21}(\text{N/C})$$

这一数值比现今实验室获得的最大电场强度(约 $10^6\ \text{N/C}$)大得多!

例 8-8 已知无限长均匀带电直线的线电荷密度为 $+\lambda$，求带电直线的电场强度分布.

解 带电直线的电场分布应具有轴对称性，考虑离直线垂直距离为 r 的任一点 P 处的电场强度. 由对称分析可得，点 P 的电场强度沿径向向外，并且以带电线为轴、以 P 到直线的垂直距离 r 为半径的圆柱面上各点的电场强度大小相等. 如图 8-24 所示，

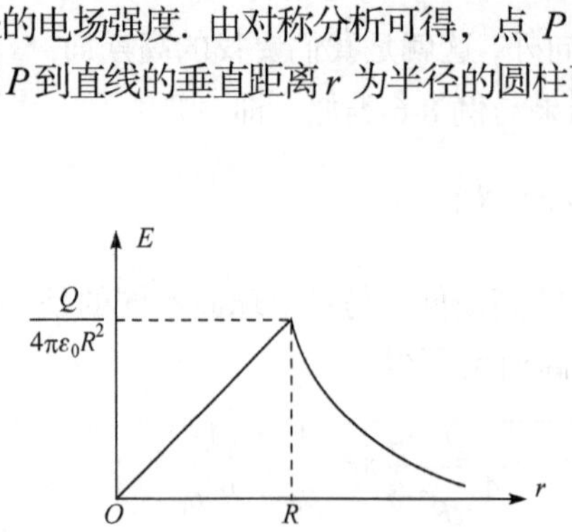

图 8-23 均匀带电球体场强随距离的变化曲线

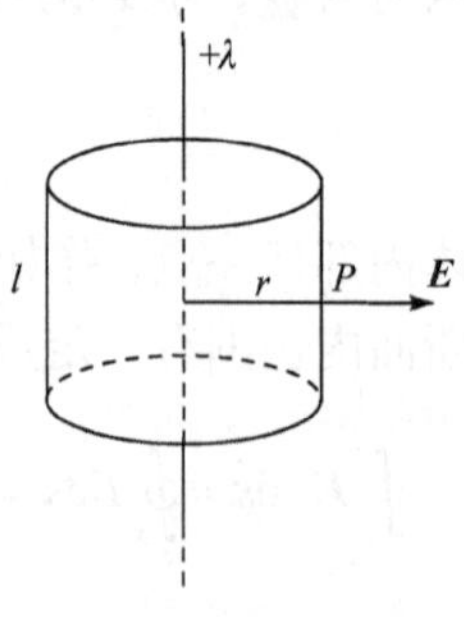

图 8-24 无限长均匀带电直线的场强分布

以长为 l 的此圆柱面再加上两个底面形成的封闭面作为高斯面．由于没有电场线穿过底面，所以通过整个高斯面的通量也就是通过圆柱面的通量．应用高斯定理得

$$\oint_s \boldsymbol{E}\cdot d\boldsymbol{s}=\int_{\text{侧面}}\boldsymbol{E}\cdot d\boldsymbol{s}=\int_{\text{侧面}}E ds=E\int_{\text{侧面}}ds=E\cdot 2\pi rl=l\lambda/\varepsilon_0$$

$$E=\frac{\lambda}{2\pi\varepsilon_0 r}$$

该结果正是式(8-9)．由此可见，在条件允许时，利用高斯定理计算电场强度分布的方法要简便得多．

如图 8-25(a)所示，在线状闪电发生之前，先有一根电子柱从带有大量电荷的浮云向下延伸到地面．这些电子来自浮云和该柱内被电离的空气分子，该电子柱的线电荷密度大约为 $-1\times10^{-3}\,\text{C/m}$．一旦电子柱到达地面，柱内的电子迅速地倾泻到地面．在倾泻期间，运动电子与柱内空气的碰撞导致明亮的闪光．倘若空气分子在超过 $3\times10^{6}\,\text{N/C}$ 的电场中被击穿，则电子柱的半径有多大？

回答这个问题前，先应知道，尽管电子柱不是无限长的直带电棒，但由于其长度远大于柱的直径，所以在距离电子柱较近的地方可认为它是无限长直带电棒．柱表面处的电场为空气的击穿场强 $3\times10^{6}\,\text{N/C}$．柱内电场强，空气分子被电离；柱外电场弱，空气分子没有被电离．由式(8-9)可得电子柱的半径是

$$r=\frac{\lambda}{2\pi\varepsilon_0 E}=\frac{1\times10^{-3}}{2\pi\times8.85\times10^{-12}\times3\times10^{6}}\text{m}=6\text{m}$$

虽然一次闪电的半径大约只有 6m，但当电子柱内的电子倾泻到地面后会沿着地面行进，形成较强的地面电流，如图 8-25(b)所示，闪电产生的地面电流烧毁高尔夫球场的草地，露出土壤，因此即使站在离轰击点较远的地方也不是绝对安全的．

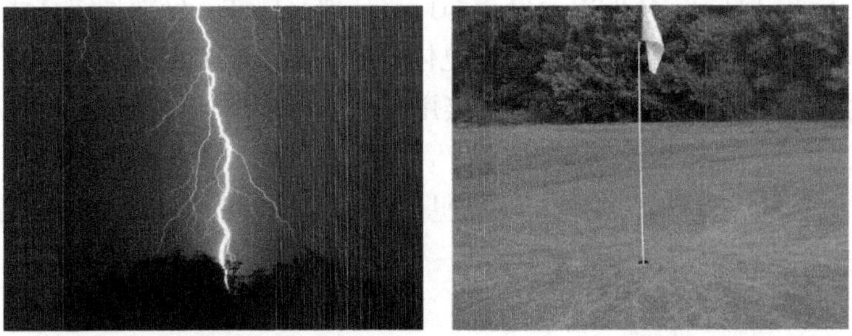

(a) (b)

图 8-25 (a)闪电电子柱；(b)闪电的地面电流烧毁高尔夫球场草地

例 8-9 求无限大均匀带电平面的电场强度分布．已知带电平面上面电荷密度为$+\sigma$．

解 考虑距离带电平面为r的P点的电场强度．由对称性分析得，P点的电场强度垂直于平面向外．又由于电荷均匀分布于一无限大平面上，所以电场分布必然对该平面对称，而且离平面等远处(两侧一样)的电场强度大小相等，方向都垂直于平面向外．我们选一个轴垂直于带电平面的圆筒式封闭面作为高斯面，如图 8-26 所示．由于没有电场线穿过圆柱面的侧面，所以通过整个闭合面的通量等于穿过两个底面(面积大小均为s)的通量．由高斯定理得

$$\oint_s \boldsymbol{E}\cdot \mathrm{d}\boldsymbol{s}=\int_{\text{底面}}\boldsymbol{E}\cdot \mathrm{d}\boldsymbol{s}=2Es=\sigma s/\varepsilon_0$$

$$E=\frac{\sigma}{2\varepsilon_0}$$

此式正是式(8-12)，此结果说明，无限大均匀带电平面的两侧电场是均匀场，如图 8-27 所示．

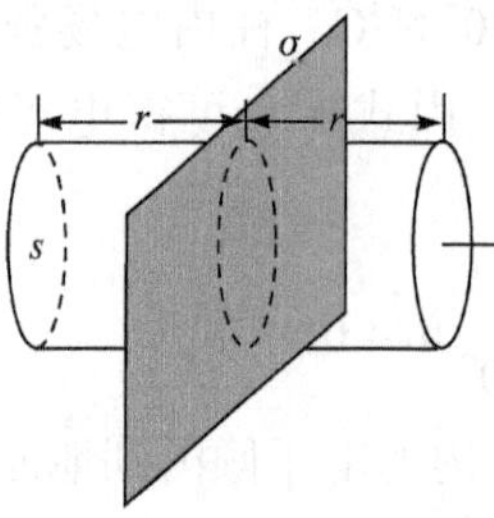

图 8-26 例 8-9 图

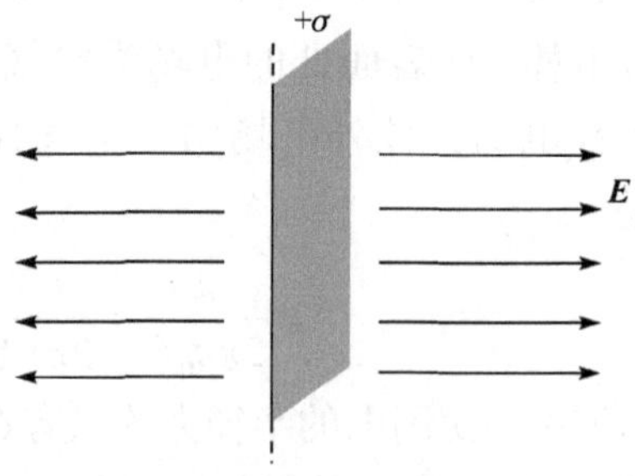

图 8-27 无限大均匀带电平面两侧的均匀电场

上述各例中的带电体的电荷分布都具有某种对称性，分别是球对称、柱对称和面对称，利用高斯定理计算这类带电体的电场强度分布是很方便的．不具有特定对称性的电荷分布，其电场不能直接用高斯定理求出，但高斯定理对这些电荷分布情况仍旧成立．

为了教材的完整性，本书列举了常见的一些典型带电体电场强度的分布规律，如表 8-2 所示．

表 8-2　一些常见带电体的电场强度分布

1. 点电荷

$$\boldsymbol{E}=\frac{q}{4\pi\varepsilon_0 r^2}\hat{\boldsymbol{r}}$$

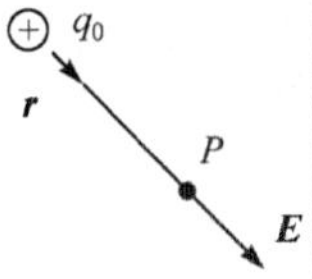

2. 电偶极子

电偶极子在其延长线上的一点($r\gg l$)

$$\boldsymbol{E}=\frac{2\boldsymbol{p}_e}{4\pi\varepsilon_0 r^3}$$

电偶极子在其中垂线上的一点($r\gg l$)

$$\boldsymbol{E}=\frac{\boldsymbol{p}_e}{4\pi\varepsilon_0 r^3}$$

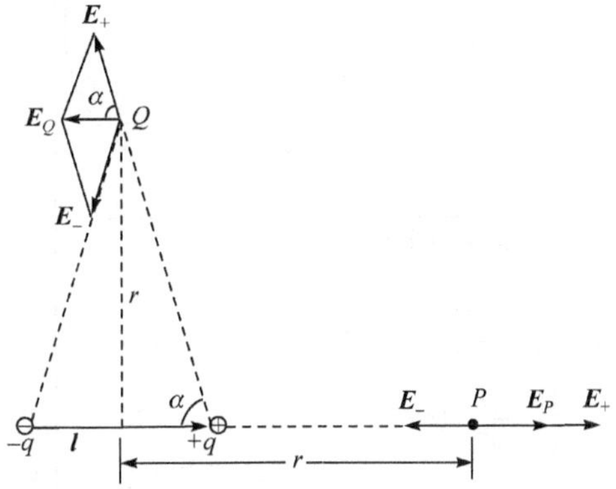

3. 均匀带电圆环轴线上的一点

$$\boldsymbol{E}=\frac{Q}{4\pi\varepsilon_0}\frac{\boldsymbol{x}}{(a^2+x^2)^{3/2}}$$

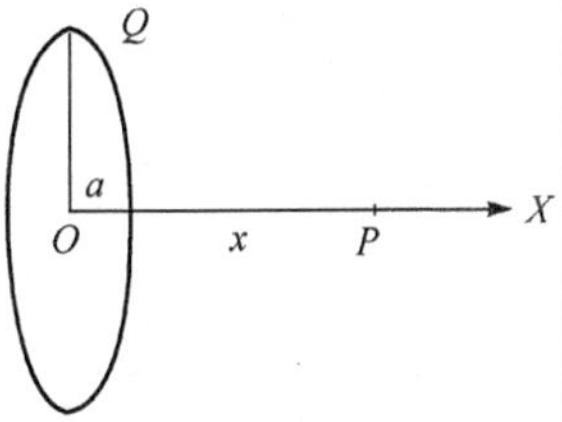

4. 均匀带电圆盘轴线上的一点

$$\boldsymbol{E}=\frac{\sigma}{2\varepsilon_0}\left(1-\frac{x}{\sqrt{x^2+R^2}}\right)\boldsymbol{i}$$

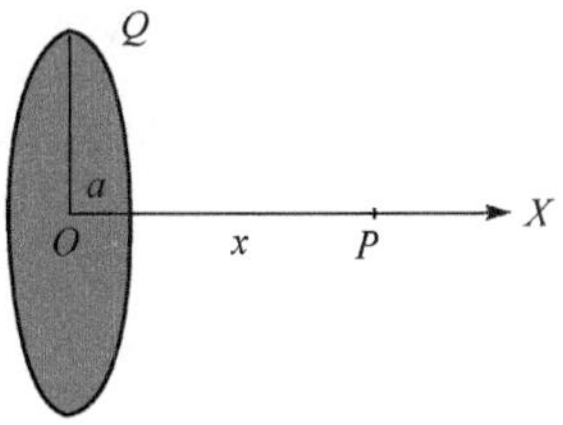

5. 均匀带电无限大平面

$$E=\frac{\sigma}{2\varepsilon_0}$$

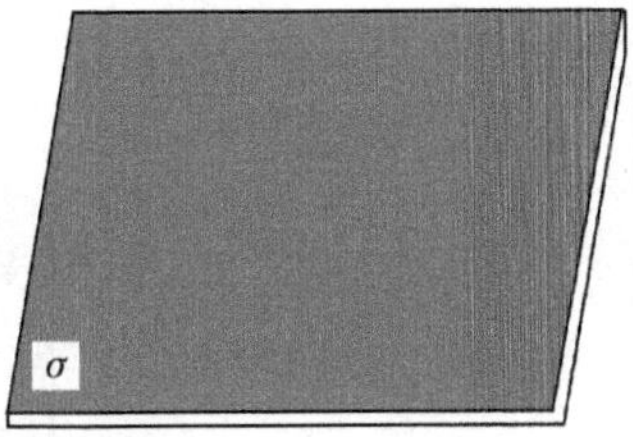

6. 两个均匀带等量异号电荷平面间

$$E=\frac{\sigma}{\varepsilon_0}$$

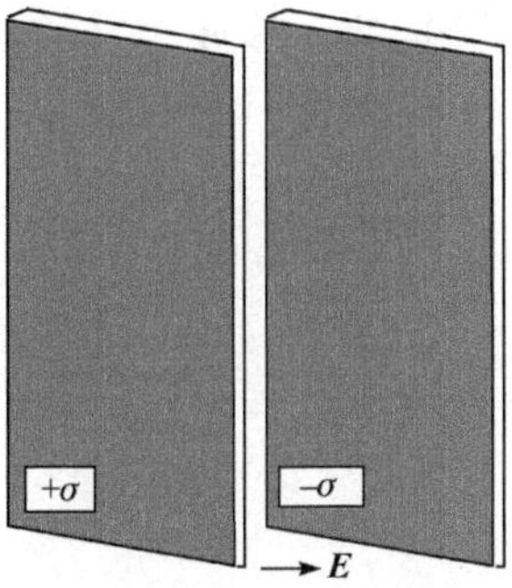

续表

7. 均匀带电球面

$$E=\begin{cases}0 & (r<R)\\ \dfrac{Q}{4\pi\varepsilon_0 r^2} & (r>R)\end{cases}$$

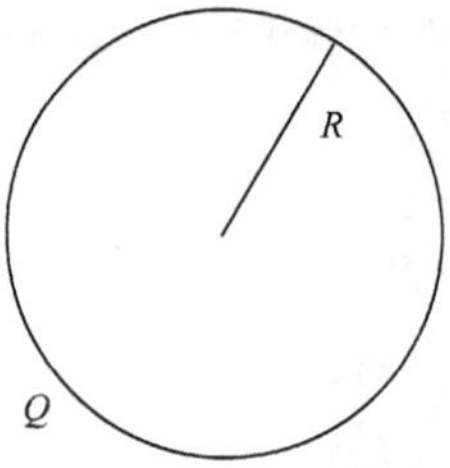

8. 均匀带电球体

$$E=\begin{cases}\dfrac{Q}{4\pi\varepsilon_0 R^3}r & (r<R)\\ \dfrac{Q}{4\pi\varepsilon_0 r^2} & (r>R)\end{cases}$$

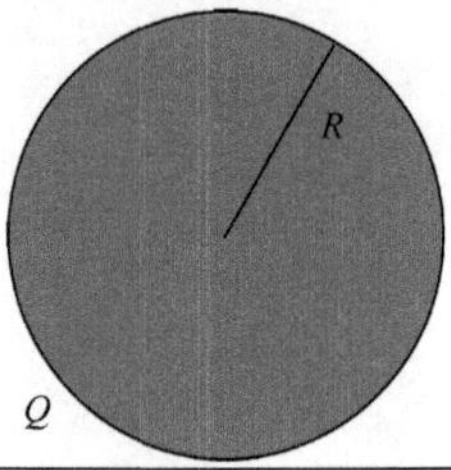

9. 两个同心带电球面

$$E=\begin{cases}0 & (r<R_1)\\ \dfrac{Q_1}{4\pi\varepsilon_0 r^2} & (R_1<r<R_2)\\ \dfrac{Q_1+Q_2}{4\pi\varepsilon_0 r^2} & (r>R_2)\end{cases}$$

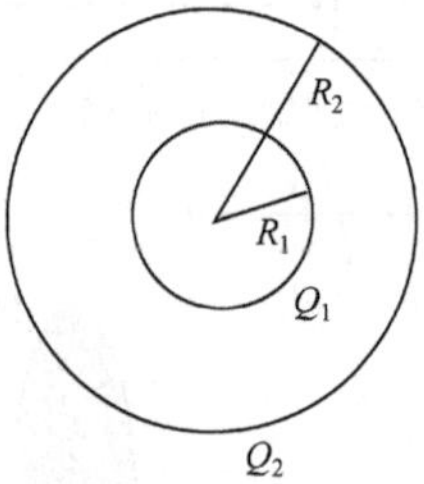

10. 长为 L 的均匀带电细棒中垂线上的点

$$\boldsymbol{E}=\frac{\lambda}{4\pi\varepsilon_0 a}2\cos\theta_1\boldsymbol{j}=\frac{\lambda L}{4\pi\varepsilon_0 a\sqrt{\frac{L^2}{4}+a^2}}\boldsymbol{j}$$

当 $L\to\infty$, 即无限长时

$$E=\frac{\lambda}{2\pi\varepsilon_0 a}$$

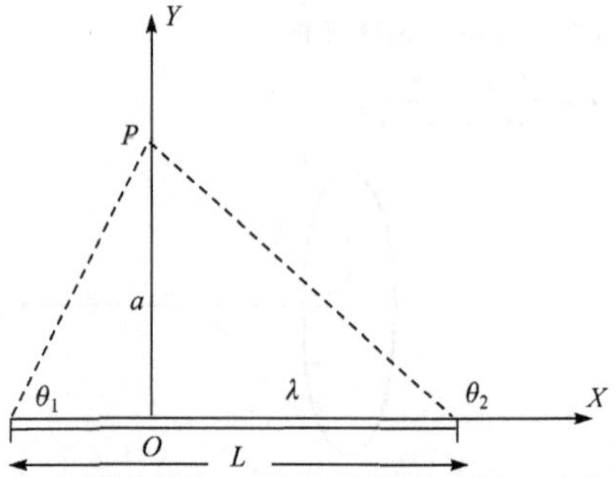

11.半径为 R 、线密度为 λ 的无限长均匀带电的圆柱面

$$E=\begin{cases}0 & (r<R)\\ \dfrac{\lambda}{2\pi\varepsilon_0 r} & (r>R)\end{cases}$$

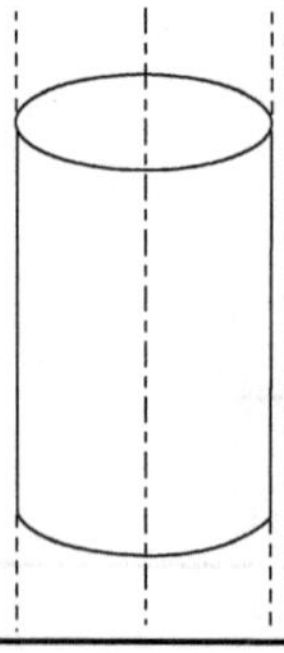

12. 半径为 R 、线密度为 λ 的无限长均匀带电的圆柱体

$$E=\begin{cases}\dfrac{\lambda r}{2\pi\varepsilon_0 R^2} & (r<R)\\ \dfrac{\lambda}{2\pi\varepsilon_0 r} & (r\geqslant R)\end{cases}$$

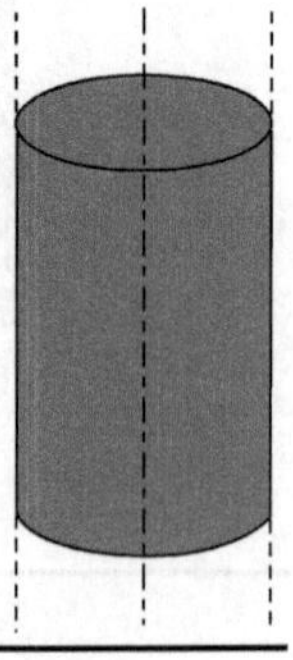

8.4 静电场力的功 静电场的环路定理

前面介绍了电场强度，它说明电场对电荷有作用力. 当电荷在电场中移动时，电场力就要做功. 电场力做功也是电场的宏观表现之一，本节主要介绍静电场力做功的特征，并引出电势能和电势的概念.

8.4.1 静电场力的功

我们先考虑单个点电荷产生的静电场力所做的功，为了讨论方便，均以正电荷为例.

如图 8-28 所示，点电荷 q 是固定于某处的静止电荷，在它产生的电场中，引入检验电荷 q_0，并使它由 A 点沿任意路径运动到 B 点. 在路径上任取一微元 $\mathrm{d}\boldsymbol{l}$，此处由 q 到 q_0 的距离为 r，q_0 受到的静电场力为 $\boldsymbol{F}$，方向如图所示，$\boldsymbol{F}$ 与 $\mathrm{d}\boldsymbol{l}$ 之间的夹角为 θ，则静电场力的元功为

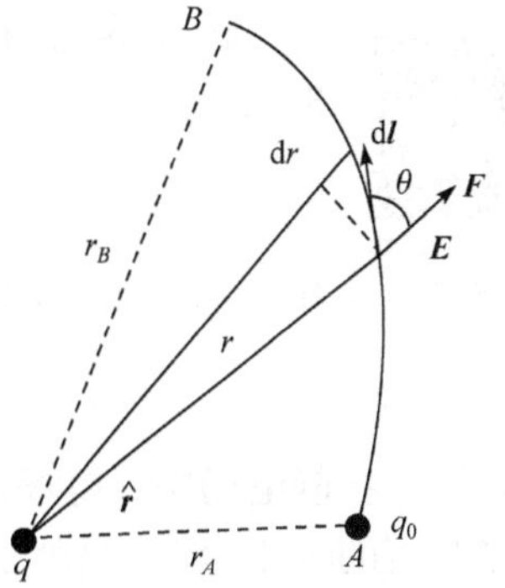

图 8-28 单个点电荷的静电场力的功

$$\mathrm{d}A = \boldsymbol{F} \cdot \mathrm{d}\boldsymbol{l} = q_0 \boldsymbol{E} \cdot \mathrm{d}\boldsymbol{l} = q_0 E \mathrm{d}l \cos\theta = q_0 E \mathrm{d}r = \frac{q_0 q}{4\pi\varepsilon_0 r^2}\mathrm{d}r$$

式中 $\mathrm{d}r$ 是 r 方向的增量，也是 $\mathrm{d}\boldsymbol{l}$ 沿力 $\boldsymbol{F}$ 方向投影的大小.

由 A 点运动到 B 点，静电场力的总功为

$$A = \int_A^B \mathrm{d}A = \int_{r_A}^{r_B} \frac{q_0 q}{4\pi\varepsilon_0 r^2}\mathrm{d}r = \frac{q_0 q}{4\pi\varepsilon_0}\left(\frac{1}{r_A} - \frac{1}{r_B}\right) \tag{8-19}$$

其中 r_A 和 r_B 分别表示从点电荷 q 到起点和终点的距离. 显然，单个点电荷的静电场力的功只与 q_0、q 及 q_0 的起始和末了位置有关，而与积分的路径，即检验电荷 q_0 运动的路径无关.

再来考虑多个静止点电荷组成的点电荷系产生的静电场力所做的功.

对于由许多静止的点电荷 q_1，q_2，…组成的点电荷系，检验电荷 q_0 在移动路径中的任意微小路径 $\mathrm{d}\boldsymbol{l}$ 上，受到的电场力是所有点电荷在 q_0 上产生的静电场力的叠加，它所做的功为

$$A = \int_a^b \boldsymbol{F} \cdot \mathrm{d}\boldsymbol{l} = \int_a^b q_0 \boldsymbol{E} \cdot \mathrm{d}\boldsymbol{l} = \int_a^b q_0 (\boldsymbol{E}_1 + \boldsymbol{E}_2 + \cdots) \cdot \mathrm{d}\boldsymbol{l}$$

$$= \int_a^b q_0 \boldsymbol{E}_1 \cdot \mathrm{d}\boldsymbol{l} + \int_a^b q_0 \boldsymbol{E}_2 \cdot \mathrm{d}\boldsymbol{l} + \cdots = A_1 + A_2 + \cdots$$

由于 A_1，A_2，…都与积分的路径无关，所以静电场力的功与积分路径无关.

考虑对于静止的连续带电体，可将其看作无数电荷元的集合，因而它对 q_0 的电场力同样具有这样的特点. 因此我们可以得出结论：对任何静电场，静电场力的功与路径无关，这和力学中讨论过的万有引力、重力、弹性力等保守力做功的特性类似，所以**静电场力是保守力.**

8.4.2 静电场的环路定理

静电场的环路定理

由于静电场力是保守力，所以检验电荷 q_0 沿闭合路径移动一周时有

$$A=\oint_l \boldsymbol{F}\cdot \mathrm{d}\boldsymbol{l}=q_0\oint_l \boldsymbol{E}\cdot \mathrm{d}\boldsymbol{l}=0$$

由于 $q_0\neq 0$，所以

$$\oint_l \boldsymbol{E}\cdot \mathrm{d}\boldsymbol{l}=0 \tag{8-20a}$$

这表明，在静电场中，电场强度沿任一闭合路径的线积分为零，或者说，静电场电场强度的环流为零. 这就是静电场的环路定理.

静电场的环路定理反映了静电场的一个重要性质. 它说明静电场是保守场，可以引入势能和势的概念，所以静电场是一种势场.

由斯托克斯公式得 $\oint_l \boldsymbol{E}\cdot \mathrm{d}\boldsymbol{l}=\int_s (\nabla\times\boldsymbol{E})\cdot \mathrm{d}\boldsymbol{s}$，所以

$$\nabla\times\boldsymbol{E}=0 \tag{8-20b}$$

矢量算符 $\nabla=\frac{\partial}{\partial x}\boldsymbol{i}+\frac{\partial}{\partial y}\boldsymbol{j}+\frac{\partial}{\partial z}\boldsymbol{k}$ 与矢量场的叉积称为矢量场的旋度，即静电场的旋度为零，所以静电场是无旋场.

例 8-10 证明：静电场中的电场线不可能是闭合线.

证明 利用静电场的环路定理并采用反证法证明此结论.

先假设电场线是闭合曲线. 取该闭合电场线作为积分环路，考虑到对积分路径上的每一 $\mathrm{d}\boldsymbol{l}$，该处的 $\boldsymbol{E}$ 与其同向，则

$$\boldsymbol{E}\cdot \mathrm{d}\boldsymbol{l}=E\mathrm{d}l=E\mathrm{d}l>0$$

所以

$$\oint_l \boldsymbol{E}\cdot \mathrm{d}\boldsymbol{l}>0$$

这与静电场的环路定理相矛盾，所以假设(电场线是闭合线)不正确，即静电场的电场线不可能是闭合线.

例 8-11 平行板电容器内部电场线为平行直线，证明：非无限大平行板电容器电场线不可能只分布于平行板内部.

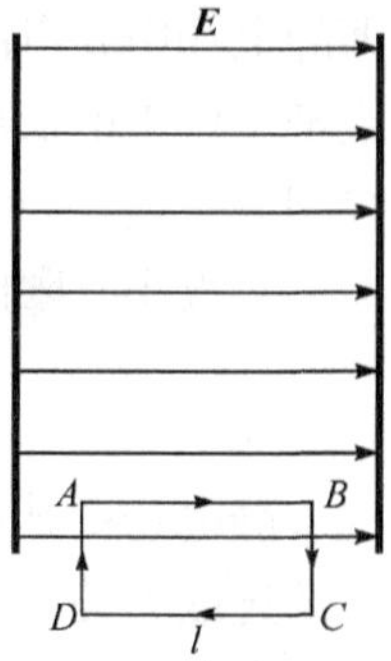

图 8-29 例 8-11 图

电势、电势叠加原理

证明 用反证法，假设外部 $E=0$，如图 8-29 所示作一闭合回路 $ABCD$，则

$$\oint_l \boldsymbol{E}\cdot \mathrm{d}\boldsymbol{l}=\int_{AB}\boldsymbol{E}\cdot \mathrm{d}\boldsymbol{l}+\int_{BC}\boldsymbol{E}\cdot \mathrm{d}\boldsymbol{l}+\int_{CD}\boldsymbol{E}\cdot \mathrm{d}\boldsymbol{l}+\int_{DA}\boldsymbol{E}\cdot \mathrm{d}\boldsymbol{l}=El$$

与环路定理矛盾，所以假设不成立.

8.4.3 电势能与电势

凡保守场都能引入势能的概念. 例如，在力学中，重力做功与路径无关，所以重力场是保守场，可以引入重力势能的概念.

保守力的功等于相关势能增量的负值，即物体从 a 点运动到 b 点时，保守力的功 A_{ab} 为

$$A_{ab}=-(W_{Pb}-W_{Pa})=W_{Pa}-W_{Pb}$$

式中 W_{Pa}、W_{Pb} 分别代表物体在 a、b 两点的势能值.

静电场力是保守力，因此，在静电场中也可以引入势能的概念——电势能. 把检验电荷 q_0 由 a 点移到 b 点时，静电场力的功为

$$A_{ab}=W_a-W_b=q_0\int_a^b \boldsymbol{E}\cdot \mathrm{d}\boldsymbol{l} \tag{8-21}$$

式中 W_a、W_b 分别表示 q_0 在 a、b 两点时系统的电势能. 显然，电势能与电荷 q_0 的大小和正负有关系，若仅用来描述电场的性质，需要找到一个与引入的电荷无关的量. 我们看到在式(8-21)中 A_{ab} 与检验电荷的电量 q_0 成正比，所以各项中除以 q_0，得

$$\frac{A_{ab}}{q_0}=\frac{W_a-W_b}{q_0}=\int_a^b \boldsymbol{E}\cdot \mathrm{d}\boldsymbol{l}$$

上面各项都与 q_0 无关，所以它们是描述静电场本身性质的物理量.

定义：电场中 a、b 两点间的电势差 U_{ab} (或称电压)为

$$U_{ab}=U_a-U_b=\frac{A_{ab}}{q_0}=\frac{W_a-W_b}{q_0}=\int_a^b \boldsymbol{E}\cdot \mathrm{d}\boldsymbol{l} \tag{8-22}$$

式中 U_a、U_b 分别表示 a、b 两点的电势. 式(8-22)表明：静电场中 a、b 两点的电势差等于把单位正电荷由 a 移到 b 时电场力的功，或把单位正电荷放在 a、b 两点时系统的电势能之差，也等于电场强度由 a 点到 b 点的线积分.

要想确定场中某点的电势，必须首先选取电势零点. 如选 b 点为电势零点，则 a 点的电势

$$U_a=U_a-U_b=\frac{A_{ab}}{q_0}=\frac{W_a}{q_0}=\int_a^b \boldsymbol{E}\cdot \mathrm{d}\boldsymbol{l} \tag{8-23}$$

即静电场中 a 点的电势等于把单位正电荷由 a 点移到电势零点时电场力做的功，或把单位正电荷放在 a 点时系统的电势能，也等于电场强度由 a 点到电势零点的线积分.

对大小有限的带电体，常选无限远处的电势为零，即 $U_\infty = 0$，则 a 点的电势

$$U_a = \int_a^\infty \boldsymbol{E} \cdot \mathrm{d}\boldsymbol{l} \tag{8-24}$$

静电场中某点的电势与电势零点的选取有关，但两点间的电势差却与电势零点的选取无关.

由电势的定义可知，电势是标量，但是电势有正负，和电势零点的选取有关. 电势和电势差具有相同的单位，在国际单位制中是伏[特]，符号为V

$$1\mathrm{V} = 1\mathrm{J/C}$$

电势是描述电场特性的又一重要物理量，若电场中电势分布已知，可以方便地计算出点电荷 q 在某点 a 所具有的电势能

$$W_a = qu_a$$

如果把点电荷 q 从 a 点移动到 b 点，静电场力所做的功

$$A_{ab} = q(u_a - u_b)$$

例如，前文我们讲过晴天区域的大气电场都指向下方，在地表附近的平坦地面上，大气电场强度在 $100 \sim 200\mathrm{N/C}$，各地电场的实际数值决定于当地的条件，如大气中的灰尘、污染情况、地貌以及季节和时间等，地球表面大气电场的平均值为 $130\mathrm{N/C}$. 若大气中的空气分子被宇宙射线中的粒子碰撞，释放电子，则电子在静电力的作用下上升 520m 时，电子的势能改变多少？

此处以平均电场强度来计算，上升前后电势差为

$$u_a - u_b = Ed\cos 180° = -Ed$$

则电势能的改变为

$$\begin{aligned} W_b - W_a &= q(u_b - u_a) = qEd = (-1.60 \times 10^{-19}) \times 130 \times 520 \\ &= -1.08 \times 10^{-14}(\mathrm{J}) \end{aligned}$$

可见，在上升的过程中，电子的电势能降低了，因此电势的计算也非常重要.

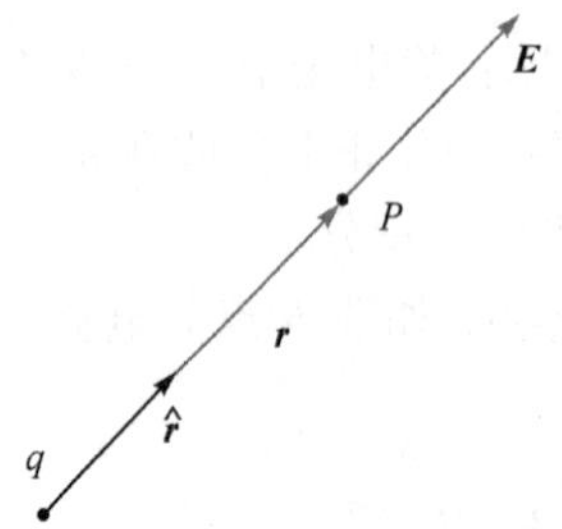

图 8-30 静止点电荷电场中某点的电势

8.4.4 电势的计算

1. 静止点电荷产生的电场中某点的电势

如图 8-30 所示，在静止点电荷 q 产生的场中，任找一点 P，它距离 q 为 r. 若选

$U_\infty = 0$，在 P 点处引入检验电荷 q_0，使它由 P 点移到无限远处，由式(8-19)可知，电场力做功为

$$A_{P\infty} = \frac{q_0 q}{4\pi\varepsilon_0 r}$$

则 P 点电势为

$$U_P = \frac{A_{P\infty}}{q_0} = \frac{q}{4\pi\varepsilon_0 r} \tag{8-25}$$

也可以利用电场强度的线积分法求 P 点的电势. 取 P 点到无限远处的积分路径为 q 与 P 的连线方向一直向外，则积分路径上任意位置 $\mathrm{d}\boldsymbol{r}$ 处，$\boldsymbol{E}$ 与 $\mathrm{d}\boldsymbol{r}$ 同向，因此 P 点处的电势

$$U_P = \int_P^\infty \boldsymbol{E}\cdot\mathrm{d}\boldsymbol{r} = \int_r^\infty \frac{q}{4\pi\varepsilon_0 r^2}\mathrm{d}r = \frac{q}{4\pi\varepsilon_0 r}$$

2. 静止点电荷系产生的电场中某点的电势

对于由许多静止点电荷 q_1，q_2，…组成的点电荷系，利用电场强度的线积分法来求场中某点 P 的电势. 积分路径中的任意微小路径 $\mathrm{d}\boldsymbol{l}$ 上，电场强度是所有点电荷在此处产生的电场强度的矢量和. P 点处的电势

$$\begin{aligned} U_P &= \int_P^\infty \boldsymbol{E}\cdot\mathrm{d}\boldsymbol{l} = \int_P^\infty (\boldsymbol{E}_1 + \boldsymbol{E}_2 + \cdots)\cdot\mathrm{d}\boldsymbol{l} = \int_P^\infty \boldsymbol{E}_1\cdot\mathrm{d}\boldsymbol{l} + \int_P^\infty \boldsymbol{E}_2\cdot\mathrm{d}\boldsymbol{l} + \cdots \\ &= U_1 + U_2 + \cdots = \sum_i \frac{q_i}{4\pi\varepsilon_0 r_i} \end{aligned} \tag{8-26}$$

式(8-26)表明：P 点处的电势是所有点电荷单独存在时，在此处产生的电势的代数和，该结论称为电势叠加原理.

3. 电荷连续分布的静止带电体产生的电场中某点的电势

求电荷连续分布的静止带电体的电场中某点的电势，可用两种方法.

方法一：微元法. 也是利用电势叠加原理，将带电体看作由许多电荷微元组成，每一个电荷微元都可看作点电荷，其在某点产生的电势为

$$\mathrm{d}U = \frac{\mathrm{d}q}{4\pi\varepsilon_0 r}$$

叠加可得，该场点的总电势为

$$U = \int \mathrm{d}U = \int \frac{\mathrm{d}q}{4\pi\varepsilon_0 r} \tag{8-27}$$

需要注意的是：式(8-26)和式(8-27)都利用了点电荷的电势公式，因此，电势零点都已经选在无穷远处了.

方法二：电场强度的线积分法．由式(8-24)可得 P 点位置处的电势 $U=\int_P^{\infty}\boldsymbol{E}\cdot\mathrm{d}\boldsymbol{l}$.

利用电场强度的线积分法求电势时要注意：首先，带电体产生的电场强度要已知或易求；其次，既然积分与路径无关，可选使积分计算最简单的积分路径．还要注意，如果从场点到电势零点的积分路径中，电场强度的表示函数不止一个，要分段积分．下面举例说明．

例 8-12 如图 8-31 所示，均匀带电球面总带电量为 $+Q$，球面半径为 R，求球面产生的电场中的电势分布．

解 电场强度分布为

$$E=\begin{cases}0 & (r<R)\\ \dfrac{Q}{4\pi\varepsilon_0 r^2} & (r>R)\end{cases}$$

所以球面外($r>R$)任一点 P 的电势为

$$U=\int_P^{\infty}\boldsymbol{E}\cdot\mathrm{d}\boldsymbol{r}=\int_r^{\infty}\frac{Q}{4\pi\varepsilon_0 r^2}\mathrm{d}r=\frac{Q}{4\pi\varepsilon_0 r}$$

结果表明，球面外的电势分布和电荷集中到球心处的一个点电荷的电势分布一样．

若 P 在球面内($r<R$)，由于球面内外电场强度的分布不同，所以积分要分两段，即

$$U=\int_P^{\infty}\boldsymbol{E}\cdot\mathrm{d}\boldsymbol{r}=\int_r^{R}\boldsymbol{E}\cdot\mathrm{d}\boldsymbol{r}+\int_R^{\infty}\boldsymbol{E}\cdot\mathrm{d}\boldsymbol{r}=\int_r^{R}0\mathrm{d}r+\int_R^{\infty}\frac{Q}{4\pi\varepsilon_0 r^2}\mathrm{d}r=\frac{Q}{4\pi\varepsilon_0 R}$$

它说明均匀带电球面内各点的电势相等，即球面所包围的体积为等势体，球面为等势面．图 8-32 给出了电势随半径变化的曲线，由此例可以得出，电场强度为零的区域一定是等势区．

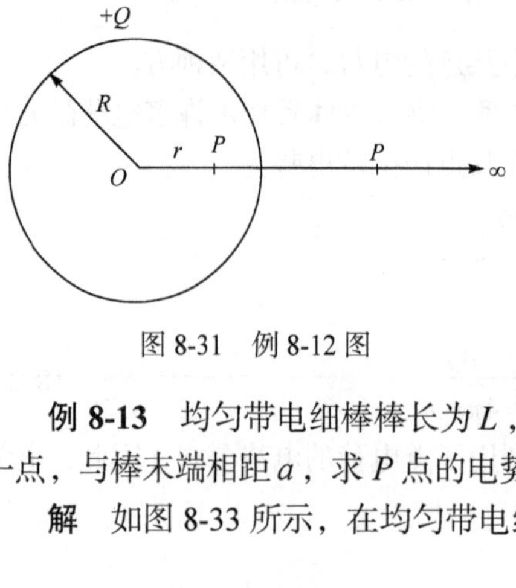

图 8-31 例 8-12 图

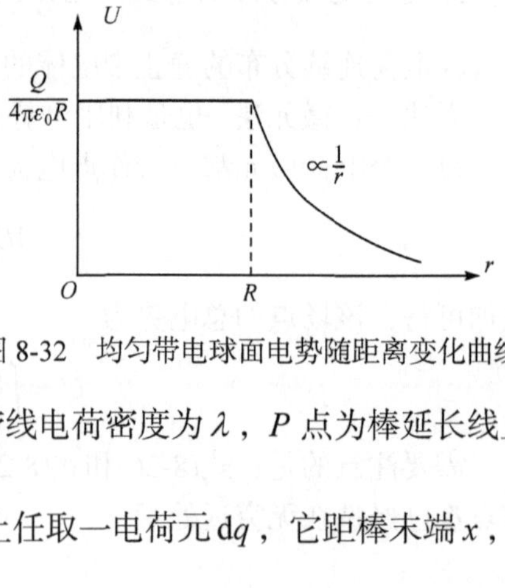

图 8-32 均匀带电球面电势随距离变化曲线

例 8-13 均匀带电细棒棒长为 L，所带线电荷密度为 λ，P 点为棒延长线上一点，与棒末端相距 a，求 P 点的电势．

解 如图 8-33 所示，在均匀带电细棒上任取一电荷元 $\mathrm{d}q$，它距棒末端 x，

宽度为 dx，有 $dq = \lambda dx$. 设它距 P 点 r，则它在 P 点产生的电势为

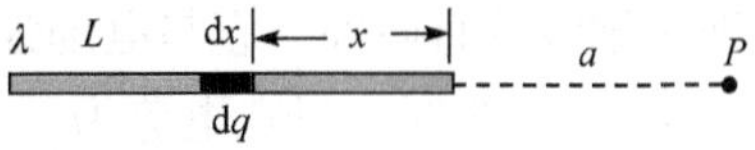

图 8-33 例 8-13 图

$$dU = \frac{dq}{4\pi\varepsilon_0 r} = \frac{\lambda dx}{4\pi\varepsilon_0 (x+a)}$$

由微元法，P 点的电势为所有电荷元产生的电势的叠加

$$U = \int dU = \frac{\lambda}{4\pi\varepsilon_0}\int_0^L \frac{dx}{x+a} = \frac{\lambda}{4\pi\varepsilon_0}\ln\frac{L+a}{a}$$

例 8-14 无限长均匀带电直线线电荷密度为 λ，求带电直线电场中的电势分布.

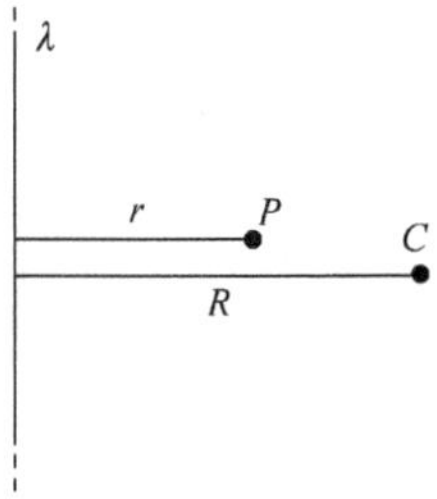

图 8-34 例 8-14 图

解 无限长均匀带电直线周围的电场大小为

$$E = \frac{\lambda}{2\pi\varepsilon_0 r}$$

它的方向垂直于带电直线. 若选无限远处为电势零点，即 $U_\infty = 0$，则

$$U_P = \int_P^\infty \boldsymbol{E}\cdot d\boldsymbol{r} = \int_r^\infty \frac{\lambda}{2\pi\varepsilon_0 r}dr = \frac{\lambda}{2\pi\varepsilon_0}\ln\frac{\infty}{r} \to \infty$$

可以看出，对无限长直导线选取无限远处为电势零点，各点的电势都将趋于无限大而失去了意义，所以对无限长、无限大等带电体，不能取无限远处为电势零点.

如图 8-34 所示，若选有限远的某一个点 C(与直线距离为 R)为电势零点，即 $U_R = 0$，则

$$U_P = \int_P^R \boldsymbol{E}\cdot d\boldsymbol{r} = \int_r^R \frac{\lambda}{2\pi\varepsilon_0 r}dr = \frac{\lambda}{2\pi\varepsilon_0}\ln\frac{R}{r}$$

例 8-15 如图 8-35 所示，有两个无限长同轴均匀带电圆柱面，内筒半径为 R_1，单位长度带电 λ_1，外筒半径为 R_2，单位长度带电 λ_2. 若选外筒表面电势为零，求空间电势的分布和两筒间的电势差.

解 由于电荷分布的轴对称性，由高斯定理易得，空间电场强度分布为

$$E = \begin{cases} 0 & (r < R_1) \\ \dfrac{\lambda_1}{2\pi\varepsilon_0 r} & (R_1 < r < R_2) \\ \dfrac{\lambda_1 + \lambda_2}{2\pi\varepsilon_0 r} & (r > R_2) \end{cases}$$

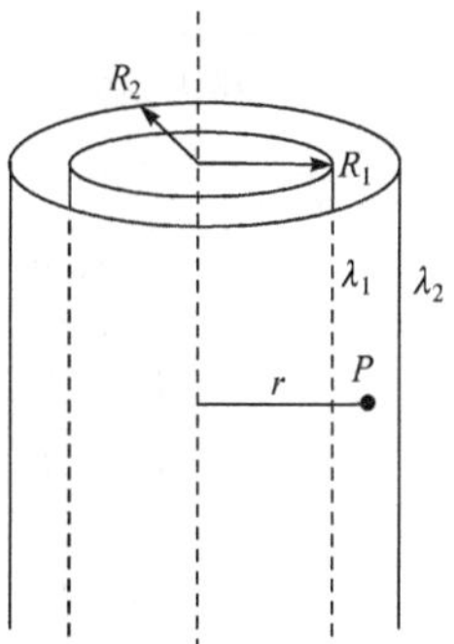

图 8-35 例 8-15 图

利用电场强度的线积分法求电势时，路径均取径向，

即由轴线垂直向外，它与电场强度的方向相同.

当$r<R_1$时，场点电势为

$$U=\int_r^{R_2}\boldsymbol{E}\cdot\mathrm{d}\boldsymbol{r}=\int_r^{R_1}\boldsymbol{E}\cdot\mathrm{d}\boldsymbol{r}+\int_{R_1}^{R_2}\boldsymbol{E}\cdot\mathrm{d}\boldsymbol{r}=\int_{R_1}^{R_2}\frac{\lambda_1}{2\pi\varepsilon_0 r}\mathrm{d}r=\frac{\lambda_1}{2\pi\varepsilon_0}\ln\frac{R_2}{R_1}$$

当$R_1<r<R_2$时，场点电势为

$$U=\int_r^{R_2}\boldsymbol{E}\cdot\mathrm{d}\boldsymbol{r}=\int_r^{R_2}\frac{\lambda_1}{2\pi\varepsilon_0 r}\mathrm{d}r=\frac{\lambda_1}{2\pi\varepsilon_0}\ln\frac{R_2}{r}$$

当$r>R_2$时，为保持积分方向与电场强度的方向相同，可先求外筒表面与场点电势差，再得出电势，即

$$U_{R_2}-U=\int_{R_2}^{r}\boldsymbol{E}\cdot\mathrm{d}\boldsymbol{r}=\int_{R_2}^{r}\frac{\lambda_1+\lambda_2}{2\pi\varepsilon_0 r}\mathrm{d}r=\frac{\lambda_1+\lambda_2}{2\pi\varepsilon_0}\ln\frac{r}{R_2}$$

考虑到$U_{R_2}=0$，得

$$U=-\frac{\lambda_1+\lambda_2}{2\pi\varepsilon_0}\ln\frac{r}{R_2}$$

两筒间的电势差为

$$\Delta U=\int_{R_1}^{R_2}\boldsymbol{E}\cdot\mathrm{d}\boldsymbol{r}=\int_{R_1}^{R_2}\frac{\lambda_1}{2\pi\varepsilon_0 r}\mathrm{d}r=\frac{\lambda_1}{2\pi\varepsilon_0}\ln\frac{R_2}{R_1}$$

表 8-3 是一些常见带电体的电势分布.

表 8-3　一些常见带电体的电势分布(以无限远为电势零点)

1. 点电荷 $U=\frac{q}{4\pi\varepsilon_0 r}$ 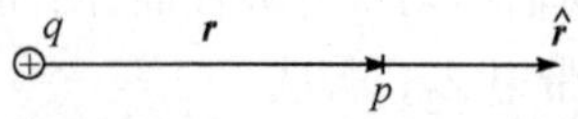	2. 长为 L、线电荷密度为 λ 的均匀带电细棒延长线上 $U=\frac{\lambda}{4\pi\varepsilon_0}\ln\frac{L+a}{a}$ 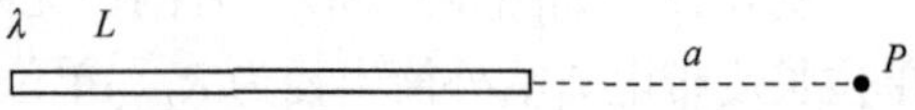
3. 均匀带电圆环轴线上的一点 $U=\frac{1}{4\pi\varepsilon_0}\frac{Q}{(a^2+x^2)^{1/2}}$ 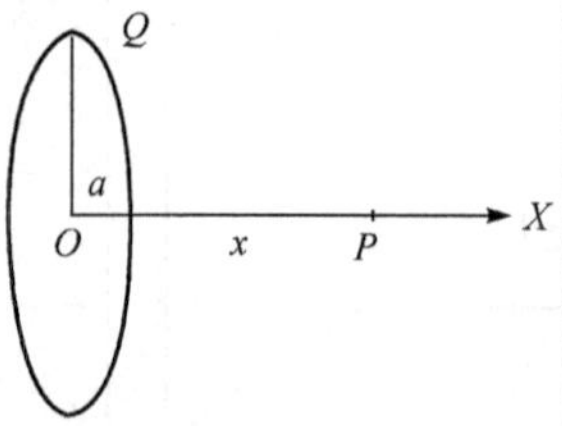	4. 均匀带电圆盘轴线上的一点 $U=\frac{\sigma}{2\varepsilon_0}\left(\frac{1}{\sqrt{x^2+a^2}}-x\right)$ 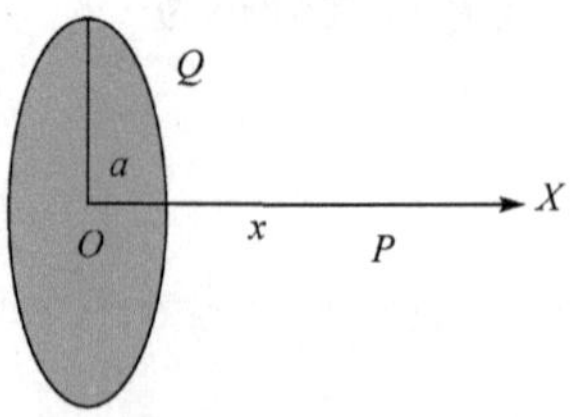

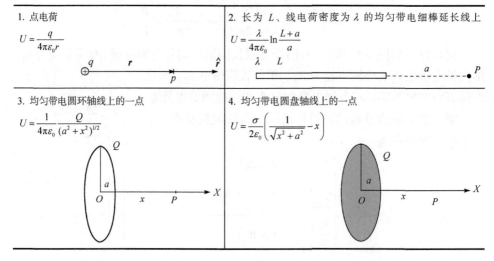

续表

5. 均匀带电球面 $U=\begin{cases}\dfrac{Q}{4\pi\varepsilon_0 R} & (r\leqslant R)\\ \dfrac{Q}{4\pi\varepsilon_0 r} & (r>R)\end{cases}$ 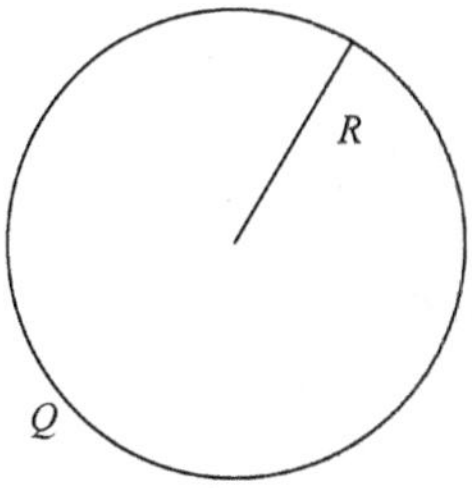	6. 均匀带电球体 $U=\begin{cases}\dfrac{Q}{8\pi\varepsilon_0 R}\left(3-\dfrac{r^2}{R^2}\right) & (r<R)\\ \dfrac{Q}{4\pi\varepsilon_0 r} & (r\geqslant R)\end{cases}$ 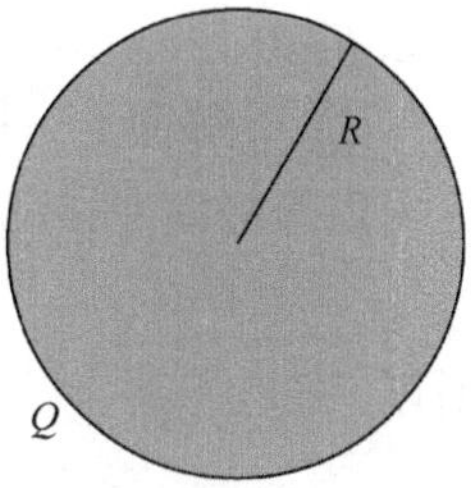
7. 均匀无限长带电直线(注意：此处必须选有限远 R_0 的某一个点 C 为电势零点，即 $U_{R_0}=0$) $U_P=\dfrac{\lambda}{2\pi\varepsilon_0}\ln\dfrac{R_0}{r}$ 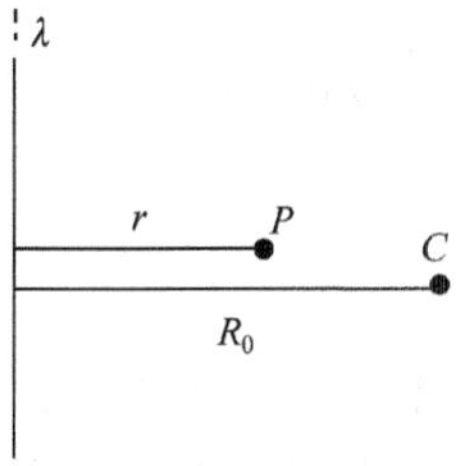	8. 半径为 R 、线密度为 λ 的无限长均匀带电圆柱面(注意：此处必须选有限远 R_0 的某一个点 C 为电势零点，即 $U_{R_0}=0$) $U_P=\begin{cases}\dfrac{\lambda}{2\pi\varepsilon_0}\ln\dfrac{R_0}{R} & (r<R)\\ \dfrac{\lambda}{2\pi\varepsilon_0}\ln\dfrac{R_0}{r} & (r>R)\end{cases}$ 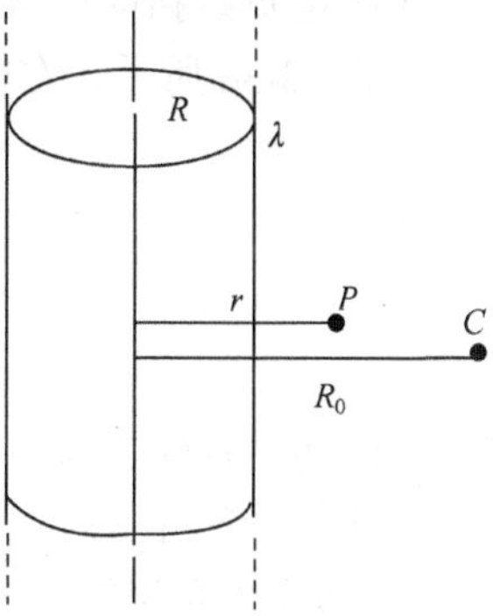

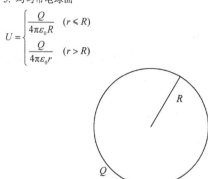

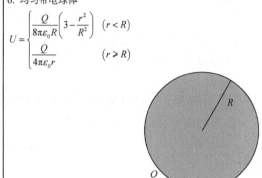

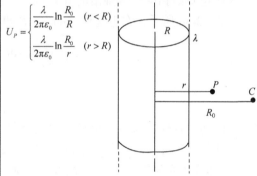

8.5 等势面 电场强度与电势的微分关系

8.5.1 等势面

如同借助于电场线来形象描绘电场中的电场强度分布一样，我们常用等势面来表示电场中电势的分布. 电势相等的点所构成的面,叫作**等势面**. 不同电荷分布的电场具有不同形式的等势面. 如点电荷 q 电场中的等势面就是以点电荷 q 为球心的一族同心球面.

为了直观地比较电场中各点的电势，画等势面时，使相邻等势面间的电势差为定值.

根据等势面的意义，可知等势面具有以下性质：

(1) 在等势面上移动电荷时，电场力不做功.

在等势面上移动电荷时，在每一微小路径上都有电场力做功 $\mathrm{d}A = q\mathrm{d}U = 0$，所以 $A = 0$.

(2) 等势面上，电场强度与等势面处处垂直.

在等势面上移动电荷时，总有

$$\mathrm{d}A = q\boldsymbol{E}\cdot\mathrm{d}\boldsymbol{l} = 0$$

所以

$$\boldsymbol{E}\perp\mathrm{d}\boldsymbol{l}$$

因此，等势面上的电场强度与等势面处处垂直.

(3) 电场线指向电势降落的方向.

如图 8-36 所示，在电场线上的 A、B 两点之间的电势差为

$$U_A - U_B = \int_A^B \boldsymbol{E}\cdot\mathrm{d}\boldsymbol{l} = \int_A^B E\mathrm{d}l > 0$$

所以

$$U_A > U_B$$

(4) 等势面密的地方，电场强度数值大；等势面疏的地方，电场强度数值小.

如图 8-37 所示，三个等势面 1、2、3 之间电势相差均为 $\mathrm{d}U$，$\mathrm{d}U$ 很小，可认为相邻等势面间的电场 E_1、E_2 均匀，则

$$\mathrm{d}U = E_1\mathrm{d}r_1 = E_2\mathrm{d}r_2$$

即两等势面的间距与电场强度成反比. 所以等势面密的地方，电场强度数值大；等势面疏的地方，电场强度数值小.

等势面的概念在实际问题中也有很多应用，主要是因为在实际遇到的很多带

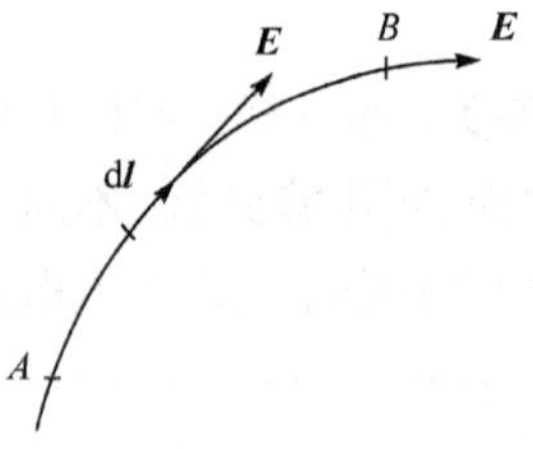

图 8-36 电场线指向电势降落的方向

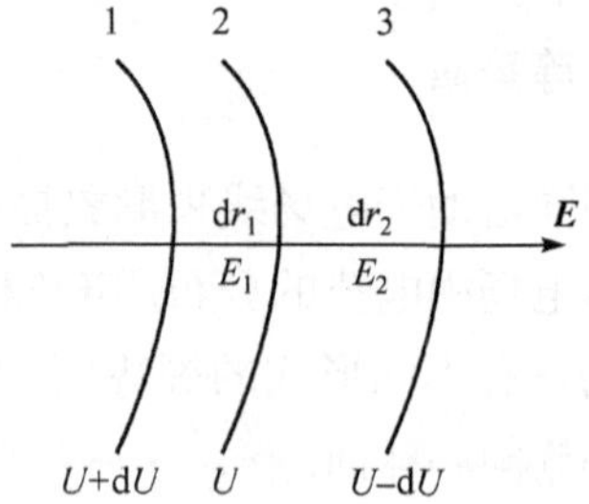

图 8-37 等势面疏密与场强关系

电问题中等势面(等势线)的分布容易通过实验测绘出来，并由此可以分析电场的分布. 图 8-38 表示几种简单电场分布的电场线和等势面. 其中(a)、(b)、(c)分别是正点电荷、均匀带电圆盘和一对等量异号电荷的电场线和等势面图形.

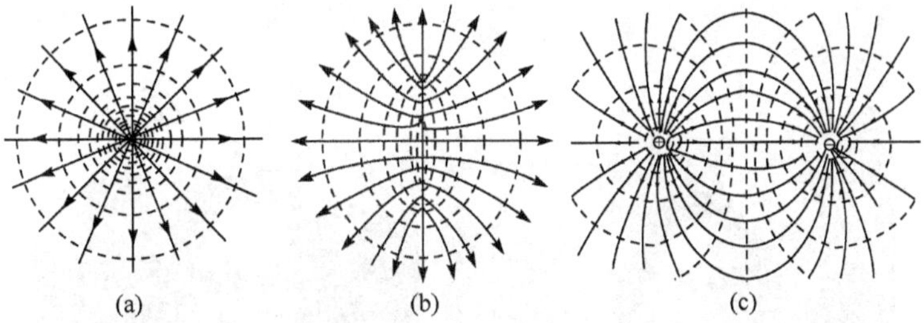

图 8-38 几种简单电场分布的电场线和等势面

雷电天气，在空旷或者山顶平台上，会有头发竖起的现象，不要以为这个奇观是多么美妙的，这是雷击前兆. 通常认为，雷雨云内部的对流运动导致了正负电荷的分离，并由此使得云层和地面之间产生了很大的电势差. 我们以例题和实例来说明这个问题.

例 8-16 已知云层和地面之间的电势差 $U = 10\text{MV}$，一次闪电中通过的电荷量为 50C. 求：

(1) 这次闪电释放的能量；

(2) 单个电子从云层移到地面，其电势能的改变量.

解 (1) 两点之间的电势差就是单位正电荷在两点处的电势能之差. 当电荷从云层向地面“掉落”时，释放的能量就是其电势能的减少量. 因此，闪电释放的能量为

$$\Delta E_p = qU = 50 \times 10 \times 10^6 = 5 \times 10^8 (\text{J})$$

(2) 一个电子经过 1V 电势差后所获得的能量是 1eV，所以单个电子从云层移动到地面，其电势能改变量为 10MeV.

我们知道空气的击穿场强是 $3 \times 10^6\ \text{V/m}$，与例 8-16 中的电势差 $U = 10\text{MV} = 10 \times 10^6\text{V}$ 做对比可知，在离地面越高的地方越危险. 从等势面的角度来看，在山顶某一平台处，人和山顶具有相同的电势. 若此时强烈的带电云系移来，云系和山顶之间形成强电场. 有一系列的等势面围绕着人，电场垂直于等势面向外. 这个电场产生的静电力驱使人身上的某些传导电子通过身体向下传入地，留下头发带正电. 此时，电场虽然很大但还是小于击穿电场，从等势面可以看出，头发沿电场方向延伸，电场在头顶方向最大，因为头顶方向头发比侧面的头发伸得更远. 图 8-39 是 1975 年在美国加利福尼亚州红杉国家公园的莫罗山，游客拍下这些照

片后，很快山顶遭遇雷击. 所以发现头发竖起的现象时，雷击即将发生，非常危险，应尽快回避.

(a) (b)

图 8-39 山顶雷击之前真实照片(a)和等势面图(b)

8.5.2 电场强度与电势的微分关系

电场强度与电势的关系

电场强度和电势都是描述电场中各点性质的物理量. 电场中两点之间的电势差等于电场强度沿着它们之间连线的线积分，这是电场强度与电势之间的积分关系. 反过来，电场强度与电势的关系也应该可以用微分关系表示出来,即电场强度等于电势的导数. 但由于电场强度是一个矢量，这后一导数关系显得复杂一些. 下面我们来导出电场强度与电势的关系的微分形式.

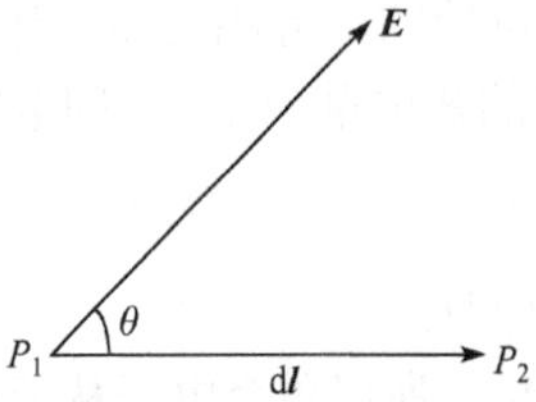

图 8-40 电场强度与电势的微分关系

如图 8-40 所示，在电场中考虑沿任意的 $\boldsymbol{l}$ 方向相距很近的两点 P_1 和 P_2，这两点的电势分别为 U_1 和 $U_2 = U_1 + \mathrm{d}U$，从 P_1 到 P_2 的微小位移矢量为 $\mathrm{d}\boldsymbol{l}$，则这两点之间的电势差为

$$U_1 - U_2 = -\mathrm{d}U = \boldsymbol{E}\cdot\mathrm{d}\boldsymbol{l} = E\mathrm{d}l\cos\theta = E_l\mathrm{d}l$$

式中 θ 为 $\boldsymbol{E}$ 与 $\boldsymbol{l}$ 之间的夹角，E_l 为 $\boldsymbol{E}$ 沿 $\boldsymbol{l}$ 方向的分量. 由上式可得

$$E_l = E\cos\theta = -\frac{\mathrm{d}U}{\mathrm{d}l} \tag{8-28}$$

$\mathrm{d}U/\mathrm{d}l$ 为电势函数沿 $\boldsymbol{l}$ 方向经单位长度时的变化，即电势沿 $\boldsymbol{l}$ 方向的空间变化率. 式(8-28)说明：电场中某点电场强度沿某一方向的分量等于电势沿此方向的空间变化率的负值. 显然，过电场中任一点沿不同方向的电势随空间的变化率是不一样的.

当 $\theta = 0$ 时，E_l 取最大值，即 l 沿着电场强度方向，也即等势面的法线方向，

记为 $\hat{\boldsymbol{n}}$，此时，电势的空间变化率是最大的，某点电势随距离的变化率的最大值称为该点的电势梯度，记为 $\mathrm{grad}U$，电势梯度是一个矢量，它的方向是该点附近电势升高最快的方向.

$$\mathrm{grad}U=\left.\frac{\mathrm{d}U}{\mathrm{d}l}\right|_{\max}=\frac{\mathrm{d}U}{\mathrm{d}n} \tag{8-29}$$

电场中任意点的场强等于该点电势梯度的负值，负号表示该点场强方向与电势梯度方向相反，即场强指向电势降落的方向.

$$E=-\mathrm{grad}U=-\left.\frac{\mathrm{d}U}{\mathrm{d}l}\right|_{\max}=-\frac{\mathrm{d}U}{\mathrm{d}n}$$

在直角坐标系中，电势函数可用直角坐标表示，即 $U=U(x,y,z)$，则由式(8-29)可求得电场强度沿三个坐标方向的分量，分别是

$$E_x=-\frac{\partial U}{\partial x},\quad E_y=-\frac{\partial U}{\partial y},\quad E_z=-\frac{\partial U}{\partial z} \tag{8-30}$$

则

$$\boldsymbol{E}=-\left(\frac{\partial U}{\partial x}\boldsymbol{i}+\frac{\partial U}{\partial y}\boldsymbol{j}+\frac{\partial U}{\partial z}\boldsymbol{k}\right)=-\left(\frac{\partial}{\partial x}\boldsymbol{i}+\frac{\partial}{\partial y}\boldsymbol{j}+\frac{\partial}{\partial z}\boldsymbol{k}\right)U=-\nabla U=-\mathrm{grad}U \tag{8-31}$$

式中 $\nabla=\frac{\partial}{\partial x}\boldsymbol{i}+\frac{\partial}{\partial y}\boldsymbol{j}+\frac{\partial}{\partial z}\boldsymbol{k}$，也叫作梯度算符. 式(8-31)就是电场强度与电势的微分关系. 负号反映了电场强度的方向与电势梯度的方向相反，即电场强度沿电势降落最快的方向. 由式(8-31)可方便地根据电势分布求电场强度分布.

电势梯度的单位名称是伏特每米，符号为 V/m，电场强度的单位也可以用 V/m 表示，它与电场强度的另一个单位 N/C 是等价的.

最后强调一点：电场中某点的电场强度决定于该点电势的空间变化率，而与电势值本身没有直接的关系.

例 8-17 用电场强度与电势的微分关系，求电偶极子的两个点电荷连线上任一点的电场强度.

解 如图 8-41 所示，以 $+q$ 为坐标原点、$+q$ 和 $-q$ 连线为坐标轴建立坐标. 它们连线上任一点 P(坐标为 x)的电势为

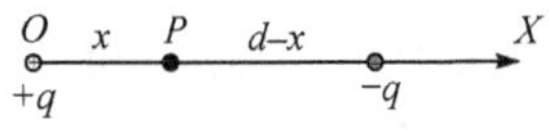

图 8-41 例 8-17 图

$$U=\frac{q}{4\pi\varepsilon_0 x}-\frac{q}{4\pi\varepsilon_0(d-x)}$$

根据电场强度与电势的微分关系，可得 P 点的电场强度为

$$E=-\frac{\mathrm{d}U}{\mathrm{d}x}=\frac{q}{4\pi\varepsilon_0 x^2}+\frac{q}{4\pi\varepsilon_0 (d-x)^2}$$

沿 X 轴正方向.

例 8-18 求在均匀带电细圆环轴线上任一点 P 的电势，并利用电场强度与电势微分关系求此点的电场强度. 设圆环半径为 R，带电量为 $+Q$，P 点到圆心的距离为 x.

解 如图 8-42 所示，取环心为坐标原点 O，X 轴沿轴线方向. 利用微元法可求 P 点的电势为

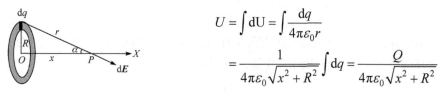

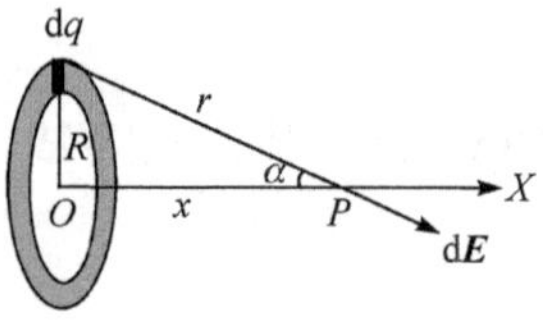

图 8-42 例 8-18 图

$$U=\int \mathrm{dU}=\int\frac{\mathrm{d}q}{4\pi\varepsilon_0 r}$$

$$=\frac{1}{4\pi\varepsilon_0\sqrt{x^2+R^2}}\int \mathrm{d}q=\frac{Q}{4\pi\varepsilon_0\sqrt{x^2+R^2}}$$

上式是坐标为 x 的任一点的电势，则 P 点的电场强度为

$$E=-\frac{\mathrm{d}U}{\mathrm{d}x}=-\frac{\mathrm{d}}{\mathrm{d}x}\left(\frac{Q}{4\pi\varepsilon_0\sqrt{x^2+R^2}}\right)=\frac{Qx}{4\pi\varepsilon_0(x^2+R^2)^{3/2}}$$

$E>0$，说明 P 点电场强度沿 X 轴正向. 这个结果与例 8-4 相同.

由例 8-18 可知：由于电势是标量，因此根据电荷分布用电势叠加的方法求电势是标量积分，计算就简单些，然后再由电势的空间变化率来求电场强度分布.

导体的静电平衡

8.6 静电场中的导体

前面几节介绍了真空中静电场的基本概念和规律，实际应用中还经常涉及导体和电介质对电场的影响. 本节和 8.7 节就来讨论这些问题.

8.6.1 导体的静电平衡

在导体内部有大量可以自由运动的电荷——自由电子，还有按一定方式有规则排列成晶格点阵的带正电的离子. 当导体不带电时，自由电子的负电荷和晶格点阵的正电荷数值相等，电效应互相抵消，因此导体显示电中性，这时导体内的自由电子只做微观的无规则热运动. 如图 8-43 所示，如果把导体放入静电场 $\boldsymbol{E}_0$ 中，其内部的自由电子在电场力作用下发生运动，表面上将堆积正负电荷. 这些电荷在导体内部产生一个与外电场方向相反的新电场 $\boldsymbol{E}'$. 只要导体内部两个电场不完

全抵消，导体中的自由电子就要运动，直到 $\boldsymbol{E}=\boldsymbol{E}_0+\boldsymbol{E}'=0$．此时就达到了一个平衡态，叫作静电平衡.

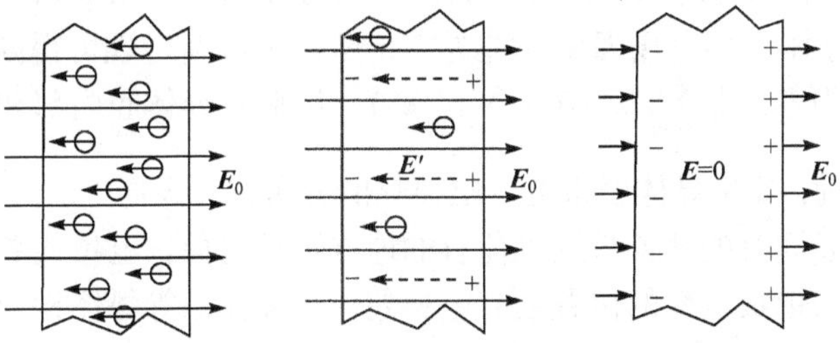

图 8-43 导体中电子的运动

导体处于静电平衡状态指在导体上(内部及表面)的电荷没有定向的宏观运动. 所以处于静电平衡状态的导体，具有如下的性质：

(1) 导体内部电场强度处处为零. 否则导体内部的自由电子在电场的作用下将发生定向移动.

(2) 导体是等势体，导体表面是等势面.

(3) 导体表面外附近的电场强度与导体表面垂直，否则电场强度沿表面的分量将使自由电子沿表面做定向移动，如图 8-44 所示.

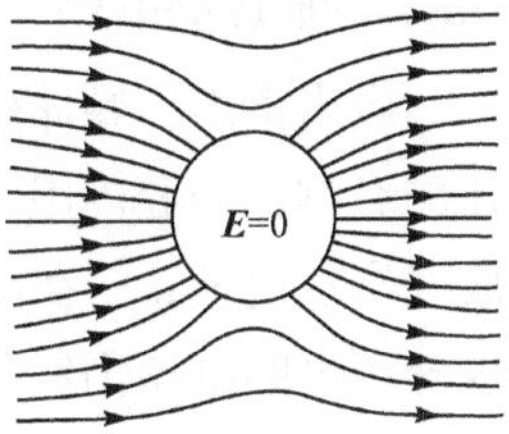

图 8-44 导体的静电平衡

导体在静电场的作用下将很快达到静电平衡状态，所以通常不必考虑导体达到静电平衡的过程，而认为导体在静电场中都处于静电平衡状态.

8.6.2 导体上电荷的分布

如果导体带电，电荷在导体上如何分布呢?

1. 实心导体上电荷的分布

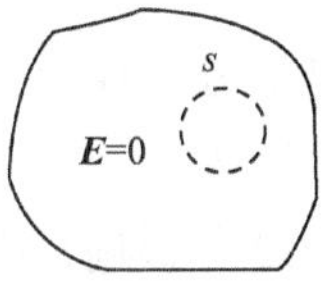

图 8-45 实心导体

如图 8-45 所示，导体处于静电平衡状态. 在实心导体内部作高斯面 s，由高斯定理得

$$\oint_s \boldsymbol{E}\cdot \mathrm{d}\boldsymbol{s}=\frac{1}{\varepsilon_0}\sum q_{内}$$

由于导体处于静电平衡状态时内部电场强度处处为零，所以 $\sum\limits_i q_{内}=0$．因为高斯面是任意的，所以导体内部不会有净电荷. 如果导体带电，电荷就只能分布在外表面上.

2. 内部没有电荷的导体空腔上电荷的分布

如图 8-46 所示，在实心导体内部有一个空腔，作高斯面 s 和 s'，s' 紧邻空腔内表面. 由于导体内部电场强度处处为零，所以由高斯定理可得高斯面 s 和 s' 内部的净电荷都为零，即 $\sum_i q_{内}=0$，$\sum_i q'_{内}=0$，因此在导体腔内部和内表面上都不可能出现净电荷. 如果导体腔带电，电荷只能分布在外表面上.

会不会内表面有的地方带正电荷有的地方带负电荷，电量代数和为零呢？不会，带正电荷与带负电荷的位置会有电势差，与导体是等势体相矛盾.

3. 内部有电荷的导体空腔上电荷的分布

若在导体腔的内部有电荷 $+q$. 如图 8-47 所示，在导体内部紧贴内表面作高斯面 s，由高斯定理可得 s 内净电荷为零，即 $\sum_i q_{内}=0$. 因为腔内有电荷 $+q$，所以内表面带电 $-q$. 这样，在导体的外表面就会感应出 $+q$ 电荷. 腔内的 $+q$ 和内表面的 $-q$ 形成静电场. 这个静电场对外部没有作用.

应当指出，导体外表面上的电荷分布情况只取决于外表面的形状及其他带电体的影响，与腔内电荷的位置无关. 所以如果在一个空心导体圆球内部任何地方放一个点电荷 q，在圆球的外表面感应出的电荷 q 将均匀分布在外表面上，它在球外产生的电场仍然是球对称的.

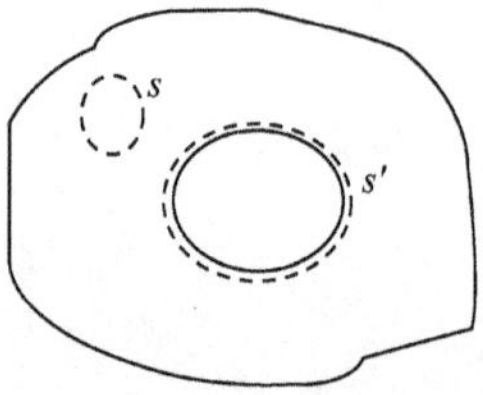

图 8-46　内部没有电荷的导体空腔

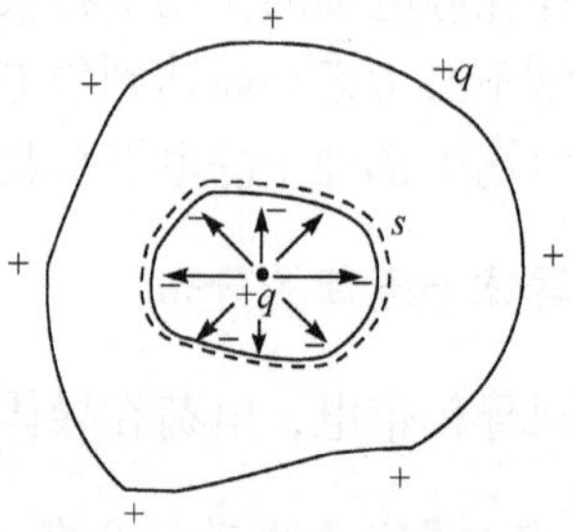

图 8-47　内部有电荷的导体空腔

总之，不论导体带有多少电荷，处于静电平衡状态时，电荷总是分布在导体的表面上，所有电荷激发的电场总是使导体内部各点的电场强度处处为零.

由于导体内部的电场强度为零，所以外面的电场对腔内的电场没有影响，即导体腔就像一层“保护膜”保护了内部电场不受外部电场的影响. 如果导体腔的外壳接地，如图 8-48 所示，则内外电场就互不影响，相互独立. 这两种现象均叫作静电屏蔽.

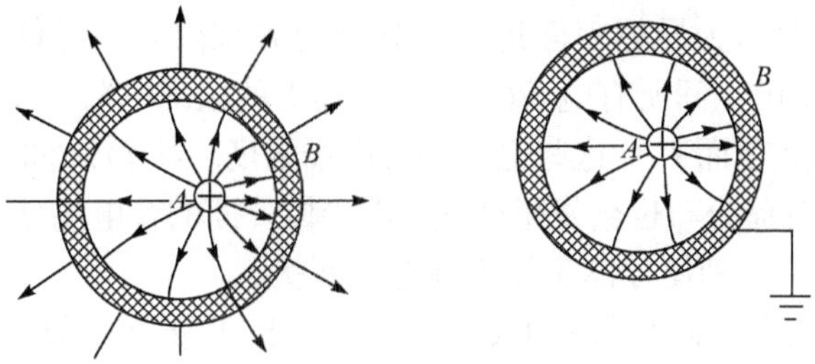

图 8-48 静电屏蔽

静电屏蔽有许多重要的应用,为了避免外部电场对精密电磁测量仪器的干扰,或者为了避免电器设备的电场对外界的影响，一般都安装有接地的金属外壳(网、罩); 传输微弱信号的连接导线，为了避免外界的干扰，也往往在导线外面包有一层金属网. 又如往往在高压带电设备的外面罩上接地的金属网栅，就是为了使高压带电体不至于影响外界，同时又避免人体触电的危险.

静电场之所以能够屏蔽，是因为引起电场的源——电荷有两种. 引起引力场的源——质量只有正没有负，所以引力场不能被屏蔽.

8.6.3 导体表面附近的电场强度

如果把导体表面视为没有厚度的理想化的面,在面的两侧,电场强度有突变，在内侧(导体内) $\boldsymbol{E}=0$，在外侧(导体外) $\boldsymbol{E}\neq 0$. 如图 8-49 所示，P 点是导体表面附近的一点，其电场强度垂直于导体表面. 为研究其大小,我们作微小高斯面. 在导体表面上任取一个小面元 ΔS，ΔS 取得足够小，可以认为它是一小块平面，且上面的电荷分布是均匀的. 设电荷面密度为 σ，则 ΔS 上的电量为 $q=\sigma\Delta S$. 围绕 ΔS 作一扁柱形闭合面 S，使上下底面都平行于 ΔS，且距离 ΔS 非常近，但上底面 $\Delta S_{上}$ 恰在导体之外，P 点在 $\Delta S_{上}$ 内，下底面 $\Delta S_{下}$ 在导体表面内. 应用高斯定理得

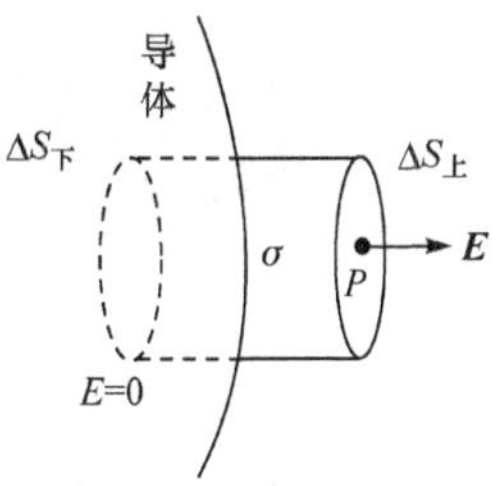

图 8-49 导体表面附近的电场强度

$$\oint_S \boldsymbol{E}\cdot d\boldsymbol{s}=\int_{上底面}\boldsymbol{E}\cdot d\boldsymbol{s}+\int_{下底面}\boldsymbol{E}\cdot d\boldsymbol{s}+\int_{侧面}\boldsymbol{E}\cdot d\boldsymbol{s}=E\Delta S=\sigma\Delta S/\varepsilon_0$$

$$E=\frac{\sigma}{\varepsilon_0} \tag{8-32}$$

式(8-32)说明处于静电平衡的导体表面附近的电场强度正比于该点处导体表面的局部面电荷密度.

利用式(8-32)可以由导体表面某处的面电荷密度 σ 求出导体表面近邻处的电

场强度 $\boldsymbol{E}$. 但不要认为导体表面近邻处某点的 $\boldsymbol{E}$ 仅仅是由导体表面上的电荷激发的，实际上它是由空间所有电荷(包括该导体上的全部电荷以及导体外所有的其他电荷)共同激发的，而 $\boldsymbol{E}$ 是这些电荷的合电场强度. 当导体外的电荷位置发生变化时，导体上的电荷分布也会发生变化，而导体外面的合电场分布也要发生变化. 这种变化将一直持续到使导体又处于静电平衡状态.

由前文我们知道，地球周围的大气是一部大电机，雷暴好似一部静电起电机，能产生负电荷将其送到地面，同时把正电荷送到大气上层. 晴天区域的大气电场都指向下方，由此决定了地球表面必然带有负电荷. 若大气电场按 $E=100\,\text{V/m}$ 计算，地球表面单位面积上所带的电荷应为

$$\sigma=\varepsilon_0 E=-8.85\times10^{-12}\times100\approx-1\times10^{-9}(\text{C/m}^2)$$

由此推算出整个地球表面带的负电荷约为 $5\times10^5\,\text{C}$，即

$$Q=4\pi R_E{}^2\sigma\approx4\times3.14\times(6400\times10^3)^2\times1\times10^{-9}\approx5\times10^5(\text{C})$$

实验表明，对孤立导体，表面越尖锐的地方，电场强度越强. 为什么呢？在一个孤立导体上电荷面密度的大小与表面的曲率有关. 导体表面突出而尖锐的地方(曲率较大)，电荷就比较密集，即电荷面密度 σ 较大；表面较平坦的地方(曲率较小)，σ 较小.

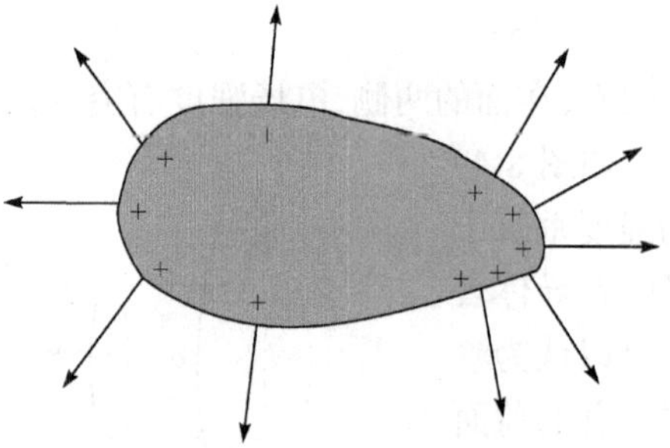

图 8-50　导体表面电荷分布

从定性上讲，电荷企图尽可能广阔地铺开在导体表面上，而尖端与大部分表面距离较远，板上的一些电荷被一直推到该尖头. 在尖头上相对少量的电荷仍能提供一个大的面电荷密度，因此尖端附近的电场强度很强，如图 8-50 所示. 说明这个问题的一个简单的例子是考虑由一个大球和一个小球被一根很长的导线连接在一起的系统(距离远，两球产生的电势相互影响可以忽略). 设大球的半径为 a，带电量为 Q，小球的半径为 b，带电量为 q. 由于它们被连在一起，所以电势相等，即

$$\frac{Q}{4\pi\varepsilon_0 a}=\frac{q}{4\pi\varepsilon_0 b}$$

$$\frac{Q}{a}=\frac{q}{b}$$

它们激发的电场强度之比为

$$\frac{E_1}{E_2}=\frac{Q/a^2}{q/b^2}=\frac{b}{a}$$

电场强度与半径成反比，所以小球面附近电场较强.

这一结果在技术上很重要，因为若导体尖端位置处电荷面密度很大，电场太大，空气会被击穿. 发生的情况是：一个在空气中某处的自由电荷(电子和离子)被场加速，倘若场很大，该电荷就得到了一个很大的速度，它与原子相碰后足以把原子中的电子打出来. 结果是，产生了更多的离子. 大量的带电粒子产生，与尖端上电荷异号的带电粒子受到尖端电荷的吸引，飞向尖端，使尖端上的电荷被中和掉；与尖端上电荷同号的带电粒子受到尖端电荷的排斥，从尖端附近飞开. 它们的运动构成一次放电或火花，从外表看，就好像尖端上的电荷被“喷射”出来放掉一样，所以叫作尖端放电. 如图 8-51 所示. 如果要对一物体充电至一高电压而又不让它通过空气中的火花将本身放电，那就必须保证该表面是平滑的，从而不会在任何一处出现异常强的电场.

利用静电感应和尖端现象，可以使物体连续不断地带上电荷，产生几十万伏的高压，进行放电演示. 输电带将电荷源源不断地送入，电梳将电荷收集并传导到金属球表面以及人身上，直到达到静电平衡. 由于尖端现象，人头发里聚集的电荷最多，同种电荷互相排斥，静电斥力就使得人的头发竖起来了(如图 8-52“怒发冲冠”). 人是站在绝缘物体上的，没有电势差，体内就不会有电流，因此人是安全的.

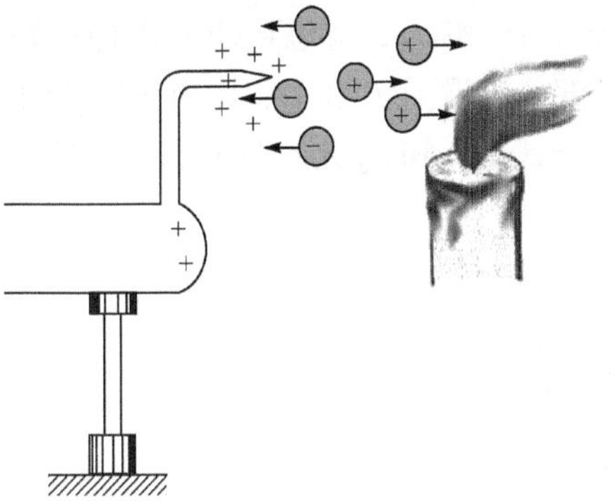

图 8-51　尖端放电产生电风

图 8-52　怒发冲冠

在高压设备中，为了防止由尖端放电引起的危险和漏电造成的损失，输电线的表面应是光滑的. 具有高电压的零部件的表面也必须做得十分光滑并尽可能构成球面. 静谧夜晚，偶然能听到高压电线上“啪啪”的放电声，是来自高压电线连接处不光滑产生的尖端放电. 与此相反，在很多情况下，人们还利用尖端放电. 避雷针是一个典型的应用. 如图 8-53 所示，避雷针置于建筑物的顶端，其尖端的电场强度大，空气被电离，形成放电通道，使云地间电流通过导线流入地下而避免建筑物被“雷击”.

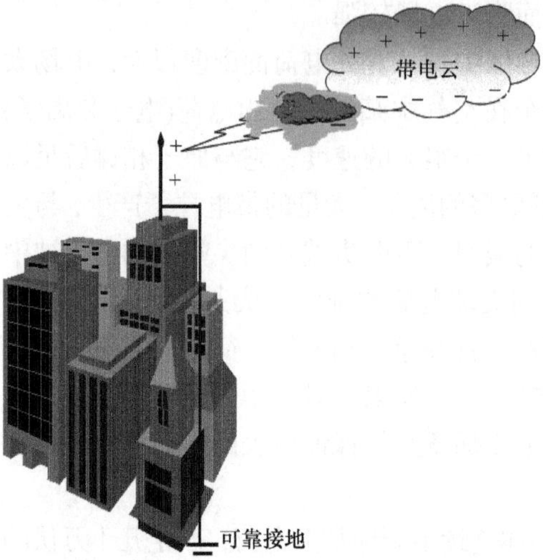

图 8-53 避雷针原理

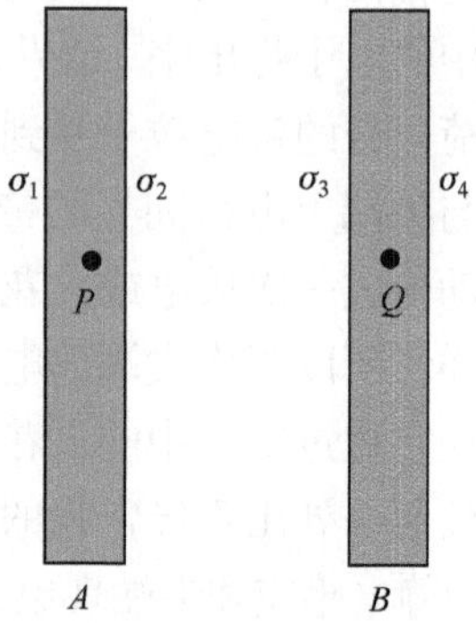

图 8-54 例 8-19 图

例 8-19 如图 8-54 所示，有两块很大的金属平板，平行放置，面积均为 s，带电量分别为 Q_A 和 Q_B. 求电荷在它们上面分布的面密度.

解 设四个面的电荷密度分别为 σ_1、σ_2、σ_3 和 σ_4，考虑到处于静电平衡时金属平板内部电场强度为零，在两个板的内部分别取点 P 和 Q，则有 P、Q 两点的电场强度均为零，它们的电场则是由 σ_1、σ_2、σ_3 和 σ_4 共同激发的，于是有

$$\begin{cases} \sigma_1 + \sigma_2 = Q_A / s \\ \sigma_3 + \sigma_4 = Q_B / s \\ \dfrac{\sigma_1}{2\varepsilon_0} - \dfrac{\sigma_2}{2\varepsilon_0} - \dfrac{\sigma_3}{2\varepsilon_0} - \dfrac{\sigma_4}{2\varepsilon_0} = 0 \\ \dfrac{\sigma_1}{2\varepsilon_0} + \dfrac{\sigma_2}{2\varepsilon_0} + \dfrac{\sigma_3}{2\varepsilon_0} - \dfrac{\sigma_4}{2\varepsilon_0} = 0 \end{cases}$$

解得

$$\begin{cases} \sigma_1 = \sigma_4 = \dfrac{Q_A + Q_B}{2s} \\ \sigma_2 = -\sigma_3 = \dfrac{Q_A - Q_B}{2s} \end{cases}$$

若两板带等量异号电荷，则 $\sigma_1 = \sigma_4 = 0$，板外侧没有电荷，电荷都集中在两个内表面上. 面电荷密度等量异号，分别为 $\pm\sigma$，则板间电场强度为 $E = \sigma / \varepsilon_0$. 这就是平行板电容器的电场强度.

例 8-20 如图 8-55 所示，半径为 R_1 的金属球带电量为 q，在它外面罩一金属球壳，其内、外半径分别为 R_2 和 R_3，壳上带电 Q. 取地球与无限远的电势均为零.

(1) 求金属球和金属球壳上的电荷分布和电势.

(2) 用导线把金属球和金属球壳连接后结果如何?

(3) 若不连接金属球与球壳，而将外球壳接地，则球与球壳的电势分别为多少? 它们之间的电势差有无变化?

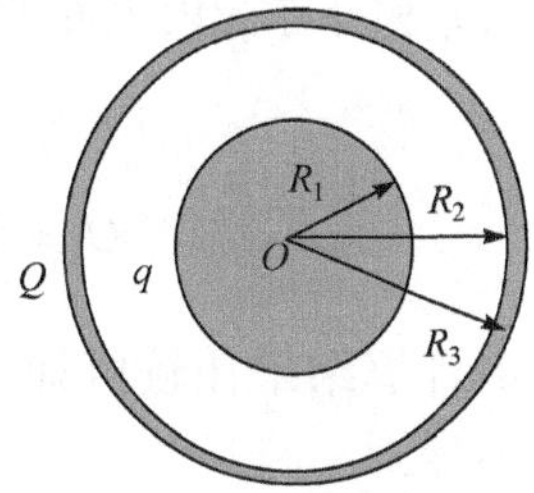

图 8-55 例 8-20 图

解 (1) 由于金属内球带电 q，由静电平衡条件和高斯定理知，电量 q 会均匀分布在内球的表面上. 由于静电感应，外球壳内表面会出现等量异号电荷 $-q$，外表面带电 $q+Q$，均是均匀分布.

电场强度分布具有对称性，利用高斯定理可求得场强为

$$\begin{cases} E_1 = 0 & (r < R_1) \\ E_2 = \dfrac{q}{4\pi\varepsilon_0 r^2} & (R_1 < r < R_2) \\ E_3 = 0 & (R_2 < r < R_3) \\ E_4 = \dfrac{q+Q}{4\pi\varepsilon_0 r^2} & (r > R_3) \end{cases}$$

设金属球的电势为 U_1，金属球壳的电势为 U_2，取无限远处为电势零点，则

$$\begin{aligned} U_1 &= \int_r^{\infty} \boldsymbol{E} \cdot \mathrm{d}\boldsymbol{r} \\ &= \int_r^{R_1} \boldsymbol{E}_1 \cdot \mathrm{d}\boldsymbol{r} + \int_{R_1}^{R_2} \boldsymbol{E}_2 \cdot \mathrm{d}\boldsymbol{r} + \int_{R_2}^{R_3} \boldsymbol{E}_3 \cdot \mathrm{d}\boldsymbol{r} + \int_{R_3}^{\infty} \boldsymbol{E}_4 \cdot \mathrm{d}\boldsymbol{r} \\ &= \int_{R_1}^{R_2} \frac{q}{4\pi\varepsilon_0 r^2} \mathrm{d}r + \int_{R_3}^{\infty} \frac{q+Q}{4\pi\varepsilon_0 r^2} \mathrm{d}r \\ &= \frac{q}{4\pi\varepsilon_0}\left(\frac{1}{R_1} - \frac{1}{R_2}\right) + \frac{q+Q}{4\pi\varepsilon_0 R_3} \end{aligned}$$

$$\begin{aligned} U_2 &= \int_r^{\infty} \boldsymbol{E} \cdot \mathrm{d}\boldsymbol{r} = \int_r^{R_3} \boldsymbol{E}_3 \cdot \mathrm{d}\boldsymbol{r} + \int_{R_3}^{\infty} \boldsymbol{E}_4 \cdot \mathrm{d}\boldsymbol{r} \\ &= \int_{R_3}^{\infty} \frac{q+Q}{4\pi\varepsilon_0 r^2} \mathrm{d}r = \frac{q+Q}{4\pi\varepsilon_0 R_3} \end{aligned}$$

(2) 当用导线将金属球与金属球壳连接时，电荷将重新分布，达到新的静电平衡. 此时，整个带电体系成为一个导体，电荷 $q+Q$ 分布在球壳外表面.

$$U_1 = U_2 = \int_{R_3}^{\infty} \boldsymbol{E} \cdot \mathrm{d}\boldsymbol{r} = \int_{R_3}^{\infty} \frac{q+Q}{4\pi\varepsilon_0 r^2} \mathrm{d}r = \frac{q+Q}{4\pi\varepsilon_0 R_3}$$

(3) 将外球壳接地后，外球壳外表面的电荷全部消失，只有内金属球的电量为 q 和外球壳内表面的电量为 $-q$，则

$$U_2 = 0$$

$$U_1 = \int_{R_1}^{R_2} \boldsymbol{E}_2 \cdot \mathrm{d}\boldsymbol{r} = \int_{R_1}^{R_2} \frac{q}{4\pi\varepsilon_0 r^2} \mathrm{d}r = \frac{q}{4\pi\varepsilon_0}\left(\frac{1}{R_1} - \frac{1}{R_2}\right)$$

由计算结果比较可知，无论外球壳接地与否，金属球与金属球壳的电势差保持不变.

8.7 静电场中的电介质

电介质是指导电性能极差的物质，如云母、变压器油等. 电介质除了具有电气绝缘性能外(因为这个特征，过去认为电介质即绝缘体)，在电场作用下电极化是它的重要特征. 理想的绝缘体是不存在的，任何物质都有不同程度的导电能力，导体的导电能力要比绝缘体强 $10^{15} \sim 10^{20}$ 倍. 电介质分子中正负电荷束缚得很紧，内部可自由移动的电荷极少，因此导电性能差，电工中一般认为电阻率超过 $10^8 \Omega \cdot \mathrm{m}$ 的物质便归于电介质. 由于电介质的结构与金属完全不同，所以电场对它们的影响(称为极化)与导体有着本质的区别.

电介质分子中的电子脱离不了原子的吸引，不能自由运动，所以叫作束缚电荷. 即使在外力作用下也不过是与原子核的距离稍微拉开些而已. 在通常情况下，电介质分子是一个净电荷为零的体系，这个体系的线度很小，只有纳米的数量级，因此在远处观察时，分子中的全部正电荷可视为集中在一点，称为“正电荷中心”，全部负电荷也可视为集中在一点，称为“负电荷中心”.

在无外电场作用时，有些分子的正负电荷的中心重合，分子无电偶极矩，叫无极分子电介质，如氦气、甲烷等. 有些分子的正负电荷中心不重合，这时等量的分子正负电荷形成电偶极子，具有电偶极矩，叫有极分子电介质，如水等. 由于两种介质的结构不同，所以它们在外电场中被极化的机制也不同. 下面分别介绍这两种类型分子的极化机制.

*8.7.1 电介质的极化机制

电介质的极化及其描述

1. 无极分子的位移极化

如图 8-56 所示，在无电场作用下，无极分子正负电荷中心重合. 当加上外电场后，虽然分子中电子不能脱离核的束缚，但正负电荷的中心却被拉开了一段位

移. 在近似的情况下，可认为每个分子是一个电偶极子，其电偶极矩为 $\boldsymbol{p}_e = q\boldsymbol{l}$，它是由外电场作用后产生的电偶极矩，所以叫感生电矩. $\boldsymbol{l}$ 是正负电荷中心被拉开的位移，$\boldsymbol{l}$ 的方向由负电荷指向正电荷. 可见外场 $\boldsymbol{E}_0$ 越强，$\boldsymbol{p}_e$ 越大. 对均匀介质，其内部各电偶极子首尾相连，正负电荷相互抵消，不显电性. 但在介质的两端分别出现了正负电荷，这种电荷叫作极化电荷. 无极分子的极化是由于外电场把分子正负电荷的中心拉开了一段距离，所以叫**位移极化**.

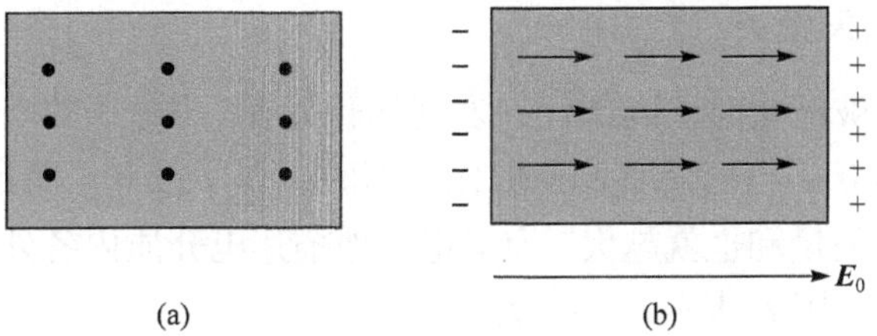

图 8-56 无极分子的位移极化

2. 有极分子的取向极化

如图 8-57 所示，在无电场作用下，有极分子的正负电荷中心已有了一段距离，在近似的情况下，可认为每个分子是一个电偶极子，其电偶极矩 $\boldsymbol{p}_e$ 叫固有极矩. 但由于分子的热运动，各电偶极矩的方向杂乱无章，所以从一个宏观区域看，对外不显电性. 加上外电场后，正负电荷都将受到外电场的作用力而运动，各偶极子发生了转动，固有极矩大致趋于外场的方向. 热运动的影响使它们与外电场不可能完全一致，电场越强，转动越彻底. 对均匀介质，其内部同样由于各电偶极子首尾相连而不显电性，但两端也分别出现了正负电荷(极化电荷). 有极分子的极化是外场使电偶极子的方向发生了转动，所以叫取向极化. 当然，有极分子的极化中也有位移极化，但取向极化占主导.

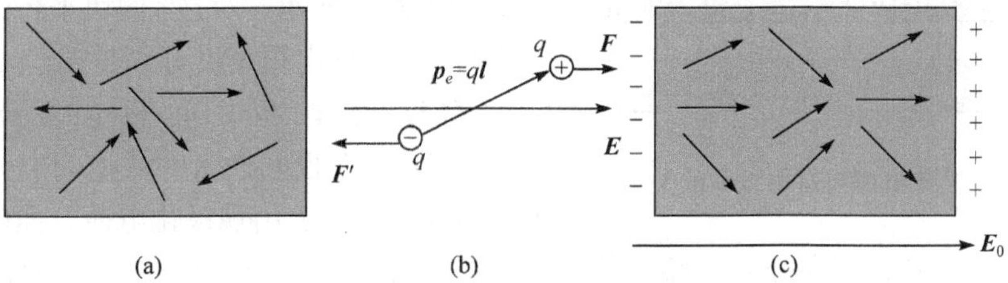

图 8-57 有极分子的取向极化

尽管两种介质的极化机制不同，但结果是一样的，都出现了极化电荷，以后不再区分. 极化电荷也是来自束缚电荷，我们有时直接称表面出现的极化电荷为“束缚电荷”. 显然，外电场越强，电介质表面出现的束缚电荷越多.

当外电场不太强时，它只是引起电介质的极化，不会破坏电介质的绝缘性能.(实际的各种电介质中总有数目不等的自由电荷，所以总有微弱的导电能力.)如果外加电场很强，则电介质分子中的正负电荷有可能被拉开而变成可以自由移动的电荷. 由于大量的这种自由电荷的产生，电介质的绝缘性能就会遭到明显的破坏而变成导体. 这种现象叫电介质的击穿. 空气被击穿就是一个明显的例子. 本节仅讨论电介质极化的情景，而且作为基础知识，我们只涉及均匀介质的极化.

*8.7.2 极化强度矢量 $\boldsymbol{P}$

当介质没有被极化时，内部任一宏观体积元 ΔV 内分子的电矩矢量之和互相抵消，即 $\sum \boldsymbol{p}_e = 0$；当电介质处于极化状态时，$\sum \boldsymbol{p}_e \neq 0$，而且极化程度越高，分子电偶极矩的矢量和也就越大. 为了定量地描述电介质内各处极化的情况，引入极化强度矢量，用 $\boldsymbol{P}$ 表示，定义为

$$\boldsymbol{P} = \frac{\sum \boldsymbol{p}_e}{V} = \frac{Nq\boldsymbol{l}}{V} = nq\boldsymbol{l} \tag{8-33}$$

式中 N 是介质内总的分子数，n 是介质单位体积内的分子数. $\boldsymbol{P}$ 是量度电介质极化状态即极化程度和极化方向的物理量，单位为库/米^2.

如果在电介质中各点的极化强度矢量大小和方向都相同，我们称该极化是均匀的；否则极化是不均匀的.

电介质的极化程度越高，极化电荷也就越多，所以电介质的极化电荷 q' 和描述介质极化程度的电极化强度矢量 $\boldsymbol{P}$ 之间一定存在某种内在的定量联系(本书不做详细介绍).

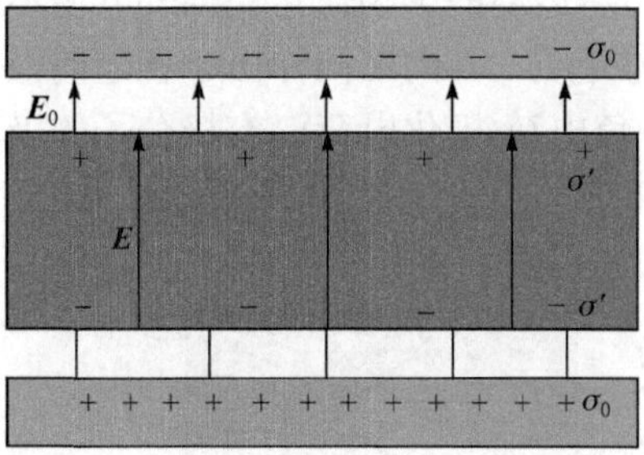

图 8-58　极化电荷与自由电荷的关系

*8.7.3 极化电荷与自由电荷的关系

如图 8-58 所示，假定有两块平行的无限大带电平板，面电荷密度分别是 $\pm\sigma_0$(自由电荷面密度)，两板之间的电场强度为 $E_0 = \sigma_0 / \varepsilon_0$. 在板间插入一块均匀电介质，在它的两个表面上出现极化电荷，面电荷密度分别为 $\mp\sigma'$，它在介质内部激发的电场强度为 $E' = \sigma' / \varepsilon_0$. 介质内部的总场

$$E = E_0 - E' = \frac{\sigma_0 - \sigma'}{\varepsilon_0}$$

显然 $E < E_0$.

E 与 E_0 之间究竟有什么关系呢？实验发现：当板间充满一种各向同性均匀介质时，有

$$E = \frac{1}{\varepsilon_r} E_0 \tag{8-34}$$

式中 ε_r 为一大于 1 的纯数，称介质的**相对电容率(或相对介电常数)**，不同电介质的相对电容率不同，在同样电场中被极化的程度也不同. 容易求得，极化电荷产生的电场为

$$E' = E_0 - E = E_0 - \frac{1}{\varepsilon_r} E_0 = \frac{\varepsilon_r - 1}{\varepsilon_r} E_0$$

又由于 $E_0 = \sigma_0 / \varepsilon_0$，而 $E' = \sigma' / \varepsilon_0$，所以

$$\frac{\sigma'}{\varepsilon_0} = \frac{\varepsilon_r - 1}{\varepsilon_r} \frac{\sigma_0}{\varepsilon_0}$$

$$\sigma' = \frac{\varepsilon_r - 1}{\varepsilon_r} \sigma_0$$

极化电荷为

$$q' = \frac{\varepsilon_r - 1}{\varepsilon_r} q_0 \tag{8-35}$$

式中 q_0 和 q' 分别表示总的自由电荷和极化电荷. 式(8-35)即极化电荷与自由电荷的关系.

介质的**相对电容率**是一个无量纲的量，真空的 $\varepsilon_r = 1$，其余介质的相对电容率均大于 1，见表 8-4.

表 8-4 介质的相对电容率

介质	相对电容率 ε_r
空气	1.00058
纯水	78
纸	3.5
云母	6～7
陶瓷	5.7～6.3
玻璃	5.5～7
钛酸钡	10^3～10^4
煤油	2

8.7.4 电位移矢量与介质中的高斯定理

电介质中的电场强度 $\boldsymbol{E}$ 是由自由电荷和束缚电荷共同产生的，高斯定理应为

$$\oint_s \boldsymbol{E}\cdot \mathrm{d}\boldsymbol{s}=\frac{1}{\varepsilon_0}\sum\ (q_0+q')$$

有介质存在时的电场

将极化电荷与自由电荷的关系代入上式可得

$$\oint_s \boldsymbol{E}\cdot \mathrm{d}\boldsymbol{s}=\frac{1}{\varepsilon_0}\sum\left(q_0-\frac{\varepsilon_r-1}{\varepsilon_r}q_0\right)=\frac{1}{\varepsilon_0\varepsilon_r}\sum q_0$$

令 $\varepsilon=\varepsilon_0\varepsilon_r$，则

$$\oint_s \varepsilon\boldsymbol{E}\cdot \mathrm{d}\boldsymbol{s}=\sum q_0$$

ε 称为介质的电容率或绝对电容率.

下面引入一个新的物理量——电位移矢量 $\boldsymbol{D}$. 定义在各向同性介质中

$$\boldsymbol{D}=\varepsilon_0\varepsilon_r\boldsymbol{E}=\varepsilon\boldsymbol{E} \tag{8-36}$$

于是有介质时的高斯定理变为

$$\oint_s \boldsymbol{D}\cdot \mathrm{d}\boldsymbol{s}=q_0 \tag{8-37}$$

式(8-37)的意义是：在有介质的电场中，通过任意封闭面的电位移通量等于该封闭面包围的自由电荷的代数和，即为介质中的高斯定理. 它虽然是由均匀介质的情景推出的，但可以证明，对于介质不均匀的情况，该式也成立. 由式(8-37)可知，电位移矢量 $\boldsymbol{D}$ 仅与自由电荷有关，所以在介质的分界面上若无自由面电荷，电位移矢量 $\boldsymbol{D}$ 的法向分量是不变的，这称为 $\boldsymbol{D}$ 值连续原理.

介质中的高斯定理的优点在于等号右边只有闭合曲面内自由电荷电量，与束缚电荷和曲面外的自由电荷无关. 利用介质中的高斯定理和 $\boldsymbol{D}$ 值连续原理可以方便地求均匀介质中的电场强度与电势. 方法是先由高斯定理求出 $\boldsymbol{D}$，高斯面的作法与前相同；再根据均匀介质中 $\boldsymbol{D}=\varepsilon_0\varepsilon_r\boldsymbol{E}=\varepsilon\boldsymbol{E}$ 求出 $\boldsymbol{E}$. 电势的求法与前面相同.

例 8-21 求点电荷 q 在相对电容率为 ε_r 的无限大均匀介质中的 P 点产生的电场强度和电势.

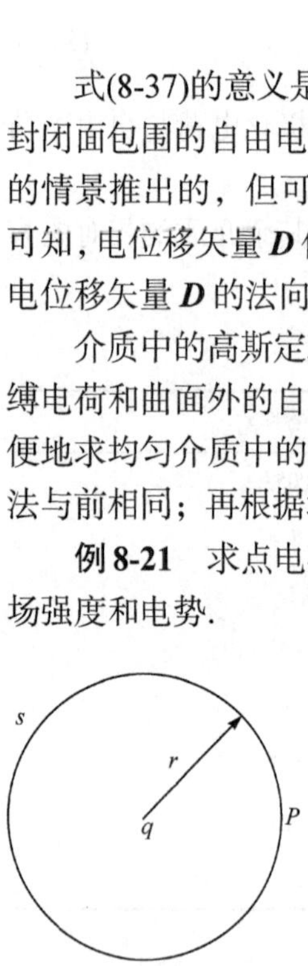

图 8-59 例 8-21 图

解 如图 8-59 所示，以 q 为球心、过 P 点作半径为 r 的球面为高斯面 s，由介质中的高斯定理得

$$\oint_s \boldsymbol{D}\cdot \mathrm{d}\boldsymbol{s}=D\cdot 4\pi r^2=q$$

$$D=\frac{q}{4\pi r^2}$$

$$E=\frac{D}{\varepsilon}=\frac{q}{4\pi\varepsilon r^2}=\frac{q}{4\pi\varepsilon_0\varepsilon_r r^2}$$

P 点的电势为

$$U_P=\int_P^{\infty}E\mathrm{d}l=\int_r^{\infty}\frac{q}{4\pi\varepsilon_0\varepsilon_r r^2}\mathrm{d}r=\frac{q}{4\pi\varepsilon_0\varepsilon_r r}$$

例 8-22 如图 8-60 所示，有两个无限长同轴圆柱面，半径分别为 R_1 和 R_2，单位长度带电分别为 $+\lambda$ 和 $-\lambda$. 若两圆柱面间充满了某种相对电容率为 ε_r 的介质，则两圆柱面间的电势差为多大?

解 以两圆柱面间任一点到轴线距离 r 为半径，作高为 l 的柱面(包含上下两个底面)作为高斯面，则由高斯定理得

$$\oint_s \boldsymbol{D}\cdot\mathrm{d}\boldsymbol{s}=D\cdot 2\pi rl=\lambda l$$

$$D=\frac{\lambda}{2\pi r}$$

所以

$$E=\frac{D}{\varepsilon_0\varepsilon_r}=\frac{\lambda}{2\pi\varepsilon_0\varepsilon_r r}$$

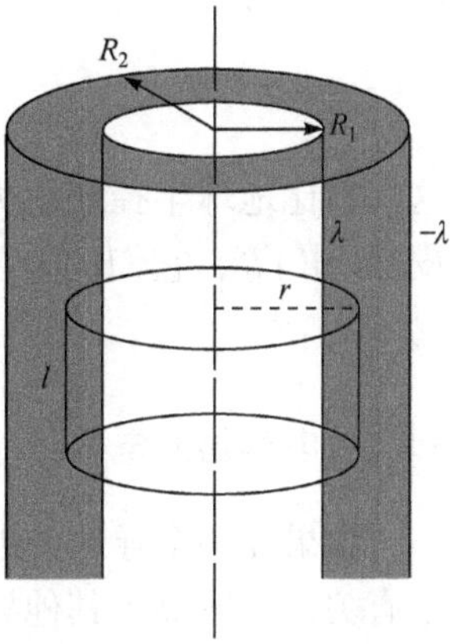

图 8-60 例 8-22 图

两圆柱面间的电势差为

$$\Delta U=\int_{R_1}^{R_2}\boldsymbol{E}\cdot\mathrm{d}\boldsymbol{r}=\int_{R_1}^{R_2}\frac{\lambda}{2\pi\varepsilon_0\varepsilon_r r}\mathrm{d}r=\frac{\lambda}{2\pi\varepsilon_0\varepsilon_r}\ln\frac{R_2}{R_1}$$

8.8 电　　容

8.8.1 孤立导体的电容

所谓“孤立”导体，就是在这导体的周围没有其他导体和带电体. 假设孤立导体的带电量为 Q，它激发的电场强度用 $\boldsymbol{E}$ 表示，则根据电场强度电势关系，导体的电势为

$$U=\int_P^{\infty}\boldsymbol{E}\cdot\mathrm{d}\boldsymbol{l}$$

显然 $U\propto E\propto Q$，所以对孤立导体，$\dfrac{Q}{U}$ 是与 Q 无关的量. 我们将其定义为孤立导体的电容，用 C 表示，即

$$C=\frac{Q}{U} \tag{8-38}$$

孤立导体的电容的意义是使导体每增加单位电势所需要的电量. 当电势 U 一

定时，电容C越大，导体所带电量Q越大，说明导体的容电本领越大. 电容与导体本身的形状、大小及周围的介质有关.

电容的单位是法拉，简称法，用F表示，有$1\text{F}=1\text{C}/\text{V}$. 实际中法拉这个单位太大，例如，孤立导体球的电容为$C=Q/U=4\pi\varepsilon_0 R$，如果导体球的电容是1F，其半径应为

$$R=\frac{C}{4\pi\varepsilon_0}=\frac{1}{4\pi\varepsilon_0}=9\times10^9\,\text{m}$$

这个值比地球半径还要大得多. 实际中电容的常用单位是毫法(mF)、微法(μF)、皮法(pF)等，它们的关系为

$$1\text{F}=10^3\,\text{mF}=10^6\,\mu\text{F}=10^{12}\,\text{pF}$$

8.8.2 电容器的电容

如果在一个导体的近旁有其他导体，则这个导体的电势不仅与它自己所带电量有关，还取决于其他导体的位置和形状. 如果有两块导体A和B，它们就构成了**电容器**. 设A和B分别带电$\pm Q$，则A和B之间的电场如图8-61(a)所示，A、B之间的电势差为

$$U_A-U_B=\int_A^B \boldsymbol{E}\cdot \text{d}\boldsymbol{l}$$

显然有$U_A-U_B\propto E\propto Q$，所以$\dfrac{Q}{U_A-U_B}$是与$Q$无关的量. 我们定义不受其他物体影响的两个导体的电容即电容器的电容为

$$C=\frac{Q}{U_A-U_B}=\frac{Q}{U_{AB}} \tag{8-39}$$

但当A、B旁有其他带电体时，它们的电荷会影响到空间的电场强度分布，此时$\boldsymbol{E}$不再与Q成正比，$\dfrac{Q}{U_A-U_B}$也不等于常量. 怎样才能保证$\dfrac{Q}{U_A-U_B}$仍旧为常量呢？即怎样才能使U_{AB}不受外界的影响呢？我们很容易想到静电屏蔽.

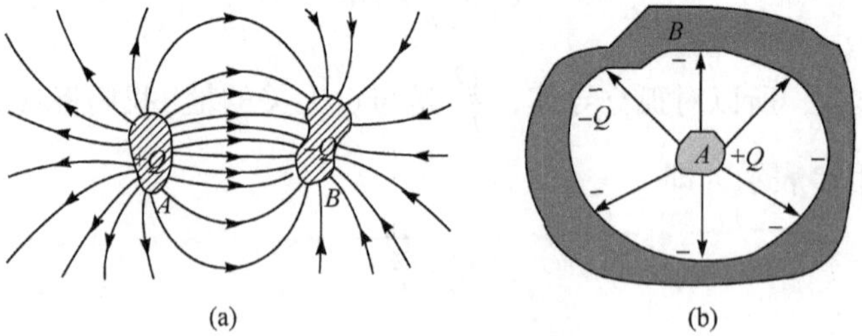

图8-61 电容器的电容

如图 8-61(b)所示，把 B 做成导体腔状，并把 A 包围在腔内，这样 A、B 之间的电场强度 $\boldsymbol{E}$ 就不再受外电场的影响，因此 $Q/(U_A-U_B)$ 是常量. 如果 A 带正电，叫正极，B 带负电，叫负极. 电容器的电容 C 只与两个导体 A、B 的大小、形状、相对位置和两者之间的介质有关.

8.8.3 电容器电容的计算

下面我们来推导几种特殊形状的电容器的电容，由此可以看出电容量的大小由哪些因素决定.

1. 平行板电容器

如图 8-62 所示，A、B 是两块相距很近的、平行放置的、很大的导体板，它们组成平行板电容器. 为了计算其电容量，假设两极板分别带电 $\pm Q$. 若内部是真空，忽略边缘效应，则其间的电场为

$$E_0=\frac{\sigma}{\varepsilon_0}$$

两极板间的电势差为

$$U_{AB}=E_0 d=\frac{\sigma d}{\varepsilon_0}=\frac{Qd}{\varepsilon_0 s}$$

根据电容公式，可得

$$C_0=\frac{Q}{U_{AB}}=\frac{\varepsilon_0 s}{d} \tag{8-40}$$

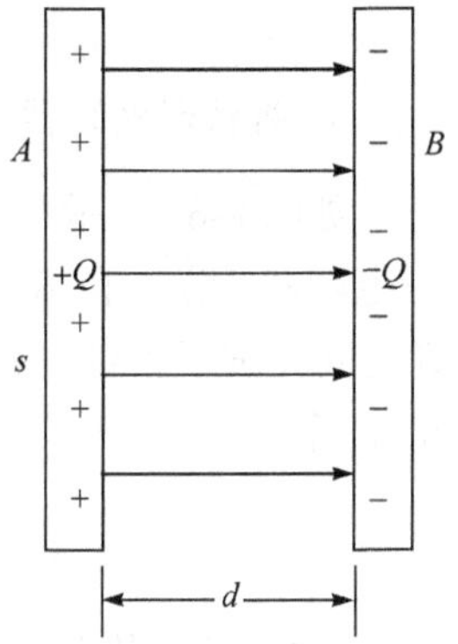

图 8-62 平行板电容器

若 A、B 充满了相对电容率为 ε_r 的介质，则板间电场

$$E=\frac{\sigma}{\varepsilon_0\varepsilon_r}$$

两板间电势差

$$U_{AB}=\frac{Qd}{\varepsilon_0\varepsilon_r s}$$

电容变为

$$C=\frac{\varepsilon_0\varepsilon_r s}{d}=\varepsilon_r C_0 \tag{8-41}$$

由于 $\varepsilon_r>1$，所以充入电介质后电容增大了.

2. 球形电容器

如图 8-63 所示，两个半径分别为 R_1、R_2 的同心带电球面 A 和 B 构成球形电容器. 设 A 和 B 分别带电 $\pm Q$. 若 A、B 之间充满了相对电容率为 ε_r 的介质，则 A、B 之间的电场为

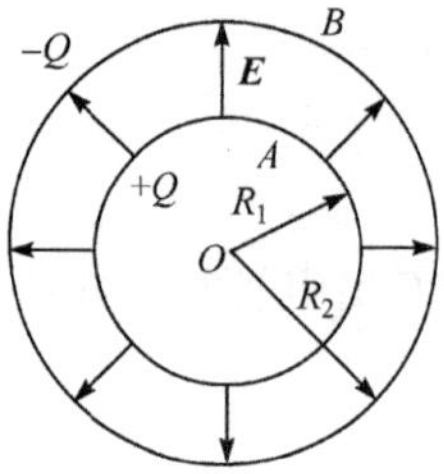

图 8-63　球形电容器

$$E=\frac{Q}{4\pi\varepsilon_0\varepsilon_r r^2}$$

A、B 之间的电势差为

$$U_{AB}=\int_A^B \boldsymbol{E}\cdot\mathrm{d}\boldsymbol{r}=\int_{R_1}^{R_2}\frac{Q}{4\pi\varepsilon_0\varepsilon_r r^2}\mathrm{d}r=\frac{Q}{4\pi\varepsilon_0\varepsilon_r}\left(\frac{1}{R_1}-\frac{1}{R_2}\right)$$

电容器的电容为

$$C=\frac{Q}{U_{AB}}=\frac{4\pi\varepsilon_0\varepsilon_r}{\dfrac{1}{R_1}-\dfrac{1}{R_2}}=4\pi\varepsilon_0\varepsilon_r\frac{R_1R_2}{R_2-R_1} \tag{8-42}$$

3. 圆柱形电容器

如图 8-64 所示，两个半径分别为 R_1、R_2 的同轴带电圆柱面 A 和 B 构成圆柱形电容器. 设 A 和 B 单位长度分别带电 $\pm\lambda$. 若 A、B 之间充满了相对电容率为 ε_r 的介质，则两极板间的电场为

$$E=\frac{\lambda}{2\pi\varepsilon_0\varepsilon_r r}$$

A、B 之间的电势差为

$$U_{AB}=\int_A^B \boldsymbol{E}\cdot\mathrm{d}\boldsymbol{r}=\int_{R_1}^{R_2}\frac{\lambda}{2\pi\varepsilon_0\varepsilon_r r}\mathrm{d}r=\frac{\lambda}{2\pi\varepsilon_0\varepsilon_r}\ln\frac{R_2}{R_1}$$

单位长度的电容为

$$C=\frac{Q}{U_{AB}}=\frac{2\pi\varepsilon_0\varepsilon_r}{\ln(R_2/R_1)} \tag{8-43}$$

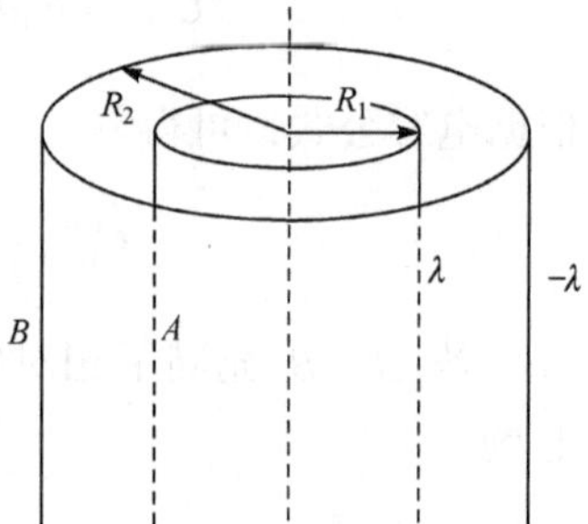

图 8-64　圆柱形电容器

可以看出，不论何种电容器，充满介质后的电容都增大为原来的 ε_r 倍，这正是它被称为相对电容率的原因. 当电容器的极板上加一定的电压时，极板间就有一定的电场强度，电压越大，电场强度也就越大. 当电场强度增大到某一最大值时，电介质分子将会发生电离，并因此失去绝缘性而成为导体，这种现象叫作电介质的击穿. 一种电介质材料所能承受的不被击穿的最大电场强度叫作击穿场强或介电强度，此时对应的两极板的电压叫作击穿电压. 前面我们讲过空气(干燥)的击穿场强为 $3\times10^6\ \mathrm{V/m}$，闪电就是空气被云层和大地之间的电场击穿形

成的. 多数电介质的击穿场强要比空气的大，比如陶瓷电容器的击穿场强为$25\times10^{6}\,\mathrm{V/m}$，云母电容器的击穿场强为$200\times10^{6}\,\mathrm{V/m}$，这个也是电容器填充电介质的重要原因.

电容器在实际中(主要在交流电路、电子电路中)有着广泛的应用. 当你打开任何电子仪器或装置(如收音机、示波器等)的外壳时，就会看到线路里有各种各样的元件，其中不少是电容器. 电容器的形状、种类繁多，各有其用途，通常在电容器的两极板间还加有绝缘介质，可以起到增大电容的作用. 图 8-65(a)是各种各样的电容器.

电容器的典型容量为$1\mathrm{pF}\sim1\mathrm{mF}$，几皮法的小电容器常用于高频调谐电路中，而高达成百上千微法的电容器则在能源滤波器中有所应用.

陶瓷电容器是用陶瓷作为电介质，在陶瓷基体两面喷涂银层，然后经低温烧成银质薄膜作极板而制成. 它的外形以片式居多，也有管形、圆形等形状，如图 8-65(b)所示. 和其他电容器相比，一般陶瓷电容器具有使用温度较高、比容量大、耐潮湿性好、介质损耗较小、电容温度系数可在大范围内选择等优点，广泛用于电子电路中，用量十分可观.

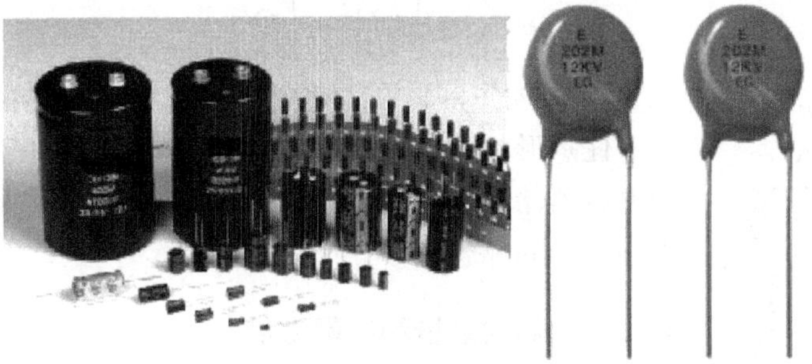

(a) (b)

图 8-65 电容器

从表 8-4 看出，钛酸钡等属于高介电常数材料，把它作为电容的填充物，可以极大地提高电容的容电能力，同时携带较高的能量，极具发展前景.

8.9 电场的能量

既然电场是物质，所以它也应具有能量. 电磁波是电场和磁场的交替传播，电磁波携带有能量，这个能量就是分别由电场和磁场携带的. 电容器不带电时没有能量，在对电容器充电过程中，随着电荷的增加，两极板间建立起了电场，电容器也就有了储能. 下面我们通过电容器的储能来说明电场具有能量.

8.9.1 电容器的储能

如图 8-66 所示，若电容器 A、B 两极分别带电 $+Q$ 和 $-Q$，那么它的储能多大？考察电容器的充电过程. 如图 8-66 所示，假设 A、B 两极板最初不带电，充电过程实际上是不停地把 B 板上的正电荷移到 A 板的过程，这个过程要靠电源做功来完成. 充电的过程中，A、B 两极逐渐带电，直到充电完毕后分别达到 $+Q$ 和 $-Q$. 设充电过程中某一时刻 A、B 两极分别带电 $+q$ 和 $-q$. 现把 $\mathrm{d}q$ 电荷从 B 板移到 A 板，电源做功是其对 $\mathrm{d}q$ 的外力克服静电场力做功，其大小为

$$\mathrm{d}A = \mathrm{d}qU_{AB} = \mathrm{d}q\frac{q}{C} = \frac{1}{C}q\mathrm{d}q$$

则整个过程中电源的外力克服静电场力所做的总功为

$$A = \int_0^Q \frac{1}{C}q\mathrm{d}q = \frac{Q^2}{2C} = \frac{1}{2}CU^2 = \frac{1}{2}QU$$

U 是充电完毕后两极板间的电势差. 外力的功全部转化为电容器的储能，所以电容器的储能为

$$W_e = \frac{Q^2}{2C} = \frac{1}{2}CU^2 = \frac{1}{2}QU \tag{8-44}$$

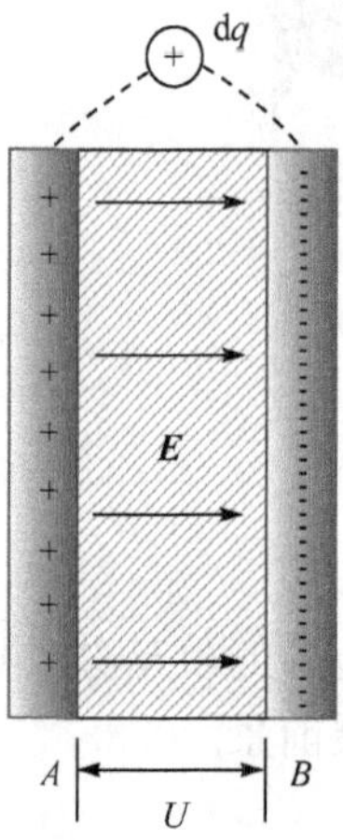

图 8-66 电容器储能

在推导式(8-44)的过程中没有涉及电容器的形状，所以它对任意形状的电容器都成立. 在一定的电压下，电容 C 大的电容器储能多，在这个意义上说，电容 C 也是电容器储能本领大小的标志.

8.9.2 电场的能量和能量密度

电容器的储能公式给人们一个印象：能量与电荷联系在一起，电荷附近才有能量，能量的载体是电荷. 对静电场的确如此. 但电磁波被发现后，人们知道了没有电荷的地方也会有电场，也具有能量. 收音机、电视机的问世充分地说明了这一点. 所以，能量的真正携带者应是电磁场. 给电容器充电的过程，外力的功变成了极板间电场的能量. 既然如此，我们就把式(8-44)用描述电场的特征量 $\boldsymbol{E}$ 或 $\boldsymbol{D}$ 表示.

以平行板电容器为例. 平行板电容器的电容为

$$C = \frac{\varepsilon s}{d}$$

两板间的电场是匀强电场，所以两板间电势差

$$U = Ed$$

代入式(8-44)中可得

$$W_e=\frac{1}{2}CU^2=\frac{1}{2}\frac{\varepsilon s}{d}E^2d^2=\frac{1}{2}\varepsilon E^2sd=\frac{1}{2}\varepsilon E^2V$$

式中 $V=sd$ 是电场所占据的体积. 上式就是均匀电场的能量公式，它表明电场的能量与体积成正比. 单位体积内的能量叫作**能量密度**. 电场的能量密度 w_e 为

$$w_e=\frac{W_e}{V}=\frac{1}{2}\varepsilon E^2 \tag{8-45}$$

能量密度的表达式虽然是通过平行板电容器中的均匀电场的特例推导出来的，但却是普遍成立的. 对非均匀电场，求一定体积内的能量时应先取小体积元 $\mathrm{d}V$，此体积元中的能量密度均匀，电场能量为

$$\mathrm{d}W_e=\frac{1}{2}\varepsilon E^2\mathrm{d}V \tag{8-46}$$

积分可得整个电场的总能量为

$$W_e=\int_V\mathrm{d}W_e=\int_V\frac{1}{2}\varepsilon E^2\mathrm{d}V \tag{8-47}$$

例 8-23 有两无限长同轴圆柱面，半径分别为 R_1、R_2，单位长度带电分别为 $+\lambda$ 和 $-\lambda$. 若两圆柱面间充满了相对电容率为 ε_r 的介质，求单位长度上两圆柱面间电场的能量.

解 两圆柱面间电场为 $E=\dfrac{\lambda}{2\pi\varepsilon_0\varepsilon_r r}$. 如图 8-67 所示，找一圆筒状的体积元 $\mathrm{d}V=2\pi r\mathrm{d}rl$，由于 $\mathrm{d}V$ 内各点 E 相等，所以 l 长度上的电场能量为

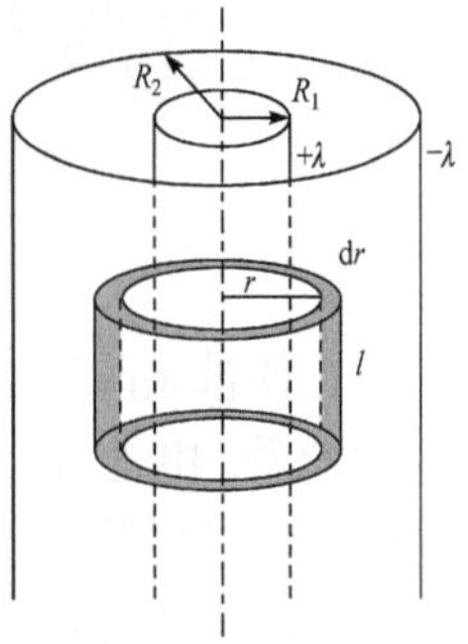

图 8-67 例 8-23 图

$$W_e=\int_V\frac{1}{2}\varepsilon E^2\mathrm{d}V=\int_{R_1}^{R_2}\frac{1}{2}\varepsilon_0\varepsilon_r\left(\frac{\lambda}{2\pi\varepsilon_0\varepsilon_r r}\right)^2 2\pi r\mathrm{d}rl$$

$$=\int_{R_1}^{R_2}\frac{\lambda^2 l}{4\pi\varepsilon_0\varepsilon_r r}\mathrm{d}r=\frac{\lambda^2 l}{4\pi\varepsilon_0\varepsilon_r}\ln\frac{R_2}{R_1}$$

单位长度上的电场能量为

$$W_e'=\frac{W_e}{l}=\frac{\lambda^2}{4\pi\varepsilon_0\varepsilon_r}\ln\frac{R_2}{R_1}$$

此题也可用能量公式 $W_e=\dfrac{Q^2}{2C}$ 来求解. 单位长度上的电场能量为

$$W'_e = \frac{\lambda^2}{2C} = \frac{\lambda^2}{2\frac{2\pi\varepsilon_0\varepsilon_r}{\ln(R_2/R_1)}} = \frac{\lambda^2}{4\pi\varepsilon_0\varepsilon_r}\ln\frac{R_2}{R_1}$$

利用电容器充电可以储存很高的能量，这个能量在短时间内释放，获得很高的脉冲功率. 电击除颤又称电复律术，是让一个电压极高、时间极短、流量极小的电流通过纤维颤动的心脏，使心肌纤维同时除极，然后同时复极，从而恢复有组织地、协调地收缩. 电击除颤时，电流通过心脏，以 20A 电流通过胸腔为例，在约 2ms 内转输 200J 的电能，这就要求 100kW 的电功率，这个在医院里较容易满足，但是对于移动系统(如救护车里)或者患者家里、偏远地区等就不容易满足. 这里就是一个能量储存的问题，可以制作便携式除颤器.

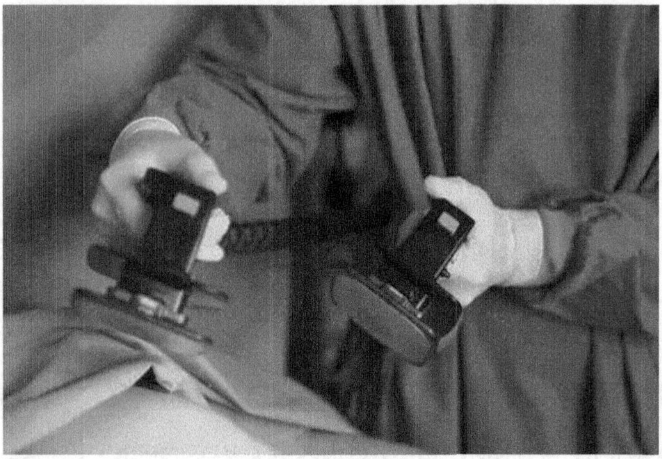

图 8-68 除颤器

在便携式除颤器中，电池在短于 1min 内使电容器充电到高电势差，储存大量的能量. 电池仅保持一适当的电势差，电子线路反复地使用该电势差以大大升高电容器的电势差. 这其实就是利用了电容器进行储能.

当电击板被放置在患者胸膛上时，控制开关闭合，电容器发送它储存的一部分能量，通过患者从一个极板到另一个极板.

例如，由计算可知，当除颤器中一个 70μF 的电容器被充电到 5000V 时，在电容器中储存的能量为

$$W_e = \frac{1}{2}CU^2 = \frac{1}{2}\times 70\times 10^{-6}\times 5000^2 = 875(\text{J})$$

这个能量中的 200J 在约 2ms 的脉冲期间被发送并通过患者，该脉冲的功率为

$$P = \frac{W_e}{t} = \frac{200}{2\times 10^{-3}} = 100(\text{kW})$$

它远大于电池本身的功率. 这种用电池给电容器缓慢充电，然后在高得多的功率下使它放电的技术，也被应用于闪光照相术和频闪照相术中.

《子弹射穿苹果》(图 8-69)可以说是摄影史上最知名的照片之一，正是由哈罗德 · 艾格顿利用自己发明的频闪设备拍摄到的. 以每秒高达 120 次的频闪，捕捉下“瞬间中的瞬间”. 哈罗德 · 艾格顿用一个电容器向他的频闪灯供电，使该灯照亮了苹果仅 0.3μs.

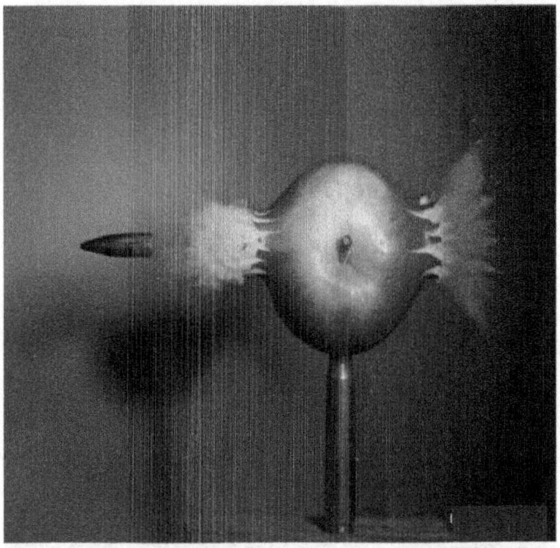

图 8-69　子弹射穿苹果

【阅 读 材 料】

1. 闪电和火山闪电

闪电是如何发生的呢？产生雷暴的积雨云，也就是雷暴云的内部，云朵在不同部分聚集着正电荷和负电荷，云的顶部带正电荷，而底部则带负电荷. 由于相距甚远，它们不会彼此吸引(云的宽度可达几千米)，当它们积累到一定程度，使云内的电场积累增强时，就最终导致空气击穿，一些粒子会相互吸引. 同时，存在一个等离子体“通道”，其他粒子就沿着该通道进行流动，事实上，这就是闪电. 这样的闪电被称为“云中闪电”.

在闪电的形成过程中，水扮演着重要的角色. 雷暴起源于温暖的上升气流. 随着气流的上升，温度降低，水蒸气会开始凝结，同时释放出大量的热量，加速气流的上升. 当温度降到冰点以下时，云中的液态水变成冰晶，和温度低于 0℃时仍不冻结的过冷却水滴经过摩擦碰撞，产生电荷. 在强烈的上升气流中，小的带正电的颗粒升到顶端，大的带负电的颗粒降到底部. 正负两极距离拉开，闪电也随之而来. 闪电本身携带着巨大的能量，能量有多大？从它发出来的那刻起，1s内就可以把物体加热到约 30000℃，这就导致了它的急剧膨胀，即爆炸. 而这爆炸就是我们所说的雷声.

在火山爆发时，其上空也产生了闪电，即火山闪电(图 8-70)，同样需要电荷的积累与释放. 但是，火山喷出的烟流如何能带电？

图 8-70　火山闪电

在火山喷发出的巨大烟流中，火山灰、岩石碎片和冰晶通过摩擦碰撞，产生电荷，并在重力的作用下分开. 同雷暴云十分类似，由于有水参与其中，只不过里面还混杂着火山灰等其他杂质，因此被称为"肮脏的雷暴云".

观测数据表明，火山闪电分为两个阶段：第一阶段，伴随着火山的喷发，摩擦起电、岩石爆裂等机制，让滚滚浓烟带上电荷，可以侦测到一系列强劲的电磁脉冲和简单的放电；第二阶段，在喷发后约 3min，火山烟流又开始喷上高空，出现常规的闪电信号.

2. 场致发射显微镜

场致发射显微镜就是根据导体尖端电场很强而发明的. 如图 8-71 所示，它是按如下方式制成的：一根十分细小的针，其尖端直径约为 100nm，被置于抽成真空的玻璃泡中心. 球的内表面敷上一层由荧光材料制成的十分薄的导电膜，在荧光敷层与针之间加上一个非常高的电压.

首先考虑针相对于荧光敷层是负时的情况. 电场线在尖端处高度集中，电场可达 4×10^7V/cm. 在这样强的电场中，电子会被从针的表面拉出去，而且在针与荧光敷层之间的电场中被加速. 当电子到达荧光敷层时会发光，正如电视显像管中的情况一样. 这样我们就看到了针的尖端的某种像. 更严格地讲，是看到了针表面的发射率图像——也就是电子离开针尖端的难易程度. 如果分辨率足够高，还可以分辨出在针的尖端处个别原子的位置. 但由于电子具有较明显的波动性，所以它的像比较模糊，分辨率限于2.5nm以内. 然而如果颠倒电极的方向，并引少量氦气于玻璃泡中，就可以得到高得多的分辨率. 当一个氦原子与针尖相碰时，强大的电场会把氦原子中的一个电子剥开，剩下的原子就带上了正电. 然后，氦离子就会沿着电场线加速奔跑到荧光屏. 由于氦原子比电子笨重得多，其波动性就小得多，其像的模糊程度就小多了，就可以得到一个有关尖端的清楚得多的图像. 用这种正离子的场致发射显微镜，有可能获得高达 2×10^6 倍的放大率，比电子显微镜的放大率还高出10倍! 场致发射显微镜第一次为人类提供了观察原子的工具.

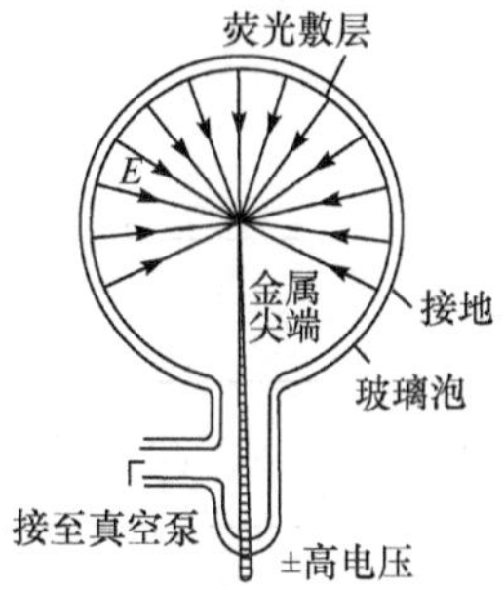

图 8-71 场致发射显微镜

习 题

一、填空题

8-1 如习题 8-1 图所示的电偶极子在电场强度为 $\boldsymbol{E}$ 的均匀电场中，偶极子所受的外力矢量和为________，合力矩为_________. (图中 θ 为已知.)

8-2 真空中一沿 X 方向的静电场 $\boldsymbol{E}=bx\boldsymbol{i}$ (b 为正常量)，一边长为 a 的立方形封闭面如习题 8-2 图所示，则通过封闭面右侧 S_1 面的 $\boldsymbol{E}$ 通量 $\Phi_1=$__________，通过其上表面 S_2 的 $\boldsymbol{E}$ 通量 $\Phi_2=$__________，立方体内的净电量 $Q=$________.

8-3 空间一非均匀电场的电场线分布如习题 8-3 图所示，在电场中取一个半径为 R 的闭合球面，已知通过球面上 ΔS 的电通量为 $\Delta\Phi$，则通过球面其余部分的电通量为_______.

8-4 如习题 8-4 图所示，在电偶极矩为 $\boldsymbol{p}_e$ 的电偶极子所产生的电场中，沿半径为 R 的半圆弧将电荷 Q 从 A 点移到 B 点，电场力做的功为_______. ($R\gg$ 电偶极子之长.)

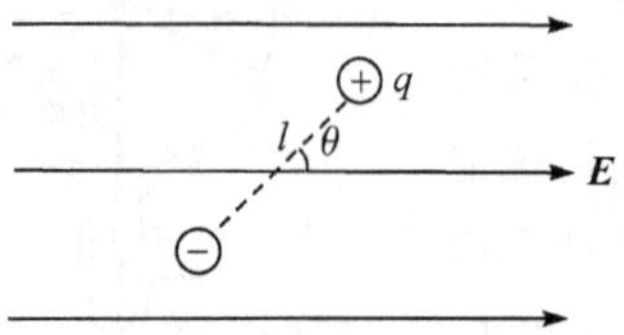

习题 8-1 图

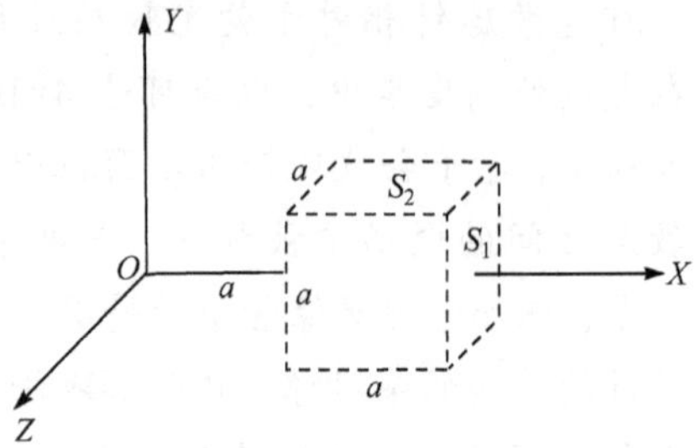

习题 8-2 图

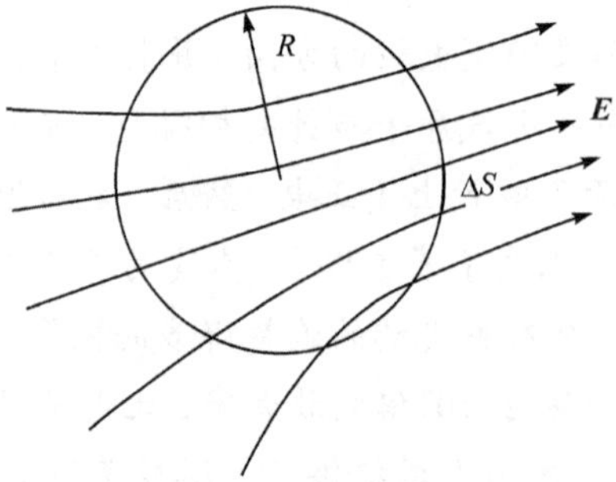

习题 8-3 图

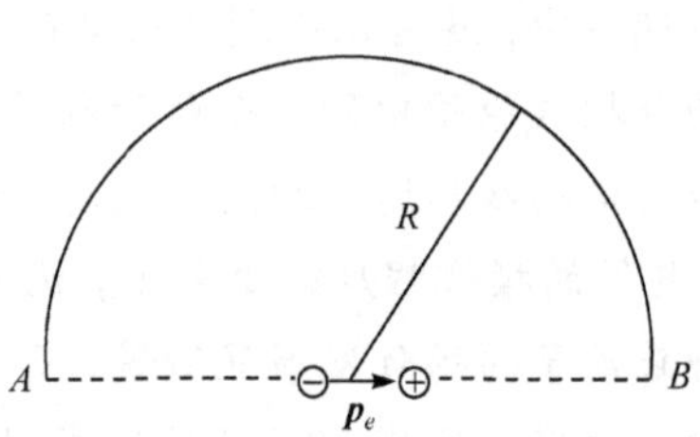

习题 8-4 图

8-5 如习题 8-5 图所示，一半径为 R 的导体薄球壳，带电量为 $-Q_1$，在球壳的正上方距球心 O 为 $3R$ 的 B 点放置一点电荷，带电量为 $+Q_2$. 令 ∞ 处电势为零，则薄球壳上电荷 $-Q_1$ 在球心处产生的电势等于________，$+Q_2$ 在球心处产生的电势等于________，由叠加原理可得球心处的电势 U_0 等于________；球壳上最高点 A 处的电势为________.

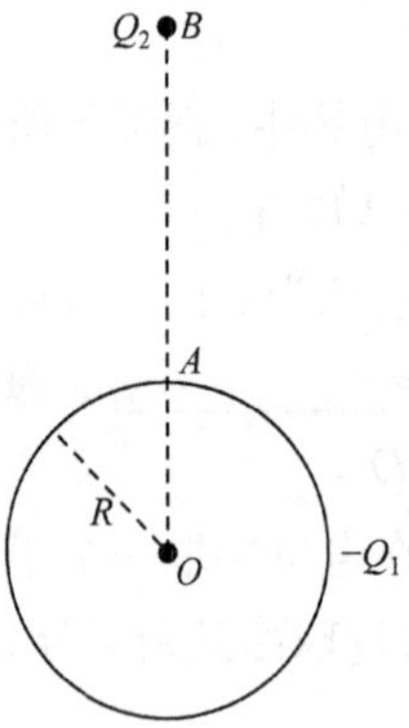

习题 8-5 图

8-6 两带电金属球，一个是半径为 $2R$ 的中空球，一个是半径为 R 的实心球，两球心间距离 r ($r \gg R$)，因而可以认为两球所带电荷都是均匀分布的，空心球电势为 U_1，实心球电势为 U_2，则空心球所带电量为________，实心球所带电量为________. 若用导线将它们连接起来，则空心球所带电量为________，两球电势为________.

8-7 如习题 8-7 图所示，半径为 R 的不带电的金属球内有两个球形空腔，在两个空腔中分别放点电荷 q_1 和 q_2，在金属球外放一点电荷 q_3，它们所带电荷均为 q. 若 q_1 和 q_2 到球心的距离都是 $R/2$，q_3 到球心距离 $r \gg R$，则 q_1 受力为________，q_2 受力为________，q_3 受力约为________.

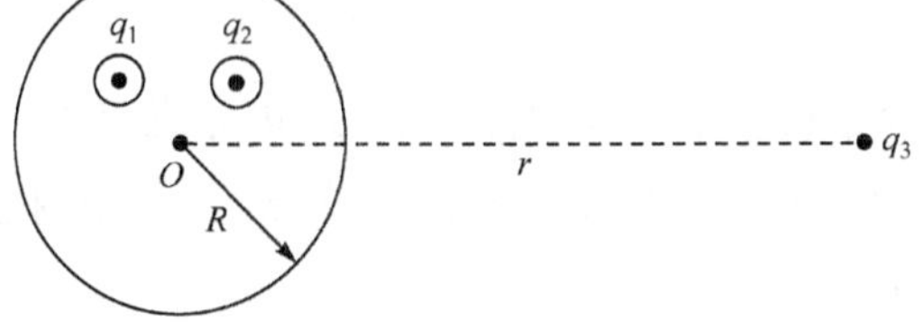

习题 8-7 图

8-8 如习题 8-8 图所示，一无限大均匀带电介质平板 A，电荷面密度为 σ_1，将介质板移近导体 B 后，导体 B 外表面上靠近 P 点处的电荷面密度为 σ_2，P 点是导体 B 表面外靠近导体的一点，P 点的电场强度大小为__________.

8-9 将一带电导体平板 A 和一电介质平面 B 平行放置，如习题 8-9 图所示. 在真空中平衡后，A 两侧的面电荷密度分别为 σ_1 和 σ_2，求介质平面 B 的面电荷密度 σ_3.

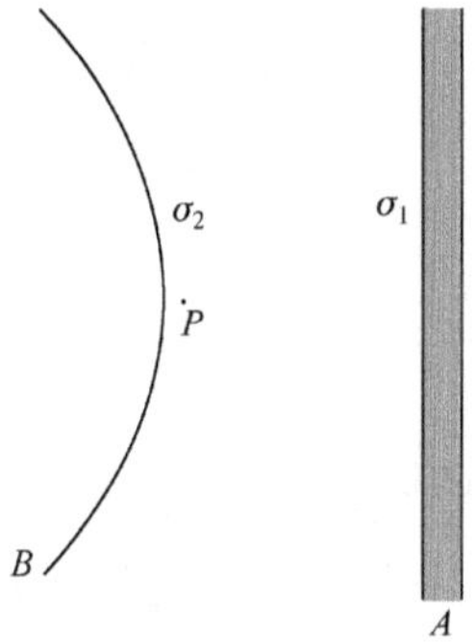

习题 8-8 图

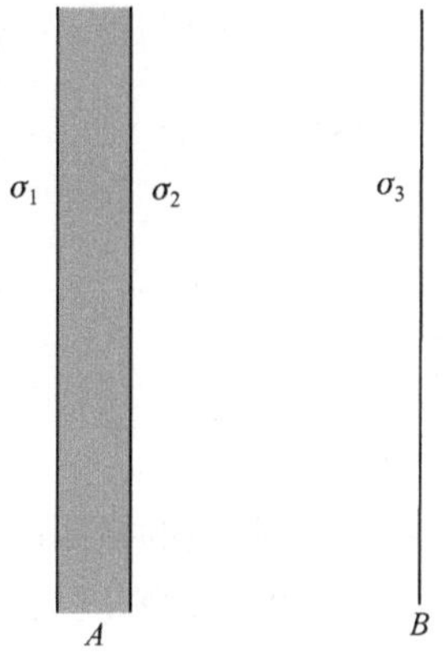

习题 8-9 图

8-10 平行板电容器中充满某种均匀电介质，电容器与一个电源相连，然后将介质取出，则电容器的电容量 C、电量 Q、电位移 D、电场强度 E、板间电压 U 与取出介质前相比，增大的有_______，减小的有__________，不变的有__________.

8-11 将一空气平行板电容器与电源相连进行充电，使电容器储存能量 W_1. 若充电后断开电源，然后将相对电容率为 ε_r 的电介质充满该电容器，电容器储存的能量变为 W_2，则储存能量的比值 W_1/W_2 为________；如果充电后不断开电源，则储存能量的比值 W_1/W_2 为_________.

二、计算题

8-12 一个π^+介子由一个 u 夸克和一个反 d 夸克组成，两者的电荷分别是$2e/3$和$e/3$. 将夸克按经典带电粒子处理,试计算π^+介子中两夸克间的库仑力(π^+介子的线度为10^{-15} m).

8-13 将一根绝缘棒弯成半径为R的半圆环,环上一半带正电,一半带负电，电量都是均匀分布，线密度分别为$+\lambda$和$-\lambda$，如习题 8-13 图所示，求圆心处的电场强度$\boldsymbol{E}$.

8-14 一宽度为b的很长的薄片，均匀带电，面电荷密度为σ，被弯成半圆筒形，如习题 8-14 图所示. 求圆筒轴线上任一点(中部附近)的电场强度$\boldsymbol{E}$的大小.

8-15 如习题 8-15 所示，在点电荷Q的电场中取一半径为R的圆形平面，Q在垂直于平面并通过圆心O的轴线上A点，$OA=x$，求通过此平面的电通量.

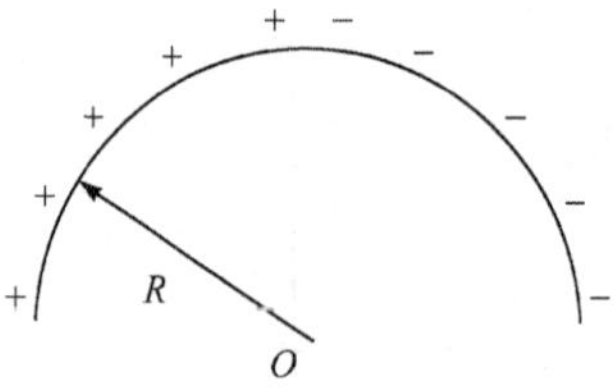

习题 8-13 图

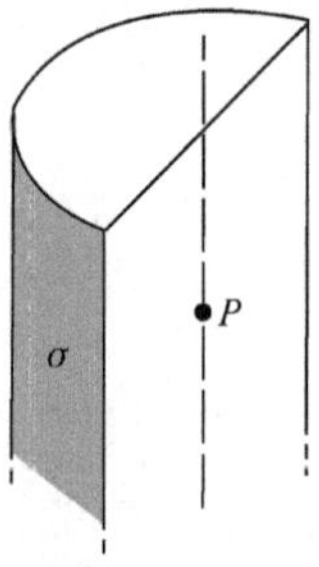

习题 8-14 图

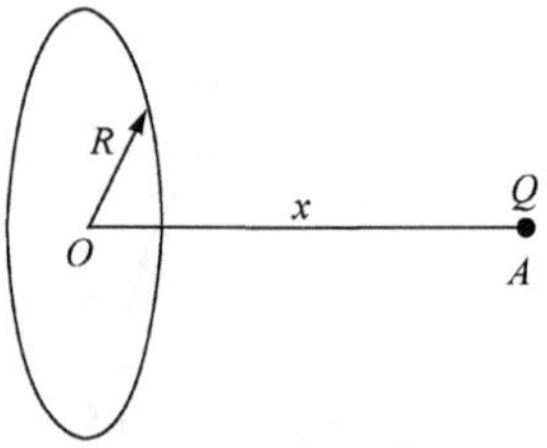

习题 8-15 图

8-16 两个均匀带电的金属同心球壳,内球壳半径为R_1,电荷面密度为$+\sigma_1$，外球壳半径为R_2，电荷面密度为$-\sigma_2$，求距球心r处点的电场强度$\boldsymbol{E}$的大小.

8-17 如习题 8-17 图所示，一半径为R的实心球，均匀带电，电荷体密度为ρ. 现在球内挖去一个半径为r的小球，大球球心与小球球心相距a. 证明球腔内的电场是均匀的，并求电场强度(设小球挖去后，大球内的电荷仍均匀分布).

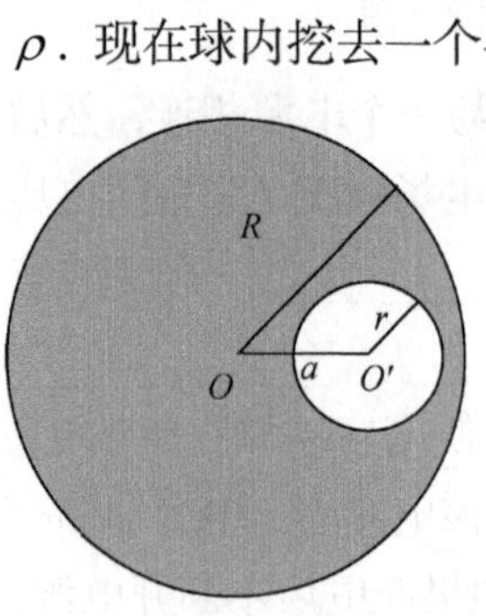

习题 8-17 图

8-18 一块厚度为d的“无限大”平板，均匀带电，电荷体密度为ρ. 求：

(1) 平板内与表面相距$d/5$处的电场强度；

(2) 平板外与表面相距$d/5$处的电场强度.

8-19 正电荷均匀分布在长L的直棒上，线密度为λ，如习题 8-19 图所示，若取无限远处为电势零点，求Q点的电场强度$\boldsymbol{E}$和电势.

8-20 如习题 8-20 图所示的电场线分布肯定不是静电场，试证明之.

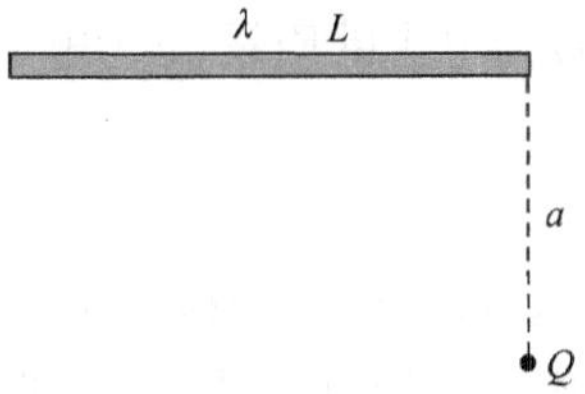

习题 8-19 图

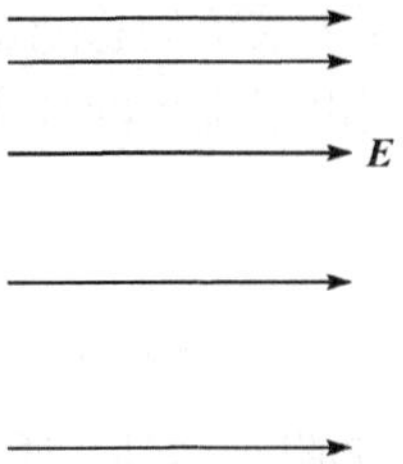

习题 8-20 图

8-21 一根长为 L 的细棒弯成半圆形，均匀带电，线密度为 λ. 求圆心处的电势.

8-22 (1) 一个球形雨滴半径 0.4mm，带有电量 1.6pC，它表面的电势有多大?

(2) 两个这样的雨滴碰后合成一个较大的雨滴，这个雨滴表面的电势又有多大?

8-23 电荷 Q 均匀分布在半径为 R 的球体内. 取无限远处为电势零点，证明球内离球心 r 处的电势

$$U=\frac{Q(3R^2-r^2)}{8\pi\varepsilon_0 R^3}$$

8-24 真空中两个可视为“无限长”的同轴圆柱面，构成一个电子二极管的阴极 K 和阳极 A，如习题 8-24 图所示，半径分别为 $R_K=0.05\text{cm}$，$R_A=0.45\text{cm}$. 若在 K 和 A 之间加上电势差 $U=300\text{V}$.

(1) 求与轴线相距 $R_1=0.025\text{cm}$ 的 P_1 点及 $R_2=0.25\text{cm}$ 的 P_2 点的电场强度；

(2) 若令阳极电势 $U_A=0$，求 P_1 及 P_2 点的电势.

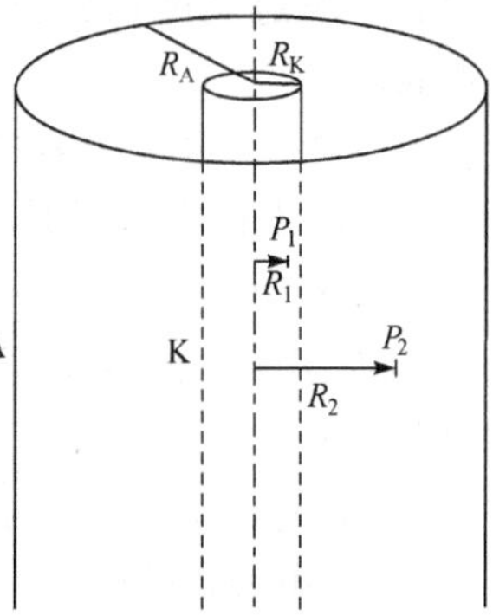

习题 8-24 图

8-25 真空中两个金属小球，半径均为 R，球心间距离 $r\gg R$，分别带有等量异号电荷 $\pm Q$.

(1) 求球心连线中点 O 的电势；

(2) 由电势梯度求 O 点的电场强度.

8-26 τ子是带有与电子相同的负电荷而质量大得多的粒子. 1992 年北京正负电子对撞机(BEPC)给出的τ子质量为电子质量的 3477 倍，为 $3.167\times10^{-27}\text{kg}$. τ子可以穿透核物质，在核电荷的电场作用下在核内做轨道运动. 铀核可看作半径为 $7.4\times10^{-15}\text{m}$、电荷均匀分布的球体. 设按经典概念τ子在铀核内做轨道半径为 $2.9\times10^{-15}\text{m}$ 的圆运动，试计算它的运动速率、动能、角动量和频率.

8-27 在玻尔氢原子模型中，原子核不动，电子绕核做圆周运动.

(1) 求原子系统的总能量 E 和圆轨道半径 r 的关系.

(2) 证明电子绕核的频率 ν 由下式决定(式中 m 为电子的质量，e 为电子电量)：

$$\nu^2 = \frac{32\varepsilon_0^2}{me^4}|E|^3$$

8-28 一质子(质量为 m)从很远处以初速 v_0 朝着固定的原子核(质量为 M，核内质子数为 Z)附近运动，质子受原子核斥力的作用，它的轨道是一条双曲线，如习题 8-28 图所示. 如果质子在运动过程中与原子核的最短距离为 r_s，求原子核与 v_0 方向的距离 b.

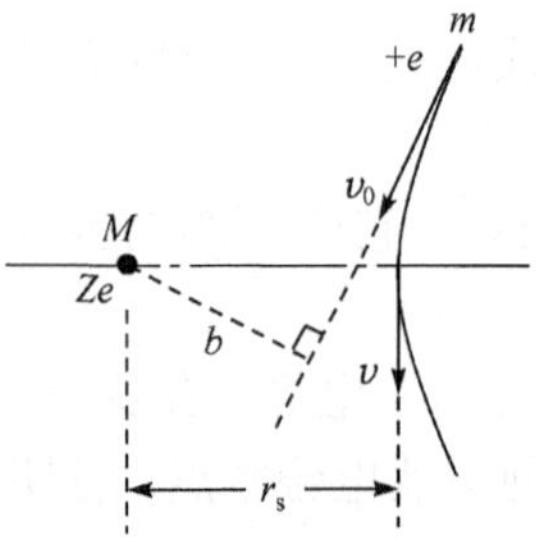

习题 8-28 图

8-29 半径分别为 R_1 和 R_2 ($R_1 < R_2$)的互相绝缘的两个同心导体球壳，内球带电 $+Q$. 取地球与无限远的电势均为零. 求：

(1) 外球的电荷和电势；

(2) 将外球接地后再重新绝缘，此时外球的电荷和电势；

(3) 再将内球接地，此时内球的电荷.

8-30 半径为 R、相对电容率为 ε_r 的均匀电介质球中心放一点电荷 Q，球外是真空，求空间电场分布.

8-31 实验证明，地球表面上方的大气电场不为零，晴天大气电场的平均电场强度约为 120V/m，方向向下，这意味着地球表面有多少过剩电荷？试以每平方厘米的过剩电子数来表示.

8-32 一球形电容器由半径为 R 的导体球壳和与它同心的半径为 $4R$ 的导体球壳所组成，R 到 $2R$ 为相对电容率为 $\varepsilon_r = 2$ 的电介质，$2R$ 到 $4R$ 为真空. 如习题 8-32 图所示，若将电容器两极板接在电压为 U 的电源上，求：

(1) 电容器中电场强度的分布；

(2) 电容器的电容.

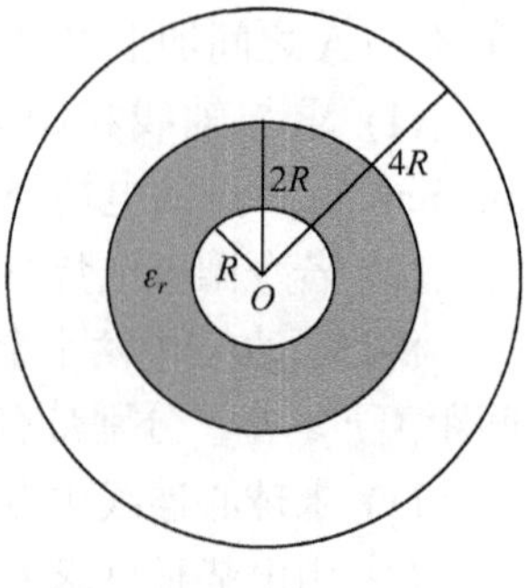

习题 8-32 图

习 题 答 案

第1章

1-1 $\sqrt{5}$m， $2\boldsymbol{i}-2\boldsymbol{j}$

1-2 $\upsilon_x=2R\omega$, $\upsilon_y=0$

1-3 $\upsilon=\upsilon_0 e^{Bt}$

1-4 $\dfrac{\sqrt{\upsilon^2-\upsilon^2{}_0}}{g}$

1-5 $\dfrac{\upsilon(\sin\theta+\cos\theta)}{g}$

1-6 $2\boldsymbol{j}$, $\dfrac{8}{\sqrt{17}}\text{m/s}^2$

1-7 $\dfrac{\upsilon_0^2\cos^2\theta}{g}$

1-8 $\dfrac{\upsilon(\sqrt{3}-1)}{2g}$

1-9 1/2

1-10 0.9m/s, 0.6m/s^2

1-11 $\sqrt{\dfrac{4\pi}{\beta}}$, $\beta R\sqrt{1+16\pi^2}$

1-12 $3\sqrt{2}\text{m/s}^2$

1-13 1s

1-14 2s

1-15 (1) $t=0$s，±3s． $t=0$s 时，$\boldsymbol{r}_0=19\boldsymbol{j}$，$\boldsymbol{\upsilon}_0=2\boldsymbol{i}$；$t=\pm3$s 时，$\boldsymbol{r}_{\pm3}=\pm6\boldsymbol{i}+\boldsymbol{j}$，$\boldsymbol{\upsilon}_{\pm3}=2\boldsymbol{i}\mp12\boldsymbol{j}$．

(2) $t=\pm3$s， $\sqrt{37}$m．

(3) 表示计时零点前的情况

1-16 2m

1-17 $\upsilon=\dfrac{h_1}{h_1-h_2}kt^2$， $a=\dfrac{h_1}{h_1-h_2}2kt$

1-18 (1) 2.5m / s，16.67m；(2) $t=30$s

1-19 $\dfrac{v_0 s}{\sqrt{s^2+h^2}}$，$\dfrac{v_0^2 h^2}{\left(s^2+h^2\right)^{\frac{3}{2}}}$

1-20 (1) 3.28m/s^2，12.7s；(2) 1.37s；
(3) 10.67m；(4) 西岸桥面低4.22m

1-21 $g\sqrt{1+3\sin^2\theta}$

1-22 2.4×10^{14}

1-23 (1) 5.03×10^{-2}m/s^2；(2) 7.74m/s^2

1-24 $\dfrac{2L}{\sqrt{v'^2-u^2}}$

第2章

2-1 $\arctan\mu$

2-2 $(m+M)g\sin\theta$

2-3 0.4，1，0.2

2-4 $\sqrt{\dfrac{\mu(M+m)}{MR}g}$

2-5 2.5m/s^2，3m/s

2-6 $\dfrac{(m+M)g}{M}$

2-7 $2mv\sin\dfrac{\theta}{2}$

2-8 向上，mgt

2-9 $mv\sin\theta$，向下

2-10 0，$\dfrac{2\pi mg}{\omega}$，向下，$\dfrac{2\pi mg}{\omega}$，向上

2-11 0

2-12 62.5kg·m/s，187.5kg·m / s

2-13 $\dfrac{m}{M+m}v$，向下

2-14 $\dfrac{m}{M+m}(a-b)$

2-15 $-m\omega^2(a\cos\omega t\boldsymbol{i}+b\sin\omega t\boldsymbol{j})$，0，$mab\omega\boldsymbol{k}$

2-16 $m\sqrt{GMR}$

2-17 $5.26\times10^{12}\,\mathrm{m}$

2-18 $\dfrac{bv_0}{r_s}$

2-19 $\dfrac{2\pi RM}{M+m}$

2-20 $\dfrac{(mg)^2}{2k}$

2-21 $\dfrac{m\omega^2(A^2-B^2)}{2}$

2-22 一对力的元功 $\mathrm{d}A=\boldsymbol{F}\cdot\mathrm{d}\boldsymbol{s}_{12}$，零，负

2-23 $\dfrac{-\rho_1 L^4 g}{2}$

2-24 减少，0

2-25 $\dfrac{A}{k}$

2-26 $\dfrac{h^2}{l^2}$

2-27 $\left(\dfrac{2mv_0^2}{k}\right)^{\frac{1}{4}}$

2-28 $\dfrac{D(x^4-A^4)}{4}$

2-29 下落

2-30 3∶1

2-31 $\dfrac{F}{\sqrt{mk}}$

2-32 $\left(\sqrt{2}-1\right)\mathrm{cm}$

2-33 $\dfrac{m_B v^2}{2\mu g(m_A+m_B)}$

2-34 守恒，不守恒，守恒

2-35 一定守恒，不一定守恒

2-36 $\dfrac{GMm}{6R}$，$-\dfrac{GMm}{3R}$

2-37 $g\sqrt{m/k}$，$\dfrac{mg}{k}$，$\dfrac{2mg}{k}$

2-38 $\dfrac{k(b^2-a^2)}{2}$，$\dfrac{k(b^2-a^2)}{2}$

2-39 $(\mu_s+\mu_k)(m+M)g$

2-40 $\sqrt{\dfrac{g(\sin\theta-\mu\cos\theta)}{r_0(\cos\theta+\mu\sin\theta)}}\leqslant\omega\leqslant\sqrt{\dfrac{g(\sin\theta+\mu\cos\theta)}{r_0(\cos\theta-\mu\sin\theta)}}$

2-41 8.07°，0.078

2-42 (1) $\dfrac{\rho_0 l_0}{\rho}$；(2) $\sqrt{\dfrac{\rho_0 l_0 g}{\rho}}$

2-43 $\dfrac{v_0 R}{R+\mu v_0 t}$，$\dfrac{R}{\mu}\ln\left(1+\dfrac{\mu v_0 t}{R}\right)$

2-44 $\dfrac{(m_1-m_2)g+m_2 a}{m_1+m_2}$，$\dfrac{(m_2-m_1)g+m_1 a}{m_1+m_2}$，$\dfrac{m_1 m_2}{m_1+m_2}(2g-a)$，$\dfrac{m_1 m_2}{m_1+m_2}(2g-a)$

2-45 (1) 1.96m/s^2，1.96m/s^2，-5.88m/s^2；
(2) 1.57N，0.785N

2-46 $\dfrac{m_A m_B}{m_A+m_B}(g+a)$

2-47 $\dfrac{m}{m+M}\sqrt{2gh}$，$\dfrac{m^2 h}{M^2-m^2}$

2-48 $1.07\times10^{17}\text{g}\cdot\text{cm/s}$，与电子运动方向夹角为 150°

2-49 0.266m

2-50 (1) 1.59km/s；(2) 10.57h

2-51 $\dfrac{m_2}{m_1}\sqrt{g l_1}$

2-52 $F=(m_1+m_2)g$

2-53 $\dfrac{m+m_1}{m}\sqrt{\dfrac{m+m_1+m_2}{m_2}2gL(1-\cos\alpha)}$

2-54 $\left(3+\dfrac{2m}{M}\right)mg$

2-55 $\sqrt{\dfrac{m^2 v_0^2-k(M+m)(L-L_0)^2}{(M+m)^2}}$，$\arcsin\dfrac{m v_0 L_0}{L\sqrt{m^2 v_0^2-k(M+m)(L-L_0)^2}}$

第 3 章

3-1 <

3-2 $\beta=-\dfrac{k\omega_0^2}{9J}$

3-3 mgR

3-4 $\dfrac{4M}{mR}$, $\dfrac{16M^2t^2}{m^2R^3}$

3-5 $\dfrac{3g}{4L}$, $\sqrt{\dfrac{3\sqrt{3}g}{2L}}$

3-6 100 / 81

3-7 $2\omega_0$

3-8 守恒，不守恒

3-9 不守恒，不守恒，守恒

3-10 (1) 5.65s，42.4 转；(2) 141.3N

3-11 $a=\dfrac{(m_1-\mu m_2)g}{m_1+m_2+J/r^2}$，$T_1=\dfrac{m_1[m_2(1+\mu)+J/r^2]g}{m_1+m_2+J/r^2}$，$T_2=\dfrac{m_2[m_1(1+\mu)+\mu J/r^2]g}{m_1+m_2+J/r^2}$

3-12 0.6125m/s^2，向上；　1.225m/s^2，向下

3-13 66.7r/min，啮合后的转动方向与原来 B 的方向相同

3-14 $\sqrt{\dfrac{9g}{4L}\cos\theta}$，$\dfrac{9}{4}g\cos\theta$

3-15 $\dfrac{3mv}{(M+3m)L}$

3-16 (1) $v_0=\dfrac{3m+m'}{12m}\sqrt{6gL(2-\sqrt{3})}$；

(2) $I=-\dfrac{1}{3}m'L\omega=-\dfrac{m'}{6}\sqrt{6(2-\sqrt{3})gL}$

第 4 章

4-1 $2\pi\sqrt{\dfrac{mm'}{(m+m')k}}$

4-2 变大，不变

4-3 $\dfrac{1}{2}mv^2+\dfrac{1}{2}ky^2=\text{Const}$，平衡位置

4-4 $\pi/3$

4-5 $\pm\dfrac{\sqrt{3}}{2}A$，$\pm\dfrac{A}{2}$，$\pm\dfrac{\sqrt{2}}{2}A$

4-6 0.75π，11m

4-7 (1) $\dfrac{\pi}{2}$rad/s；(2) $\dfrac{\pi}{2}$；

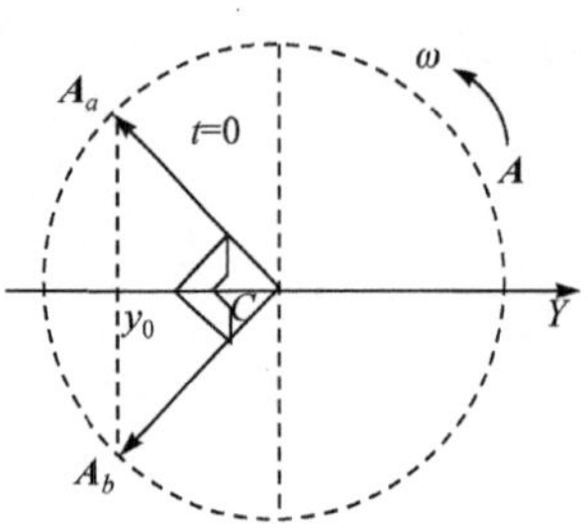

(3) 如图所示，$\frac{\pi}{2}$；

(4) $\frac{3}{4}\pi$， $y_a = 0.05\cos\left(\frac{\pi}{2}t + \frac{3}{4}\pi\right)$； $\frac{5}{4}\pi$，

$y_a = 0.05\cos\left(\frac{\pi}{2}t + \frac{5}{4}\pi\right)$；

(5) $y_a = 0.0707\cos\left(\frac{\pi}{2}t + \pi\right)$

4-8 $2\pi\sqrt{\frac{m(k_1+k_2)}{k_1k_2}}$

4-9 小珠以 O 点为平衡位置沿 X 轴作简谐振动； $x = b\cos\left(\sqrt{\frac{qQ}{4\pi\varepsilon_0 R^3 m}}t\right)$

4-10 $T = 2\pi\sqrt{\frac{J}{\pi R^2 IB}}$

4-11 (1) $y = A\cos\left(\frac{2\pi}{T}t + \frac{\pi}{3}\right)$； (2) $\frac{5}{12}T$

4-12 (1) $y = 6\cos\left(\pi t + \frac{2}{3}\pi\right)$； (2) $\varphi_a = \pi$， $\varphi_b = \frac{5}{3}\pi$； (3) $t_a = \frac{1}{3}\text{s}$

4-13 (1) $\frac{m+m'}{k}g$， $2\pi\sqrt{\frac{m+m'}{k}}$；

(2) $y = \sqrt{\frac{m^2g^2}{k^2} + \frac{2ghm^2}{k(m+m')}}\cos\left(\sqrt{\frac{k}{m+m'}}t + \pi + \arctan\sqrt{\frac{2kh}{g(m+m')}}\right)$

4-14 (1) 略；(2) $T = 0.4\pi\text{s}$， $y = 0.2\cos(5t+\pi)$

4-15 (1) $3.16\times10^{-2}\text{J}$， $\bar{E}_k = \bar{E}_p = \frac{1}{2}E = 1.58\times10^{-2}\text{J}$；

(2) $\pm0.0707\text{m}$；

(3) $F = -0.316\text{N}$， $a = 31.6\text{m/s}^2$， $\upsilon = 2.18\text{m/s}$；

(4) 振动曲线如图所示

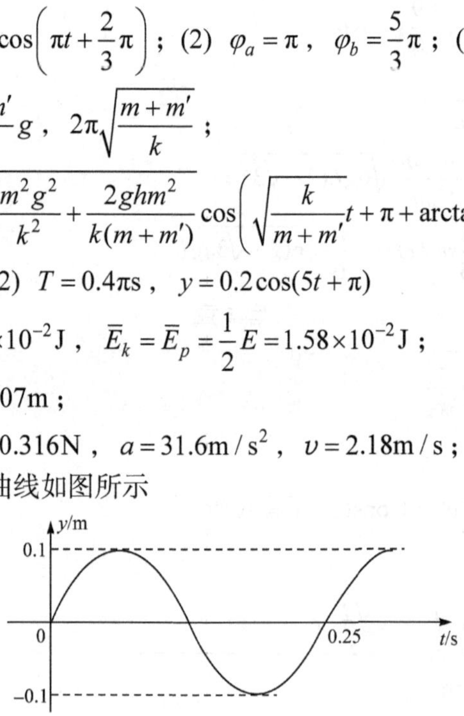

4-16 (1) $T'=2\pi\sqrt{\dfrac{m+m'}{k}}$， $A'=\sqrt{\dfrac{m'}{m+m'}}A$； $\Delta E=\dfrac{m}{2(m+m')}kA^2$.

(2) $T''=2\pi\sqrt{\dfrac{m+m'}{k}}$， $A''=A$； $\Delta E=0$； $v=\sqrt{\dfrac{k}{m+m'}}A$

4-17 $y=\sqrt{2}A\cos\left(\omega t+\dfrac{3}{4}\pi\right)$

第5章

5-1 0.05m/s， $y(x,t)=0.06\cos(\pi t-20\pi x)$

5-2 $y(x,t)=0.1\cos(50\pi t+2.5\pi x-0.5\pi)$

5-3 24cm， 12cm/s

5-4 正，$\dfrac{\pi}{2}$

5-5 $|A_1-A_2|$

5-6 πm

5-7 $y(t)=0.04\cos\left(100\pi t+\dfrac{\pi}{3}\right)$， $y(x,t)=0.04\cos\left(100\pi t-\pi x+\dfrac{\pi}{3}\right)$；

$y_r(x,t)=0.04\cos\left(100\pi t+\pi x+\dfrac{4}{3}\pi\right)$，

$y_{\text{syn}}(x,t)=0.08\cos\left(\pi x+\dfrac{\pi}{2}\right)\cos\left(100\pi t+\dfrac{5}{6}\pi\right)$

5-8 $\dfrac{u}{u-v}\nu$， $\dfrac{u+v}{u-v}\nu$

5-9 (1) $y(x,t)=0.1\cos\left(4\pi t-\dfrac{\pi}{5}x\right)$；

(2) $y\left(x=\dfrac{\lambda}{2},t\right)=0.1\cos(4\pi t-\pi)$；

(3) $y\left(x=\dfrac{2}{3}\lambda,t=\dfrac{T}{4}\right)=0.0866\text{m}$；

(4) $v\left(x=\dfrac{1}{4}\lambda,t=\dfrac{T}{2}\right)=-0.4\pi\text{m/s}$

5-10 (1) $A=0.05\text{m},u=2.5\text{m/s},\nu=5\text{s}^{-1},\lambda=0.5\text{m}$；

(2) $v_{\max}=0.5\pi\text{m/s},a_{\max}=5\pi^2\text{m/s}^2$；

(3) $9.2\pi,t=0.92\text{s}$

5-11 P点在接下来一个周期内的振动曲线如图所示

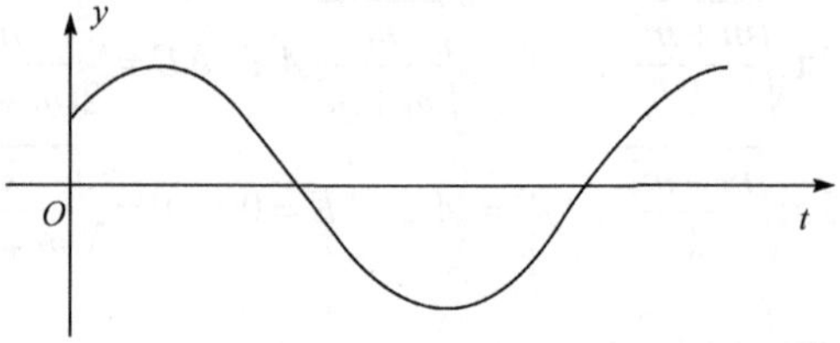

5-12 (1) $y(x,t)=3\cos 4\pi\left(t-\dfrac{x}{20}\right)$;

(2) $y_C(t)=3\cos 4\pi\left(t+\dfrac{13}{20}\right)$，$y_D(t)=3\cos 4\pi\left(t-\dfrac{9}{20}\right)$；

(3) $\Delta\varphi_{CB}=\dfrac{8}{5}\pi,\Delta\varphi_{CD}=\dfrac{22}{5}\pi$ ；

(4) $y(x,t)=3\cos 4\pi\left(t-\dfrac{x-5}{20}\right)$

5-13 (1) $\nu=0.5\text{s}^{-1},\omega=\pi\text{rad}/\text{s}$ ；

(2) $y(x,t)=0.1\cos\left(\pi t-\pi x+\dfrac{\pi}{2}\right)$；

(3) $y(t)=0.1\cos(\pi t-\pi)$

5-14 $x=\lambda/2$ 处质点的振动图线如图所示

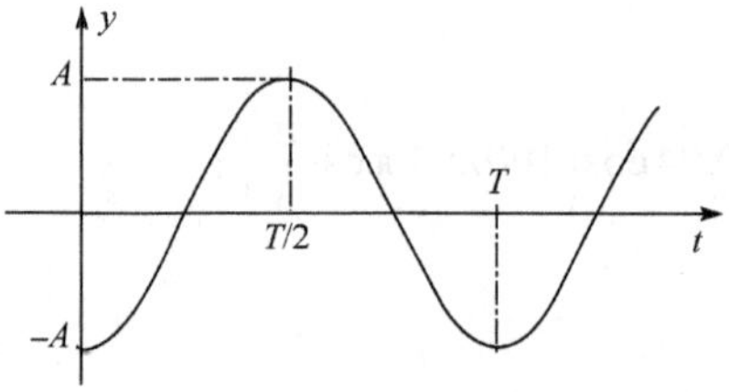

5-15 (1) $y(x=0,t)=0.04\cos\left(\dfrac{2}{5}\pi t+\dfrac{\pi}{2}\right)$；

(2) $y(x,t)=0.04\cos\left(\dfrac{2}{5}\pi t-5\pi x+\dfrac{\pi}{2}\right)$；

(3) a、P 点向 Y 轴负向运动，b 点向 Y 轴正向运动；

(4) $y(x=0.4\text{m},t)=0.04\cos\left(\dfrac{2}{5}\pi t+\dfrac{\pi}{2}\right)$

(5) P 点的振动曲线如下图(左)所示；

(6) $t=3T/4$ 时刻的波形曲线如下图(右)所示

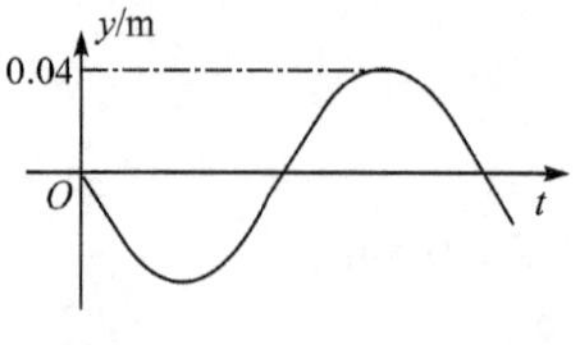

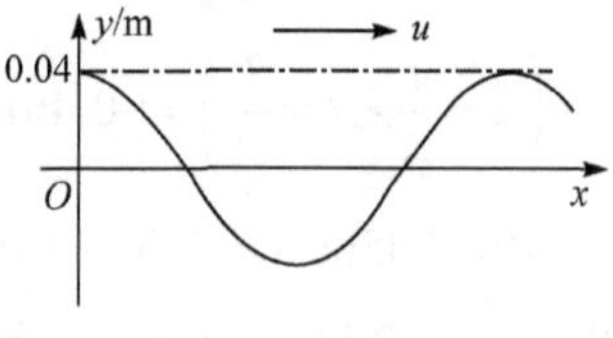

5-16 0.567m

5-17 $x=1\text{m},3\text{m},5\text{m},7\text{m},\cdots,27\text{m},29\text{m}$

5-18 叠加后的合成波在 $t=\dfrac{1}{3}\text{s}$ 的波形图如图所示

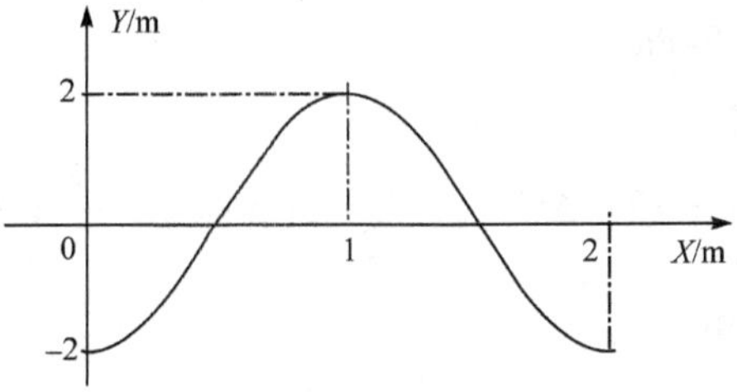

5-19 (1) 合成波的表达式

$$y(x,t)=0.12\cos\pi x\cos 4\pi t$$

满足驻波表达式，所以必是驻波.

(2) 波节 $x=k+\frac{1}{2}(k=0,\pm1,\pm2,\cdots)$，波腹 $x=k(k=0,\pm1,\pm2,\cdots)$；

(3) 0.12m,0.097m

5-20 (1) $y_1(x,t)=A\cos\left(\omega t-\frac{2\pi}{\lambda}x+\varphi\right)$，$y_2(x,t)=A\cos\left[\omega t-\frac{2\pi}{\lambda}(2L-x)+\varphi+\pi\right]$；

(2) $x=L-k\cdot\frac{\lambda}{2}\quad(k=0,1,2,\cdots;x>0)$

第6章

6-1 $\frac{3}{2}kT$，$\frac{5}{2}kT$

6-2 气体分子数密度

6-3 0.152J

6-4 (1) $f(v)\mathrm{d}v$； (2) $f(v)$； (3) $\mathrm{d}N=Nf(v)\mathrm{d}v$；

(4) $nf(v)\mathrm{d}v$； (5) $\int_{v_1}^{v_2}f(v)\mathrm{d}v$； (6) $\int_0^{v_1}Nf(v)\mathrm{d}v$

6-5 氧；$\frac{v_{pO_2}}{v_{pH_2}}=\sqrt{\frac{M_{H_2}}{M_{O_2}}}=\frac{1}{4}$

6-6 分子速率大于和小于 v_0 的概率相等

6-7 $N(1-A)$

6-8 b

6-9 <

6-10 929K，656℃

6-11 0.32kg

6-12 (1) $2.45\times10^{23}\mathrm{m^{-3}}$；(2) 6.21×10^{-21}J；(3) 1.04×10^{-20}J

6-13　0.246K，2.04Pa

6-14　1.28×10^{-6}K

6-15　(1) $a=\dfrac{2}{3v_0}$；(2) $\Delta N_{v_0\sim\infty}=\dfrac{2N}{3}$，$\Delta N_{0\sim v_0}=\dfrac{N}{3}$；(3) $\bar{v}=\dfrac{11}{9}v_0$

6-16　9.97×10^{-8}m

第 7 章

7-1　415.5J

7-2　1 : 1

7-3　理想气体等压膨胀过程中吸收的热量不仅用来增加自身的内能，同时还要对外做功

7-4　40，140

7-5　吸热，放热

7-6　127℃

7-7　$nW/(n-1)$

7-8　=

7-9　(1) 吸热，236J；(2) 放热，−278J

7-10　(1) 0，6.23×10^2J，6.23×10^2J；

(2) 1.04×10^3J，6.23×10^2J，4.16×10^2J

7-11　(1) 略.

(2) AB：3.5×10^3J，1.0×10^3J，2.5×10^3J；BC：5.0×10^3J，5.0×10^3J，0；CD：0，$7\cdot5\times10^3$J，$-7\cdot5\times10^3$J

7-12　(1) 略；(2) 579J，579J；(3) 9.9%

7-13　不是卡诺循环

7-14　略

7-15　$a\left(\dfrac{C_V}{R}-1\right)\left(\dfrac{1}{V_2}-\dfrac{1}{V_1}\right)$，$C_V-R$

第 8 章

8-1　0，$qlE\sin\theta$

8-2　$2a^3b$，0，ε_0a^3b

8-3　$-\Delta\Phi$

8-4　$-Qp_e/(2\pi\varepsilon_0R^2)$

8-5　$-Q_1/(4\pi\varepsilon_0R)$，$Q_2/(12\pi\varepsilon_0R)$，$(Q_2-3Q_1)/(12\varepsilon_0\pi R)$，$(Q_2-3Q_1)/(12\varepsilon_0\pi R)$

8-6　$8\pi\varepsilon_0RU_1$，$4\pi\varepsilon_0RU_2$，$8\pi\varepsilon_0R(2U_1+U_2)/3$，$(2U_1+U_2)/3$

8-7　0，0，$2q^2/(4\pi\varepsilon_0 r^2)$

8-8　σ_2/ε_0

8-9　$\sigma_1-\sigma_2$

8-10　各量均不增大，减小的有 C、Q、D，不变的有 E、U

8-11　ε_r，$1/\varepsilon_r$

8-12　51.2N

8-13　$\lambda/(2\pi\varepsilon_0 a)$，向右

8-14　$\sigma/(\pi\varepsilon_0)$

8-15　$\dfrac{Q}{2\varepsilon_0}\left(1-\dfrac{x}{\sqrt{R^2+x^2}}\right)$

8-16　$r<R_1$ 时，0；$R_1<r<R_2$ 时，$\dfrac{R_1^2\sigma_1}{\varepsilon_0 r^2}$；$r>R_2$ 时，$\dfrac{R_1^2\sigma_1-R_2^2\sigma_2}{\varepsilon_0 r^2}$

8-17　$\rho a/(3\varepsilon_0)$

8-18　(1) $3\rho d/(10\varepsilon_0)$；(2) $\rho d/(2\varepsilon_0)$

8-19　$\dfrac{\lambda}{4\pi\varepsilon_0 a}\left(1-\dfrac{a}{\sqrt{a^2+L^2}}\right)\boldsymbol{i}+\dfrac{\lambda L}{4\pi\varepsilon_0 a\sqrt{a^2+L^2}}\boldsymbol{j}$，$\dfrac{\lambda}{4\pi\varepsilon_0}\ln\dfrac{L+\sqrt{L^2+a^2}}{a}$

8-21　$\lambda/(4\varepsilon_0)$

8-22　(1) 36V；(2) 57V

8-24　(1) 0，-5.46×10^4 V/m；(2) -300V，-80.25V

8-25　(1) 0；(2) $2Q/(\pi\varepsilon_0 r^2)$

8-26　1.18×10^7 m/s，2.20×10^{-13} J，1.08×10^{-34} J·s，6.48×10^{20} s^{-1}

8-27　(1) $E=-e^2/(8\pi\varepsilon_0 r)$

8-28　$\sqrt{r_s^2-\dfrac{Ze^2 r_s}{2\pi\varepsilon_0 m v_0^2}}$

8-29　(1) 外球壳内表面带电 $-Q$，外表面带电 Q，电势为 $\dfrac{Q}{4\pi\varepsilon_0 R_2}$；

(2) 外球壳内表面带电 $-Q$，外表面不带电，电势为 0；

(3) $R_1 Q/R_2$

8-30　$r<R$ 时，$Q/4\pi\varepsilon_0\varepsilon_r r^2$；$r>R$ 时，$Q/(4\pi\varepsilon_0 r^2)$

8-31　6.64×10^5

8-32　(1) $R<r<2R$ 时，$E=RU/r^2$；$2R<r<4R$ 时，$E=2RU/r^2$.

(2) $8\pi\varepsilon_0 R$

参 考 文 献

哈里德, 瑞斯尼克, 沃克. 2009. 物理学基础. 张三慧, 李椿, 滕小瑛, 等, 译. 北京: 机械工业出版社.
马文蔚. 2014. 物理学上册. 6 版. 北京: 高等教育出版社
汪小刚, 戴朝卿, 陈翼翔. 2018. 大学基础物理学. 北京: 科学出版社
吴百诗. 2009. 大学物理(第三次修订本 B)下册. 西安: 西安交通大学出版社
张汉壮. 2015. 力学. 3 版. 北京:高等教育出版社
张庆国, 尤景汉. 2013. 物理学教程. 北京: 机械工业出版社
张三慧. 2009. 大学物理学(力学、电磁学). 3 版. 北京: 清华大学出版社

附　录

SI 基本单位

基本量	名称	符号
长度	米	m
质量	千克	kg
时间	秒	s
电流	安[培]	A
热力学温度	开[尔文]	K
物质的量	摩[尔]	mol
发光强度	坎[德拉]	cd

基本物理学常数

名称	符号	数值	单位
引力常量	g	$6.673(10)\times10^{-11}$	$m^3\cdot kg^{-1}\cdot s^{-2}$
真空中的光速	c	2.99792458×10^{8}	$m\cdot s^{-1}$
摩尔气体常数	R	$8.314472(15)$	$J\cdot mol^{-1}\cdot K^{-1}$
玻尔兹曼常量	k	$1.3806505(24)\times10^{-23}$	$J\cdot K^{-1}$
阿伏伽德罗常量	N_A	$6.02214179(30)\times10^{23}$	mol^{-1}
真空磁导率	μ_0	$4\pi\times10^{-7}$	$H\cdot m^{-1}$
真空电容率	ε_0	$8.854187817\cdots\times10^{-12}$	$F\cdot m^{-1}$
电子的电荷	e	$1.602176487(40)\times10^{-19}$	C
普朗克常量	h	$6.62606896(33)\times10^{-34}$	$J\cdot s$
原子质量单位(u)	m_u	$1.660538782(83)\times10^{-27}$	kg
电子的静止质量	m_e	$9.10938215(45)\times10^{-31}$	kg
质子的静止质量	m_p	$1.672621637(83)\times10^{-27}$	kg
中子的静止质量	m_n	$1.674927211(84)\times10^{-27}$	kg
电子的荷质比	e/m_e	1.758820149×10^{11}	$C\cdot kg^{-1}$
法拉第常量	F	$9.64853415(39)\times10^{4}$	$C\cdot mol^{-1}$
里德伯常量	R_∞	$1.0973731568549(83)\times10^{7}$	m^{-1}

续表

名称	符号	数值	单位
标准大气压	p_0	101325	Pa
冰点的绝对温度	T_0	273.15	K
理想气体的摩尔体积	V_m	$22.413996(39)\times10^{-3}$	$m^3\cdot mol^{-1}$